双层皮幕墙传热计算理论及应用

陈友明　王衍金　郭　猛　著

科学出版社

北　京

内 容 简 介

本书系统地介绍了作者深入研究取得的双层皮幕墙传热计算理论、方法及其应用成果，包括透过双层皮幕墙的太阳辐射传递计算理论和方法、双层皮幕墙空腔空气流动与热传递计算模型和模拟方法、通过参数表给出的便于工程技术人员使用的简化计算方法，以及双层皮幕墙的结构气候适用性等；还介绍了双层皮幕墙与建筑能耗模拟平台联合模拟计算的实现方法。书中的理论和方法计算准确，快速高效，为我国正确设计和应用双层皮幕墙提供了理论和方法支撑。

本书可作为建筑设计、绿色建筑、建筑热工、暖通空调和建筑能耗模拟等领域的专业人员，包括建筑师、研究人员、工程技术人员及高等院校相关专业的教师、研究生和本科生的参考书。

图书在版编目(CIP)数据

双层皮幕墙传热计算理论及应用/陈友明，王衔金，郭猛著．—北京：科学出版社，2021.6

ISBN 978-7-03-068196-6

Ⅰ.①双… Ⅱ.①陈… ②王… ③郭… Ⅲ.①玻璃－幕墙－传热计算－研究 Ⅳ.①TU227

中国版本图书馆 CIP 数据核字(2021)第 039039 号

责任编辑：周 炜 / 责任校对：任苗苗
责任印制：赵 博 / 封面设计：陈 敬

科学出版社 出版
北京东黄城根北街 16 号
邮政编码：100717
http://www.sciencep.com
北京富资园科技发展有限公司印刷
科学出版社发行 各地新华书店经销
*
2021 年 6 月第 一 版 开本：787×1092 1/16
2025 年 1 月第三次印刷 印张：22 1/4
字数：450 000

定价：198.00 元

(如有印装质量问题，我社负责调换)

前　言

玻璃幕墙具有漂亮的建筑外观和良好的室内视觉效果，受到建筑师们的青睐，是一种重要的建筑外围护结构形式。玻璃幕墙分为普通玻璃幕墙和通风式双层皮玻璃幕墙（简称双层皮幕墙）。普通玻璃幕墙可分为单层玻璃幕墙和中空玻璃幕墙。双层皮幕墙由外层皮、内层皮（内层皮通常为单层或中空玻璃）和介于这两层表皮间的通风空腔组成。普通玻璃幕墙因成本低、制造安装简便等优点而广泛用于机场航站大楼、高铁站、大型商场等大型办公建筑中。使用双层皮幕墙的建筑较少。然而，普通玻璃幕墙不仅传热系数大，而且在夏天有大量辐射热进入室内，导致空调制冷能耗显著增加，对建筑节能十分不利。

双层皮幕墙是20世纪80年代在北美、日本、欧洲等气候较冷地区发展起来的多层半透明的建筑外围护结构形式。其外层皮通常由玻璃材料组成，不但能阻挡室外环境的风雨侵袭，还能起到阻隔外界噪声的作用。通风空腔的作用是积聚或排除玻璃表层及遮阳设施所吸收的太阳辐射得热。在寒冷季节，通风式双层皮幕墙关闭所有进出风口，形成一个密闭的“温室”，将太阳能积蓄起来提高内层皮玻璃表面温度，使之与室内空气温度接近，从而提高房间的热舒适性。在夏季，可以在通风空腔内安装遮阳装置，将大部分太阳辐射得热阻挡在内层皮幕墙的外部。通风空腔内的通风模式一般有三种：自然通风、强制通风和混合通风。其中自然通风模式的实现是基于通风空腔内外空气温度差引起的热浮升力的作用，太阳辐射的作用会加强这一自然通风效果；除此以外，室外风速与风压也会影响通风空腔中的自然通风效果。强制通风是在通风空腔内实现机械通风。混合通风是自然通风和强制通风同时进行。设计良好的双层皮幕墙，不但可以减少建筑物的供热和空调能耗，还能同时改善室内热舒适性，提高室内空气质量。

正确分析计算双层皮幕墙热性能，是工程技术人员设计和优化双层皮幕墙结构和运行方式、评估双层皮幕墙的全年能耗性能和气候适用性、计算双层皮幕墙建筑供热空调系统设计负荷的基础性工作。由于双层皮幕墙中同时存在相互影响和相互耦合的太阳辐射传递、热传递和空气流动过程，正确分析计算双层皮幕墙热性能是一项复杂而又艰难的任务。国内外对双层皮幕墙热性能的研究很多。传热方面的研究方法有计算流体动力学方法、气流网络模型方法、控制体方法、区域模型方法等。在百叶太阳辐射传递计算方面，假定百叶为平面的非镜面反射层，或假定百叶对直射的反射是各向均匀的散射反射。这些理论和方法，要么模型粗糙计算不准确；要么计算速度慢，不能逐时模拟其长期能耗性能。双层皮幕墙热性能计算一直是未得到很好解决的国际难题。

作者经过几年的潜心研究，提出了内置百叶双层皮幕墙的太阳辐射传递计算理论和方法，建立了内置百叶双层皮幕墙动态热传递数学模型和计算方法。这套理论和方法可以准确快速逐时计算双层皮幕墙的太阳辐射得热量和传导得(失)热量，从而使工程技术人员可以分析计算双层皮幕墙的全年能耗性能，分析双层皮幕墙结构的气候适用性，比较分析双层皮幕墙与普通节能围护结构在不同气候条件下的节能潜力，计算双层皮幕墙建筑的供暖空调系统设计负荷。作者通过大量计算开发了内双层带百叶外通风双层皮幕墙太阳辐射透过率参数表和对流得热量参数表。工程技术人员利用参数表进行简单的插值计算，就可以快速计算出不同气候条件下双层皮幕墙的太阳辐射得热量和传热得热量。本书还介绍了实现双层皮幕墙与建筑能耗模拟平台联合模拟计算的技术，便于学者在建筑能耗模拟平台 DeST 上进一步模拟分析双层皮幕墙建筑能耗性能。本书全面系统地介绍了双层皮幕墙传热计算理论、方法及其应用分析范例和结果。全书共 8 章。第 1 章绪论，主要介绍双层皮幕墙的结构、运行方式及其性能研究的历史与现状。第 2 章介绍建筑立面太阳辐射计算。第 3 章详细介绍透过多层玻璃幕墙和内置百叶双层皮幕墙的太阳辐射计算方法。第 4 章详细介绍双层皮幕墙动态热传递数学模型、计算方法及实验验证。第 5 章介绍内双层带百叶外通风双层皮幕墙太阳辐射透过率、对流得热量参数表和插值计算方法。第 6 章分析双层皮幕墙不同结构在我国五个气候区的适用性。第 7 章分析双层皮幕墙在我国夏热冬冷地区的适宜性和经济性。第 8 章介绍双层皮幕墙与建筑能耗模拟平台联合模拟计算的实现技术。

本书的研究工作得到了国家重点研发计划课题(2017YFC0702201)、国家自然科学基金项目(51378185)的资助，在此表示衷心感谢。感谢研究生郑东梅、杨琪、张新超、曹明皓参与本书的编写工作。

限于作者水平，书中难免有疏漏和不妥之处，恳请专家和读者批评指正。

陈友明

2020 年 8 月

目录

前言

第1章 绪论 …… 1

1.1 双层皮幕墙的诞生 …… 1

1.2 双层皮幕墙简介 …… 2

1.2.1 双层皮幕墙的构造与运行 …… 2

1.2.2 双层皮幕墙的传热过程 …… 4

1.3 双层皮幕墙性能研究历史和现状 …… 5

1.3.1 光学性能研究 …… 5

1.3.2 热工性能研究 …… 7

1.3.3 能耗特性研究 …… 10

1.4 双层皮幕墙传热研究目的及本书主要内容 …… 11

1.4.1 双层皮幕墙传热研究目的 …… 11

1.4.2 本书主要内容 …… 12

参考文献 …… 13

第2章 建筑立面太阳辐射计算 …… 21

2.1 概述 …… 21

2.2 壁面太阳入射角的计算 …… 22

2.2.1 太阳空间位置计算 …… 22

2.2.2 太阳与垂直壁面之间的相对关系 …… 25

2.3 垂直壁面的太阳辐射 …… 27

2.3.1 天空太阳辐射照度的计算 …… 27

2.3.2 壁面接收的天空直射辐射 …… 29

2.3.3 壁面接收的天空散射辐射 …… 29

2.3.4 壁面接收的地面反射辐射 …… 30

2.4 计算实例 …… 31

2.5 基于气象数据的太阳辐射计算实例 …… 34

2.6 小结 …… 35

参考文献 …… 36

第 3 章 透过多层玻璃幕墙的太阳辐射计算 …… 37
3.1 概述 …… 37
3.2 单层玻璃的太阳辐射计算 …… 38
3.2.1 玻璃对太阳辐射的选择透过性 …… 38
3.2.2 玻璃—空气分界面的太阳反射率 …… 38
3.2.3 太阳辐射在玻璃介质中的透过率 …… 39
3.2.4 直射反射率、直射透过率、直射吸收率 …… 39
3.2.5 散射反射率、散射透过率、散射吸收率 …… 40
3.2.6 总反射率、总透过率、总吸收率 …… 41
3.3 多层玻璃幕墙系统的太阳辐射计算 …… 41
3.3.1 直射辐射 …… 42
3.3.2 散射辐射 …… 43
3.3.3 多层玻璃幕墙系统的总反射率、总透过率、总吸收率 …… 43
3.4 百叶中的太阳辐射传递 …… 44
3.4.1 太阳入射投影角 …… 45
3.4.2 前向直射辐射 …… 46
3.4.3 后向直射辐射 …… 50
3.4.4 特殊情况的前向直射辐射 …… 53
3.4.5 直射—直射辐射计算 …… 53
3.4.6 直射—散射辐射计算 …… 54
3.4.7 散射—散射辐射计算 …… 56
3.4.8 百叶对太阳辐射的性能计算 …… 58
3.5 双层皮幕墙的太阳辐射计算 …… 61
3.6 小结 …… 63
参考文献 …… 63
第 4 章 双层皮幕墙传热计算模型 …… 65
4.1 概述 …… 65
4.2 外双层无百叶自然通风双层皮幕墙 …… 67
4.2.1 区域划分 …… 67
4.2.2 传热方程 …… 68
4.2.3 方程的离散 …… 69
4.2.4 气流计算 …… 70
4.2.5 对流换热系数的计算 …… 71

4.2.6　系统发射率的计算 …… 73
4.2.7　得热量计算 …… 74
4.3　内置百叶外双层自然通风双层皮幕墙 …… 75
4.3.1　区域划分 …… 75
4.3.2　传热方程 …… 75
4.3.3　方程的离散 …… 77
4.3.4　气流计算 …… 78
4.3.5　对流换热系数的计算 …… 80
4.3.6　角系数的计算 …… 81
4.4　内置百叶内双层自然通风双层皮幕墙 …… 82
4.5　内置百叶外双层机械通风双层皮幕墙 …… 84
4.5.1　传热方程 …… 84
4.5.2　气流计算 …… 85
4.5.3　对流换热系数的确定 …… 86
4.6　双层皮幕墙实验研究 …… 87
4.6.1　实验装置与仪器 …… 87
4.6.2　太阳辐射传递模型的验证 …… 90
4.6.3　无百叶自然通风双层皮幕墙模型验证 …… 92
4.6.4　内置百叶外双层自然通风双层皮幕墙模型验证 …… 97
4.6.5　机械通风双层皮幕墙模型验证 …… 102
4.7　小结 …… 107
参考文献 …… 108
第5章　双层皮幕墙热性能简化计算 …… 110
5.1　概述 …… 110
5.2　热性能简化计算方法 …… 110
5.2.1　太阳辐射透过率参数表 …… 110
5.2.2　对流得热量参数表 …… 111
5.2.3　修正系数 …… 112
5.3　算例 …… 112
5.4　简化计算方法检验 …… 114
5.4.1　上海市计算结果对比 …… 114
5.4.2　长沙市计算结果对比 …… 115
5.5　小结 …… 117

第6章 双层皮幕墙的结构气候适用性 …… 118
6.1 概述 …… 118
6.2 我国的气候特点 …… 118
6.3 双层皮幕墙结构类型 …… 118
6.4 严寒地区双层皮幕墙结构气候适用性 …… 119
6.4.1 东向 …… 120
6.4.2 西向 …… 122
6.4.3 南向 …… 123
6.4.4 北向 …… 125
6.5 寒冷地区双层皮幕墙结构气候适用性 …… 127
6.5.1 东向 …… 128
6.5.2 西向 …… 130
6.5.3 南向 …… 132
6.5.4 北向 …… 133
6.6 夏热冬冷地区双层皮幕墙结构气候适用性 …… 135
6.6.1 东向 …… 136
6.6.2 西向 …… 138
6.6.3 南向 …… 140
6.6.4 北向 …… 141
6.7 夏热冬暖地区双层皮幕墙结构气候适用性 …… 143
6.7.1 东向 …… 144
6.7.2 西向 …… 145
6.7.3 南向 …… 148
6.7.4 北向 …… 149
6.8 温和地区双层皮幕墙结构气候适用性 …… 151
6.8.1 东向 …… 151
6.8.2 西向 …… 154
6.8.3 南向 …… 156
6.8.4 北向 …… 158
6.9 小结 …… 160
第7章 夏热冬冷地区双层皮幕墙适宜性分析 …… 161
7.1 概述 …… 161
7.2 夏热冬冷地区常见外围护结构类型 …… 161

7.3　双层皮幕墙能耗模拟和比较 …… 162
7.3.1　气象参数和代表城市的选择 …… 163
7.3.2　能耗计算和比较 …… 163
7.4　经济性分析 …… 169
7.5　小结 …… 172
参考文献 …… 173
第 8 章　双层皮幕墙与建筑能耗模拟平台的联合计算 …… 174
8.1　概述 …… 174
8.2　技术路线 …… 174
8.2.1　独立开发的技术路线 …… 174
8.2.2　FMU/FMI 的开发框架简介 …… 174
8.2.3　FMU 与 DeST 内核联合运行框架简介 …… 175
8.2.4　FMU 框架下 DeST 联合仿真流程简介 …… 176
8.3　独立开发程序的验证 …… 178
8.3.1　程序模块介绍 …… 178
8.3.2　程序功能性验证 …… 178
8.3.3　程序理论验证 …… 178
8.3.4　程序静态检测 …… 181
8.3.5　程序动态检测 …… 181
8.4　接口设计 …… 184
8.5　独立调试 …… 186
8.6　联合调试 …… 187
8.7　联合计算算例 …… 191
8.7.1　算例 1 …… 191
8.7.2　算例 2 …… 192
8.8　小结 …… 194
附录 A　百叶直射反射次数所占比例 …… 196
A.1　前向直射反射次数所占比例 …… 196
A.2　后向直射反射次数所占比例 …… 198
附录 B　双层皮幕墙太阳辐射透过率参数表 …… 202
附录 C　双层皮幕墙对流得热量参数表 …… 209

第1章 绪 论

1.1 双层皮幕墙的诞生

能源是人类生产和发展的物质基础，是社会发展的动力。当前，全球能源消耗持续增加，能源利用率处于较低的水平，高能耗带来的能源危机和环境恶化问题日益突出，已严重威胁人类生活质量。我国目前正处于建筑业飞速发展的时期。根据《中国建筑节能年度发展研究报告 2019》[1]统计，2017 年建筑能源消费总量高达 9.6 亿吨标准煤，占据了我国全社会总能耗的 20%左右。随着人们对健康、舒适、高效的室内环境需求的增加，这一比例将持续攀升[2,3]。建筑节能问题日益受到政府和全社会的高度关注，如何在不牺牲室内舒适性的前提下尽可能地实现建筑节能已成为我国建筑业进一步发展所面临的挑战。建筑能耗由采暖空调能耗与照明能耗等重要部分组成。其中，采暖空调能耗主要来自建筑围护结构与室外空气的传热和透过围护结构进入到室内的辐射，照明能耗也与建筑围护结构息息相关。因此，建筑围护结构使用不合理将会显著增加建筑能耗，造成巨大的能源浪费[4]。

建筑围护结构可分为不透明围护结构和半透明围护结构。由对太阳辐射透过率为零的材料所构造的围护结构属于不透明围护结构，主要包括普通多层墙体及屋面、门等；由玻璃和其他透光材料所构造的围护结构属于半透明围护结构，如普通窗户、双层皮幕墙、普通玻璃幕墙等。传统的建筑通常采取不透明多层墙体加半透明窗户的围护结构形式。随着技术的发展、经济的改善及文化的交融，人们渐渐趋向于追求建筑物与环境之间无阻挡的通透效果，墙体上的窗户越开越大，越开越多[5]。玻璃幕墙作为典型的透明或半透明围护结构形式，具有简洁、通透而富有现代感的优势，受到越来越多的建筑设计师和用户的青睐。

早在 20 世纪初，在欧洲的火车站、温室房间、过道等场所可见较少玻璃幕墙的应用。随着经济和玻璃技术的快速发展，玻璃幕墙才被大量应用于建筑中，比较典型的有建筑师 Skidmore、Owings 和 Merrill 设计并于 1951～1952 年建造的纽约利华大厦(Lever House)，Mies van der Rohe 设计并于 1954～1958 年建造的纽约西格拉姆大厦(Seagram Building)，以及由贝聿铭设计并于 1968～1976 年建造的波士顿汉考克大厦(Hancock Tower)。我国采用玻璃幕墙这种外立面形式起步虽晚但发展迅猛，其在我国的发展大致可分为三个阶段：1983～1994 年为模仿阶段，该阶段国内玻璃幕墙的平均年产量约 200 万 m^2，主要是框架式幕墙，其中又以构件式明框玻璃幕墙居多，主要是引进国外技术，该阶段国内没有行业标准和规范，技术质量水平较低；1995～2002 年为自我成长阶段，该阶段玻璃幕墙平均年产量约 800 万 m^2，除明框玻璃幕墙，又发展了隐框玻璃幕墙、单元吊挂式玻璃幕墙，这个阶段借鉴国外技术标准和规范，编制并实施了国内行业技术标准和规范，幕墙技术水平和质量水平有了一定提高，其中单元吊挂式玻璃幕墙逐渐被社会接受，而在 1998 年又出现了点式玻璃幕墙；从 2003 年到现在是第三阶段，即自我发展阶段，该阶段我国玻璃幕墙企业的创新能力大为增强，其产品不仅在我国建筑幕墙中得到广泛应用，而且开始用于国外建筑工程[6]。

如今，我国已成为世界上最大的玻璃幕墙生产和使用国。统计资料显示，2007 年我国生产玻璃幕墙 2200 万 m^2，占当年我国建筑幕墙总产量的 31.4%，占当年世界玻璃幕墙生产量的 86.27%；累计使用玻璃幕墙 11000 万 m^2，占我国建筑幕墙累计使用量的 34.9%，占世界玻璃幕墙累计使用量的 61.11%[7]。然而，早期的玻璃幕墙采用的是单层玻璃。这种单层玻璃幕墙的大量使用，在提供良好的自然采光的同时，也带来了建筑能耗高的隐患。自 20 世纪 70 年代能源危机之后，传统的单层玻璃幕墙的能耗性能便不被人们看好。寻求一种保温和隔热性能更佳同时又能保留单层玻璃幕墙固有优点的玻璃幕墙迫在眉睫。由此双层中空玻璃幕墙系统应运而生。和单层玻璃幕墙系统相比，双层中空玻璃幕墙从构造上增加了一层玻璃和狭窄的中间空气层，具有更好的保温和隔热特性。但是，双层中空玻璃幕墙仍然属于单层玻璃幕墙的范畴，并不能很好地解决保温隔热性能较差和透过太阳辐射较多的问题。直到 90 年代，双层皮幕墙（double skin facade，DSF）系统的出现较好地改善了传统玻璃幕墙的热工和节能性能。双层皮幕墙是由内外玻璃层及中间相对较大的空腔构成的，同时增加了安装遮阳装置的空间。增加通风，加设遮阳装置，是改善双层皮幕墙系统热工和节能性能重要的技术措施。因此，双层皮幕墙成为当代建筑最受欢迎的墙体类型，在全国各地区的应用会越来越广泛。

1.2　双层皮幕墙简介

1.2.1　双层皮幕墙的构造与运行

双层皮幕墙又称为呼吸式玻璃幕墙。通常由一层双层中空玻璃、一层单层玻璃和通风空腔组成，也可根据需要在其通风空腔中增加遮阳设施[8-10]，常用的遮阳装置有遮阳百叶、遮阳卷帘、格栅以及植物等[11,12]，如图1.1所示。其中，为了增大中空玻璃的热阻，提高其热工性能，通常在中空区域充满空气、氮气或惰性气体（如氩气、氪气等）[13-15]。此外，为了追求更加卓越的热工和节能性能，在中空玻璃空腔中充注氯氟烃（CFC）和氢氟烃（HFC）等吸收性气体，填充相变材料和气凝胶等介质，这是双层中空玻璃采用的新技术措施[16,17]。

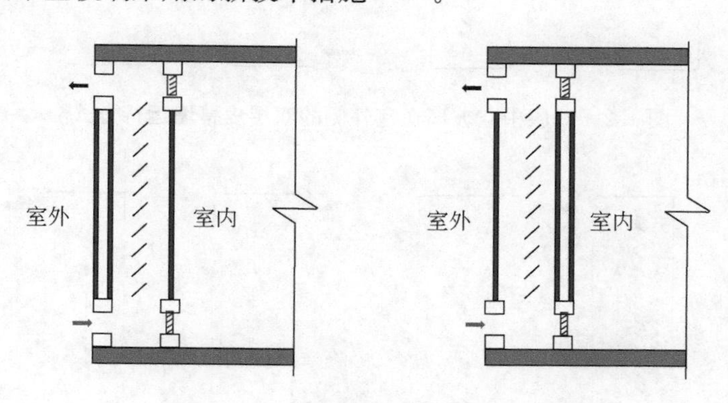

图1.1　双层皮幕墙结构示意图

双层皮幕墙不同于其他围护结构类型的根本原因是它对于太阳辐射和自身热工性能具有一定的可调性。它既能遮风挡雨，也可以改善室内热环境、加强室内通风。因此，双层皮幕墙的工作原理也是因时、因地、因人而异。双层皮幕墙可以根据地区气候的不同，选择性地将双层中空玻璃放在室内侧或者室外侧。当室外太阳辐射照度较大时，通过改变遮阳百叶的角度来调节幕墙的透光性。太阳光线照射在双层皮幕墙外表面时，部分太阳辐射被幕墙反射回去，其余部分则被玻璃和遮阳百叶吸收，温度升高。此时，空腔空气与百叶及玻璃换热，温度上升，与室外空气形成密度差，产生热浮升力，这种现象也称为自然通风的烟囱效应[18-20]。双层皮幕墙的内外玻璃层上下均设有通风口，夏天辐射较强时一般打开外层玻璃上的两个通风口，通过烟囱效应带走通风空腔内的热量[18-20]，这种通风方式通常被称为外通风。冬天为了更好地保温和隔热，一般将通风口关闭降低房间的散热量，中午时可以打开内侧玻璃上的两个通风口，通过烟囱效应将空腔内的热量带到室内，这种通风方式通常被称为内通风。双层皮幕墙一般有双层中空玻璃在室外侧和双层中空玻璃在室内侧两种结构，如图1.1所示。根据其通风空腔内的气流组织形式可分为外双层有百叶外通风、内双层有百叶外通风等12种运行方式，如图1.2和图1.3所示(左边为室外侧，右边为室内侧)。过渡季节则分别开启外侧玻璃上风口和内侧玻璃下风口，或者开启外侧玻璃下风口和内侧玻璃的上风口，形成斜对角气流。

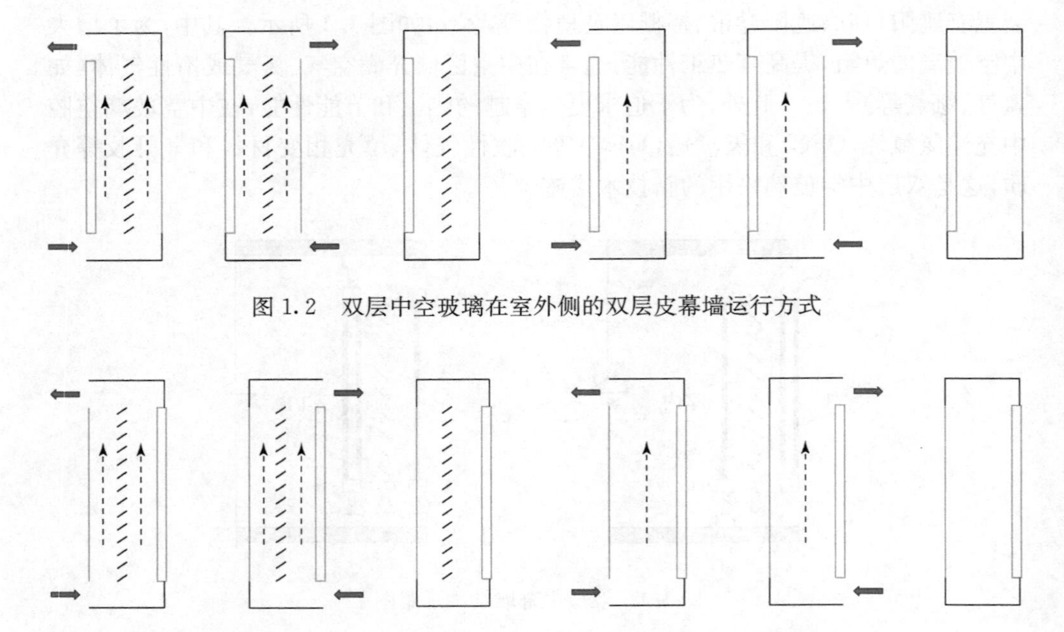

图 1.2　双层中空玻璃在室外侧的双层皮幕墙运行方式

图 1.3　双层中空玻璃在室内侧的双层皮幕墙运行方式

1.2.2　双层皮幕墙的传热过程

图 1.4 是外双层有百叶外通风双层皮幕墙的传热过程示意图。在白天出现太阳辐射时，来自室外的太阳辐射照射到双层皮幕墙的表面上，其中一部分辐射会被双层皮幕墙反射到室外，另外一部分被系统的各层材料吸收成为热源，还有一部分透过双层皮幕墙进入室内，形成辐射得热量。通过改变通风空腔内百叶的角度，可以控制进入室内的太阳辐射。当百叶接收到大量的辐射，温度急速增加，空腔中的气流与百叶和内外层玻璃换热后，温度升高。空腔内的空气与室外空气形成温差后，便会产生空气流动，将空腔内的热量带到室外。同时室外侧玻璃与室外环境之间、各层玻璃之间、玻璃与百叶之间、内侧玻璃与室内环境之间还会有辐射换热。双层中空玻璃中的空气腔较小，空气腔的传热可以看作导热。百叶两侧空腔之间会存在温差，因此会产生气流的横向流动，气流的横向流动也会产生质量和热量的传递。在寒冷的冬季，当幕墙接收太阳辐射较少时，自然通风会大大增加房间的失热量，所以一般会关闭通风口，使其成为一个多层保温系统，降低房间的失热量。当幕墙接收太阳辐射较多时，可以打开内侧通风口，形成内通风模式，将空腔内的热量带入室内。

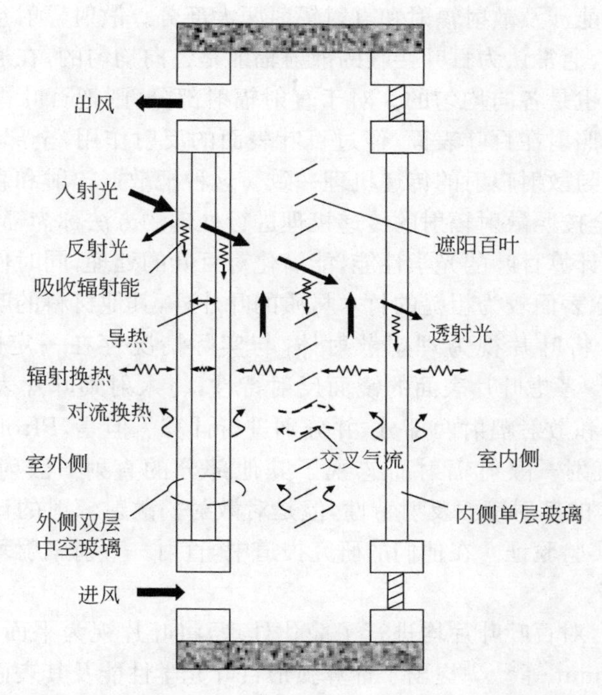

图 1.4　外双层有百叶外通风双层皮幕墙的传热过程示意图

1.3　双层皮幕墙性能研究历史和现状

双层皮幕墙作为一种新型外围护结构,其热工和节能性能成为工程界和学术界关注的焦点。双层皮幕墙系统的热过程涉及太阳辐射传递过程、气流传输过程以及热传递过程,且三者互相耦合,这使得研究变得较为复杂。对此,本书将从双层皮幕墙光学性能研究、热工性能研究、能耗特性研究三个方面对双层皮幕墙性能研究进行归纳总结。

1.3.1　光学性能研究

百叶是双层皮幕墙系统的重要组成部分,它对于改善室内热环境和幕墙的热工性能起着至关重要的作用。然而,百叶的光学性能受太阳高度、朝向、室外环境、自身几何形状以及表面光学特性、材料特性等诸多因素的影响。因此,当百叶置于幕墙系统中,将使整个幕墙体系的光学性能变得非常复杂。学者在玻璃幕墙的光学性能研究方面做了大量工作。

百叶光学性能涉及散射辐射和直射辐射两大部分。散射辐射包括天空散射和地面散射两部分，通常认为百叶接收的散射辐射是各向均匀的，在通过百叶向室内侧传递的过程中也是各向均匀的。对于直射辐射部分，则把百叶视为理想的散射体。当直射光线照射在百叶表面，经过百叶表面的反射作用，全部变为散射光线，光线的传递机理与散射辐射的传递机理一致。这种把散射辐射和直射辐射经过百叶的作用后，完全按照散射辐射的传递机理进行处理的方法称为辐射通量法[21-27]。采用辐射通量法计算百叶的光学性能，能简化对百叶的处理，同时使计算过程更加简化。实际上，除表面较为粗糙的竹木材质的叶片外，其他材料的叶片表面都具有一定的光滑度。将叶片视为理想散射体，与实际情况存在一定的出入。因此，Pfrommer 等[28,29]考虑叶片表面的镜面反射特性，将入射到叶片表面的直射辐射分离为直射辐射和散射辐射两部分，并分别进行计算。但是，Pfrommer 只考虑了被照亮部分的直射—散射辐射而忽视了其他部分的直射—散射辐射。Yahoda 等[30]考虑了叶片的散射镜面反射特性，但是对散射—散射辐射的计算并未进行详细介绍，且缺乏实验验证。在他们的研究报道中，直射—直射辐射均采用射线追踪法[25,31]进行计算。

上述研究中，对百叶叶片均进行了简化处理，将叶片视为平面，忽略其厚度的影响。Chaiyapinunt 等[32,33]提出了计算弧形百叶光学性能及其表面温度的数学模型。在该模型中，对弧形叶片进行几何描述之后，对直射辐射部分，采用辐射通量法进行计算；对于散射辐射则同时考虑天空散射和地面散射在地面和天空之间180°范围内对散射进行积分。基于这个方法，还提出了考虑叶片厚度的弧形百叶计算模型[34]。研究结果表明，当百叶角度对齐太阳入射角度时，增加叶片弧度和厚度对直射—直射光线和直射—散射光线的遮挡效果明显；当百叶处在完全遮挡直射光线的位置时，增加叶片弧度和厚度对直射—散射光线的遮挡效果也同样比较明显。

Chan 等[35]提出射线追踪法和辐射通量法的混合算法。该算法对于直射部分采用射线追踪法计算，散射部分则采用辐射通量法计算。计算直射辐射过程中采用蒙特卡罗采样法确定光线数量。研究发现，当采用辐射通量法计算叶片表面光滑的百叶透过率时，偏差可达40%。这充分说明对于表面有一定光滑度的百叶采用传统的辐射通量法计算并不合适。Kuhn 等[36-38]则提出了带有百叶的复杂形状结构的玻璃幕墙的太阳控制评估模型。该方法是基于传统一般方法采用太阳得热量和太阳得热系数进行比较分析。计算过程根据百叶的形状特点，确定其光学性能。

近年来，一种复杂而相对精确的双向(bi-directional)方法被运用于带百叶玻璃幕墙光学性能的计算。在该方法中，先通过测量幕墙中非镜面反射物质层的双向透射率和反射率;然后再测量通过各物质层的能量透过率;最后结合镜面物质层的透过率和反射率计算系统的直接定向球面透过率及各层的吸收率。由此可知,该方法是建立在大量测量数据或厂家生产数据的基础上进行计算的。该方法较早由 Klems 等[39-41]提出。Andersen 等[42,43]采用该方法计算百叶的透过率和反射率,并通过实验与射线追踪法进行对比。de Boer[44]基于双向透射分布函数(bidirectional transmittance distribution function,BTDF)模拟了复杂玻璃系统的室内亮度分布。Nilsson 等[45]利用双向散射分布函数模型对不同光学特性的百叶进行比较分析。McNeil 等[46]利用射线追踪法产生双向散射分布函数,并对其进行了验证。研究结果表明,采用双向法计算百叶和玻璃幕墙的光学性能精度较高,但是理论性较强,计算方法较复杂,所耗费的工作量和计算时间较多。

双层皮幕墙系统是由多层玻璃构成的多层玻璃系统。太阳辐射能在双层皮幕墙传递过程中同时存在透射、反射、吸收三种光学现象,且各玻璃层之间互相影响。因而整个多层玻璃系统光学性能与其中各层的光学性能息息相关。玻璃作为透明结构直射光线透过时并不改变传播路线,射线追踪法常用于计算其光学性能。当双层皮幕墙系统中含有百叶层时,入射直射光经过百叶的作用后并非按照原来的路径传递,其光学性能将更加复杂,此时采用射线追踪法势必会产生较大的误差。鉴于此,辐射能量平衡法[31,47,48]被广泛用于多层玻璃系统光学性能的计算。通过建立双层皮幕墙系统中各物质层的能量收支平衡方程,能较客观地反映系统辐射能传递的机理。

1.3.2　热工性能研究

双层皮幕墙系统的热工性能是幕墙设计的依据,也是研究其气候适应性、热舒适性、节能性的基础。双层皮幕墙的热工性能不仅与其光学性能密不可分,也与幕墙空腔的气流和室、内外的环境息息相关。因双层皮幕墙的热工性能影响因素较多,除了材料特性之外,幕墙的高度、空腔间距、百叶角度和位置、空腔气流等均是不可忽略的因素。在进行理论分析和计算中,对于给定的双层皮幕墙系统,建立合理的气流模型和传热模型是双层皮幕墙动态热工性能评价和分析的关键。现有的双层皮幕墙动态热工性能计算难以调和数学模型的精度和计算时间之间的平衡[49]。

1. 集总参数法

集总参数法[50-54]是建筑热模拟和空调系统模拟常用的方法。该方法是将热传递过程中的物理量进行简化处理,即将被研究对象的热物理参数视为均匀一致,仅与时间有关,与空间坐标无关。在双层皮幕墙的热工性能研究中,Park 等[55,56]采用集总参数法描述了带百叶的双层皮幕墙的热物理过程，并采用参数估计的方法确定模拟过程中涉及的对流换热系数、流动系数以及相关参数的值。Marta 等[57]则采用集总的热阻热容(resistance-capacity，RC)模型模拟了带有通风式双层皮幕墙的房间热性能。虽然以上的研究结果均显示采用集总参数方法的精确度较好，但是对于精度要求较高的情况显然难以达到要求。该方法简化了同一对象不同区域间的热物理性质的差异，难以详细描述局部温度或者流动变化情况的区域。

在模拟双层皮幕墙的热工性能时，集总参数法作为简化的方法，对于预测和估计内侧玻璃温度，分析其综合传热系数较为简便。此外，预测透过双层皮幕墙的得热量，计算室内冷、热负荷所花费的计算时间较短。因此，该方法在幕墙设计阶段仍然是较好的选择。

2. 气流网络法

气流网络模型是将研究对象涉及的多个区域之间的气流通过一定的流动规律联系起来。其中每个区域的空气温度是均匀的，忽略空气动量的影响[58]。通过建立各气流节点间空气能量和质量守恒方程，结合热网络模型[59]进行求解计算。

Hensen 等[60]认为气流网络法是将建筑的一部分和空调系统的流体流动系统作为节点代表整个房间和系统。节点之间的联系代表了气流的流动分布，包括门窗、空隙、风管、水管、风机、水泵等。Tanimoto 等[61]提出在机械通风的双层皮幕墙中采用气流网络模型。通过建立各节点和室外的压差关系式，结合幂律定律求解气流量。在他们的研究中，将压差和温度与测试值比较，能满足精度要求。在气流网络模型中，区域的划分可根据具体情况确定。EnergyPlus 同样采用气流网络模型计算通风空腔的气流质量[23]。取空腔入口、整个空腔、空腔出口三个节点。在进行多区域空间自然或机械通风模拟时，采用气流网络模型计算空腔气流可以显著简化计算量，但无法从微观角度分析气流的状态。因此，在进行工程计算中，当流场和气流流态无精确要求时，采用气流网络方法是较好的选择。对于双层皮幕墙系统而言，采用气流网络法评价其通风效率，结合传热模型，进行热性能和节能性能的预测和评估是较为简便且实用的方法。

3. 区域模型

区域模型的概念最早由 Lebrun[62]提出，该方法在建筑通风、气流和温度分布的预测方面应用较多。区域模型的思想是将房间或系统划分为若干个有限的区域，每个区域内的空气状态参数是均匀一致的。区域之间通过界面进行质量的交换，同时也存在能量的传递。所划分的区域比集总参数法要更加精细，但是比控制体积法要粗略一些。因此，在计算时间上，区域模型显然比控制体积法和计算流体力学方法更加有优势。

在建筑环境模拟方面区域模型通过建立区域间的能量和质量平衡方程，通过线性化的方程求解，能较快地获得计算结果，因而能快速地预测室内的温度、湿度、污染物浓度等分布情况[63-66]。在空气流动模拟[67-71]方面，区域模型相对计算流体力学方法采取更加粗糙的网格处理，且无须解气流的动量方程（Navier-Stokes 方程），对于气流的边界层流动、热羽流、喷射等问题均不作详细考虑，因此大大简化了计算过程，缩短了计算时间。

Jiru 等[72]将区域模型应用于通风式双层皮幕墙的热性能研究。垂直方向将双层皮幕墙分成三个区域，水平方向则根据双层皮幕墙所包含的物质层数进行划分。建立各区域之间的压差，采用幂定律计算空气流量。通过实验验证发现，在13:00 太阳辐射较强烈时，模拟值与实测值误差相对其他时间大，这是在进行太阳辐射处理时并未将直射辐射和散射辐射进行分离计算导致的。Kuznika 等[73]也同样采用区域模型对双层皮幕墙进行了模拟，并对其进行了实验验证，同时对空气流量和百叶角度对对流换热系数的影响进行了研究。总体而言，工程上采用区域模型对双层皮幕墙进行热性能模拟和预测在精度上可以满足要求，倘若经过一定程度的修正和改进，将能获得更加理想的结果。

4. 有限容积法

有限容积法与传统的有限差分法在获得离散方程的原理上不尽相同。有限容积法从守恒型控制方程出发对传热和流动进行描述，在相应的控制体积上作积分，同时对界面上被求函数及其一阶导数的构成方式作出假设，因而有不同的格式。与计算流体力学方法不同的是，控制体积法属于粗糙网格的数值计算，因而计算时间也比前者耗费更少。

在双层皮幕墙中，具体控制容积的尺寸须同时考虑幕墙玻璃尺寸、空腔间距、计算过程的收敛性、计算时间等。不综合考虑这些因素，机械地将玻璃幕墙离散成一定尺寸的控制体是不科学的。

Faggembauu 等[74,75] 采用基于有限容积法的先进玻璃幕墙模拟程序(advanced glazed facade simulation code，AGLA)对地中海气候区的双层皮幕墙的热工性能进行了模拟。在模拟中，将玻璃幕墙沿高度方向一维离散为若干个高度为 1m 左右的控制体。de Gracia 等[76] 同样采用有限容积法模拟具有相变材料的通风式幕墙，将高 5.1m 的墙体沿高度方向离散为 8 个控制体。他们的研究均表明，采用有限容积法能在保证计算精度的同时缩短计算时间。

5. 计算流体动力学方法

以上提到的研究双层皮幕墙热工性能的方法均不能从微观角度对空腔气流进

行描述。影响双层皮幕墙热工性能的气流因素除了气流量之外，还包括气流流态、对流换热系数等。计算流体动力学(computational fluid dynamics,CFD)方法从流体和传热等常见问题的微观角度出发，将原来时间域和空间域上连续的物理量场用一系列离散的变量集合代替，通过求解表达这些离散点的数学方程组来获得相应的近似值[77]。CFD方法在航空航天、水文气象、建筑环境等领域广泛使用。

通风式双层皮幕墙是典型的热、流体耦合的情形，采用CFD方法进行数值模拟能获得较详细的结果。CFD方法能从微观角度分析双层皮幕墙空腔气流的流动规律、温度分布[18,78-90]。Wen等[91]采用ANSYS软件对双层皮幕墙的热工性能进行模拟，分析了双层皮幕墙开口尺寸对空腔内气流分布的影响，结果表明，尺寸为4.2m×0.5m的双层皮幕墙在垂直方向上的开口最佳尺寸为0.3～0.45m。在双层皮幕墙系统中，对流换热系数的确定比较困难，难以通过实验测定，采用经验公式存在比较大的误差，而通过CFD方法确定双层皮幕墙空腔内以及百叶的对流换热系数则比较常见[92-94]。虽然CFD方法在对双层皮幕墙进行模拟时有其固有的劣势，主要表现在对于百叶等较小尺寸的构件网格划分较密、数量较多，计算时间耗费过长，对于太阳辐射的处理较为粗糙，无法进行能耗模拟等，但是在气流和温度分布的精确性方面是其他方法难以超越的。因此，CFD方法仍然是当前双层皮幕墙热工性能模拟中最常采用的方法。

1.3.3　能耗特性研究

除了热工性能，能耗特性也是衡量双层皮幕墙性能的重要指标，并且在很大程度上是其技术经济性和适应性的体现。双层皮幕墙的能耗特性直接决定了室内空调冷热负荷的大小。然而，双层皮幕墙的能耗特性受地区气候条件、幕墙自身构造和运行模式、建筑空调系统运行情况等诸多因素的影响。学者也针对这几个方面就其能耗特性开展了大量的研究工作。

Gratia等[95]认为双层皮幕墙是否能降低能耗取决于建筑的类型和使用情况、朝向、保温、内层墙体的窗墙面积比、幕墙的运行情况、遮阳装置的类型和位置、幕墙开口情况以及与幕墙相关的设备控制情况等诸多因素。通过对不同保温情形、不同自然冷却降温策略对双层皮幕墙能耗影响的研究，其结果表明，采用双层皮幕墙往往会增加室内冷负荷，不采用自然降温策略，冷负荷增加更多。Høseggen等[96]对挪威双层皮幕墙进行了模拟，结果表明，与单层玻璃幕墙相比，采用双层皮幕墙可以降低20%的供暖负荷。双层皮幕墙的空腔空气对送风进行预热，可以进一步减少热负荷。Kim等[97]研究了双层皮幕墙系统中自然通风对室内热负荷的影响。结果显示，当玻璃幕墙能接收太阳辐射时，通过与玻璃的换热，空腔内气流温度升高，降低室内热负荷。与单层玻璃幕墙相比，对于开启内外风口的斜对角通风双层皮幕墙，冬季三个月减少热负荷17.98%；对于封闭空腔循环的情形，冬季三个月可减少热负荷18.7%。

不同气候区，室外气候特点不同，双层皮幕墙系统的能耗特性也有差异。Hashemi等[98]通过模拟和现场测试，发现炎热干燥气候区采用双层皮幕墙比采用传统墙体冷、热负荷均能降低。Hamza[99]比较了炎热气候下的双层皮幕墙和单层玻璃幕墙的能耗，发现采用双层皮幕墙的冷负荷比单层玻璃幕墙更大。Ismail等[14]研究了炎热气候单层玻璃窗、填充吸收性气体的双层中空玻璃窗以及通风式双层玻璃窗的能耗特性，结果显示填充有吸收性气体的双层中空玻璃窗节能性最佳、单层玻璃窗节能性最差。同样的，Chow等[100]认为在香港地区单层吸收玻璃可降低26%的冷负荷，而在北京双层中空玻璃窗夏季能降低冷负荷75%，冬季降低热负荷46%。Chan等[101]也研究了香港地区双层皮幕墙的能耗特性。和传统的墙体加单层吸收玻璃窗的组合相比，双层皮幕墙可节约冷负荷26%。但是，从投资回收期的角度来看，采用双层皮幕墙并不经济。Haase等[102]认为在香港地区可以设计出有一定能效的双层皮幕墙。Manz等[103]对欧洲气候条件下玻璃墙体的能耗特性进行了对比研究。在欧洲，朝南向三层玻璃均能够保证净得热量；而对于双层玻璃只在一部分地方能保证净得热量。换言之，三层玻璃幕墙在欧洲节能性能较好。

Albert等采用CFD方法对温和气候国家的双层皮幕墙进行了研究，研究表明，双层皮幕墙有较好的节能效果，并可以有效地降低幕墙的过热现象，影响空腔内空气温度的主要因素为气流路径、空腔的宽度和太阳辐射照度[104]。Flores等通过对阿根廷萨尔塔市办公楼进行研究，认为通过合理地选择玻璃和适当通风，双层皮幕墙可以解决幕墙系统过热的问题，即使是西向立面也可以，另外双层皮幕墙可以有效地降低空调的冷负荷[105]。Inan等采用气流网络法对伊斯坦布尔地区的双层皮幕墙进行了研究，其中空腔对流换热系数通过CFD方法模拟获得，结果表明，伊斯坦布尔地区在冬季使用双层皮幕墙对节能是不利的，并且不适用24h工作的建筑，在夏季使用双层皮幕墙的办公楼东、西、东南和西南方向的得热量明显减少。另外由于伊斯坦布尔气候的单层皮幕墙(single skin facade，SSF)全天能源性能，8:00到18:00的工作的办公楼比24h的建筑物更适合使用双层皮幕墙[106]。其他地区双层皮幕墙的能耗特性可见相关文献[107]和[108]。

1.4 双层皮幕墙传热研究目的及本书主要内容

1.4.1 双层皮幕墙传热研究目的

探索准确可靠易行的双层皮幕墙传热计算分析方法，既有利于建筑能耗的准确分析和节能建筑的正确评价,更有利于双层皮幕墙保温隔热性能的准确分析,为建筑节能提供强有力的基础理论保证。从双层皮幕墙性能研究历史和现状可以看出,现有的动态模拟分析方法难以在满足工程精度要求的同时进行简单快速计算。集总参数法最大的优点是简单易懂,无须对研究对象进行单元划分,大大节省计算时间,简化计算过程。但是,在双层皮幕墙的模拟方面,无法对空腔内部乃至玻璃的温度梯度进行描述。气流网络法是将空腔气流按照网络节点建立其流量方程,结合热网络模型进行模拟计算,是一种简化的气流计算方法。这种以气流优先的计算方法,在求解的过程中对计算速度有较大的影响,尤其是热网络节点较多的复杂情形,如带百叶的双层皮幕墙系统。有限容积法可以对双层皮幕墙进行模拟,它对传热和流动是在控制体上做积分,需要充分考虑复杂的边界条件,理论性较强,不易被工程技术人员掌握。此外,控制体积划分不合理,边界条件处理不当,易造成较大误差。CFD 方法是所有方法中计算精度最高且能够从微观角度描述气流流态和温度分布的方法。但是,对双层皮幕墙的模拟,百叶叶片较薄,网格数量巨大,计算速度慢,计算量大。另外,CFD 方法无法对双层皮幕墙进行动态模拟。在能耗模拟方面,虽然目前国际上通用的 EnergyPlus 能耗模拟软件能够对双层皮幕墙进行模拟,但是在动态模拟方面,EnergyPlus 对于气流流动的计算过于简化,致使其能耗模拟存在偏差。

针对现有方法中存在的一些问题,本书旨在建立简单快速、能满足工程设计精度要求的双层皮幕墙动态传热模拟计算模型和方法,克服已有方法不能准确计算带百叶双层皮幕墙中太阳辐射传递,太阳辐射传递-动态热传递-空气流动耦合建模困难,以及计算速度慢等难题,开发双层皮幕墙动态热传递模拟计算模型,实现与建筑能耗模拟的耦合计算,为建筑设计、建筑热工和暖通空调领域的工程技术人员分析和计算双层皮幕墙传热问题提供了一套快速有效的理论和方法,为设计和应用双层皮幕墙提供了重要的理论、方法和技术支撑。

1.4.2 本书主要内容

本书主要内容涉及太阳辐射计算、多层玻璃幕墙系统太阳辐射传递计算、自然通风条件下双层皮幕墙动态传热模拟计算、机械通风下双层皮幕墙动态传热模拟计算、双层皮幕墙热性能简化计算、双层皮幕墙在各气候区的适用性和技术经济分析以及双层皮幕墙与能耗模拟的联合计算等。具体内容如下:

(1) 根据太阳空间位置及太阳与垂直壁面的相对关系确定壁面太阳入射角。同时,确定晴朗天气下不同地理位置和朝向的垂直壁面接收的直射辐射照度、散射辐射照度以及总辐射照度。

(2) 建立多层玻璃系统的光学模型。同时考虑百叶叶片的镜面特性和散射特性，结合射线追踪法和辐射通量法提出遮阳百叶的混合光学模型。采用净辐射法建立能量平衡方程计算整个双层皮幕墙系统的总透过率、反射率及吸收率。

(3) 通过改进的分区方法，建立双层皮幕墙动态传热区域模型、自然通风气流模型和机械通风气流模型。分别模拟自然通风和机械通风条件下双层皮幕墙的热工性能，通过实验对该方法和模型进行验证。

(4) 通过开发的自然通风双层皮幕墙模拟计算模型确定影响双层皮幕墙透过太阳辐射和室内对流得热的关键参数，将参数分区段模拟计算，绘制成性能参数表，给出插值计算双层皮幕墙热性能的简化计算方法。

(5) 选取中国五个气候区的典型城市，计算不同朝向、不同结构和运行方式的双层皮幕墙的得热量，通过对比分析得到各个气候区双层皮幕墙性能最优的结构和运行方式。

(6) 对夏热冬冷地区典型城市的双层皮幕墙全年能耗进行模拟，分别与该地区最为常见和普遍使用的墙体形式的能耗情况进行比较，并对双层皮幕墙进行经济性分析，研究双层皮幕墙在夏热冬冷地区的适宜性。

(7) 开发双层皮幕墙热性能计算功能模块(double skin facade functional mock-up unit，dsfFMU)，通过国际通用模型标准接口(functional mock-up interface，FMI)将计算模块 dsfFMU 与建筑能耗模拟平台 DeST 相耦合，实现与建筑能耗模拟的联合计算。

参考文献

[1] 清华大学建筑节能研究中心．中国建筑节能年度发展研究报告 2019．北京：中国建筑工业出版社，2019.

[2] 江亿．中国建筑能耗现状及节能途径分析．新建筑，2008，24(2)：4-7.

[3] 刘伟．建筑节能新标准新要求与节能达标规划设计、施工新技术实用手册．北京：中国建筑科技出版社，2007.

[4] 周鑫发．应用可再生能源技术实现长三角地区建筑节能的探讨．能源工程，2004，(1)：25-50.

[5] 李保峰．适应夏热冬冷地区气候的建筑表皮之可变化设计策略研究．北京：清华大学博士学位论文，2004.

[6] 宋秋芝．我国玻璃幕墙发展现状及趋势．玻璃深加工，2009，36(2)：29-31.

[7] 钱发．双层皮幕墙通风性能研究．重庆：重庆大学硕士学位论文，2009.

[8] Jiru T E，Tao X Y，Haghighat F. Airflow and heat transfer in double skin facades. Energy and Buildings，2011，43(10)：2760-2766.

[9] Baldinelli G. Double skin facades for warm climate regions：Analysis of a solution with an integrated movable shading system. Building and Environment，2009，449(6)：1107-1118.

[10] Wigginton M, Harris J. Intelligent Skins. Oxford: Elsevier, 2002.
[11] 顾瑞青. 建筑遮阳产品应用手册. 北京:中国建筑工业出版社,2010.
[12] 住房和城乡建设部. 建筑遮阳产品推广应用技术指南. 北京:中国建筑工业出版社,2011.
[13] 朱洪祥. 中空玻璃的生产与选用. 济南:山东大学出版社,2006.
[14] Ismail K A R, Salinas C T, Henriquez J R. A comparative study of naturally ventilated and gas filled windows for hot climates. Energy Conversion and Management, 2009, 50(7): 1691-1703.
[15] Arie M, Kan M. An investigation of flow and conjugate heat transfer in multiple pane windows with respect to gap width, emissivity and gas filling. Renewable Energy, 2015, 75: 249-256.
[16] Ismail K A R, Salinas C T, Henriquez J R. Comparison between PCM filled glass windows and absorbing gas filled windows. Energy and Buildings, 2008, 40(5): 710-719.
[17] Huang Y, Niu J L. Application of super-insulating translucent silica aerogel glazing system on commercial building envelope of humid subtropical climates—Impact on space cooling load. Energy, 2015, 83(1): 316-325.
[18] Suárez M, Sanjuan C, Gutiérrez A J, et al. Energy evaluation of an horizontal open joint ventilated facade. Applied Thermal Engineering, 2012, 37: 302-313.
[19] Gratia E, Herde A D. Natural ventilation in a double-skin facade. Energy and Buildings, 2004, 36(2): 137-146.
[20] Gratia E, Herde A D. Guidelines for improving natural daytime ventilation in an office building with a double-skin facade. Solar Energy, 2001, 81(4): 435-448.
[21] Kotye N A, Collins M R, Wright J L, et al. A simplified method for calculating the effective solar optical properties of a venetian blind layer for building energy simulation. Journal of Solar Energy Engineering, 2009, 131(2): 1-9.
[22] Kotey N A, Wright J L. Simplified solar optical calculations for windows with venetian blinds. Proceedings of the 31st Conference of the Solar Energy Society of Canada, Montral, 2006.
[23] EnergyPlus. EnergyPlus Engineering Document: The Reference to EnergyPlus Calculations. USA: US Department of Energy, 2005.
[24] Xu X L, Yang Z. Natural ventilation in the double skin facade with Venetian blind. Energy and Buildings, 2008, 40(8): 1498-1504.
[25] Gomes M G, Rodrigues A M, Bogas J A. Numerical and experimental study of the optical properties of venetian blinds. Journal of Building Physics, 2012, 36(1): 7-34.
[26] Gomes M G, Santos A J, Rodrigues A M. Solar and visible optical properties of glazing systems with venetian blinds: Numerical, experimental and blind control study. Building and Environment, 2014, 71: 47-59.
[27] ISO 15099. Thermal performance of windows, doors, and shading devices detailed calculations. Geneva: International Standards Organization, 2003.

[28] Pfrommer P. Thermal Modelling of Highly Glazing Spaces. Leicester:De Montfort University,1995.

[29] Pfrommer P,Lomas K J,Kupke C. Solar radiation transport through slat-type blinds：A new model and its application for thermal simulation of buildings. Solar Energy,1996,57(2):77-91.

[30] Yahoda D S,Wright J L. Methods for calculating the effective solar-optical properties of a venetian blind layer. ASHRAE Transactions,2005,111(1):572-586.

[31] ASHRAE. ASHRAE Handbook of Fundamentals. Atlanta：The American Society of Heating Refrigeration and Air Conditioning Engineers,Inc.,2005,31:13-69.

[32] Chaiyapinunt S,Worasinchai S. Development of a model for calculating the longwave optical properties and surface temperature of a curved venetian blind. Solar Energy,2009,83(6):817-831.

[33] Chaiyapinunt S,Khamporn N. Shortwave thermal performance for a glass window with a curved venetian blind. Solar Energy,2013,91:174-185.

[34] Chaiyapinunt S,Worasinchai S. Development of a mathematical model for a curved slat venetian blind with thickness. Solar Energy,2009,83(7):1093-1113.

[35] Chan Y C,Tzempelikos A. A hybrid ray-tracing and radiosity method for calculating radiation transport and illuminance distribution in spaces with venetian blinds. Solar Energy,2012,86(11):3019-3124.

[36] Kuhn T E. Solar control：A general evaluation method for facades with venetian blinds or other solar control systems. Energy and Buildings,2006,38(6):648-660.

[37] Kuhn T E. Solar control：Comparison of two new systems with the state of the art on the basis of a new general evaluation method for facades with venetian blinds or other solar control systems. Energy and Buildings,2006,38(6):661-672.

[38] Kuhn T E,Sebastian H,Francesco F,et al. Solar control：A general method for modelling of solar gains through complex facades in building simulation programs. Energy and Buildings,2011,43(1):19-27.

[39] Klems J H. A new method for predicting the solar heat gain of complex fenestration systems：I. Overview and derivation of the matrix layer calculation. ASHRAE Transactions,1994,100(1):1065-1072.

[40] Klems J H. A new method for predicting the solar heat gain of complex fenestration systems：Ⅱ. Detailed description of the matrix layer calculation. ASHRAE Transactions,1994,100(1):1073-1086.

[41] Klems J H,Warner J L. Measurement of bi-directional optical properties of complex shading devices. ASHRAE Transactions,1996,101(1):791-801.

[42] Andersen M,Rubin M,Powles R,et al. Bi-directional transmission properties of Venetian blinds：Experimental assessment compared to ray-tracing calculations. Solar Energy,2005,78(2):187-198.

[43] Andersen M, de Boer J. Goniophotometry and assessment of bidirectional photometric properties of complex fenestration systems. Energy and Buildings, 2006, 38(7): 836-848.

[44] de Boer J. Modelling indoor illumination by complex fenestration systems based on bidirectional photometric data. Energy and Buildings, 2006, 38(7): 849-868.

[45] Nilsson A M, Jonsson J C. Light-scattering properties of a Venetian blind slat used for daylighting applications. Solar Energy, 2010, 84(12): 2103-2111.

[46] McNeil A, Jonsson J C, Appelfeld D, et al. A validation of a ray-tracing tool used to generate bi-directional scattering distribution functions for complex fenestration systems. Solar Energy, 2013, 98(C): 404-414.

[47] 江亿,李元哲,狄洪发. 关于透过体系透过率计算方法的探讨. 太阳能学报, 1980, 1(2): 166-175.

[48] Zanghirella F, Perino M, Valentina S. A numerical model to evaluate the thermal behavior of active transparent facades. Energy and Buildings, 2011, 43(5): 1123-1138.

[49] de Gracia A, Castell A, Navarro L, et al. Numerical modelling of ventilated facades: A review. Renewable and Sustainable Energy Reviews, 2013, 22: 539-549.

[50] Underwood C P. An improved lumped parameter method for building thermal modeling. Energy and Buildings, 2014, 79: 191-201.

[51] Ramallo-Gonzalez A, Eames M E, Colev D A. Lumped parameter models for building thermal modelling: An analytic approach to simplifying complex multi-layered constructions. Energy and Buildings, 2013, 60: 174-184.

[52] Tan Z, Su G, Su J. Improved lumped models for combined convective and radiative cooling of a wall. Applied Thermal Engineering, 2009, 29(11-12): 2439-2443.

[53] Wemhoff A P, Frank M V. Predictions of energy savings in HVAC systems by lumped models. Energy and Buildings, 2010, 42(10): 1807-1814.

[54] 杨世铭,陶文铨. 传热学. 4版. 北京:高等教育出版社, 2006.

[55] Park C S, Augenbroe G, Sadegh N, et al. Real-time optimization of a double-skin facade based on lumped modeling and occupant preference. Building and Environment, 2004, 39(8): 939-948.

[56] Park C S, Augenbroe G, Messadi T, et al. Calibration of a lumped simulation model for double-skin facade systems. Energy and Buildings, 2004, 36(11): 1117-1130.

[57] Marta J N, Oliveira P, Carolina A P S, et al. Validation of a lumped RC model for thermal simulation of a double skin natural and mechanical ventilated test cell. Energy and Buildings, 2016, 121: 92-103.

[58] Wang L Z, Chen Q Y. Evaluation of some assumptions used in multizone airflow network models. Building and Environment, 2008, 43(10): 1671-1677.

[59] Dehra H. A two dimensional thermal network model for a photovoltaic solar wall. Solar Energy, 2009, 83(11): 1933-1942.

[60] Hensen D J, Bartak M, Drkal F. Modeling and simulation of a double-skin facade system. ASHRAE Transactions, 2002, 108: 1251-1259.

[61] Tanimoto J, Kimura K. Simulation study on an airflow window system with an integrated roll screen. Energy and Buildings, 1997, 26(3): 317-325.

[62] Lebrun J. Exigences Physiologiques et Modalites Physiques de Laclimatisation Par Source Statique Concentreee. Belgique: Universitee de Lieege, 1970.

[63] Song F T, Yang X D, et al. A new approach on zonal modeling of indoor environment with mechanical ventilation. Building and Environment, 2008, 43(3): 278-286.

[64] Chen Y L, Wen J. Comparison of sensor systems designed using multizone, zonal, and CFD data for protection of indoor environments. Building and Environment, 2010, 45(4): 1061-1071.

[65] Inard C, Bouia H, Dalicieux P. Prediction of air temperature distribution in buildings with a zonal model. Energy and Buildings, 1996, 24(2): 125-132.

[66] Inard C, Meslewm A, Depecker P. Energy consumption and thermal comfort in dwelling-cells: A zonal-model approach. Building and Environment, 1998, 33(5): 279-291.

[67] Musy M, Wurtz E, Frederick W, et al. Generation of a zonal model to simulate natural convection in a room with a radiative/convective heater. Building and Environment, 2001, 36(5): 589-596.

[68] Abadie M O, Camargo M M, Mendonca K C, et al. Improving the prediction of zonal modeling for forced convection airflows in rooms. Building and Environment, 2012, 48: 173-182.

[69] Wurtz E, Nataf J M, Winkelmann F. Two and three dimensional natural and mixed convection simulation using modular zonal models in buildings. International Journal of Heat and Mass Transfer, 1999, 42(5): 923-940.

[70] Daoua A, Galanis N. Prediction of airflow patterns in a ventilated enclosure with zonal methods. Applied Energy, 2008, 85(6): 439-448.

[71] Norrefeldt V, Grun G, Sedlbauer K. VEPZO-Velocity propagating zonal model for the estimation of the airflow pattern and temperature distribution in a confined space. Building and Environment, 2012, 48: 183-194.

[72] Jiru T E, Haghighat F. Modeling ventilated double skin facade: A zonal approach. Energy and Buildings, 2008, 40(8): 1567-1576.

[73] Kuznika F, Catalina T, Gauzere L, et al. Numerical modelling of combined heat transfers in a double skin facade-full-scale laboratory experiment validation. Applied Thermal Engineering, 2011, 31(14-15): 3043-3054.

[74] Faggembauu D, Costa M, Soria M, et al. Numerical analysis of the thermal behaviour of ventilated glazed facades in Mediterranean climates. Part I: Development and validation of a numerical model. Solar Energy, 2003, 75(3): 217-228.

[75] Faggembauu D, Costa M, Soria M, et al. Numerical analysis of the thermal behaviour of ventilated glazed facades in Mediterranean climates. Part II: Applications and analysis of results. Solar Energy, 2003, 75(3): 229-239.

[76] de Gracia A, Navarro L, Castell A, et al. Numerical study on the thermal performance of a ventilated facade with PCM. Applied Thermal Engineering, 2013, 61(2): 372-380.

[77] 王福军. 计算流体动力学分析. 北京:清华大学出版社, 2004.

[78] Pasut W, de Carli M. Evaluation of various CFD modelling strategies in predicting airflow and temperature in a naturally ventilated double skin facade. Applied Thermal Engineering, 2012, 37: 267-274.

[79] Guardo A, Coussirat M, Valero C, et al. CFD assessment of the performance of lateral ventilation in double glazed facades in Mediterranean climates. Energy and Buildings, 2011, 43(9): 2539-2547.

[80] Pappas A, Zhai Z. Numerical investigation on thermal performance and correlations of double skin facade with buoyancy-driven airflow. Energy and Buildings, 2008, 40(4): 466-475.

[81] Coussirat M, Guardo A, Jou E, et al. Performance and influence of numerical sub-models on the CFD simulation of free and forced convection in double-glazed ventilated facades. Energy and Buildings, 2008, 40(10): 1781-1789.

[82] Han J, Lu L, Yang H X. Numerical evaluation of the mixed convective heat transfer in a double-pane window integrated with see-through a-Si PV cells with low-ecoatings. Applied Energy, 2010, 87(11): 3431-3437.

[83] Nazanin N, Majid S. Performance enhancement of double skin facades in hot and dry climates using wind parameters. Renewable Energy, 2015, 83: 1-12.

[84] Hazem A, Ameghchouche M, Bougriou C. A numerical analysis of the air ventilation management and assessment of the behavior of double skin facades. Energy and Buildings, 2015, 102(1): 225-236.

[85] Hong X Q, He W, Hu Z T, et al. Three-dimensional simulation on the thermal performance of a novel Trombe wall with venetian blind structure. Energy and Buildings, 2015, 89: 32-38.

[86] Sanjuan C, Suarez M J, Blanco E, et al. Development and experimental validation of a simulation model for open joint ventilated facades. Energy and Buildings, 2011, 43(12): 3446-3456.

[87] Sanjuan C, Suarez M J, Gonzalez M, et al. Energy performance of an open-joint ventilated facade compared with a conventional sealed cavity facade. Solar Energy, 2011, 85(9): 1851-1863.

[88] Giancola E, Sanjuan C, Blanco E, et al. Experimental assessment and modelling of the performance of an open joint ventilated facade during actual operating conditions in Mediterranean climate. Energy and Buildings, 2012, 54: 363-375.

[89] Darkwa J, Li Y, Chow D H C. Heat transfer and air movement behaviour in a double-skin facade. Sustainable Cities and Society, 2014, 10: 130-139.

[90] Zeng Z, Li X F, Li C, et al. Modeling ventilation in naturally ventilated double-skin facade with a venetian blind. Building and Environment, 2012, 57: 1-6.

[91] Wen Y, Guo Q, Xiao P A, et al. The impact of opening sizing on the airflow distribution of double-skin facade. Procedia Engineering, 2017, 205: 4111-4116.

[92] Iyi D, Hasan R, Penlington R, et al. Double skin facade: Modelling technique and influence of venetian blinds on the airflow and heat transfer. Applied Thermal Engineering, 2014, 71(1): 219-229.

[93] Karmele U M, Sala, J M. Heat transfer through a double-glazed unit with an internal louvered blind: Determination of the thermal transmittance using a biquadratic equation. International Journal of Heat and Mass Transfer, 2012, 55(4): 1226-1235.

[94] Cipriano J, Houzeaux G, Chemisana D, et al. Numerical analysis of the most appropriate heat transfer correlations for free ventilated double skin photovoltaic facades. Applied Thermal Engineering, 2013, 57(1-2): 57-68.

[95] Gratia E, Herde A D. Are energy consumptions decreased with the addition of a double-skin? Energy and Buildings, 2007, 39(5): 605-619.

[96] Høseggen R, Wachenfeldt B J, Hanssen S O. Building simulation as an assisting tool in decision making case study: With or without a double- skin facade? Energy and Buildings, 2008, 40(5): 821-827.

[97] Kim Y M, Lee J H, Kim S M, et al. Effects of double skin envelopes on natural ventilation and heating loads in office buildings. Energy and Buildings, 2011, 43(9): 2118-2126.

[98] Hashemi N, Fayaz R, Sarshar M. Thermal behaviour of a ventilated double skin facade in hot arid climate. Energy and Buildings, 2010, 42(10): 1823-1832.

[99] Hamza N. Double versus single skin facades in hot arid areas. Energy and Buildings, 2008, 40(3): 240-248.

[100] Chow T T, Zhang L, Fong K F, et al. Thermal performance of natural airflow window in subtropical and temperate climate zones: A comparative study. Energy Conversion and Management, 2009, 50(8): 1884-1890.

[101] Chan A L S, Chow T T, Fong K F, et al. Investigation on energy performance of double skin facade in Hong Kong. Energy and Buildings, 2009, 41(11): 1135-1142.

[102] Haase M, Marques da Silva F, Amato A. Simulation of ventilated facades in hot and humid climates. Energy and Buildings, 2009, 41(4): 361-373.

[103] Manz H, Menti U P. Energy performance of glazings in European climates. Renewable Energy, 2012, 37(1): 226-232.

[104] Albert A, Nuno M M, Ricardo M S F, et al. Parametric study of double-skin facades performance in mild climate countries. Journal of Building Engineering, 2017, 12: 87-98.

[105] Flores L S, Rengifo L, Celina F. Double skin glazed facades in sunny Mediterranean climates. Energy and Buildings, 2015, 102(1): 18-31.

[106] Inan T, Basara T. Experimental and numerical investigation of forced convection in a double skin facade by using nodal network approach for Istanbul. Solar Energy, 2019, 183(1): 441-452.

[107] Yilmaz Z, Cetintas F. Double skin facade's effects on heat losses of office buildings in Istanbul. Energy and Buildings, 2005, 37(7): 691-697.

[108] Peci L F, Santiago M R A. Sensitivity study of an opaque ventilated facade in the winter season in different climate zones in Spain. Renewable Energy, 2015, 75: 524-533.

第 2 章　建筑立面太阳辐射计算

2.1　概　　述

太阳辐射对半透明围护结构,特别是双层皮幕墙的热传递过程及室内得热量影响很大。准确计算双层皮幕墙接收到的太阳辐射量,是准确计算双层皮幕墙热性能的基础。

透过大气层到达地面的太阳辐射中,一部分是方向未经改变的,即通常所讲太阳直射辐射;另一部分由于被气体分子、液体或固体颗粒反射,到达地球表面时并无特定方向的,被称为太阳散射辐射。太阳辐射是太阳直射辐射和太阳散射辐射的总和。在我国,北方和西北地区主要以太阳直射辐射为主,而在南方地区,天空散射辐射所占的比例比较大[1]。影响太阳辐射的因素很多,其中主要包括太阳的高度角、大气透明度、地理纬度、天空云量和海拔等因素[2]。因此,它随地理位置、气候、季节,甚至同一天内的不同时间而发生变化。

太阳辐射对双层皮幕墙、玻璃窗等半透明围护结构的作用过程如图 2.1 所示[3]。入射到半透明围护结构外表面的太阳辐射有一部分被围护结构表面反射掉,不会成为房间得热,有一部分则会透过半透明围护结构,直接进入室内并被围护结构内表面、家具、空气所吸收;剩下的一部分被该半透明围护结构所吸收引起其本身温度的升高,被吸收的这部分热量又会通过导热和长波辐射换热方式进入室内。其中,透过半透明围护结构直接射入室内的太阳辐射热,对房间的温度状况有着特殊的影响,这种影响可能是正面的,也可能是负面的。以我国夏热冬冷地区

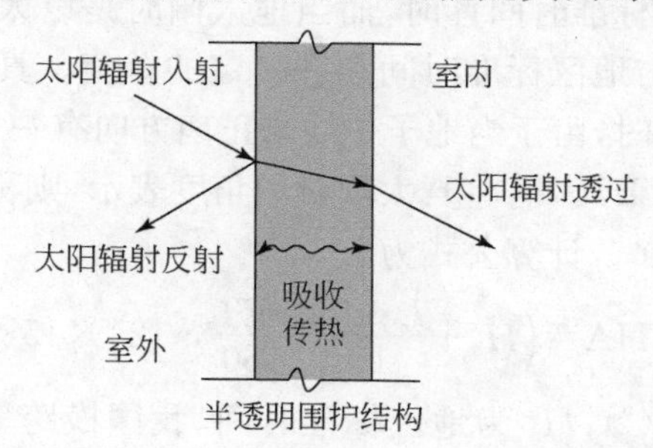

图 2.1　太阳辐射对半透明围护结构的作用过程

为例，在寒冷冬季，往往是希望透过玻璃窗等半透明围护结构进入的太阳辐射尽可能地多；而在炎热夏季，白天通过玻璃窗等半透明围护结构进入室内的热量绝大部分来自太阳辐射，这正是夏季空调负荷增加或室内过热的主要原因，此时就需要尽可能地减少透过玻璃窗进入室内的太阳辐射热量。

因此，太阳辐射对于建筑室内热环境影响重大，准确计算入射到半透明围护结构外表面的太阳辐射照度是分析双层皮幕墙、玻璃窗传热性能的基础。

2.2 壁面太阳入射角的计算

2.2.1 太阳空间位置计算

1. 太阳高度角

太阳光线与地平面之间的夹角称为太阳高度角，用符号 h 表示。它随地区、季节和每日时刻的不同而改变。显然，在日出、日落时，太阳高度角为 0°。具体说来，太阳高度角的大小与太阳时角、赤纬角和当地纬度有关，其数学表达式如下[2]：

$$\sin h=\sin\delta\sin\mathrm{LA}+\cos\delta\cos\mathrm{LA}\cos\mathrm{HA} \tag{2.1}$$

式中，LA 为观察点的地理纬度，(°)；δ 是太阳赤纬角，(°)；HA 是太阳时角，(°)，当太阳位于壁面所在子午线正上空时，时角为 0°。

地心与太阳中心的连线与地球赤道平面的夹角称为太阳赤纬角，它是一个以一年为周期变化的量。由于太阳赤纬角的变化，产生四季的交替变化。其计算式为

$$\delta=23.45\sin\left(360\times\frac{284+n}{365}\right) \tag{2.2}$$

式中，δ 为太阳赤纬角，(°)；n 为日期序数(1 月 1 日，$n=1$)。

由于各地均以当地标准时间计时，而当地太阳时是以太阳通过当地子午线为午时，因而当地太阳时与地区标准时间存在一定的差值。真太阳时是以当地太阳位于正南向的瞬时为午时，由于当地子午线与正南方向有一定差异，因而真太阳时与当地太阳时存在时差 ET。若将真太阳时用角度表示，则称为太阳时角。真太阳时为 12 点时的时角为 0°。计算公式为

$$\mathrm{HA}=\left(H_s+\frac{L-L_s}{15}+\frac{\mathrm{ET}}{60}-12\right)\times 15 \tag{2.3}$$

式中，HA 为太阳时角，(°)；H_s 为地区标准时间，我国横跨 5 个时区，统一采用当太阳通过东经 120°正南向的瞬时为正午 12 时来均分一天的时间，以此作为全国标准时，称为北京时间；L 为当地经度，(°)；L_s 为地区标准时间位置的经度，我国以东

经 120°为标准经度,(°);ET 为时差,min。

时差可直接查表获得,也可通过式(2.4)计算[4]。

$$ET=2.2918[0.0075+0.1868\cos\Gamma-3.2077\sin\Gamma-1.14615\cos(2\Gamma)-4.089\sin(2\Gamma)] \tag{2.4}$$

其中

$$\Gamma=360\times\frac{n-1}{365} \tag{2.5}$$

分别以北京、长沙、上海、广州为例,计算 1 月 21 日和 7 月 21 日太阳高度角的值,见表 2.1。

表 2.1　北京、长沙、上海、广州 1 月 21 日和 7 月 21 日太阳高度角的计算值

[单位:(°)]

时刻	北京		长沙		上海		广州	
	1-21	7-21	1-21	7-21	1-21	7-21	1-21	7-21
5:00	0	0	0	0	0	0	0	0
6:00	0	9.71	0	2.58	0	10.40	0	0.91
7:00	0	20.87	0	15.10	0	22.84	0	13.93
8:00	4.55	32.34	7.36	28.01	0.86	35.56	9.87	27.29
9:00	13.83	43.81	18.58	41.14	12.14	48.38	21.70	40.88
10:00	21.55	54.86	28.45	54.35	22.27	61.05	32.25	54.61
11:00	27.10	64.51	36.20	67.39	30.65	72.78	40.69	68.39
12:00	29.85	70.28	40.81	79.13	36.42	79.27	45.78	81.99
13:00	29.40	68.61	41.36	80.17	38.68	72.79	46.32	83.05
14:00	25.83	60.77	37.73	68.85	36.98	61.07	42.17	69.52
15:00	19.62	50.35	30.68	55.86	31.66	48.40	34.36	55.73
16:00	11.41	39.05	21.27	42.65	23.61	35.58	24.19	42.00
17:00	1.81	27.54	10.34	29.50	13.68	22.86	12.60	28.40
18:00	0	16.17	0	16.56	2.54	10.42	0.13	15.01
19:00	0	5.21	0	3.99	0	0	0	1.95
20:00	0	0	0	0	0	0	0	0

表 2.1 计算数据可知,当有太阳照射时,太阳高度角随时间变化,接近正午时分,太阳高度角达到最大值。同一地区、同一时刻,夏季太阳高度角较冬季大,且夏季全天日照时间比冬季长。不同地区太阳高度角也存在差别,这充分说明太阳高度角与各地区经度、纬度相关。

2. 太阳方位角

太阳光线在地平面上的投影线与地平面正南向的夹角称为太阳方位角，用符号 ϕ 表示。规定偏西为正，偏东为负，正南为 0°，它的变化范围为[－180°，180°]。其计算式为式(2.6)或式(2.7)[2]。当计算出的 $\sin\phi>1$ 或 $\sin\phi$ 的绝对值较小时，应采用式(2.7)计算。

$$\sin\phi=\frac{\cos\delta\sin\mathrm{HA}}{\cos h} \tag{2.6}$$

$$\cos\phi=\frac{\sin h\sin\mathrm{LA}-\sin\delta}{\cos h\cos\mathrm{LA}} \tag{2.7}$$

一天中的中午，即真太阳时 12 时的时候，太阳位于正南，方位角为 0°。任何一天内，上、下午太阳的位置对称于真太阳时 12 时。

同样以北京、长沙、上海、广州为例，计算 1 月 21 日和 7 月 21 日太阳方位角的值，见表 2.2。

表 2.2 北京、长沙、上海、广州 1 月 21 日和 7 月 21 日太阳方位角的计算值

[单位：(°)]

时刻	北京		长沙		上海		广州	
	1-21	7-21	1-21	7-21	1-21	7-21	1-21	7-21
0:00	132.32	159.56	104.52	152.52	123.53	162.45	93.05	150.88
1:00	−154.59	−168.61	−146.58	−171.75	−128.10	−162.47	−118.17	−170.71
2:00	−125.87	−153.40	−108.74	−154.34	−106.07	−146.92	−94.93	−152.22
3:00	−108.40	−139.86	−96.00	−139.86	−94.87	−134.10	−88.23	−137.60
4:00	−96.27	−128.13	−88.29	−128.41	−86.89	−123.71	−83.48	−126.66
5:00	−86.45	−117.86	−82.01	−119.33	−79.94	−115.13	−79.08	−118.39
6:00	−77.48	−108.58	−76.01	−111.87	−73.09	−107.69	−74.47	−111.91
7:00	−68.52	−99.72	−69.65	−105.41	−65.70	−100.85	−69.24	−106.57
8:00	−58.94	−89.39	−62.41	−99.42	−57.20	−93.98	−62.97	−101.93
9:00	−48.20	−80.25	−53.67	−86.69	−46.95	−86.20	−55.02	−97.58
10:00	−35.83	−66.80	−42.70	−86.12	−34.29	−75.51	−44.53	−93.07
11:00	−21.61	−46.26	−28.76	−75.12	−18.85	−55.06	−30.48	−87.20
12:00	−5.89	−12.23	−11.72	−46.28	−1.30	−0.06	−12.40	−71.63
13:00	10.31	28.27	6.98	39.38	16.42	55.00	7.92	68.20
14:00	25.70	56.08	24.65	73.28	32.24	75.49	26.76	86.56
15:00	39.40	72.97	39.43	85.14	45.29	93.82	41.73	92.67

续表

时刻	北京		长沙		上海		广州	
	1-21	7-21	1-21	7-21	1-21	7-21	1-21	7-21
16:00	51.29	84.80	51.10	92.57	55.85	93.97	52.93	97.23
17:00	61.66	94.48	60.34	98.74	64.56	100.83	61.36	101.57
18:00	71.02	103.40	67.90	104.71	72.07	107.68	67.95	106.17
19:00	79.91	112.36	74.43	111.09	78.97	115.11	73.37	111.44
20:00	91.00	121.99	80.47	118.41	85.85	123.70	78.08	117.80
21:00	99.28	132.81	93.40	127.27	93.60	134.08	82.49	125.89
22:00	112.46	145.28	93.77	138.40	104.08	146.89	92.91	136.58
23:00	132.32	159.56	104.52	152.52	123.53	162.45	93.05	150.88

从表 2.2 可知，太阳方位角在一天 24h 内一直在发生变化，这是地球自西向东转的过程中，太阳东升西落导致的。然而，随着地理位置和日期的不同，太阳方位角也有差别。结合太阳高度角和太阳方位角便可确定一天中太阳的位置。

2.2.2　太阳与垂直壁面之间的相对关系

太阳高度角 h 和太阳方位角 ϕ 可以用来确定太阳的空间位置。为了进一步确定太阳照射在垂直围护结构表面（垂直壁面）上的具体情形，还需要利用其他一些角度进行描述。其中主要涉及的角度包括壁面方位角(θ)、壁面太阳方位角(ψ)、壁面太阳入射角(Ω)等，如图 2.2 所示。

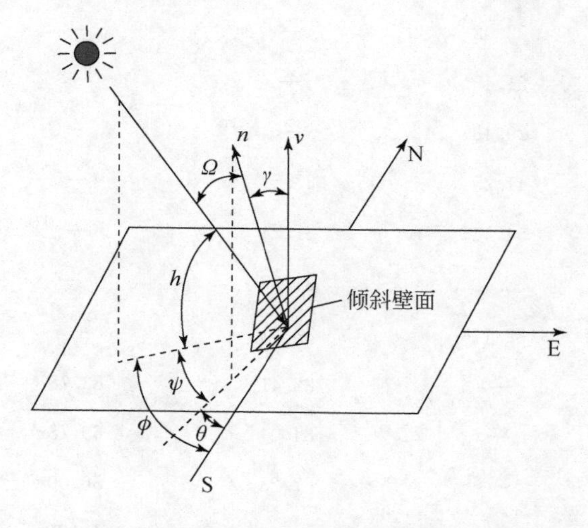

图 2.2　太阳与垂直壁面之间的相对位置

1. 壁面太阳方位角

太阳入射光线在水平面上的投影线与壁面法线在水平面上的投影线之间的夹角称为壁面太阳方位角。计算式为

$$\psi=\phi-\theta \tag{2.8}$$

式中，ψ 为壁面太阳方位角，(°)；θ 为壁面方位角（即壁面法线在水平面上的投影线与正南向的夹角，偏西为正，偏东为负），(°)。正南向的壁面太阳方位角 ψ 就等于太阳方位角 ϕ，即 $\psi=\phi$。

2. 壁面太阳入射角

太阳入射光线与壁面法线间的夹角称为太阳入射角，其计算公式为

$$\cos\Omega=\cos h\cos\psi\sin\gamma+\sin h\cos\gamma \tag{2.9}$$

式中，Ω 为太阳入射角，(°)；γ 为壁面的倾斜角度，(°)。

当壁面为垂直时，$\gamma=90°$，此时式(2.9)变为

$$\cos\Omega=\cos h\cos\psi \tag{2.10}$$

表 2.3 给出了长沙市 7 月 21 日东、西、南、北四个朝向垂直壁面的太阳入射角的计算值。

表 2.3 长沙市 7 月 21 日各朝向垂直壁面太阳入射角的计算值[单位:(°)]

时刻	东	南	西	北
5:00	—	—	—	—
6:00	22.02	—	—	68.15
7:00	21.45	—	—	75.13
8:00	29.43	—	—	81.69
9:00	41.25	87.50	—	—
10:00	54.44	87.74	—	—
11:00	68.19	84.33	—	—
12:00	82.17	82.51	—	—
13:00	—	82.41	83.78	—
14:00	—	84.04	69.78	—
15:00	—	87.28	56.00	—
16:00	—	—	42.71	88.11

续表

时刻	东	南	西	北
17:00	—	—	30.66	82.40
18:00	—	—	22.02	75.91
19:00	—	—	21.45	68.96
20:00	—	—	—	—

从表 2.3 可知,7 月 21 日东向的太阳入射角从 6:00 到 12:00 逐渐增大;南向太阳入射角较大,且基本保持不变;西向太阳入射角从 13:00 到19:00逐渐减小;北向只在上午和下午短暂的几个小时有太阳入射角。根据太阳入射角布置遮阳装置或调节遮阳百叶角度是玻璃窗或玻璃幕墙太阳控制的依据。

2.3　垂直壁面的太阳辐射

垂直壁面接收的太阳辐射照度包括天空直射辐射、天空散射辐射以及地面反射辐射三部分。其计算式为

$$E_{ts}=E_{tb}+E_{sd}+E_{sg} \tag{2.11}$$

式中,E_{ts}为垂直壁面接收的总太阳辐射照度,W/m^2;E_{tb}为垂直壁面接收的总天空直射辐射照度,W/m^2;E_{sd}为垂直壁面接收的天空散射辐射照度,W/m^2;E_{sg}为垂直壁面接收的来自地面反射的太阳辐射照度,W/m^2。

2.3.1　天空太阳辐射照度的计算

晴天天空太阳辐射照度由天空直射辐射照度和天空散射辐射照度两部分组成。天空直射辐射照度是太阳直接散发出来穿过大气层部分的辐射值,而天空散射辐射照度则是经过大气层空气分子、水蒸气、二氧化碳以及其他颗粒物的反射、吸收产生衰减和方向改变的综合作用之后的辐射值。天空法向直射辐射照度和水平面散射辐射照度是较为常用的两个量。其计算式如下[5]:

$$E_{nb}=E_o\exp(-e_bM^{ab}) \tag{2.12}$$

$$E_{hd}=E_o\exp(-e_dM^{ad}) \tag{2.13}$$

式中,E_{nb}、E_{hd}分别为法向直射辐射照度和水平面散射辐射照度,W/m^2;E_o为大气层外法向辐射照度,W/m^2;e_b、e_d 分别为直射和散射的大气层消光系数;ab、ad 分别为直射和散射大气质量指数;M 为大气质量。

大气层外法向辐射照度 E_o是大气层外直接来自太阳的辐射照度。由表 2.4

可见,未经大气层的作用,每个月的值变化不大。

表 2.4 各月 E_o的值[5] (单位:W/m²)

月份	1月	2月	3月	4月	5月	6月	7月	8月	9月	10月	11月	12月
E_o	1410	1397	1378	1354	1334	1323	1324	1336	1357	1380	1400	1411

大气质量指数 ab、ad 分别是大气层消光系数 e_b、e_d 的函数,其计算式为[5]

$$ab=1.219-0.043e_b-0.151e_d-0.204e_be_d \tag{2.14}$$

$$ad=0.202+0.0852e_b-0.007e_d-0.357e_be_d \tag{2.15}$$

由此可知,无论是天空直射辐射还是散射辐射,都与大气透明度有关。大气透明度反映了大气层的浑浊度,它与大气质量、大气的组成成分、海拔、气象条件等诸多因素密切相关。学者一直在致力于建立相对精确的大气透明度模型以直接计算到达地面的太阳辐射照度。较为有代表性的是 Hottle 提出的标准晴空大气透明度计算模型[6]。但是,该模型影响因素较多,计算较为复杂。e_b、e_d 可按表 2.5 取值。

表 2.5 各月 e_b、e_d的值[5]

月份	1月	2月	3月	4月	5月	6月	7月	8月	9月	10月	11月	12月
e_b	0.325	0.349	0.383	0.395	0.448	0.505	0.556	0.593	0.431	0.373	0.339	0.320
e_d	2.461	2.316	2.176	2.175	2.028	1.892	1.779	1.679	2.151	2.317	2.422	2.514

大气层外的太阳辐射到达地面需要穿透整个大气层。因此,到达地面的太阳辐射量与太阳光线在穿过大气层时通过的路径息息相关,路径越长,被大气反射、吸收、散射的量也越大,到达地面部分则越小。大气质量是太阳光线通过大气层时的实际光学厚度与大气层法向厚度之比。其计算式为[5]

$$M=\frac{1}{\sin h+0.50572(6.07995+h)^{-1.6364}} \tag{2.16}$$

式中,M 为大气质量;h 为太阳高度角,(°)。

大气质量是太阳高度角的函数,而太阳高度角是地理位置和时间的函数,因此晴天的天空直射辐射照度和散射辐射照度也是这些变量的函数。通过式(2.12)~式(2.16),结合给定的相关参数,便可计算出一年中任何一天晴空的天空直射辐射照度和散射辐射照度。表 2.6 是北京、长沙、广州三个城市 1 月 21 日和 7 月 21 日天空法向直射辐射照度和水平面散射辐射照度的计算值。

表2.6　北京、长沙、广州1月21日和7月21日天空太阳辐射照度的计算值

（单位：W/m^2）

时刻	北京				长沙				广州			
	1-21		7-21		1-21		7-21		1-21		7-21	
	E_{nb}	E_{hd}	E_{nb}	E_{hd}	E_{nb}	E_{hd}	E_{nb}	E_{hd}	E_{nb}	E_{hd}	E_{nb}	E_{hd}
5:00	—	—	—	—	—	—	—	—	—	—	—	—
6:00	—	—	184	62	—	—	18	19	—	—	3	9
7:00	—	—	411	115	—	—	308	90	—	—	283	84
8:00	276	33	555	153	407	43	507	140	499	50	499	138
9:00	609	60	641	180	703	70	624	175	750	75	622	174
10:00	748	75	696	199	827	86	694	199	860	90	695	199
11:00	814	84	728	211	888	95	735	214	915	99	737	215
12:00	840	87	741	216	916	99	754	221	939	104	756	222
13:00	836	87	737	215	919	100	755	222	942	101	757	223
14:00	801	82	717	207	898	96	738	215	923	93	739	216
15:00	720	72	677	192	847	88	700	201	876	79	699	201
16:00	547	54	609	170	745	76	634	178	782	57	630	177
17:00	120	21	502	139	514	51	524	145	579	14	512	141
18:00	—	—	329	95	—	—	337	97	39	—	306	90
19:00	—	—	70	35	—	—	43	27	—	—	11	15
20:00	—	—	—	—	—	—	—	—	—	—	—	—

2.3.2　壁面接收的天空直射辐射

垂直壁面接收的天空直射辐射照度是天空法向直射辐射照度的一个几何分量。因此，需经过角度的转化后方可计算得出。其计算式如下[5]：

$$E_{tb}=E_{nb}\cos\Omega \tag{2.17}$$

式中，E_{tb}为垂直壁面接收的总直射辐射照度，W/m^2。当$\cos\Omega>0$时，式(2.17)适用；当$\cos\Omega\leqslant 0$时，$E_{tb}=0$。

2.3.3　壁面接收的天空散射辐射

由于天空散射辐射量是非均匀的，在计算过程中存在一定的困难。而垂直壁面接收的散射辐射照度采用修正计算的方法。其计算式为[5]

$$E_{sd}=E_{hd}\chi \tag{2.18}$$

式中，χ 为晴朗天空下垂直壁面接收的散射辐射照度与水平面散射辐射照度的比值的修正系数，可由式(2.19)确定[5]。

$$\chi=\max(0.45,0.55+0.437\cos\Omega+0.313\cos^2\Omega) \tag{2.19}$$

若接收太阳辐射的壁面不是垂直的，且其倾斜角度为 ϖ，壁面接收的散射辐射照度与其倾斜程度有关。

(1)当壁面倾斜角度 $\varpi\leqslant 90°$时。

$$E_{\mathrm{sd}}=E_{\mathrm{hd}}(\chi\sin\varpi+\cos\varpi) \tag{2.20}$$

(2)当壁面倾斜角度 $\varpi>90°$时。

$$E_{\mathrm{sd}}=E_{\mathrm{hd}}\chi\sin\varpi \tag{2.21}$$

2.3.4 壁面接收的地面反射辐射

当太阳光线照射在粗糙地面上时，入射光线被地表面各微小的反射面反射，反射后的光线没有明确的方向。因此，垂直壁面接收的地面反射辐射照度包括直射和漫反射两部分，其余部分则被地表物质吸收。其计算式为[5]

$$E_{\mathrm{sg}}=(E_{\mathrm{nb}}\sin h+E_{\mathrm{hd}})r_{\mathrm{g}}\frac{1-\cos\gamma}{2} \tag{2.22}$$

式中，r_{g}为地面反射率，对于一般的地面，可取 0.2。表 2.7 是几种不同类型地表的反射率。

表 2.7 几种不同类型地表的反射率[5]

地面类型	反射率
沥青和砾石屋面	0.13
干裸露地面	0.20
混凝土	0.22
绿草地	0.26
干草地	0.20～0.30
水面(大入射角)	0.07
轻色建筑表面	0.60
沙漠沙	0.40
原始森林	0.07

由于地面反射辐射部分大都以漫反射形式存在，可视为散射辐射，故垂直壁面接收的太阳辐射照度包括来自天空的直射辐射照度和散射辐射照度(天空散射辐射加地面反射)两部分。壁面接收的总散射辐射照度可表达为

$$E_{td}=E_{sd}+E_{sg} \tag{2.23}$$

式中，E_{td}为垂直壁面接收的总散射辐射照度，W/m^2。

结合式(2.17)和式(2.23)可得垂直壁面接收的总太阳辐射照度，表达式如下：

$$E_{ts}=E_{tb}+E_{td} \tag{2.24}$$

2.4　计算实例

实际建筑的朝向各异，要分析其围护结构得热量，计算各朝向接收的太阳辐射照度必不可少。在晴朗天气下，透过玻璃窗或玻璃幕墙进入室内的太阳辐射量占整个建筑室内得热量的比例较大。因此，精确计算各朝向垂直壁面接收的直射辐射照度、散射辐射照度是分析其能耗构成的重要组成部分，也是进行遮阳设计的前提。分别以长沙市冬、夏季(以 1 月 21 日和 7 月 21 日作为代表日)东、南、西三个朝向的垂直壁面作为对象，计算其白天的太阳辐射照度，见表 2.8～表 2.10。

表 2.8　长沙市 1 月 21 日和 7 月 21 日东向垂直壁面太阳辐射照度

(单位：W/m^2)

时刻	1-21			7-21		
	E_{tb}	E_{td}	E_{ts}	E_{tb}	E_{td}	E_{ts}
5:00	—	—	—	—	—	—
6:00	—	—	—	16.9	24.8	41.7
7:00	—	—	—	286.3	127.5	413.8
8:00	357.9	59.5	417.4	441.9	201.4	643.3
9:00	537.1	103.8	640.9	469.1	243.0	721.1
10:00	493.4	126.8	620.2	403.6	257.0	660.6
11:00	344.9	134.7	479.6	273.0	250.7	523.7
12:00	140.8	131.9	272.7	102.7	232.4	335.1
13:00	—	125.7	125.7	—	218.5	218.5
14:00	—	117.6	117.6	—	208.6	208.6
15:00	—	100.7	100.7	—	188.5	188.5
16:00	—	75.5	75.5	—	158.7	158.7
17:00	—	42.6	42.6	—	119.8	119.8
18:00	—	—	—	—	72.5	72.5
19:00	—	—	—	—	18.1	18.1
20:00	—	—	—	—	—	—

表 2.8 是长沙市 1 月 21 日和 7 月 21 日东向垂直壁面接收的总直射辐射照度、总散射辐射照度和总太阳辐射照度的计算值。由表中数据可知，东向壁面夏季比冬季太阳直射时间长，且接收太阳光线的直射辐射出现在上午，下午接收的全部为散射辐射。此外，东向垂直壁面的太阳辐射峰值出现在 9:00 左右。

表 2.9 是长沙市 1 月 21 日和 7 月 21 日南向垂直壁面接收的总直射辐射照度、总散射辐射照度和总太阳辐射照度的计算值。冬季，南向壁面接收的直射照射时间较长(8:00～17:00)，夏季则相对较短(9:00～15:00)，且冬季的太阳辐射照度较夏季大。这说明，对于长沙地区而言，南向采用玻璃幕墙或者玻璃窗在冬季能较好地接收太阳辐射，同时又能避免夏季大量的直射辐射透过玻璃进入室内。因此，无论是从采光还是热工性能的角度考虑，长沙地区建筑采用坐北朝南布局，且南向设置玻璃窗或幕墙是相对有利的。此外，冬季南向直射辐射所占的比例较大，夏季散射辐射所占的比例较大。

表 2.9　长沙市 1 月 21 日和 7 月 21 日南向垂直壁面太阳辐射照度

(单位：W/m^2)

时刻	1-21			7-21		
	E_{tb}	E_{td}	E_{ts}	E_{tb}	E_{td}	E_{ts}
5:00	—	—	—	—	—	—
6:00	—	—	—	—	12.2	12.2
7:00	—	—	—	—	66.5	66.5
8:00	187.0	44.2	231.2	—	114.8	114.8
9:00	394.9	91.8	486.7	27.2	158.1	185.3
10:00	534.6	130.3	664.9	27.4	189.0	216.4
11:00	628.4	158.3	786.7	72.5	216.7	289.2
12:00	678.5	173.8	852.3	98.2	231.7	329.9
13:00	684.3	175.6	859.9	99.7	232.5	332.2
14:00	645.5	163.5	809.0	76.6	219.1	295.7
15:00	562.9	138.6	701.5	33.2	192.8	226.0
16:00	435.7	102.6	538.3	—	158.7	158.7
17:00	250.5	57.3	307.8	—	119.8	119.8
18:00	—	—	—	—	72.5	72.5
19:00	—	—	—	—	18.1	18.1
20:00	—	—	—	—	—	—

表 2.10 是长沙市 1 月 21 日和 7 月 21 日西向垂直壁面接收的总直射辐射照

度、总散射辐射照度和总太阳辐射照度的计算值。由表中数据可知，西向垂直壁面接收的太阳直射照射的时间在下午，且太阳辐射峰值出现在16:00左右。在冬季有直射照射的时候，散射辐射所占比例为14.3%～60.8%，在夏季所占的比例则达30.6%～73.7%。由此可见，在晴朗的天空条件下，散射辐射对西向玻璃窗或玻璃幕墙的影响应得到足够的重视。

表2.10 长沙市1月21日和7月21日西向垂直壁面太阳辐射照度

（单位：W/m^2）

时刻	1-21			7-21		
	E_{tb}	E_{td}	E_{ts}	E_{tb}	E_{td}	E_{ts}
5:00	—	—	—	—	—	—
6:00	—	—	—	—	12.2	12.2
7:00	—	—	—	—	66.5	66.5
8:00	—	32.9	32.9	—	114.8	114.8
9:00	—	67.8	67.8	—	154.7	154.7
10:00	—	95.0	95.0	—	185.5	185.5
11:00	—	114.1	114.1	—	206.8	206.8
12:00	—	124.5	124.5	—	217.9	217.9
13:00	83.7	129.9	213.6	81.8	229.8	311.6
14:00	296.3	134.8	431.1	255.0	249.1	504.1
15:00	462.8	130.1	592.9	391.4	257.2	648.6
16:00	540.0	111.4	651.4	465.8	245.9	711.7
17:00	439.7	73.5	513.2	450.7	207.7	658.4
18:00	—	—	—	312.0	137.6	449.6
19:00	—	—	—	39.8	36.7	76.5
20:00	—	—	—	—	—	—

从上述东、南、西三个方向的计算可知，东、西向的壁面分别在上午和下午接收太阳直射辐射的照射，其余时间接收的则是散射辐射，且直射辐射占的比例较大。而对于南向壁面，冬季直射辐射所占比例较大，夏季散射辐射所占比例较大。因此，对于东、西向的玻璃窗或玻璃幕墙而言，采取遮阳措施降低直射辐射的作用，是太阳控制策略的重点。夏季，南向玻璃窗或玻璃幕墙，兼顾室内照度的情况下，合理控制散射辐射则是太阳控制策略的重点。总体而言，对于长沙地区乃至整个夏热冬冷地区，建筑采用坐北朝南布局，且南向设置玻璃窗或幕墙是相对有利的。

2.5 基于气象数据的太阳辐射计算实例

在进行双层皮幕墙建筑全年能耗模拟过程中，往往需要根据气象数据提供的太阳辐射参数进行得热量的计算。但是，一般情况下气象数据给定的太阳辐射值是水平面总辐射照度、水平面散射辐射照度、法向直射辐射照度。对于双层皮幕墙的动态热性能计算和全年能耗模拟来说，需要的是幕墙接收的总直射辐射照度、总散射辐射照度以及总太阳辐射照度。因此，需要对气象数据中的太阳辐射参数进行转换计算。

本节采用《中国建筑热环境分析专用气象数据集》[7] 提供的气象数据（法向直射辐射照度 E_{nb} 和水平面散射辐射照度 E_{hd}），以长沙市 7 月 21 日作为计算代表日，分别计算东、南、西、北四个朝向壁面在干裸露地面环境下接收的总直射辐射照度、总散射辐射照度、总太阳辐射照度。气象数据和计算结果分别见表 2.11 和表 2.12。

表 2.11　长沙市 7 月 21 日气象数据（E_{nb}、E_{hd}）　（单位：W/m^2）

时刻	E_{nb}	E_{hd}
5:00	258.13	7.91
6:00	583.52	28.67
7:00	649.55	51.54
8:00	703.99	74.73
9:00	747.12	95.15
10:00	775.97	109.84
11:00	788.57	116.52
12:00	784.08	114.12
13:00	762.79	103.04
14:00	726.18	85.00
15:00	355.27	57.29
16:00	615.50	39.36
17:00	544.26	17.72
18:00	—	—
19:00	—	—
20:00	—	—

表2.12 长沙市7月21日各朝向太阳辐射照度 (单位:W/m^2)

时刻	东			南			西			北		
	E_{tb}	E_{td}	E_{ts}	E_{tb}	E_{td}	E_{ts}	E_{tb}	E_{td}	E_{ts}	E_{tb}	E_{td}	E_{ts}
5:00	—	5	5	—	5	5	—	5	5	—	5	5
6:00	541	41	582	—	21	21	—	21	21	217	27	244
7:00	605	85	690	—	50	50	—	50	50	167	57	224
8:00	613	128	741	—	82	82	—	82	82	102	87	189
9:00	562	159	721	33	113	146	—	111	111	—	111	111
10:00	451	174	625	31	136	167	—	134	134	—	134	134
11:00	293	172	465	78	154	232	—	149	149	—	149	149
12:00	107	159	266	102	158	260	—	151	151	—	151	151
13:00	—	142	142	101	149	250	83	147	230	—	142	142
14:00	—	123	123	75	127	202	251	139	390	—	123	123
15:00	—	67	67	17	68	85	199	86	285	—	67	67
16:00	—	67	67	—	67	67	452	87	539	20	68	88
17:00	—	38	38	—	38	38	468	49	517	72	39	111
18:00	—	—	—	—	—	—	—	—	—	—	—	—
19:00	—	—	—	—	—	—	—	—	—	—	—	—
20:00	—	—	—	—	—	—	—	—	—	—	—	—

从表2.12的计算结果来看,长沙市在计算日当天东向接收的直射辐射时间较西向更长,且总太阳辐射照度的峰值也更大,这无疑会导致东向墙体的得热量也更大。与东、西两向的太阳辐射照度相比,南向的辐射照度在9:00～15:00时段内明显要小。因此,对透明、半透明围护结构,根据各朝向太阳辐射的分布特性,合理采用遮阳设施是控制太阳得热量的有效措施。

2.6 小 结

太阳辐射是影响双层皮幕墙等半透明围护结构传热性能的重要外扰。正确计算太阳辐射照度,尤其是计算各时刻不同壁面的太阳直射辐射照度和散射辐射照度,对于准确计算玻璃等材料构成的半透明围护结构的热工和能耗性能具有重要意义。本章详细介绍了垂直壁面太阳辐射的计算过程,通过太阳高度角和太阳方位角描述太阳空间位置,根据太阳与垂直壁面之间的相对关系确定壁面太阳方位角和壁面太阳入射角。通过实例计算发现，太阳高度角和太阳方位角与地理位置和时刻密切相关。根据晴空太阳辐射模型计算天空法向直射辐射照度和水平面散射辐射照度。结合前述参数，得出垂直壁面接收的直射辐射照度、散射辐射照度的计算式。基于理论公式和气象数据计算壁面接收的太阳辐射照度。对于东、西向的玻璃窗或玻璃幕墙，采取遮阳措施降低直射辐射的影响，是太阳控制策略的重点。夏季，南向玻璃窗或玻璃幕墙，在兼顾室内照度的情况下，合理控制散射辐射则是太阳控制策略的重点。总体而言，对于长沙地区乃至整个夏热冬冷地区，建筑采用坐北朝南布局，且南向设置玻璃窗或幕墙是相对有利的。

参考文献

[1] 朱燕燕. 夏热冬冷地区建筑遮阳系统设计及其节能评价. 成都：西南交通大学硕士学位论文，2007.

[2] 彦启森，赵庆珠. 建筑热过程. 北京：中国建筑工业出版社，1986.

[3] 张野，谢晓娜，罗涛，等. 建筑环境设计模拟分析软件 DeST. 第四讲：建筑热过程中的太阳辐射相关模型. 暖通空调，2004，34(10)：55-64.

[4] Iqbal M. An Introduction to Solar Radiation. Toronto：Academic Press，1983.

[5] ASHRAE. ASHRAE Handbook of Fundamentals. Atlanta：The American Society of Heating Refrigeration and Air Conditioning Engineers，Inc.，2009.

[6] 张鹤飞. 太阳能热利用原理与计算机模拟 . 2 版 . 西安：西北工业大学出版社，2004.

[7] 中国气象局气象信息中心气象资料室，清华大学建筑技术科学系. 中国建筑热环境分析专用气象数据集. 北京：中国建筑工业出版社，2005.

第 3 章　透过多层玻璃幕墙的太阳辐射计算

3.1　概　　述

透过玻璃幕墙系统的太阳辐射强烈影响着建筑的能耗和室内热舒适度。太阳辐射在玻璃幕墙系统中的传递形式较为特殊。太阳光照射在玻璃幕墙表面，被吸收部分成为玻璃幕墙的热源，透过幕墙系统进入室内部分则成为室内得热量。这将极大影响玻璃幕墙系统的热工性能。如图 3.1 所示，当天空太阳辐射能和地面反射辐射能到达多层玻璃幕墙表面时，一部分被反射回外界环境中，另一部分则透过玻璃进入室内，剩余部分则被玻璃吸收。

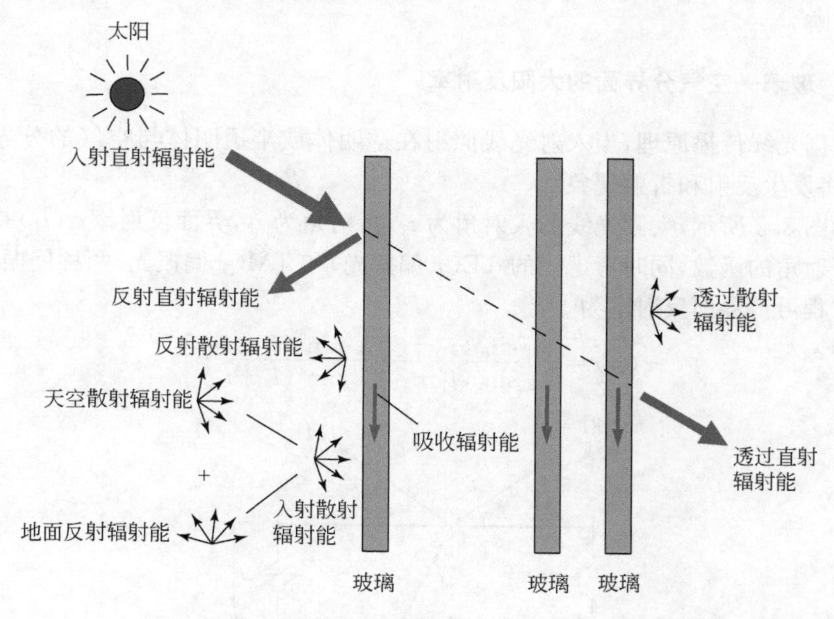

图 3.1　多层玻璃幕墙系统太阳辐射传递示意图

太阳光线入射到幕墙外表面后，在逐层穿透玻璃的过程中，其辐射照度在逐渐减弱。同时，传递路线也将发生变化。此外，散射辐射能在多层玻璃幕墙系统中传递并没有严格的传递方向，各玻璃层之间的相互影响也较为复杂。尤其是幕墙中加设遮阳设施之后，直射辐射传递过程变得更加复杂，传递方向具有不确定性，且部分或全部变成散射辐射。故建立一套相对精确的多层玻璃幕墙系统光学模型极其重要，也是后续动态热性能模拟和能耗模拟的基础。

3.2　单层玻璃的太阳辐射计算

3.2.1　玻璃对太阳辐射的选择透过性

玻璃作为透明或半透明材质，对于太阳光的作用包括反射、透过、吸收，除了与光线的入射角息息相关外，还与入射光线的波长有关。到达地面的太阳辐射中紫外线（波长范围：＜0.38μm）约占总辐射能的4%；可见光（波长范围：0.38～0.76μm）占46%；近红外线（波长范围：0.76～3.0μm）占50%。而玻璃对不同波长辐射的透过率具有差异性，即玻璃对可见光和短波红外线几近透明，却又能阻隔长波红外线。因此，玻璃对可见光和近红外线的绝大部分辐射是透明的，可忽略波长的影响。

3.2.2　玻璃—空气分界面的太阳反射率

根据光线传播原理，当入射光线照射在透明体或半透明体与空气的分界面上之后，将发生反射和折射现象。

如图3.2所示，太阳光线的入射角为i_1，折射角为i_2，界面反射率$r_s(i_1)$是入射角和折射角的函数，同时考虑光的TE（x偏振光）和TM（y偏振光）两种偏振，由菲涅耳方程可得界面反射率为[1]

$$r_s(i_1)=\frac{1}{2}\left[\frac{\sin^2(i_1-i_2)}{\sin^2(i_1+i_2)}+\frac{\tan^2(i_1-i_2)}{\tan^2(i_1+i_2)}\right] \tag{3.1}$$

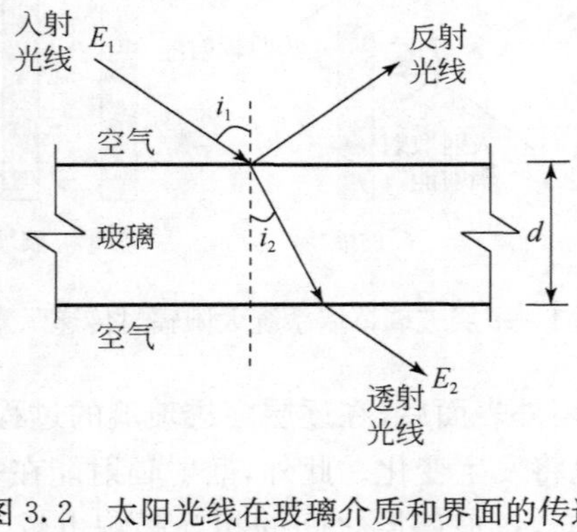

图3.2　太阳光线在玻璃介质和界面的传递

由光的折射定律可知

$$\frac{\sin i_2}{\sin i_1}=\frac{n_1}{n_2} \tag{3.2}$$

式中，n_1 和 n_2 分别为空气和玻璃的折射率。折射率与入射光的波长有关，但对于大部分玻璃材料而言，在光谱范围内入射光的波长对其折射率的影响并不大，可取1.526[2]；空气的折射率为1.0。

对于法向入射的光线，TE 和 TM 两种偏振没有差别，因此，由式(3.1)与式(3.2)可简化为

$$r_s(0)=\left(\frac{n_1-n_2}{n_1+n_2}\right)^2 \tag{3.3}$$

式中，$r_s(0)$为法向入射光线在玻璃—空气界面上的反射率。

3.2.3　太阳辐射在玻璃介质中的透过率

太阳辐射在玻璃介质的传递过程中，部分被介质吸收，因而将呈现指数关系的衰减，其衰减量不仅与玻璃介质的厚度有关，还与玻璃对于太阳辐射的消光系数 K 有关。建立太阳辐射在玻璃介质中的衰减微分方程[2]：

$$\mathrm{d}E=-KE\mathrm{d}x \tag{3.4}$$

式中，E 为太阳辐射照度，$\mathrm{W/m^2}$；$\mathrm{d}x$ 为太阳光线经过的微元距离，m；K 为玻璃的消光系数，$\mathrm{m^{-1}}$，它与玻璃的材质特性有关。

假设太阳光线在玻璃介质中经过的距离为 l，对式(3.4)进行积分得

$$\tau_0=\frac{E_2}{E_1}=\mathrm{e}^{-Kl} \tag{3.5}$$

式中，τ_0 为太阳辐射在玻璃介质中的透过率。

光线在玻璃介质中经过的距离 l 可用玻璃的厚度 d 和折射角表示为 $l=\dfrac{d}{\cos i_2}$，则式(3.5)可转化为

$$\tau_0=\mathrm{e}^{\frac{-Kd}{\cos i_2}} \tag{3.6}$$

3.2.4　直射反射率、直射透过率、直射吸收率

当太阳直射光线入射在玻璃表面时，部分辐射能在玻璃的前向表面被反射回去，其余部分则进入玻璃介质中进行传递，被玻璃吸收后剩余部分到达玻璃后向表面。同样，玻璃的后向表面也存在界面反射现象。在玻璃介质中的辐射光线在前向和后向界面之间进行无限次反射。如此一来，单层玻璃的总反射和总透射，是太阳直射光线在玻璃界面和玻璃介质中经过无限次的反射和透射之后的综合值。

如图 3.3 所示，玻璃前、后表面分别用符号 f 和 b 表示。假设照射在玻璃前表面的太阳直射辐射照度为 1；前表面的直射反射率为 r_f，后表面的直射反射率为 r_b。应用射线追踪原理，将每一次反射和透射的光线进行累加计算，则可得出单层玻璃的直射反射率为

$$r_{g,b}=r_f+\frac{(1-r_f)^2 r_b \tau_0^2}{1-r_f r_b \tau_0^2} \tag{3.7}$$

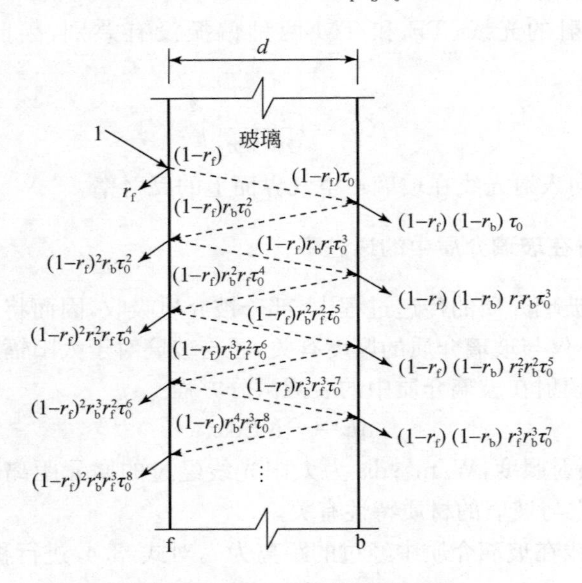

图 3.3　单层玻璃的直射透过率和反射率

单层玻璃的直射透过率为

$$\tau_{g,b}=\frac{(1-r_f)(1-r_b)\tau_0}{1-r_f r_b \tau_0^2} \tag{3.8}$$

式中，$r_{g,b}$ 为单层玻璃的直射反射率；$\tau_{g,b}$ 为单层玻璃的直射透过率；r_f 为玻璃前表面的直射反射率；r_b 为玻璃后表面的直射反射率。

单层玻璃的直射吸收率为

$$\alpha_{g,b}=1-r_{g,b}-\tau_{g,b} \tag{3.9}$$

3.2.5　散射反射率、散射透过率、散射吸收率

散射辐射不像直射辐射具有明确的入射方向，因此，玻璃的散射辐射的光学性能与直射辐射的光学性能具有显著不同。对于单层玻璃的散射光学性能目前鲜有确切的数据和文献资料报道，通常把玻璃在 60°直射辐射下的光学性能作为其散射光学性能[3]。

3.2.6　总反射率、总透过率、总吸收率

单层玻璃的总反射率、总透过率和总吸收率是指包含直射辐射和散射辐射在内的反射率、透过率和吸收率。总反射率表达式为

$$r_{g,t}=\frac{r_{g,b}E_b+r_{g,d}E_d}{E_b+E_d} \tag{3.10}$$

式中，$r_{g,t}$为单层玻璃的总反射率；$r_{g,d}$为单层玻璃的散射反射率；E_b 为入射到玻璃表面的直射辐射照度，W/m^2；E_d 为入射到玻璃表面的散射辐射照度，W/m^2。

单层玻璃的总透过率为

$$\tau_{g,t}=\frac{\tau_{g,b}E_b+\tau_{g,d}E_d}{E_b+E_d} \tag{3.11}$$

式中，$\tau_{g,t}$为单层玻璃的总透过率；$\tau_{g,d}$为单层玻璃的散射透过率。

单层玻璃的总吸收率为

$$\alpha_{g,t}=1-r_{g,t}-\tau_{g,t} \tag{3.12}$$

式中，$\alpha_{g,t}$为单层玻璃的总吸收率。

由以上的计算过程可知，单层玻璃的光学性能不仅与玻璃自身的性质有关，还与入射到玻璃表面的直射辐射照度、散射辐射照度、入射角有关。表 3.1 给出了入射到玻璃表面的直射辐射照度 E_b 为 $400W/m^2$，散射辐射照度 E_d 为 $200W/m^2$，消光系数 K 为 $65m^{-1}$时，几种不同厚度的透明玻璃在不同入射角下的总反射率、总透过率、总吸收率。

表 3.1　不同厚度的透明玻璃在入射角为 10°、30°、60°下的光学性能

厚度/mm	10°			30°			60°		
	$r_{g,t}$	$\tau_{g,t}$	$\alpha_{g,t}$	$r_{g,t}$	$\tau_{g,t}$	$\alpha_{g,t}$	$r_{g,t}$	$\tau_{g,t}$	$\alpha_{g,t}$
3	0.0940	0.7194	0.1866	0.0952	0.7127	0.1921	0.1416	0.6521	0.2064
6	0.0821	0.5835	0.3344	0.0830	0.5740	0.3430	0.1233	0.5135	0.3642
10	0.0725	0.4420	0.4855	0.0733	0.4304	0.4963	0.1093	0.3739	0.5168

从表 3.1 计算结果可知，单层玻璃接收的太阳辐射在小入射角(10°，30°)时，反射率和透射率比较接近；当入射角增大到 60°后，反射率和透过率变化较大。总体而言，入射角越大，反射率越大，透过率越小，吸收率也越大。玻璃越厚，在相同的入射角下，反射率会稍微变小，但并不明显，透过率则明显变小，吸收率相应地增大。

3.3　多层玻璃幕墙系统的太阳辐射计算

在实际工程应用中，除了采用单层玻璃幕墙外，还往往采用多层玻璃幕墙系统

(multilayer glazing facade system,MGFS),如双层中空玻璃幕墙(窗)、双层皮幕墙(窗)等。然而,在多层玻璃幕墙系统中,每层玻璃的太阳辐射除了受相邻玻璃层的直接影响外,还受其他玻璃层透过的太阳辐射的影响,形成相互影响的复杂现象。建立准确易懂的太阳辐射能在多层玻璃系统中传递的光学模型甚为必要。

在计算多层玻璃幕墙系统太阳辐射传递时,将外界环境与室内环境假想为两层物质层,形成如图 3.4 所示的 n 层系统,其中第 0 层为外界环境,第 n 层为室内环境。其中玻璃层的光学性能则按照单层玻璃光学性能的计算方法计算。对直射辐射和散射辐射分别进行考虑,建立各层的能量平衡方程。

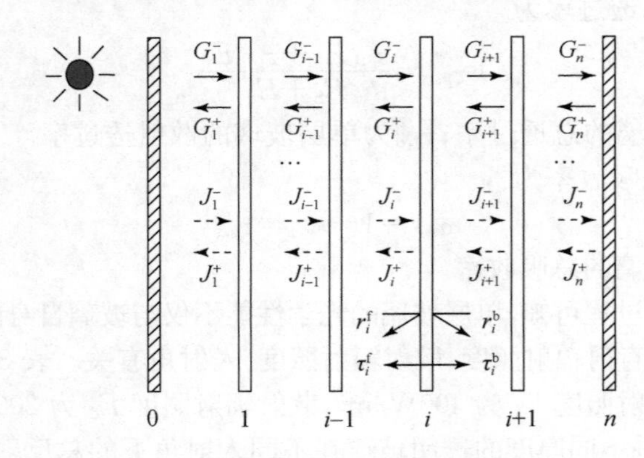

图 3.4 多层玻璃幕墙系统太阳辐射能流示意图

3.3.1 直射辐射

在多层玻璃幕墙系统中,入射的直射辐射依次穿透每层玻璃时,将有部分辐射能被下层玻璃的前表面反射到当前玻璃的后表面,存在多次反射和透射现象。采用传统的射线追踪法仅考虑两块玻璃相对表面之间的相互作用势必存在较大的误差。因此,对整个系统仅考虑每层玻璃的能量收支情况,忽略其余玻璃层二次乃至多次透射过来的辐射能的影响,采用净辐射法建立各层的能量平衡方程。

$$G_i^+=\tau_{bb,i}^b G_{i+1}^+ + r_{bb,i}^f G_i^- \tag{3.13}$$

$$G_i^-=\tau_{bb,i-1}^f G_{i-1}^- + r_{bb,i-1}^b G_i^+ \tag{3.14}$$

式中,G^+、G^- 分别为离开和进入的直射辐射能,W/m^2;τ_{bb} 为玻璃层的直射—直射透过率;r_{bb} 为玻璃层的直射—直射反射率;f 和 b 分别为玻璃层的前向和后向;i 为玻璃层序数。

第 0 层前向接收的直射辐射能即为入射到玻璃表面的直射辐射照度 E_b(即 $G_0^-=E_b$)。第 0 层前向直射—直射透过率 $\tau_{bb,0}^f=1$,后向直射—直射反射率 $r_{bb,0}^b=0$;第 n 层后向直射—直射透过率 $\tau_{bb,n}^b=0$,前向直射—直射反射率 $r_{bb,n}^f=0$。

3.3.2　散射辐射

散射辐射在多层玻璃幕墙系统中比直射辐射更加复杂。从理论上讲，除了系统接收的来自外界环境的散射辐射外，还应考虑直射辐射在传递过程中变成的散射辐射部分。因此，将散射—散射辐射和直射—散射辐射一并归入系统散射辐射的范畴。同样采用净辐射法建立各层的能量平衡方程：

$$J_i^+ = r_{\mathrm{dd},i}^{\mathrm{f}} J_i^- + \tau_{\mathrm{dd},i}^{\mathrm{b}} J_{i+1}^+ + r_{\mathrm{bd},i}^{\mathrm{f}} G_i^- + \tau_{\mathrm{bd},i}^{\mathrm{b}} G_{i+1}^+ \tag{3.15}$$

$$J_i^- = r_{\mathrm{dd},i-1}^{\mathrm{b}} J_i^+ + \tau_{\mathrm{dd},i-1}^{\mathrm{f}} J_{i-1}^- + r_{\mathrm{bd},i-1}^{\mathrm{b}} G_i^+ + \tau_{\mathrm{bd},i-1}^{\mathrm{f}} G_{i-1}^- \tag{3.16}$$

式中，J^+、J^-分别为离开和进入的散射辐射能，$\mathrm{W/m^2}$；τ_{dd}为散射—散射透过率；τ_{bd}为直射—散射透过率；r_{dd}为散射—散射反射率；r_{bd}为直射—散射反射率；f 和 b 分别为玻璃层的前向和后向；i 为玻璃层序数。

第 0 层前向接收的散射辐射能为入射到玻璃表面的散射辐射照度 E_{d}（即 $J_0^- = E_{\mathrm{d}}$）。第 0 层前向直射—散射透过率和散射—散射透过率分别为 $\tau_{\mathrm{bd},0}^{\mathrm{f}} = 0$ 和 $\tau_{\mathrm{dd},0}^{\mathrm{f}} = 1$，第 0 层后向直射—散射反射率和散射—散射反射率分别为 $r_{\mathrm{bd},0}^{\mathrm{b}} = 0$ 和 $r_{\mathrm{dd},0}^{\mathrm{b}} = 0$。第 n 层的后向直射—散射透过率 $\tau_{\mathrm{bd},n}^{\mathrm{b}}$ 和散射—散射透过率 $\tau_{\mathrm{dd},n}^{\mathrm{b}}$ 均等于 0。

3.3.3　多层玻璃幕墙系统的总反射率、总透过率、总吸收率

当各玻璃层的能流求出之后便可求出多层玻璃幕墙系统的总反射率和总透过率为

$$r_{\mathrm{t}} = \frac{G_1^+ + J_1^+}{E_{\mathrm{b}} + E_{\mathrm{d}}} \tag{3.17}$$

$$\tau_{\mathrm{t}} = \frac{G_n^- + J_n^-}{E_{\mathrm{b}} + E_{\mathrm{d}}} \tag{3.18}$$

式中，r_{t}、τ_{t} 分别为系统的总反射率和总透过率。

第 i 层玻璃的吸收率为

$$\alpha_i = \frac{(G_i^- + G_{i+1}^+ - G_i^+ - G_{i+1}^-) + (J_i^- + J_{i+1}^+ - J_i^+ - J_{i+1}^-)}{E_{\mathrm{b}} + E_{\mathrm{d}}} \tag{3.19}$$

式中，α_i 为第 i 层玻璃的吸收率。

多层玻璃幕墙系统的总吸收率为

$$\alpha_{\mathrm{t}} = \sum_{i=1}^{n-1} \alpha_i \tag{3.20}$$

式中，α_{t} 为多层玻璃幕墙系统的总吸收率。

为了更加直观地了解多层玻璃幕墙系统的光学性能，对不带遮阳装置的双层玻璃幕墙和三层玻璃幕墙在不同太阳入射角下的光学性能进行模拟计算，见表 3.2 和表 3.3。幕墙外表面接收的直射辐射照度 E_{b} 为 $400\mathrm{W/m^2}$，散射辐射照度

E_d 为 200W/m^2。幕墙采用的玻璃均为厚 6mm 的普通透明玻璃。

表 3.2 双层玻璃幕墙(玻璃厚度 6mm)在不同太阳入射角下的总反射率、总透过率、总吸收率

光学性能	太阳入射角				
	10°	30°	45°	60°	80°
总反射率(r_t)	0.1203	0.1199	0.1269	0.1627	0.3726
总透过率(τ_t)	0.3483	0.3365	0.3156	0.2714	0.1384
总吸收率(α_t)	0.5314	0.5435	0.5575	0.5659	0.4890

表 3.3 三层玻璃幕墙(玻璃厚度 6mm)在不同太阳入射角下的总反射率、总透过率、总吸收率

光学性能	太阳入射角				
	10°	30°	45°	60°	80°
总反射率(r_t)	0.1448	0.1445	0.1521	0.1897	0.3986
总透过率(τ_t)	0.2476	0.2367	0.2181	0.1819	0.1013
总吸收率(α_t)	0.6076	0.6188	0.6298	0.6284	0.5001

比较上述两表的计算结果可知,无论是双层玻璃还是三层玻璃系统,随着太阳辐射入射角的增大,总反射率逐渐增大,总透过率则逐渐减小,总吸收率则先增大后减小,双层玻璃系统在 60°时总吸收率达最大;三层玻璃系统的总吸收率则在 45°时达到最大。在相同的太阳辐射入射角下,相比于双层玻璃系统,三层玻璃系统的总反射率更大,这是因为太阳辐射透过的玻璃层数越多,被层层反射的次数也越多,因此总反射率会增大;总透过率越小,总吸收率则越大,太阳辐射穿透的玻璃层数越多,被吸收的可能性越大,故透过部分则相应会减少。因此,增加玻璃的层数,能在一定程度上减少透过玻璃进入室内的太阳辐射量。

这里采用净辐射法计算多层玻璃幕墙系统的光学性能,通过能量平衡原理建立辐射能流关系式。推导和计算过程较界面能量平衡法[4,5]更加简单易懂。本法不仅适用于全部由玻璃构成的透过系统,同样适用于玻璃层中加设遮阳装置的情形,只需要将其中的遮阳装置的光学性能求出便可对整个系统的反射率、透过率、吸收率进行计算。

3.4 百叶中的太阳辐射传递

为了获得更佳的遮阳效果,减少进入室内的太阳辐射,降低室内得热量,往往在玻璃幕墙中安装遮阳设施。百叶作为重要的遮阳设施之一,它较传统的织物遮阳卷帘更加美观，视野和采光效果更佳，且更加便于调节。当前建筑中，遮阳百叶使用最为广泛。然而，目前对于遮阳百叶的光学性能的研究方法主要集中于辐射通量法[6-11]，将入射到百叶叶片上的直射辐射进行散射化处理。这种处理方法的优点是简单，省去了烦琐的数学推导过程，计算速度快。与此同时，该法的缺点也是明显的，将直射辐射完全作为散射辐射处理势必存在一定的误差，尤其对于表面比较光滑的叶片[12]。

鉴于此，提出百叶的混合光学模型，同时考虑百叶的镜面特性和散射特性。对于镜面直射部分根据叶片的几何尺寸和形状采用射线追踪原理计算，对于散射部分则采用辐射通量法进行计算。

在描述百叶光学性能的过程中，将上下相邻两片叶片及前后边缘构成的百叶单元（叶片宽度为 W，叶片间距为 S）作为研究对象，如图 3.5 所示。同时，作如下假设：

（1）百叶叶片无弧度，为平直叶片。

（2）忽略叶片厚度的影响。

（3）叶片的物理性质是各向均匀的。

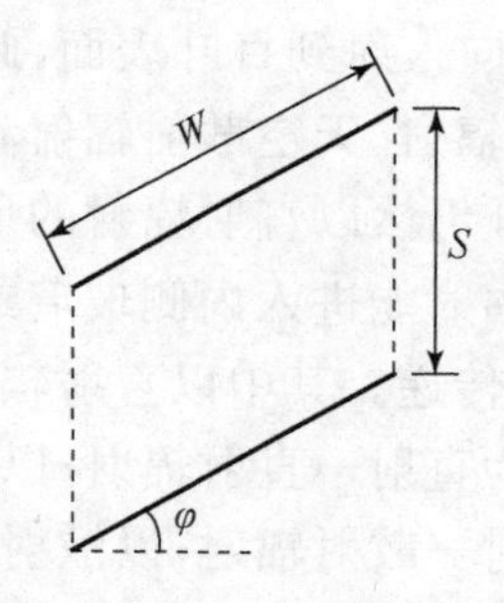

图 3.5　百叶单元

3.4.1　太阳入射投影角

在进行百叶光学性能分析过程中，需要将太阳光线的入射角进行转换，即将原来空间的三维角度转化为平面二维角度。如图 3.6 所示，将太阳高度角 h 水平投影至与幕墙或百叶所在平面相垂直的平面后的角度 β 称为太阳入射投影角。

根据几何关系可知，太阳入射投影角是壁面太阳方位角 ψ 和太阳高度角 h 的函数，其计算式为

$$\tan\beta=\frac{\tan h}{\cos\psi} \tag{3.21}$$

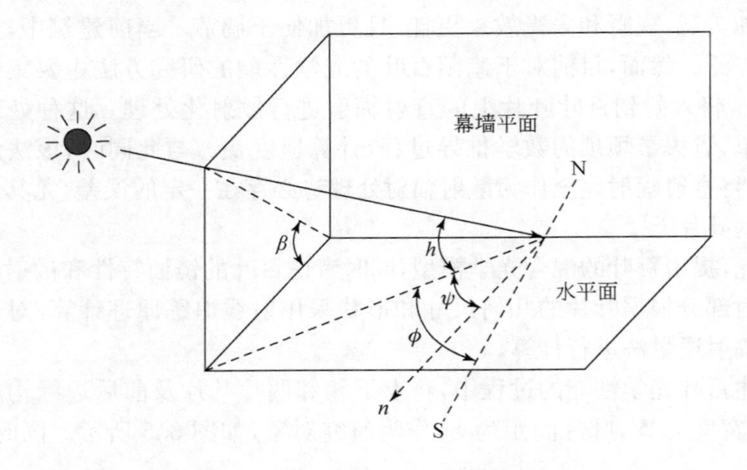

图 3.6　太阳入射光线角度的转换原理图

3.4.2　前向直射辐射

当太阳入射光线从室外方向入射到百叶表面，此时称为前向辐射。遮阳百叶接收的辐射能量包括天空直射辐射、天空散射辐射和地面反射辐射。进入到百叶单元内的太阳直射辐射，一部分仍然以直射辐射的形式进入内侧玻璃或者返回外侧玻璃；另一部分则变成散射辐射能进入内侧玻璃或者返回外侧玻璃。进入的散射辐射能仍以散射辐射的形式传递。其中以直射辐射入射，经过百叶作用后仍然以直射辐射进入室内部分，称为直射—直射辐射；以直射辐射入射，经过百叶作用后变成散射辐射部分，称为直射—散射辐射；以散射辐射入射，经过百叶作用后仍然是散射辐射部分，称为散射—散射辐射。

1. 前向直射辐射反射情形

在前向辐射的情形下，百叶对直射辐射的反射作用存在多种情形。对于固定的叶片倾角，太阳直射光照射在叶片表面后，直射辐射的反射形式取决于百叶单元的几何尺寸、百叶角度、太阳光线的入射投影角等因素。前向太阳入射投影角的变化范围为 $0°\leqslant\beta\leqslant90°$。百叶角度固定为 $\varphi(0°\leqslant\varphi\leqslant90°)$时，随着太阳入射投影角 β 的变化，前向的直射辐射存在三种反射形式，如图 3.7 所示。分别为入射前端光线无反射、入射端光线有部分反射、入射前端光线全部被反射。

太阳直射光线在百叶中的反射情况仅与百叶角度 φ 和太阳入射投影角 β 密切相关。如图 3.8 所示，当太阳入射投影角较小时，边界入射光线 R_1 和 R_2 均全部被反射至上叶片背面，在光线入射前端没有光线被反射；当太阳入射投影角增大，边

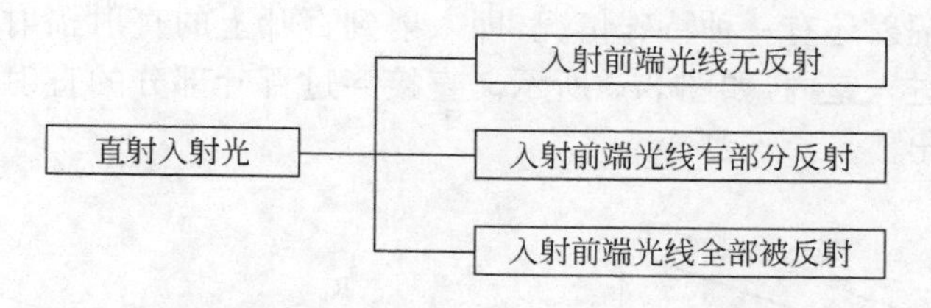

图 3.7　直射入射光线在百叶入射前端的反射情形

界入射光线 R_2 与 R_3 之间部分光线被反射回外界，不进入百叶单元内进行二次乃至多次反射；太阳入射投影角继续增大，此时 R_1 光线也被反射回外界，入射前端的光线全部被反射回外界。

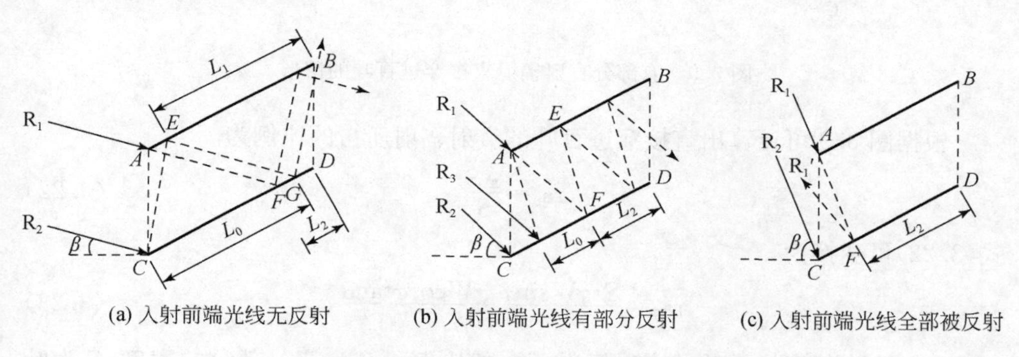

图 3.8　太阳直射光线在百叶间的反射示意图

为了便于描述，假设上边界入射光线 R_1 在下叶片的入射点为 F，下边界入射光线 R_2 的第一次反射光线在上叶片入射点为 E。入射光线在叶片间进行反射时，前后两次在同一叶片上的入射点的间距称为半波长度(图 3.8 中的线段$\overline{CG}$)，其长度为 L_0。线段$\overline{EB}$的长度为 L_1，线段$\overline{FD}$的长度为 L_2。

2. 前向直射辐射反射次数的判断

如前所述，直射光线在叶片间的反射情形仅与百叶角度 φ 和太阳入射投影角 β 有关，而直射光线在叶片间的反射次数则与百叶角度 φ、太阳入射投影角 β、叶片的几何尺寸(叶片宽度 W、叶片间距 S)有关。从几何角度分析直射光线在百叶叶片间的反射情况可根据边界入射光线 R_1 和 R_2 的反射次数进行判断，当入射前端光线有部分反射情形时，R_1 与 R_3 之间部分在叶片间进行多次反射。当几何条件满足时，入射光线在叶片间可以有无数次的反射。本书仅考虑直射光线在叶片间反射 4 次的情形，因反射次数超过 4 次之后辐射照度将被大大削弱乃至可忽略不计。

对于直射辐射还有一种特殊情况，即入射到百叶上的直射辐射有一部分直接穿过百叶单元进入室内，如图 3.9 所示。直接穿过百叶部分的直射辐射可通过几何关系计算得出。

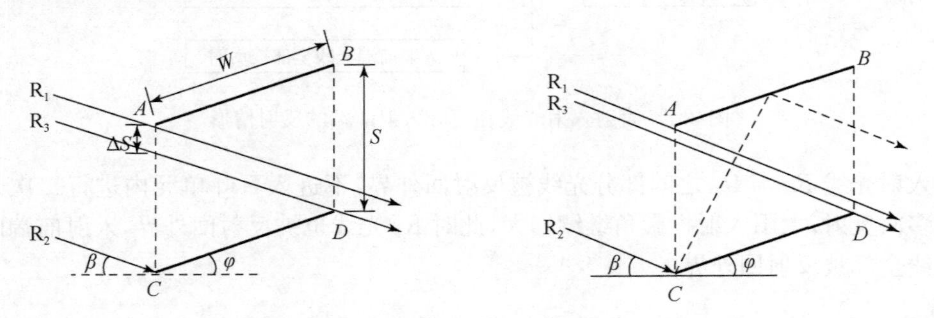

图 3.9 有部分直射辐射直接穿过百叶的情形

根据图 3.9 可计算出直接穿过百叶的直射辐射所占的比例为

$$\mathrm{ra}_0=\frac{\Delta S}{S} \tag{3.22}$$

式(3.22)可变换为

$$\mathrm{ra}_0=\frac{S-W\sin\varphi-W\cos\varphi\tan\beta}{S} \tag{3.23}$$

式中，ra_0 为直接穿过百叶的直射辐射所占的比例；ΔS 为穿过部分的宽度；S 为叶片间距；W 为叶片宽度。

实际上，入射边界光线的变化并不是连续的。例如，当上边界入射光线 R_1 的反射次数为 0 次时，下边界入射光线 R_2 在叶片间的反射次数只可能为 1 次和 2 次，这是由几何关系决定的。

假设上边界入射光线在叶片间的反射次数为NR_1，下边界入射光线的反射次数为NR_2，光线在叶片间不同反射次数所占的比例用 ra_i 表示，入射光线被反射回外界部分所占的比例用 Rb 表示。

对于固定角度的百叶，当太阳入射投影角发生变化，或者当入射投影角不变，百叶角度改变时，如何快速准确地判断直射辐射在百叶间的反射次数，并且计算各部分所占的比例是计算百叶直射辐射过程中面临的关键问题。找出其中的规律，采用计算机快速准确地判断，可显著提高计算速度和准确性。

如图 3.10 所示，根据百叶角度和太阳入射投影角的大小便可判断光线入射前端的反射情形。其次，根据 L_2/L_0 和 W/L_0 的大小范围，便可判断出上边界入射光线 R_1 在叶片间的反射次数。最后，根据 L_1/L_0 和 W/L_0 的大小范围，可判断出下边界入射光线 R_2 在叶片间的反射次数。当光线存在部分反射的情况下，边界光线

R_3 的反射次数则是 R_1 的反射次数加 2 次(即 $NR_3 = NR_1 + 2$)。

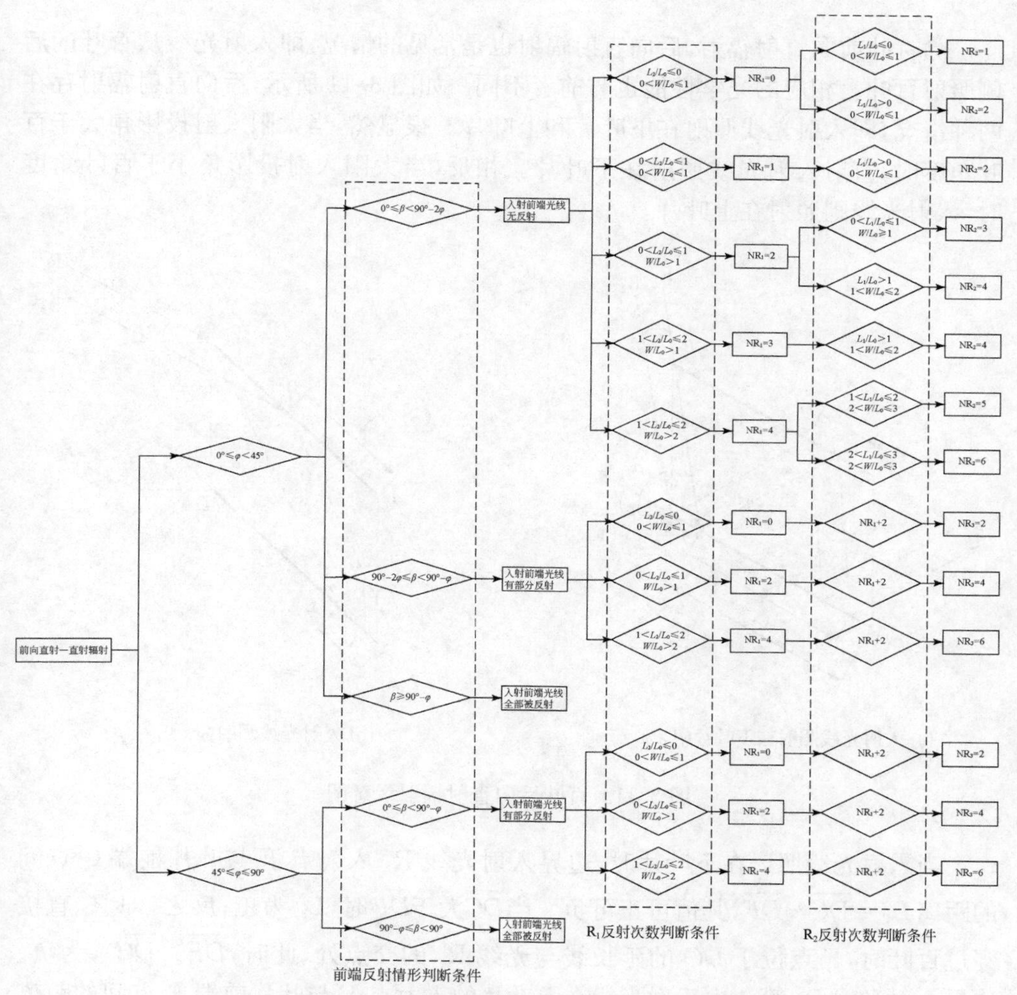

图 3.10　百叶前向直射辐射反射次数判断逻辑

3. 前向直射辐射各反射次数所占比例计算

不同反射次数的辐射所占的比例有如下几种情形。

(1) 入射前端光线无反射。具体计算式见附录 A.1。

(2) 入射前端光线有部分反射。具体计算式见附录 A.1。

(3) 入射前端光线全部被反射。当入射的直射辐射被全部反射回去的情况下,Rb=1。

3.4.3　后向直射辐射

除百叶前向直射辐射，后向直射辐射也是常见的情况，即入射光线从百叶的后侧照射百叶。相应的光学性能也与前者不同。如图 3.11 所示，后向直射辐射存在两种情况，即入射光线照射在下叶片和上叶片。很显然，当太阳入射投影角大于百叶角度时，直射入射光线照射在下叶片。相反，当太阳入射投影角小于百叶角度时，入射光线则照射在上叶片。

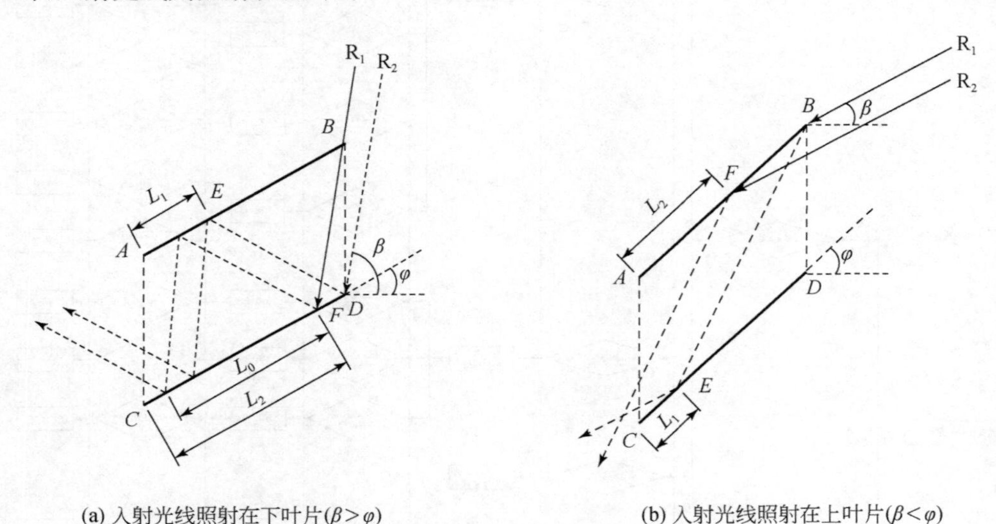

(a) 入射光线照射在下叶片($\beta>\varphi$)　(b) 入射光线照射在上叶片($\beta<\varphi$)

图 3.11　百叶后向直射辐射示意图

当入射光线照射在下叶片时，边界入射光线 R_1 入射点 F 与叶片前端 C 点间的距离 $L_2=\overline{DC}-\overline{DF}$，其值可正可负。当$\overline{DC}$大于$\overline{DF}$时，$L_2$ 为正；反之(即 R_1 直接穿过百叶时，F 点位于 DC 的延长线与光线 R_1 的交点处，此时，$\overline{DF}>\overline{DC}$)，为负。边界入射光线 R_2 第一次反射光线在上叶片的入射点 E 与叶片前端 A 点间的距离 $L_1=\overline{BA}-\overline{BE}$，其值同样可正可负。对于入射光线照射在上叶片的情形，同样按照上述方法定义 L_1 和 L_2。

1. 后向直射辐射反射次数的判断

对于百叶的后向直射辐射反射次数的判断，较前向直射辐射更加复杂。根据百叶角度的范围进行分析。当百叶角度分别介于[0°,45°]和(45°,90°]时，反射次数的判断不一致，如图 3.12 和图 3.13 所示。同样，在百叶叶片间反射次数最多只考虑 4 次的情形，当反射次数大于 4 次时被视为全部被百叶吸收。

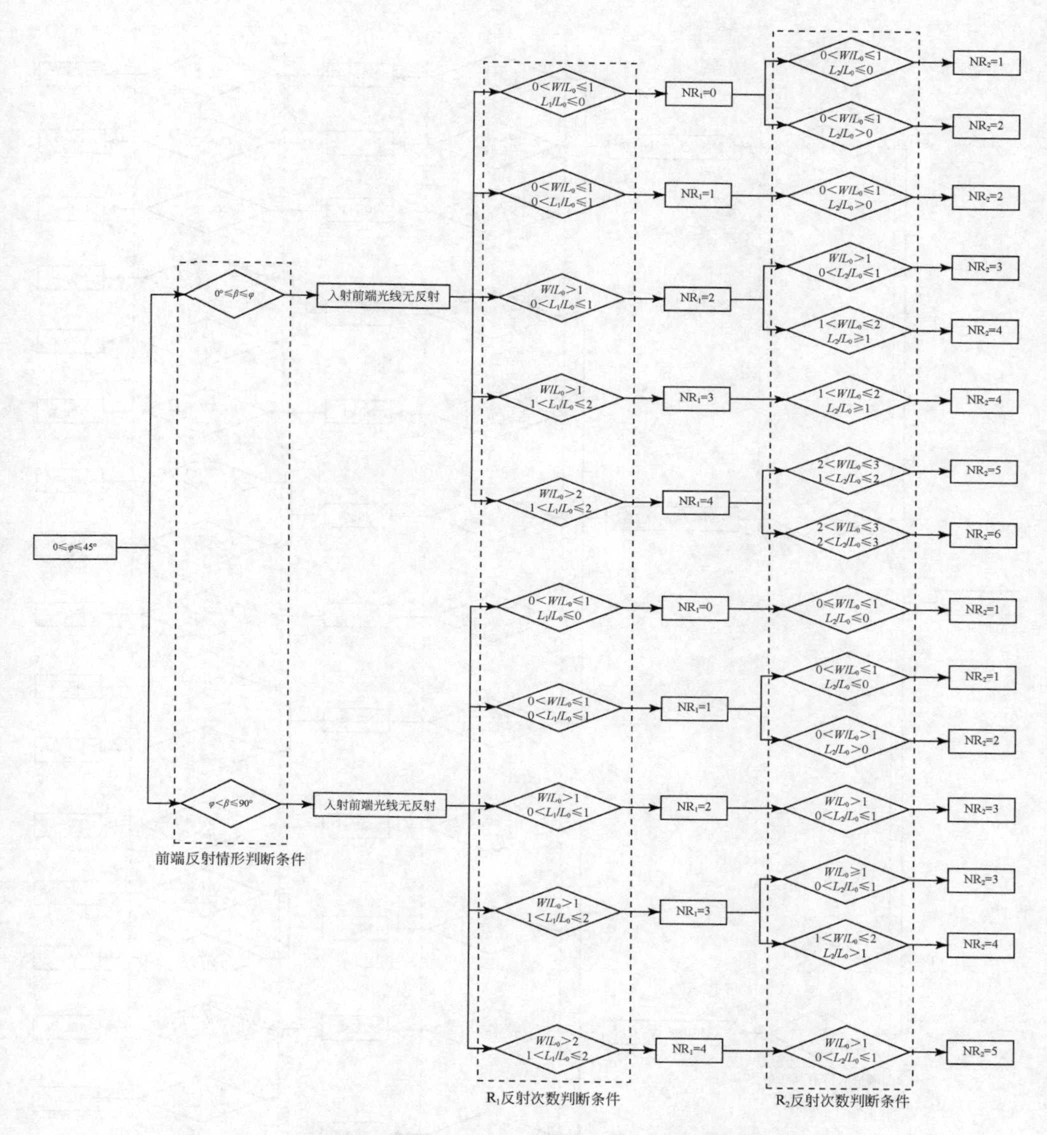

图 3.12　百叶角度介于[0°,45°]后向直射辐射反射次数判断逻辑

2. 后向直射辐射不同反射次数所占比例计算

后向直射辐射不同反射次数所占比例计算有如下几种情形：

(1)当 $\varphi\in[0°,45°]$，且 $\beta\in[0°,\varphi]$时，入射前端光线无反射。具体计算式见附录 A.2。

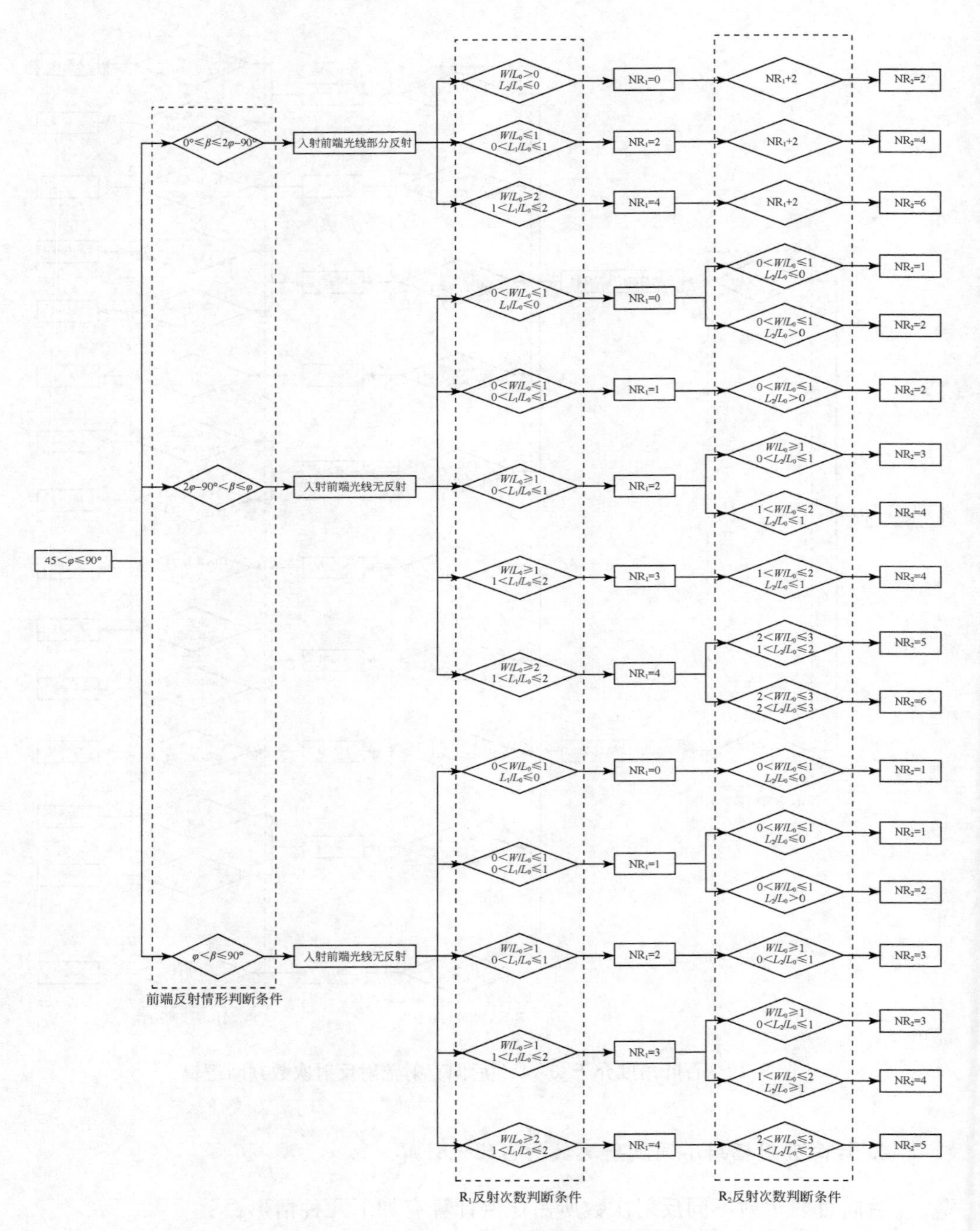

图 3.13　百叶角度介于(45°,90°]后向直射辐射反射次数判断逻辑

(2)当 $\varphi\in[0°,45°]$，且 $\beta\in(\varphi,90°]$ 时，入射前端光线无反射。具体计算式见附录 A.2。

(3)当 $\varphi\in(45°,90°]$，且 $\beta\in[0°,2\varphi-90°]$ 时，入射前端光线有部分反射。具体计算式见附录 A.2。

(4)当 $\varphi\in(45°,90°]$，且 $\beta\in(2\varphi-90°,\varphi]$ 时，入射前端光线无反射。此时各反射次数所占的比例计算与(1)相同。

(5)当 $\varphi\in(45°,90°]$，且 $\beta\in(\varphi,90°]$ 时，入射前端光线无反射。此时各反射次数所占的比例计算与(2)相同。

3.4.4 特殊情况的前向直射辐射

一般情况下，太阳入射投影角的范围是[0°，90°]，而百叶角度的范围也是[0°，90°]。此时，采用3.4.2节前向直射辐射的计算方法即可计算百叶直射—直射辐射的光学性能。

图3.14是太阳入射投影角小于0°的情形，入射光线照射在上叶片上。此时，直射—直射的光学计算采用镜像的方法进行转换，即这种情况的光学计算方法等价于后向直射辐射的计算方法。因此，根据百叶角度和太阳入射投影角，进行反射次数的判断和计算。

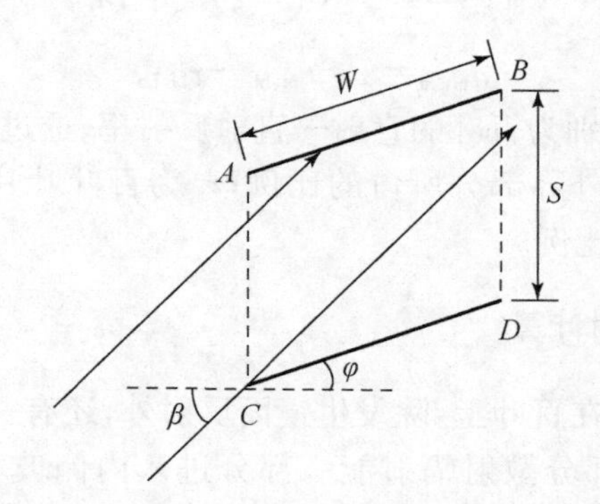

图3.14 太阳入射投影角范围为[−90°，0°]时的情形

图3.15则是百叶角度小于0°的情形。若太阳入射投影角大于0°，照射在下叶片表面；若太阳入射投影角小于0°，则照射在上叶片表面。无论是照射在上叶片还是下叶片，均采用等价的方式按照后向直射辐射的方法进行计算。

3.4.5 直射—直射辐射计算

正如前述，百叶叶片既不是纯粹的散射体，也不是纯粹的镜面反射体，而是介于二者之间。故在计算其光学性能时须考虑该特性。针对这种情况，引入耀度的

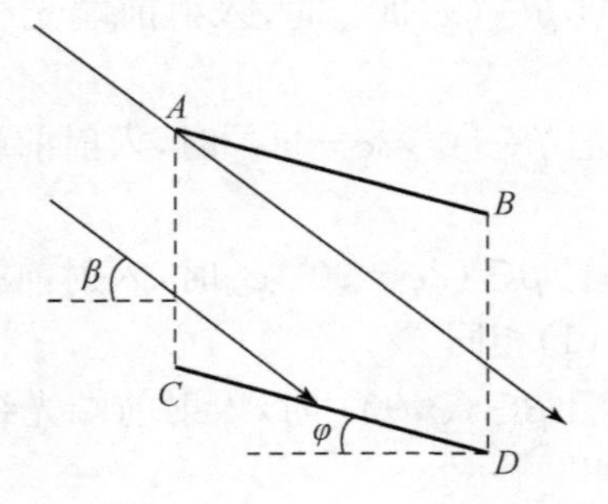

图 3.15　百叶角度范围为[−90°,0°]时的情形

概念,即反映照射到叶片表面的直射辐射变成散射辐射所占的比例,用符号 ξ 表示。当 $\xi=0$,代表百叶叶片为理想镜面反射体;当 $\xi=1$,则代表百叶叶片为理想的散射体。其值的大小与百叶的材质和表面状况有关,表面越粗糙其值越大;相反,表面越光滑其值越小。结合光线在百叶单元中的传播特性,便可计算出百叶的直射—直射反射率、透过率、吸收率。

$$r_{\mathrm{bl,bb}}=(1-\xi)r_{\mathrm{sl}}\mathrm{Rb} \tag{3.24}$$

$$\tau_{\mathrm{bl,bb}}=\sum_{i=0}^{n}\left[(1-\xi)r_{\mathrm{sl}}\right]^{i}\mathrm{ra}_{i} \tag{3.25}$$

$$\alpha_{\mathrm{bl,bb}}=1-r_{\mathrm{bl,bb}}-\tau_{\mathrm{bl,bb}} \tag{3.26}$$

式中,$r_{\mathrm{bl,bb}}$、$\tau_{\mathrm{bl,bb}}$、$\alpha_{\mathrm{bl,bb}}$分别为百叶的直射—直射反射率、透过率、吸收率;Rb 为直射辐射入射光线被反射回外界部分所占的比例;r_{sl}为百叶叶片的反射率;ra_i 为反射次数为 i 的部分所占的比例。

3.4.6　直射—散射辐射计算

太阳直射光线照射在百叶上,除发生镜面反射外,还有一部分直射光在反射过程中变成散射辐射,该部分散射辐射能一部分进入内侧玻璃,一部分返回外侧玻璃,剩余的则被百叶吸收。直射—直射辐射部分按照射线追踪原理进行递推,直射—散射部分则按照散射辐射的方法进行处理。

根据直射—直射辐射分析直射—散射辐射,只考虑 2 次反射的情况,超过 2 次的直射辐射可视为全部转化为散射辐射能。以 $\mathrm{NR}_1=2$,$\mathrm{NR}_2=4$ 的反射情形为例,将百叶单元分割为若干部分,如图 3.16 所示。CE 为太阳光直射照射部分;FG 为经下叶片第一次反射后直射照射在上叶片的部分;AF、GB、ED 均为无直射光照射部分。随着百叶角度和太阳入射投影角的改变,各部分大小随之改变(若下叶片全部被入射光线照射,则 $ED=0$)。为了便于表示,将各部分用数字 1～7 标示。

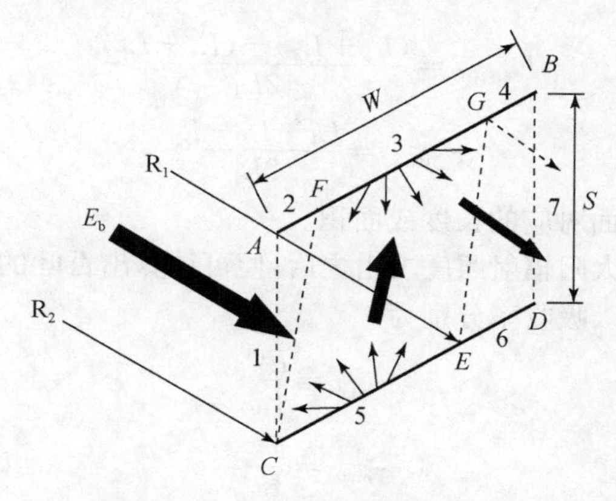

图 3.16　直射—散射辐射示意图

因此，各部分直射—散射辐射照度 E 可通过如下矩阵进行计算：

$$\boldsymbol{E}=\boldsymbol{X}^{-1}\boldsymbol{B} \tag{3.27}$$

其中，系数矩阵 $\boldsymbol{X}$ 为

$$\boldsymbol{X}=\begin{bmatrix} -1 & 0 & 0 & 0 & 0 & 0 & 0 \\ r_{sl}F_{21} & -1 & 0 & 0 & r_{sl}F_{25} & r_{sl}F_{26} & r_{sl}F_{27} \\ r_{sl}F_{31} & 0 & -1 & 0 & r_{sl}F_{35} & r_{sl}F_{36} & r_{sl}F_{37} \\ r_{sl}F_{41} & 0 & 0 & -1 & r_{sl}F_{45} & r_{sl}F_{46} & r_{sl}F_{47} \\ r_{sl}F_{51} & r_{sl}F_{52} & r_{sl}F_{53} & r_{sl}F_{54} & -1 & 0 & r_{sl}F_{57} \\ r_{sl}F_{61} & r_{sl}F_{62} & r_{sl}F_{63} & r_{sl}F_{64} & 0 & -1 & r_{sl}F_{67} \\ 0 & 0 & 0 & 0 & 0 & 0 & -1 \end{bmatrix} \tag{3.28}$$

直射—散射辐射能流的列向量 $\boldsymbol{B}$ 为

$$\boldsymbol{B}=\left[0,0,-\xi(1-\xi)r_{sl}^2E_b\frac{S\cdot\overline{FG}}{\overline{CE}^2},0,-r_{sl}^2\xi E_b\frac{S}{\overline{CE}},0,0\right]^{\mathrm{T}} \tag{3.29}$$

式中，F_{ij} 为表面 i 对表面 j 的角系数；E_b 为百叶垂直平面接收的直射辐射照度，$\mathrm{W/m^2}$；$\overline{FG}$ 和 $\overline{CE}$ 分别为第 3 部分和第 5 部分的长度。计算结果 $\boldsymbol{E}$ 中的 7 个值 $E(1)\sim E(7)$ 分别对应于各表面的太阳辐射照度。

如图 3.17 所示表面间的角系数可通过式(3.30)和式(3.31)计算得出。

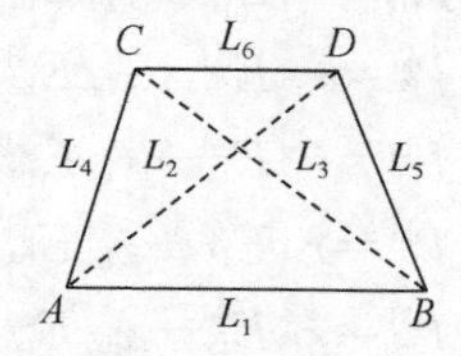

图 3.17　角系数计算各表面

$$F_{AB,CD}=\frac{(L_2+L_3)-(L_4+L_5)}{2L_1} \tag{3.30}$$

$$F_{AB,AC}=\frac{L_1+L_4-L_3}{2L_1} \tag{3.31}$$

式中,L_i 为第 i 个表面对应的长度或面积。

当表面 1～7 的太阳辐射照度求出之后,便可计算出百叶的直射—散射光学性能,其反射率、透过率、吸收率分别为

$$r_{\mathrm{bl,bd}}=\frac{E_1^{\mathrm{bd}}}{E_{\mathrm{b}}} \tag{3.32}$$

$$\tau_{\mathrm{bl,bd}}=\frac{E_7^{\mathrm{bd}}}{E_{\mathrm{b}}} \tag{3.33}$$

$$\alpha_{\mathrm{bl,bd}}=1-r_{\mathrm{bl,bd}}-\tau_{\mathrm{bl,bd}} \tag{3.34}$$

式中,$r_{\mathrm{bl,bd}}$、$\tau_{\mathrm{bl,bd}}$、$\alpha_{\mathrm{bl,bd}}$分别为百叶的直射—散射反射率、透过率、吸收率;E_1^{bd} 和 E_7^{bd} 分别为表面 1 和表面 7 的直射—散射辐射照度。

3.4.7 散射—散射辐射计算

对于入射的散射辐射能,百叶叶片不同部位获得的散射辐射能并不一样。于是将百叶叶片等分为 k 等份,如图 3.18(a)所示。张磊等[13]将百叶划分为 2 等份,与 ISO 15099[11]进行比较,误差在 3%以内。本书将百叶叶片平均划分为 5 等份,各部分的能量交换如图 3.18(b)所示。由图可知,离开百叶单元各表面的能量可表示为

$$\begin{cases}
J_{\mathrm{b0}}^{\mathrm{dd}}=r_{\mathrm{b0}}E_{\mathrm{b0}}^{\mathrm{dd}}+\tau_{\mathrm{f0}}E_{\mathrm{f0}}^{\mathrm{dd}}\\
J_{\mathrm{b1}}^{\mathrm{dd}}=r_{\mathrm{b1}}E_{\mathrm{b1}}^{\mathrm{dd}}+\tau_{\mathrm{f1}}E_{\mathrm{f1}}^{\mathrm{dd}}\\
J_{\mathrm{b2}}^{\mathrm{dd}}=r_{\mathrm{b2}}E_{\mathrm{b2}}^{\mathrm{dd}}+\tau_{\mathrm{f2}}E_{\mathrm{f2}}^{\mathrm{dd}}\\
J_{\mathrm{b3}}^{\mathrm{dd}}=r_{\mathrm{b3}}E_{\mathrm{b3}}^{\mathrm{dd}}+\tau_{\mathrm{f3}}E_{\mathrm{f3}}^{\mathrm{dd}}\\
J_{\mathrm{b4}}^{\mathrm{dd}}=r_{\mathrm{b4}}E_{\mathrm{b4}}^{\mathrm{dd}}+\tau_{\mathrm{f4}}E_{\mathrm{f4}}^{\mathrm{dd}}\\
J_{\mathrm{b5}}^{\mathrm{dd}}=r_{\mathrm{b5}}E_{\mathrm{b5}}^{\mathrm{dd}}+\tau_{\mathrm{f5}}E_{\mathrm{f5}}^{\mathrm{dd}}\\
J_{\mathrm{b6}}^{\mathrm{dd}}=r_{\mathrm{b6}}E_{\mathrm{b6}}^{\mathrm{dd}}+\tau_{\mathrm{f6}}E_{\mathrm{f6}}^{\mathrm{dd}}\\
J_{\mathrm{f0}}^{\mathrm{dd}}=r_{\mathrm{f0}}E_{\mathrm{f0}}^{\mathrm{dd}}+\tau_{\mathrm{b0}}E_{\mathrm{b0}}^{\mathrm{dd}}\\
J_{\mathrm{f1}}^{\mathrm{dd}}=r_{\mathrm{f1}}E_{\mathrm{f1}}^{\mathrm{dd}}+\tau_{\mathrm{b1}}E_{\mathrm{b1}}^{\mathrm{dd}}\\
J_{\mathrm{f2}}^{\mathrm{dd}}=r_{\mathrm{f2}}E_{\mathrm{f2}}^{\mathrm{dd}}+\tau_{\mathrm{b2}}E_{\mathrm{b2}}^{\mathrm{dd}}\\
J_{\mathrm{f3}}^{\mathrm{dd}}=r_{\mathrm{f3}}E_{\mathrm{f3}}^{\mathrm{dd}}+\tau_{\mathrm{b3}}E_{\mathrm{b3}}^{\mathrm{dd}}\\
J_{\mathrm{f4}}^{\mathrm{dd}}=r_{\mathrm{f4}}E_{\mathrm{f4}}^{\mathrm{dd}}+\tau_{\mathrm{b4}}E_{\mathrm{b4}}^{\mathrm{dd}}\\
J_{\mathrm{f5}}^{\mathrm{dd}}=r_{\mathrm{f5}}E_{\mathrm{f5}}^{\mathrm{dd}}+\tau_{\mathrm{b5}}E_{\mathrm{b5}}^{\mathrm{dd}}\\
J_{\mathrm{f6}}^{\mathrm{dd}}=r_{\mathrm{f6}}E_{\mathrm{f6}}^{\mathrm{dd}}+\tau_{\mathrm{b6}}E_{\mathrm{b6}}^{\mathrm{dd}}
\end{cases} \tag{3.35}$$

式中，J_{fi}^{dd}、J_{bi}^{dd}分别为离开第 i 部分正面和背面的散射—散射辐射能，W/m²；E_{fi}^{dd}、E_{bi}^{dd}分别为第 i 部分正面和背面接收的散射—散射辐射照度，W/m²；r_{fi}、r_{bi}分别为百叶第 i 部分正面和背面的反射率；τ_{fi}、τ_{bi}分别为百叶第 i 部分正面和背面的透过率。r_{f0}、r_{f6}、r_{b0}、r_{b6}均等于 0；τ_{f0}、τ_{f6}、τ_{b0}、τ_{b6}均等于 1。$E_{f0}^{dd}=E_{d}$。

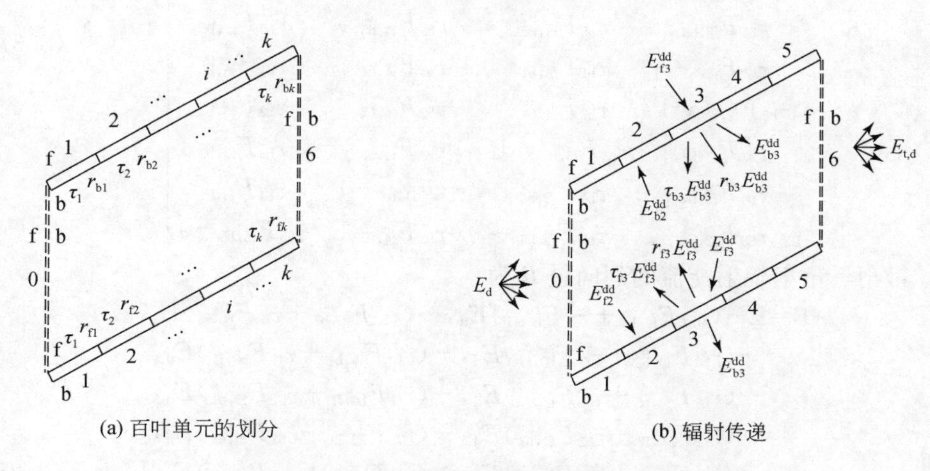

图 3.18　散射—散射辐射百叶分割及辐射传递示意图

引入角系数，离开百叶叶片各部分的散射—散射辐射能流向量 $\boldsymbol{J}$ 的表达式为

$$\boldsymbol{J}=\boldsymbol{Y}^{-1}\boldsymbol{B} \tag{3.36}$$

其中，系数矩阵 $\boldsymbol{Y}$ 为

$$\boldsymbol{Y}=\left[\begin{matrix}
\tau_{f1}F_{b1,f1}-1 & \tau_{f1}F_{b2,f1} & \tau_{f1}F_{b3,f1} & \tau_{f1}F_{b4,f1} & \tau_{f1}F_{b5,f1} & r_{b1}F_{f1,b1} \\
\tau_{f2}F_{b1,f2} & \tau_{f2}F_{b2,f2}-1 & \tau_{f2}F_{b3,f2} & \tau_{f2}F_{b4,f2} & \tau_{f2}F_{b5,f2} & r_{b2}F_{f1,b2} \\
\tau_{f3}F_{b1,f3} & \tau_{f3}F_{b2,f3} & \tau_{f3}F_{b3,f3}-1 & \tau_{f3}F_{b4,f3} & \tau_{f3}F_{b5,f3} & r_{b3}F_{f1,b3} \\
\tau_{f4}F_{b1,f4} & \tau_{f4}F_{b2,f4} & \tau_{f4}F_{b3,f4} & \tau_{f4}F_{b4,f4}-1 & \tau_{f4}F_{b5,f4} & r_{b4}F_{f1,b4} \\
\tau_{f5}F_{b1,f5} & \tau_{f5}F_{b2,f5} & \tau_{f5}F_{b3,f5} & \tau_{f5}F_{b4,f5} & \tau_{f5}F_{b5,f5}-1 & r_{b5}F_{f1,b5} \\
r_{f1}F_{b1,f1} & r_{f1}F_{b2,f1} & r_{f1}F_{b3,f1} & r_{f1}F_{b4,f1} & r_{f1}F_{b5,f1} & \tau_{b1}F_{f1,b1}-1 \\
r_{f2}F_{b1,f2} & r_{f2}F_{b2,f2} & r_{f2}F_{b3,f2} & r_{f2}F_{b4,f2} & r_{f2}F_{b5,f2} & \tau_{b2}F_{f1,b2} \\
r_{f3}F_{b1,f3} & r_{f3}F_{b2,f3} & r_{f3}F_{b3,f3} & r_{f3}F_{b4,f3} & r_{f3}F_{b5,f3} & \tau_{b3}F_{f1,b3} \\
r_{f4}F_{b1,f4} & r_{f4}F_{b2,f4} & r_{f4}F_{b3,f4} & r_{f4}F_{b4,f4} & r_{f4}F_{b5,f4} & \tau_{b4}F_{f1,b4} \\
r_{f5}F_{b1,f5} & r_{f5}F_{b2,f5} & r_{f5}F_{b3,f5} & r_{f5}F_{b4,f5} & r_{f5}F_{b5,f5} & \tau_{b5}F_{f1,b5}
\end{matrix}\right.$$

$$\left.\begin{matrix}
r_{b1}F_{f2,b1} & r_{b1}F_{f3,b1} & r_{b1}F_{f4,b1} & r_{b1}F_{f5,b1} \\
r_{b2}F_{f2,b2} & r_{b2}F_{f3,b2} & r_{b2}F_{f4,b2} & r_{b2}F_{f5,b2} \\
r_{b3}F_{f2,b3} & r_{b3}F_{f3,b3} & r_{b3}F_{f4,b3} & r_{b3}F_{f5,b3} \\
r_{b4}F_{f2,b4} & r_{b4}F_{f3,b4} & r_{b4}F_{f4,b4} & r_{b4}F_{f5,b4} \\
r_{b5}F_{f2,b5} & r_{b5}F_{f3,b5} & r_{b5}F_{f4,b5} & r_{b5}F_{f5,b5} \\
\tau_{b1}F_{f2,b1} & \tau_{b1}F_{f3,b1} & \tau_{b1}F_{f4,b1} & \tau_{b1}F_{f5,b1} \\
\tau_{b2}F_{f2,b2}-1 & \tau_{b2}F_{f3,b2} & \tau_{b2}F_{f4,b2} & \tau_{b2}F_{f5,b2} \\
\tau_{b3}F_{f2,b3} & \tau_{b3}F_{f3,b3}-1 & \tau_{b3}F_{f4,b3} & \tau_{b3}F_{f5,b3} \\
\tau_{b4}F_{f2,b4} & \tau_{b4}F_{f3,b4} & \tau_{b4}F_{f4,b4}-1 & \tau_{b4}F_{f5,b4} \\
\tau_{b5}F_{f2,b5} & \tau_{b5}F_{f3,b5} & \tau_{b5}F_{f4,b5} & \tau_{b5}F_{f5,b5}-1
\end{matrix}\right] \tag{3.37}$$

散射—散射辐射能流的列向量 $\boldsymbol{B}$ 为

$$\begin{aligned}\boldsymbol{B}=[&-(r_{b1}F_{f0,b1}+\tau_{f1}F_{b0,f1})E_d,-(r_{b2}F_{f0,b2}+\tau_{f2}F_{b0,f2})E_d,\\
&-(r_{b3}F_{f0,b3}+\tau_{f3}F_{b0,f3})E_d,-(r_{b4}F_{f0,b4}+\tau_{f4}F_{b0,f4})E_d,\\
&-(r_{b5}F_{f0,b5}+\tau_{f5}F_{b0,f5})E_d,-(r_{f1}F_{b0,f1}+\tau_{b1}F_{f0,b1})E_d,\\
&-(r_{f2}F_{b0,f2}+\tau_{b2}F_{f0,b2})E_d,-(r_{f3}F_{b0,f3}+\tau_{b3}F_{f0,b3})E_d,\\
&-(r_{f4}F_{b0,f4}+\tau_{b4}F_{f0,b4})E_d,-(r_{f5}F_{b0,f5}+\tau_{b5}F_{f0,b5})E_d]^{T}\end{aligned} \tag{3.38}$$

结合式(3.36),百叶单元各部分接收的能量表达式为

$$E_{bj}^{dd}=\sum_{i=1,i\neq j}^{k+1}(r_{bi}E_{bi}^{dd}+\tau_{fi}E_{fi}^{dd})F_{bi,fj}+\sum_{i=0}^{k+1}(r_{fi}E_{fi}^{dd}+\tau_{bi}E_{bi}^{dd})F_{fi,bj} \tag{3.39}$$

$$E_{fj}^{dd}=\sum_{i=1,i\neq j}^{k+1}(r_{fi}E_{fi}^{dd}+\tau_{bi}E_{bi}^{dd})F_{fi,bj}+\sum_{i=0}^{k+1}(r_{bi}E_{bi}^{dd}+\tau_{fi}E_{fi}^{dd})F_{bi,fj} \tag{3.40}$$

式中,F 为角系数,其他符号同前。

求得到达百叶单元各部分的能流之后,便可计算得出百叶的散射—散射辐射的光学性能。前向和后向散射一散射辐射值是相等的。其反射率、透过率、吸收率为

$$r_{bl,dd}=\frac{E_{b0}^{dd}}{E_{f0}^{dd}}=\frac{E_{b0}^{dd}}{E_d} \tag{3.41}$$

$$\tau_{bl,dd}=\frac{E_{f6}^{dd}}{E_{f0}^{dd}}=\frac{E_{f6}^{dd}}{E_d} \tag{3.42}$$

$$\alpha_{bl,dd}=1-r_{bl,dd}-\tau_{bl,dd} \tag{3.43}$$

式中,$r_{bl,dd}$、$\tau_{bl,dd}$、$\alpha_{bl,dd}$分别为百叶的散射—散射反射率、透过率、吸收率。

3.4.8 百叶对太阳辐射的性能计算

通过以上方法,分别求出百叶的直射—直射辐射、直射—散射辐射以及散射—散射辐射的光学性能之后便可计算得出百叶的总光学性能,其总反射率、总透过

率、总吸收率为

$$r_{\mathrm{bl,t}}=\frac{r_{\mathrm{bl,bb}}E_{\mathrm{b}}+r_{\mathrm{bl,bd}}E_{\mathrm{b}}+r_{\mathrm{bl,dd}}E_{\mathrm{d}}}{E_{\mathrm{b}}+E_{\mathrm{d}}} \tag{3.44}$$

$$\tau_{\mathrm{bl,t}}=\frac{\tau_{\mathrm{bl,bb}}E_{\mathrm{b}}+\tau_{\mathrm{bl,bd}}E_{\mathrm{b}}+\tau_{\mathrm{bl,dd}}E_{\mathrm{d}}}{E_{\mathrm{b}}+E_{\mathrm{d}}} \tag{3.45}$$

$$\alpha_{\mathrm{bl,t}}=1-r_{\mathrm{bl,t}}-\tau_{\mathrm{bl,t}} \tag{3.46}$$

式中，$r_{\mathrm{bl,t}}$、$\tau_{\mathrm{bl,t}}$、$\alpha_{\mathrm{bl,t}}$分别为百叶的总反射率、总透过率、总吸收率。

图 3.19～图 3.22 分别是太阳入射投影角为 30°，入射的总太阳辐射照度为 600W/m²，总直射辐射照度为 400W/m²，总散射辐射照度为 200W/m²，叶片反射率为 0.6，耀度为 0.4，百叶单元 $W/S=1$ 时的直射—直射、直射—散射、散射—散射透过率和反射率随百叶角度的变化。如图 3.19 所示，百叶的直射—直射透过率随着百叶角度的变化而变化。当百叶角度在[－90°，－30°]范围内变化，直射—直

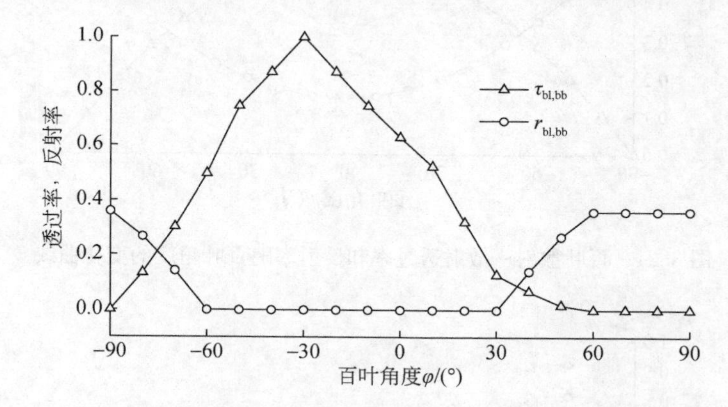

图 3.19　百叶直射—直射透过率和反射率随百叶角度的变化曲线

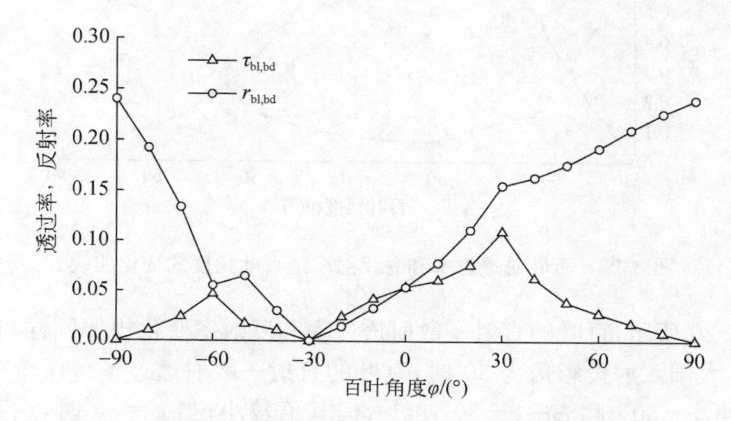

图 3.20　百叶直射—散射透过率和反射率随百叶角度的变化曲线

射透过率呈增大趋势，在－30°时达到最大值，此时直射光线全部穿过百叶进入内侧。随后随着百叶角度的继续增大，透过率逐渐降低。在［－90°，－60°］及［30°，90°］范围内，存在直射—直射反射情形。［－60°，30°］范围内，直射光线并不存在反射情形，而当百叶角度大于60°时，入射到叶片表面的光线全部被反射回去，故反射率保持0.4不变。由此可见，直射—直射辐射对于光滑表面的遮阳百叶的光学性能影响较大。尽量减少通过直射辐射进入室内的太阳得热量是半透明围护结构中有效的遮阳措施。

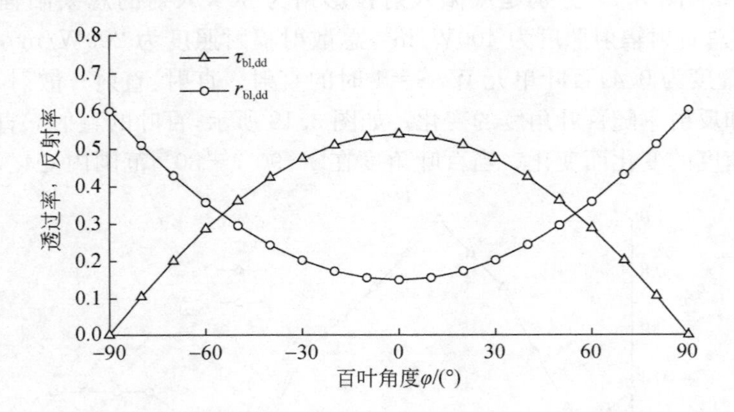

图 3.21　百叶散射—散射透过率和反射率随百叶角度的变化曲线

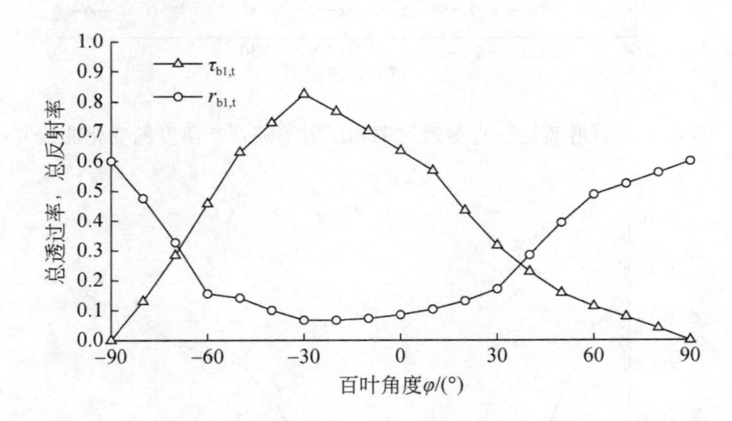

图 3.22　百叶总透过率和总反射率随百叶角度的变化曲线

如图 3.20 所示，百叶的直射—散射透过率和反射率变化规律同样与百叶角度息息相关。太阳入射投影角为30°时，百叶的直射—散射透过率分两个变化区段，即 $\varphi\in[-90°,-30°]$ 和 $\varphi\in(-30°,90°]$，但其值较小；当 $\varphi=30°$ 时，达到最大值。

直射—散射反射率以 $\varphi=-30°$为分界点，当 $\varphi\in[-90°,-30°]$时，反射率呈递减趋势；当 $\varphi\in(-30°,90°]$时，反射率呈递增趋势。

对于散射—散射透过率和反射率，以 $\varphi=0°$作为对称点，两边分别呈现单调递增和单调递减的趋势，如图 3.21 所示。因此，增大百叶角度(无论是正向还是反向)，对于阻止散射辐射均是有效的。

图 3.22 是百叶的总透过率和总反射率随百叶角度的变化关系。总透过率以 $\varphi=-30°$为分界点，当百叶角度小于大于$-30°$时，随着百叶角度的增大，透过率逐渐增大。当百叶角度大于$-30°$时，总透过率随着百叶角度的增大逐渐减小。而总反射率在 $\varphi\in[-60°,30°]$范围内最小。总反射率和总透过率基本呈现相反的变化趋势。由此可见，调整百叶的百叶角度，是改善其光学性能的有效措施。

3.5　双层皮幕墙的太阳辐射计算

为有效改善双层皮幕墙系统的光学性能和热工性能，常常在玻璃层中安装百叶装置。由于百叶对太阳辐射的反射和吸收作用，使多层玻璃幕墙系统的光学特性有很大变化。入射的直射辐射照射在百叶叶片表面，入射的直射辐射方向发生变化，一部分变成散射辐射进行传递。此外，百叶与相邻玻璃之间的相互影响使问题更加复杂化，故通过能量平衡原理建立各层的方程表达式进行求解。

图 3.23 是带百叶的双层皮幕墙系统，共由三层玻璃加百叶层构成。由外至内编号依次为 0～5，其中第 0 层为室外环境，第 5 层为室内环境。通过直射、散射分离的方法分别对双层皮幕墙的光学模型进行分析。

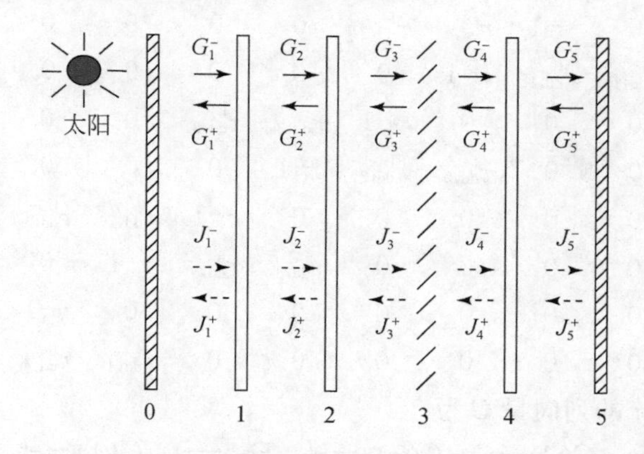

图 3.23　带百叶的双层皮幕墙的光学传递示意图

直射辐射能流 $\boldsymbol{G}$ 的矩阵计算表达式为

$$\boldsymbol{G}=\boldsymbol{X}^{-1}\boldsymbol{B} \tag{3.47}$$

其中，系数矩阵 $\boldsymbol{X}$ 为

$$\boldsymbol{X}=\begin{bmatrix} -1 & r_{bb,1}^{f} & \tau_{bb,1}^{b} & 0 & 0 & 0 & 0 & 0 & 0 & 0 \\ r_{bb,0}^{b} & -1 & 0 & 0 & 0 & 0 & 0 & 0 & 0 & 0 \\ 0 & 0 & -1 & r_{bb,2}^{f} & \tau_{bb,2}^{b} & 0 & 0 & 0 & 0 & 0 \\ 0 & \tau_{bb,1}^{f} & r_{bb,1}^{b} & -1 & 0 & 0 & 0 & 0 & 0 & 0 \\ 0 & 0 & 0 & 0 & -1 & r_{bb,3}^{f} & \tau_{bb,3}^{b} & 0 & 0 & 0 \\ 0 & 0 & 0 & \tau_{bb,2}^{f} & r_{bb,2}^{b} & -1 & 0 & 0 & 0 & 0 \\ 0 & 0 & 0 & 0 & 0 & 0 & -1 & r_{bb,4}^{f} & \tau_{bb,4}^{b} & 0 \\ 0 & 0 & 0 & 0 & 0 & \tau_{bb,3}^{f} & r_{bb,3}^{b} & -1 & 0 & 0 \\ 0 & 0 & 0 & 0 & 0 & 0 & 0 & 0 & -1 & r_{bb,5}^{f} \\ 0 & 0 & 0 & 0 & 0 & 0 & 0 & \tau_{bb,4}^{f} & r_{bb,4}^{b} & -1 \end{bmatrix} \tag{3.48}$$

直射辐射能流的列向量 $\boldsymbol{B}$ 为

$$\boldsymbol{B}=[0,-E_{b},0,0,0,0,0,0,0,0]^{T} \tag{3.49}$$

式中，$r_{bb,0}^{b}$、$r_{bb,5}^{f}$ 分别为第 0 层和第 5 层的后向和前向反射率，其值均为 0。$\boldsymbol{G}$ 中的 10 个值 $G(1),G(2),\cdots,G(9),G(10)$ 分别对应于 $G_1^{+},G_1^{-},\cdots,G_5^{+},G_5^{-}$。

系统散射辐射能流 J 的矩阵计算表达式为

$$\boldsymbol{J}=\boldsymbol{Y}^{-1}\boldsymbol{C} \tag{3.50}$$

其中，系数矩阵 $\boldsymbol{Y}$ 为

$$\boldsymbol{Y}=\begin{bmatrix} -1 & r_{dd,1}^{f} & \tau_{dd,1}^{b} & 0 & 0 & 0 & 0 & 0 & 0 & 0 \\ r_{dd,0}^{b} & -1 & 0 & 0 & 0 & 0 & 0 & 0 & 0 & 0 \\ 0 & 0 & -1 & r_{dd,2}^{f} & \tau_{dd,2}^{b} & 0 & 0 & 0 & 0 & 0 \\ 0 & \tau_{dd,1}^{f} & r_{dd,1}^{b} & -1 & 0 & 0 & 0 & 0 & 0 & 0 \\ 0 & 0 & 0 & 0 & -1 & r_{dd,3}^{f} & \tau_{dd,3}^{b} & 0 & 0 & 0 \\ 0 & 0 & 0 & \tau_{dd,2}^{f} & r_{dd,2}^{b} & -1 & 0 & 0 & 0 & 0 \\ 0 & 0 & 0 & 0 & 0 & 0 & -1 & r_{dd,4}^{f} & \tau_{dd,4}^{b} & 0 \\ 0 & 0 & 0 & 0 & 0 & \tau_{dd,3}^{f} & r_{dd,3}^{b} & -1 & 0 & 0 \\ 0 & 0 & 0 & 0 & 0 & 0 & 0 & 0 & -1 & r_{dd,5}^{f} \\ 0 & 0 & 0 & 0 & 0 & 0 & 0 & \tau_{dd,4}^{f} & r_{dd,4}^{b} & -1 \end{bmatrix} \tag{3.51}$$

散射辐射能流的列向量 $\boldsymbol{C}$ 为

$$\begin{aligned}\boldsymbol{C}=[&-r_{bd,1}^{f}G(2)-\tau_{bd,1}^{b}G(3),-\tau_{dd,0}^{f}E_{d},-r_{bd,2}^{f}G(4)-\tau_{bd,2}^{b}G(5),\\&-r_{bd,1}^{b}G(3)-\tau_{bd,1}^{f}G(2),-r_{bd,3}^{f}G(6)-\tau_{bd,3}^{b}G(7),-r_{bd,2}^{b}G(5)\\&-\tau_{bd,2}^{f}G(4),-r_{bd,4}^{f}G(8)-\tau_{bd,4}^{b}G(9),-r_{bd,3}^{b}G(7)-\tau_{bd,3}^{f}G(6),\\&-r_{bd,5}^{f}G(10),-r_{bd,4}^{b}G(9)-\tau_{bd,4}^{f}G(8)]^{T}\end{aligned} \tag{3.52}$$

式中，$r_{dd,0}^{b}$、$\tau_{dd,0}^{f}$分别为第 0 层后向散射—散射反射率和前向散射—散射透过率；$r_{bd,5}^{f}$、$r_{dd,5}^{f}$分别为第 5 层前向直射—散射反射率、散射—散射反射率。$r_{dd,0}^{b}$、$\tau_{dd,0}^{f}$分别取值为 0 和 1；$r_{bd,5}^{f}$，$r_{dd,5}^{f}$均取值为 0。$\boldsymbol{J}$ 中的 10 个值 $J(1),J(2),\cdots,J(9),J(10)$ 分别对应于 $J_1^+,J_1^-,\cdots,J_5^+,J_5^-$。

根据以上的计算结果便可求得双层皮幕墙的光学性能，包括系统的总反射率、总透过率、总吸收率以及透过系统的太阳得热量。其计算式如下：

$$r_t=\frac{G(1)+J(1)}{E_b+E_d} \tag{3.53}$$

$$\tau_t=\frac{G(10)+J(10)}{E_b+E_d} \tag{3.54}$$

$$\alpha_t=1-r_t-\tau_t \tag{3.55}$$

$$Q_t=(E_b+E_d)\cdot\tau_t \tag{3.56}$$

式中，Q_t 为透过双层皮幕墙的太阳辐射得热量，W/m^2，其余符号同前。各层的吸收率由式(3.19)计算。

3.6 小　结

玻璃及百叶对太阳辐射的吸收和反射作用是影响多层玻璃幕墙系统热工性能的关键因素之一。建立多层玻璃幕墙系统的光学模型不仅能够准确计算透过系统进入室内的太阳辐射得热量，还是对其进行热工性能评价和能耗计算的关键环节。本章重点描述了多层玻璃幕墙系统的光学模型的建立。采用射线追踪原理给出了单层玻璃的反射率、透过率、吸收率的计算方法。采用直射、散射相分离的方式，通过净辐射法推导了多层玻璃幕墙系统光学性能的计算过程。分别对系统各层建立起直射辐射和散射辐射的能量平衡方程，采用递推算法进行计算。建立了百叶的混合光学模型。引入耀度的概念，同时考虑百叶的散射特性和镜面反射特性。直射辐射采用射线追踪法，根据几何原理，确定光线在叶片间的反射次数。根据叶片耀度的大小，确定直射—散射辐射值的大小。散射—散射辐射则采用辐射通量法进行计算。此外，对于百叶后向辐射采用镜像的方法计算。

参 考 文 献

[1] ASHRAE. ASHRAE Handbook of Fundamentals. Atlanta：The American Society of Heating Refrigeration and Air Conditioning Engineers，Inc.，2005.

[2] 彦启森，赵庆珠. 建筑热过程. 北京：中国建筑工业出版社，1986.

[3] Zanghirella F，Perino M，Serra V. A numerical model to evaluate the thermal behaviour of active transparent facades. Energy and Buildings，2011，43(5)：1123-1138.

[4] 江亿，李元哲，狄洪发. 关于透过体系透过率计算方法的探讨. 太阳能学报，1980，1(2)：166-175.
[5] 周娟. 建筑围护结构动态传热模拟方法的研究. 长沙：湖南大学博士学位论文，2012.
[6] Kotye N A, Collins M R, Wright J L, et al. A simplified method for calculating the effective solar optical properties of a venetian blind layer for building energy simulation. Journal of Solar Energy Engineering, 2009, 131(2): 1-9.
[7] EnergyPlus. EnergyPlus Engineering Document: The Reference to EnergyPlus Calculations. USA: US Department of Energy, 2005.
[8] Xu X L, Yang Z. Natural ventilation in the double skin facade with Venetian blind. Energy and Buildings, 2008, 40(8): 1498-1504.
[9] Gomes M G, Rodrigues A M, Bogas J A. Numerical and experimental study of the optical properties of venetian blinds. Journal of Building Physics, 2012, 36(1): 7-34.
[10] Gomes M G, Santos A J, Rodrigues A M. Solar and visible optical properties of glazing systems with venetian blinds: Numerical, experimental and blind control study. Building and Environment, 2014, 71: 47-59.
[11] ISO 15099. Thermal performance of windows, doors, and shading devices detailed calculations. Geneva: International Standards Organization, 2003.
[12] Chan Y C, Tzempelikos A. A hybrid ray-tracing and radiosity method for calculating radiation transport and illuminance distribution in spaces with venetian blinds. Solar Energy, 2012, 86(11): 3019-3124.
[13] 张磊，孟庆林. 百叶外遮阳太阳散射辐射计算模型及程序实现. 土木建筑与环境工程，2009，31(6)：92-96.

第4章　双层皮幕墙传热计算模型

4.1　概　　述

自然通风双层皮幕墙(naturally ventilated double skin facade,NVDSF)和机械通风双层皮幕墙(mechanically ventilated double skin facade,MVDSF)是建筑玻璃幕墙系统中广泛采用的两种形式。NVDSF系统利用玻璃幕墙自身的结构特点(通风口的开设)以及空腔热压产生的浮升力达到自然通风的目的。NVDSF系统在无须耗费任何电能的情况下,不仅能通过通风降低自身的温度,还能实现室内外的通风换气,可通过简单的控制策略实现良好的节能效果。

NVDSF的热传递过程是一个极其复杂的过程,其传热过程如图4.1所示。室外太阳辐射能照射在幕墙外表面后,一部分被反射,另一部分透过系统进入室内成为室内得热量的一部分,其余部分则被玻璃和百叶层吸收成为系统的热源。玻璃

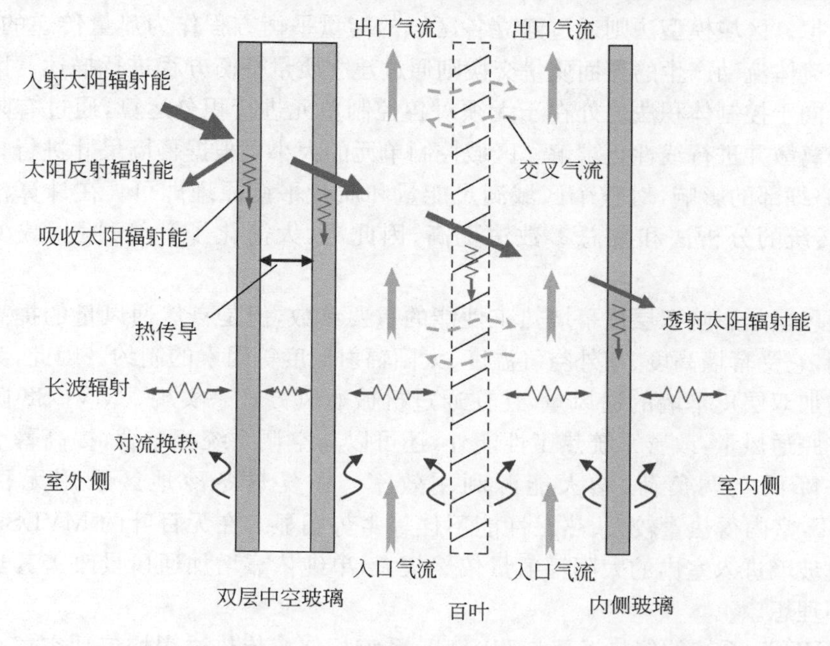

图4.1　NVDSF传热过程示意图

和百叶吸收热量后与周围空气进行对流换热，玻璃与环境之间、玻璃与玻璃之间、玻璃与百叶之间还发生长波辐射换热。外侧双层中空玻璃内的空腔狭窄，可视其内部为导热过程。对于带遮阳百叶的双层皮幕墙，百叶内、外侧空腔之间存在交叉气流，故同时有热量和质量的传递。NVDSF系统中百叶内、外侧空腔气流与玻璃及百叶进行换热后温度升高或者降低，空腔内沿高度方向存在温度梯度，从而形成烟囱效应，也称为热压。由于空腔入口与室外空气相通，故热压的产生可视为空腔内外温度存在一定温差，空腔内空气与室外空气之间产生密度差所致。

因此，双层皮幕墙系统不仅涉及传热问题，还涉及传质问题。对于给定的玻璃幕墙系统，建立精确合理的气流模型和传热模型是双层皮幕墙动态热工性能评价和分析的关键。针对双层皮幕墙热工性能的模拟分析，目前常用的研究方法包括计算流体动力学法、集总参数法、区域模型法、分析法和无量纲法等。采用计算流体动力学方法对NVDSF进行气流场和温度场的模拟计算需耗费大量的计算资源，对于大型双层皮幕墙结构的建筑或者全年能耗模拟无疑是难以实现的。分析法和无量纲法[1-5]虽然能进行定量或定性分析并能快速地获得结果，但是进行逐时动态模拟存在一定的困难。而集总参数法[6,7]将研究对象的热物性参数视为均匀一致，仅与时间有关，与坐标无关，因此无法根据双层皮幕墙的特点进行纵向温度场的模拟。区域模型法则通过建立各区域的能量平衡方程作为热量传递的基础，区域间流体流动产生的界面质量交换则通过建立质量平衡方程进行描述。区域模型法不同于控制体积法之处在于无须对各控制单元进行积分运算，通过有限差分对方程离散并进行线性化求解。区域控制单元的大小可根据幕墙尺寸进行自由划分，忽略细部的影响，对整个区域满足能量和质量平衡原理即可。在计算精度方面，比传统的分析法和集总参数法更高，因此，大大简化了计算过程，减少了计算量。

通风量是影响双层皮幕墙热工性能的重要参数，但是自然通风量的提高并非无限制，它受幕墙高度、室外空气温度、太阳辐射照度等因素的制约。因此，为了进一步增加双层皮幕墙的通风量，往往通过机械通风方式来实现。MVDSF除了能增大空腔通风量，改善系统热工性能外，还可以与空调系统相结合，提高幕墙热工性能并降低空调负荷，增大能源利用效率。在夏热冬冷地区采用无百叶的NVDSF，室内得热量较大、热工性能不佳等劣势明显。在无百叶的MVDSF系统中透过玻璃进入室内的太阳辐射量依然较大，单纯依靠增加通风量改善其热工性能并不理想。

MVDSF系统的传热过程与NVDSF系统相似。传热过程均包括空气与系统各层间对流换热、中空空气夹层导热、各层间长波辐射换热及内、外玻璃与周围环境的长波辐射换热等。不同之处在于，MVDSF 系统靠外界机械动力驱使空腔空气流动，如图 4.2 所示。从研究方法上，除了气流模型的建立外，MVDSF 与 NVDSF 的传热模型并无显著差别。因此，仍然采用改进的区域模型对 MVDSF 系统进行动态模拟，且区域划分与带百叶 NVDSF 相同。

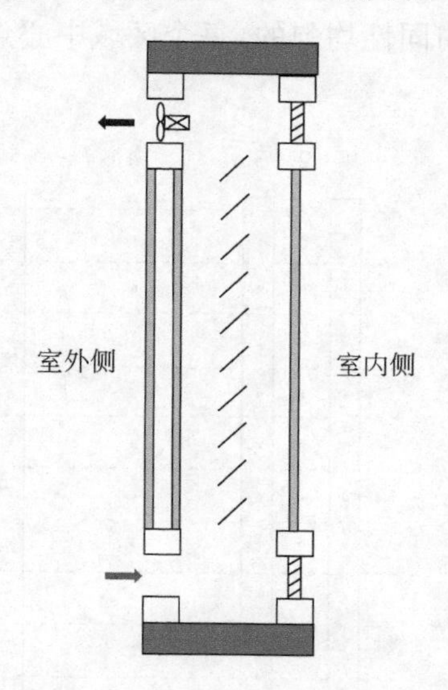

图 4.2　MVDSF 系统示意图

本章在已有的区域模型法基础上，忽略同一层相邻区域的热传导，考虑气流交换的传热变化，并结合第 3 章提出的光学模型，对其进行改进。涉及的太阳辐射，则采用直、散分离的动态模拟方法；气流则根据幕墙的通风形式分别进行考虑。该方法既能满足工程精度要求，又能简化计算过程、节省计算资源、便于掌握。因此，在双层皮幕墙的热工性能评价和长周期能耗模拟方面具有优势。

4.2　外双层无百叶自然通风双层皮幕墙

4.2.1　区域划分

外双层无百叶双层皮幕墙从外至内依次由双层中空外层玻璃、中空玻璃空气夹层、双层中空内层玻璃、通风空腔、内侧玻璃共五层构成。热量除了由内向外的横向传递之外，还有随气流方向的纵向传递。如图 4.3 所示，从外至内依次将各层标示为 eg、gap、ig、ca、ing，对应的编号为 1、2、3、4、5。整个幕墙系统各层纵向均匀划分区域，从下至上依次为 1，2，…，n。对于不带百叶的双层皮幕墙系统，除通风空腔外,其余各层尺寸较小。玻璃层横向传热可视为均匀传递,因而横向不进行分区。

在进行模拟计算过程中,节点数越多,计算速度越慢。根据研究对象的尺寸大小,合理划分控制区域,使其既能满足精度要求,又能节省计算时间。划分区域之后,整个区域视为各向同性均匀的,每个区域中心点参数则代表整个区域的参数。

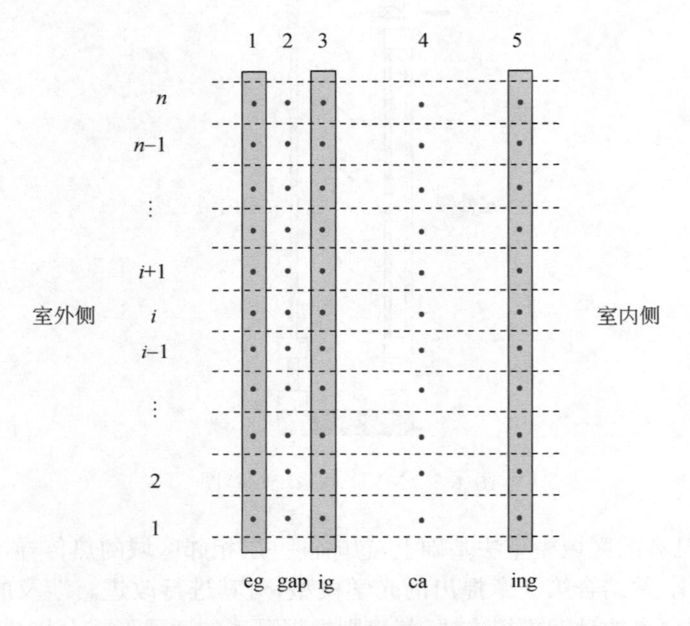

图 4.3　外双层无百叶双层皮幕墙区域划分示意图

4.2.2　传热方程

忽略各层上下相邻区域间的导热,使用能量守恒方法建立每一层的能量守恒方程。

(1) 中空外层玻璃(eg 层)。

$$(mc)_{\mathrm{eg},i}\frac{\partial T_{\mathrm{eg},i}}{\partial t}=A_{\mathrm{eg},i}h_{\mathrm{eg\text{-}am}}(T_{\mathrm{am}}-T_{\mathrm{eg},i})+A_{\mathrm{eg},i}\frac{2\lambda_{\mathrm{gap}}}{d_{\mathrm{gap}}}(T_{\mathrm{gap},i}-T_{\mathrm{eg},i})+A_{\mathrm{eg},i}\varepsilon_{\mathrm{eg\text{-}am}}\sigma(T_{\mathrm{sky}}^4-T_{\mathrm{eg},i}^4)+A_{\mathrm{eg},i}\varepsilon_{\mathrm{eg\text{-}ig}}\sigma(T_{\mathrm{ig}}^4-T_{\mathrm{eg},i}^4)+Q_{\mathrm{eg,sol},i} \tag{4.1}$$

(2) 中空玻璃空气夹层(gap 层)。

$$(mc)_{\mathrm{gap},i}\frac{\partial T_{\mathrm{gap},i}}{\partial t}=A_{\mathrm{gap},i}\frac{2\lambda_{\mathrm{gap}}}{d_{\mathrm{gap}}}(T_{\mathrm{eg},i}-T_{\mathrm{gap},i})+A_{\mathrm{gap},i}\frac{2\lambda_{\mathrm{gap}}}{d_{\mathrm{gap}}}(T_{\mathrm{ig},i}-T_{\mathrm{gap},i}) \tag{4.2}$$

(3) 中空内层玻璃(ig 层)。

$$(mc)_{\mathrm{ig},i}\frac{\partial T_{\mathrm{ig},i}}{\partial t}=A_{\mathrm{ig},i}\frac{2\lambda_{\mathrm{gap}}}{d_{\mathrm{gap}}}(T_{\mathrm{gap},i}-T_{\mathrm{ig},i})+A_{\mathrm{ig},i}h_{\mathrm{ig\text{-}ca}}(T_{\mathrm{ca},i}-T_{\mathrm{ig},i})$$
$$+A_{\mathrm{ig},i}\varepsilon_{\mathrm{ig\text{-}eg}}\sigma(T_{\mathrm{eg}}^4-T_{\mathrm{ig},i}^4)+A_{\mathrm{ig},i}\varepsilon_{\mathrm{ig\text{-}ing}}\sigma(T_{\mathrm{ing}}^4-T_{\mathrm{ig},i}^4)+Q_{\mathrm{ig,sol},i} \tag{4.3}$$

(4) 通风空腔(ca 层)。

$$(mc)_{\mathrm{ca},i}\frac{\partial T_{\mathrm{ca},i}}{\partial t}=A_{\mathrm{ca},i}h_{\mathrm{ig\text{-}ca}}(T_{\mathrm{ig},i}-T_{\mathrm{ca},i})+A_{\mathrm{ca},i}h_{\mathrm{ing\text{-}ca}}(T_{\mathrm{ing},i}-T_{\mathrm{ca},i})$$
$$+(c_{\mathrm{ca},i-1}\dot{m}_{\mathrm{ca}}T_{\mathrm{ca},i-1}-c_{\mathrm{ca},i}\dot{m}_{\mathrm{ca}}T_{\mathrm{ca},i}) \tag{4.4}$$

(5) 内侧玻璃(ing 层)。

$$(mc)_{\mathrm{ing},i}\frac{\partial T_{\mathrm{ing},i}}{\partial t}=A_{\mathrm{ing},i}h_{\mathrm{ing\text{-}ca}}(T_{\mathrm{ca},i}-T_{\mathrm{ing},i})+A_{\mathrm{ing},i}h_{\mathrm{ing\text{-}room}}(T_{\mathrm{room}}-T_{\mathrm{ing},i})$$
$$+A_{\mathrm{ing},i}\varepsilon_{\mathrm{ing\text{-}ig}}\sigma(T_{\mathrm{ig}}^4-T_{\mathrm{ing},i}^4)+A_{\mathrm{ing},i}\varepsilon_{\mathrm{ing\text{-}room}}\sigma(T_{\mathrm{room}}^4-T_{\mathrm{ing},i}^4)$$
$$+Q_{\mathrm{ing,sol},i} \tag{4.5}$$

式中,m 为质量,kg;c 为定压比热容,kJ/(kg·K);$\dot{m}$ 为空气质量流量,kg/s;A 为面积,m^2;h 为对流换热系数,W/(m^2·K);T 为温度,K;ε 为发射率;σ 为斯特藩-玻尔兹曼常数,5.67×10^{-8} W/(m^2·K^4);λ 为导热系数,W/(m·K);d 为双层中空玻璃空气层的宽度,m;Q 为能量,W。对于下角标,i 为区域序数;am 为室外环境;room 为室内环境;sol 为太阳辐射;eg-am 为中空外层玻璃与室外环境之间;ing-ca为内侧玻璃与通风空腔空气之间;eg-ig 为中空外层玻璃与中空内层玻璃之间;ig-ca 为中空内层玻璃与通风空腔空气之间;ig-ing 为中空内层玻璃与内侧玻璃之间;ing-room 为内侧玻璃与室内环境之间。

4.2.3 方程的离散

要对式(4.1)～式(4.5)构成的微分方程组进行求解,须对方程进行线性化离散,并采用线性方程组的求解方法进行求解。采用差分方法离散方程组。

(1) 方程(4.1)的离散。

$$(mc)_{\mathrm{eg},i}\frac{T_{\mathrm{eg},i}^{k+1}-T_{\mathrm{eg},i}^{k}}{\Delta t}=A_{\mathrm{eg},i}h_{\mathrm{eg\text{-}am}}(T_{\mathrm{am}}-T_{\mathrm{eg},i}^{k})+A_{\mathrm{eg},i}\frac{2\lambda_{\mathrm{gap}}}{d_{\mathrm{gap}}}(T_{\mathrm{gap},i}^{k}-T_{\mathrm{eg},i}^{k})$$
$$+A_{\mathrm{eg},i}\varepsilon_{\mathrm{eg\text{-}am}}\sigma[T_{\mathrm{sky}}^4-(T_{\mathrm{eg},i}^{k})^4]+A_{\mathrm{eg},i}\varepsilon_{\mathrm{eg\text{-}ig}}\sigma[(T_{\mathrm{ig}}^{k})^4$$
$$-(T_{\mathrm{eg},i}^{k})^4]+Q_{\mathrm{eg,sol},i} \tag{4.6}$$

(2) 方程(4.2)的离散。

$$(mc)_{\mathrm{gap},i}\frac{T_{\mathrm{gap},i}^{k+1}-T_{\mathrm{gap},i}^{k}}{\Delta t}=A_{\mathrm{gap},i}\frac{2\lambda_{\mathrm{gap}}}{d_{\mathrm{gap}}}(T_{\mathrm{eg},i}^{k}-T_{\mathrm{gap},i}^{k})$$
$$+A_{\mathrm{gap},i}\frac{2\lambda_{\mathrm{gap}}}{d_{\mathrm{gap}}}(T_{\mathrm{ig},i}^{k}-T_{\mathrm{gap},i}^{k}) \tag{4.7}$$

(3) 方程(4.3)的离散。

$$(mc)_{ig,i}\frac{T_{ig,i}^{k+1}-T_{ig,i}^{k}}{\Delta t}=A_{ig,i}\frac{2\lambda_{gap}}{d_{gap}}(T_{gap,i}^{k}-T_{ig,i}^{k})+A_{ig,i}h_{ig\text{-}ca}(T_{ca,i}^{k}-T_{ig,i}^{k})$$
$$+A_{ig,i}\varepsilon_{ig\text{-}eg}\sigma[(T_{eg}^{k})^4-(T_{ig,i}^{k})^4]$$
$$+A_{ig,i}\varepsilon_{ig\text{-}ing}\sigma[(T_{ing}^{k})^4-(T_{ig,i}^{k})^4]+Q_{ig,sol,i} \tag{4.8}$$

(4) 方程(4.4)的离散。

$$(mc)_{ca,i}\frac{T_{ca,i}^{k+1}-T_{ca,i}^{k}}{\Delta t}=A_{ca,i}h_{ig\text{-}ca}(T_{ig,i}^{k}-T_{ca,i}^{k})+A_{ca,i}h_{ing\text{-}ca}(T_{ing,i}^{k}-T_{ca,i}^{k})$$
$$+(c_{ca,i-1}\dot{m}_{ca}T_{ca,i-1}^{k}-c_{ca,i}\dot{m}_{ca}T_{ca,i}^{k}) \tag{4.9}$$

(5) 方程(4.5)的离散。

$$(mc)_{ing,i}\frac{T_{ing,i}^{k+1}-T_{ing,i}^{k}}{\Delta t}=A_{ing,i}h_{ing\text{-}ca}(T_{ca,i}^{k}-T_{ing,i}^{k})+A_{ing,i}h_{ing\text{-}room}(T_{room}$$
$$-T_{ing,i}^{k})+A_{ing,i}\varepsilon_{ing\text{-}ig}\sigma[(T_{ig}^{k})^4-(T_{ing,i}^{k})^4]$$
$$+A_{ing,i}\varepsilon_{ing\text{-}room}\sigma[T_{room}^4-(T_{ing,i}^{k})^4]+Q_{ing,sol,i} \tag{4.10}$$

式中,上标 k 为时刻。

4.2.4　气流计算

在 NVDSF 系统中,通风空腔中的气流主要靠热压和风压驱动。风压的作用与室外风速密切相关,偶然性和随机性大。但假设双层皮幕墙上下开口高度范围内的风压分布均匀,忽略其影响。在太阳辐射的作用下,幕墙玻璃吸收热量,空腔气流温度升高,使其密度发生变化,在空腔与室外空气密度差的作用下产生热压。当空腔空气密度小于室外空气密度时,形成上升的热浮升力;当空腔空气密度小于室外空气密度时,则形成下降的作用力。因此,热压的作用可正可负。

NVDSF 中通风空腔热压是由各区域气流共同作用的结果,其计算式如下:

$$\Delta P_{th}=g\Delta h\sum_{i=1}^{n}(\rho_o-\rho_{ca,i}) \tag{4.11}$$

式中,ΔP_{th}为热压,Pa;g 为重力加速度,m/s^2;Δh 为每个控制区域的高度,m;ρ_o 为室外空气密度,kg/m^3;$\rho_{ca,i}$为空腔第 i 个控制体的密度,kg/m^3。

如图 4.4 所示,双层皮幕墙系统的总压力损失包括进风口压力损失、通风空腔沿程压力损失、出风口压力损失三部分,其表达式为

$$\Delta P_t=\Delta P_{th}=\Delta P_{in}+\Delta P_l+\Delta P_{out} \tag{4.12}$$

式中,ΔP_t 为总压力损失,Pa;ΔP_{in}为进风口压力损失,Pa;ΔP_l 为通风空腔沿程压力损失,Pa;ΔP_{out}为出风口压力损失,Pa。

假设空气流动方向是从下风口 1 进入空腔,从上风口 2 流出空腔,则以下风口 1 和上风口 2 为截面列出伯努利方程:

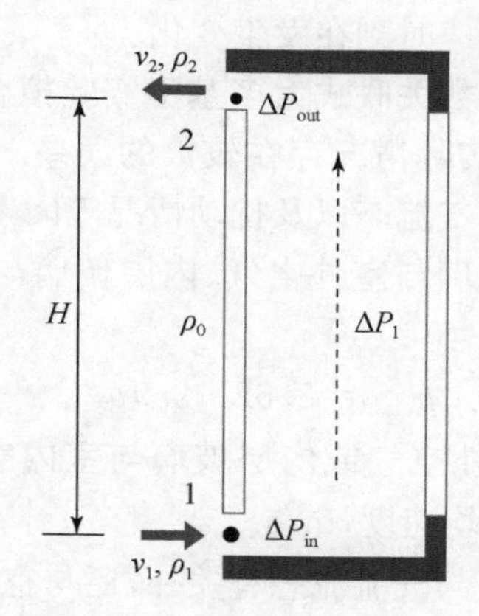

图 4.4　双层皮幕墙压力损失

$$P_1+\frac{\rho_1 v_1^2}{2}+(\rho_o-\rho_2)gH=P_2+\frac{\rho_2 v_2^2}{2}+\Delta P_t \tag{4.13}$$

式中，P_1、P_2 分别为下、上风口 1、2 的相对压强，Pa，其值均为 0；ρ_1、ρ_2 分别为下、上风口的空气密度，kg/m^3，其中 $\rho_1=\rho_0$；v_1、v_2 分别为下、上风口的风速，m/s。上风口相当于突扩，其速度可视为 0，即 $v_2=0$m/s。因此，下风口风速 v_1 的计算式为

$$v_1=\sqrt{\frac{2\left|\Delta P_t-(\rho_o-\rho_2)gH\right|}{\rho_o}} \tag{4.14}$$

从下风口 1 进入空腔内的空气质量流量为

$$\dot{m}_{ca}=\rho_o v_1 A_1 \tag{4.15}$$

式中，$\dot{m}_{ca}$为通过下风口进入空腔的空气质量流量，kg/s；A_1 为下风口 1 面积，m^2。当气流方向从上风口进入、下风口流出时，以上分析方法同样适用，则从上风口进入空腔内的空气速度 v_2 为

$$v_2=\sqrt{\frac{2\left|\Delta P_t-(\rho_2-\rho_o)gH\right|}{\rho_o}} \tag{4.16}$$

从上风口 2 进入空腔内的空气质量流量为

$$\dot{m}_{ca}=\rho_o v_2 A_2 \tag{4.17}$$

式中，A_2 为上风口 2 的面积，m^2。

4.2.5　对流换热系数的计算

在双层皮幕墙系统的传热过程中，对流换热承载着横向热传递的关键作用，因此，合理确定对流换热系数也是分析问题的关键之一。然而，对流换热系数的确定非常复杂，它受包括壁面与气流之间温差、气流速度、气流流态、扰动等诸多因素的影响。事实上，要精确地给出双层皮幕墙系统的对流换热系数并不容易，因为室外

和空腔气流温度以及空气流速时刻在发生变化。

学者给出的对流换热系数关联式大多基于实验拟合、经验公式、CFD 方法[8,9]得出。但是，这些关联式与实际情况存在较大的误差。对流换热系数与空气流动速度、壁面与空气间温差、空气流态以及扰动情况等因素有关。

双层皮幕墙系统外层玻璃与室外空气、内层玻璃与室内空气之间的对流换热系数可采用式(4.18)计算[10]：

$$h_{ex/in}=5.62+3.9v_{mean} \tag{4.18}$$

式中，$h_{ex/in}$为外层玻璃与室外空气或内层玻璃与室内空气之间的对流换热系数，$W/(m^2\cdot K)$；v_{mean}为空气平均速度，m/s。

空腔对流换热系数除了与气流流态有关外，还与空腔倾角有关[11]。

(1) 空腔倾角范围为 $0°\leqslant\beta_c<60°$。

$$Nu=1+1.44\left[1-\frac{1708}{Ra\cos\beta_c}\right]^*\left[1-\frac{1708\sin^{1.6}(1.8\beta_c)}{Ra\cos\beta_c}\right]+\left\{\left[\frac{Ra\cos\beta_c}{5830}\right]^{1/3}-1\right\}^* \tag{4.19}$$

式中，带“∗”的括号计算值为$(X)^*=\dfrac{(X+|X|)}{2}$。

(2) 空腔倾角为 $\beta_c=60°$。

$$Nu_{60°}=(Nu_1,Nu_2)_{max} \tag{4.20}$$

$$Nu_1=\left[1+\left(\frac{0.0936\,Ra^{0.314}}{1+CC}\right)^7\right]^{1/7} \tag{4.21}$$

$$Nu_2=\left(0.104+\frac{0.175}{A_s}\right)Ra^{0.283} \tag{4.22}$$

$$CC=\frac{0.5}{\left[1+\left(\frac{Ra}{3160}\right)^{20.6}\right]^{0.1}} \tag{4.23}$$

$$\alpha_s=\frac{H}{D} \tag{4.24}$$

式中，α_s 为高宽比；H 为幕墙空腔高度，m；D 为通风空腔宽度，m。

(3) 空腔倾角为 $\beta_c=90°$。

$$Nu_{90°}=(Nu_1,Nu_2)_{max} \tag{4.25}$$

$$Nu_1=0.0673838\,Ra^{1/3},\quad Ra>5\times10^4 \tag{4.26}$$

$$Nu_1=0.028154Ra^{0.4134},\quad 10^4<Ra\leqslant5\times10^4 \tag{4.27}$$

$$Nu_1=1+1.7596678\times10^{-10}Ra^{2.2984755},\quad Ra\leqslant10^4 \tag{4.28}$$

$$Nu_2=0.242\left\{\frac{Ra}{\alpha_s}\right\}^{0.272} \tag{4.29}$$

(4) 空腔倾角范围为 $60°<\beta_c<90°$。

对于空腔倾角范围为(60°, 90°),采用式(4.20)和式(4.25)间的线性插值计算。

通过已经确定的 Nu 准则数,则可计算出相应的对流换热系数,其计算式为

$$h=Nu\frac{\lambda}{D} \tag{4.30}$$

以上各式中,Nu 为努塞尔数;Ra 为瑞利数,其计算式为

$$Ra=\frac{\rho^2D^3g\beta_p c_p\Delta T}{\mu\lambda} \tag{4.31}$$

$$\beta_p=\frac{1}{T_m} \tag{4.32}$$

式中,ΔT 为幕墙壁面与空腔空气之间的温差,K;μ 为空气动力黏度,$N\cdot s/m^2$;λ 为空气导热系数,$W/(m\cdot K)$;T_m 为空腔空气平均温度,K。

4.2.6 系统发射率的计算

双层皮幕墙与周围环境以及玻璃之间存在长波辐射换热。因此,需要正确计算其系统发射率。如图 4.5 所示,对于任意给定的两个表面 i 和 j,则它们的系统发射率计算式如下:

$$\varepsilon_{i,j}=\frac{1}{\left(\frac{1}{\varepsilon_i}-1\right)+\frac{1}{F_{i,j}}+\frac{A_i}{A_j}\left(\frac{1}{\varepsilon_j}-1\right)} \tag{4.33}$$

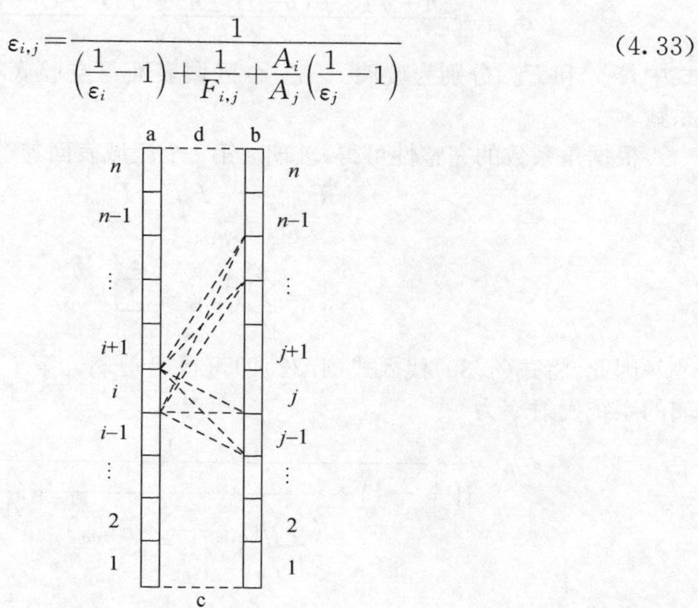

图 4.5　各控制单元之间的角系数

式中，$\varepsilon_{i,j}$为表面i与表面j之间的系统发射率；ε_i、ε_j分别为表面i和表面j的发射率；$F_{i,j}$为表面i对表面j的角系数；A_i、A_j分别为表面i和表面j的面积，m^2。

从式(4.33)可知，计算各区域表面之间的角系数是计算两表面之间系统发射率的关键。对于有n个区域的两块玻璃a与b，其间距为D，则a玻璃第i个区域表面与b玻璃第j个区域表面之间的角系数计算如下。

(1)当$i\leqslant j$时。

$$F_{\mathrm{a}i,\mathrm{b}j}=\frac{\sqrt{D^2+(j-1-i)^2\Delta h^2}+\sqrt{D^2+(j+1-i)^2\Delta h^2}-2\sqrt{D^2+(j-i)^2\Delta h^2}}{2\Delta h} \tag{4.34}$$

(2)当$i>j$时。

$$F_{\mathrm{a}i,\mathrm{b}j}=\frac{\sqrt{D^2+(i-1-j)^2\Delta h^2}+\sqrt{D^2+(i+1-j)^2\Delta h^2}-2\sqrt{D^2+(i-j)^2\Delta h^2}}{2\Delta h} \tag{4.35}$$

式中，$F_{\mathrm{a}i,\mathrm{b}j}$为玻璃a第$i$个区域表面与玻璃b第$j$个区域表面之间的角系数。

以a玻璃第i个区域表面为例，它与空腔底端和顶端之间的角系数为

$$F_{\mathrm{a}i,\mathrm{c}}=\frac{\Delta h+\sqrt{D^2+(i-1)^2\Delta h^2}-\sqrt{D^2+i^2\Delta h^2}}{2\Delta h} \tag{4.36}$$

$$F_{\mathrm{a}i,\mathrm{d}}=\frac{\Delta h+\sqrt{D^2+(n-i)^2\Delta h^2}-\sqrt{D^2+(n-i+1)^2\Delta h^2}}{2\Delta h} \tag{4.37}$$

式中，$F_{\mathrm{a}i,\mathrm{c}}$和$F_{\mathrm{a}i,\mathrm{d}}$分别为玻璃a第$i$个区域表面与空腔底端c和顶端d之间的角系数。

根据角系数的完整性可得，玻璃a第i个区域表面与整个玻璃b的角系数为

$$F_{\mathrm{a}i,\mathrm{b}}=1-F_{\mathrm{a}i,\mathrm{c}}-F_{\mathrm{a}i,\mathrm{d}} \tag{4.38}$$

或

$$F_{\mathrm{a}i,\mathrm{b}}=\sum_{\substack{j=i\\ i\leqslant j}}^{n}F_{\mathrm{a}i,\mathrm{b}j}+\sum_{\substack{j=1\\ i>j}}^{i-1}F_{\mathrm{a}i,\mathrm{b}j} \tag{4.39}$$

因此，将式(4.39)代入式(4.33)即可得出玻璃a第i个区域表面与整个b玻璃的系统发射率为

$$\varepsilon_{\mathrm{a}i,\mathrm{b}}=\frac{1}{\left(\frac{1}{\varepsilon_{\mathrm{a}i}}-1\right)+\frac{1}{\left(\sum\limits_{\substack{j=i\\ i\leqslant j}}^{n}F_{\mathrm{a}i,\mathrm{b}j}+\sum\limits_{\substack{j=1\\ i>j}}^{i-1}F_{\mathrm{a}i,\mathrm{b}j}\right)}+\frac{A_{\mathrm{a}i}}{A_{\mathrm{b}}}\left(\frac{1}{\varepsilon_{\mathrm{b}}}-1\right)} \tag{4.40}$$

4.2.7 得热量计算

透过双层皮幕墙进入室内的得热量由通过对流换热、长波辐射换热、透过系统

进入室内的太阳辐射热三部分组成，其计算式如下：

$$Q_{\mathrm{h}}=\sum_{i=1}^{n}\left[A_{\mathrm{ing},i}h_{\mathrm{ing\text{-}room}}(T_{\mathrm{ing},i}-T_{\mathrm{room}})+A_{\mathrm{ing},i}\varepsilon_{\mathrm{ing\text{-}room}}\sigma(T_{\mathrm{ing},i}^{4}-T_{\mathrm{room}}^{4})\right]+Q_{\mathrm{t,sol}} \tag{4.41}$$

式中，Q_{h} 为透过幕墙系统进入室内的总得热量，$\mathrm{W/m^2}$。

4.3　内置百叶外双层自然通风双层皮幕墙

对于夏季较为炎热的地区而言，加装遮阳设施能有效改善室内热环境。在工程应用中，常用的遮阳设施有遮阳卷帘、遮阳百叶、遮阳格栅等。其中，遮阳百叶因其具有美丽的外观、占用空间小、便于安装，最为重要的是便于调节等诸多优点，在工程应用中最为普遍。

对于通风式双层皮幕墙系统，常常在通风空腔安装百叶，一是能有效地节约空间，二是能有效地保护百叶不受外界风雨的侵袭，还能与电动调节机构结合实现自动调节功能。安装有百叶的通风式双层皮幕墙与不带百叶的双层皮幕墙除了在阻挡太阳辐射方面更具优势外，还能有效防止眩光的产生。此外，百叶吸收太阳辐射能后与空腔空气换热，在一定程度上增加空腔内空气温度，增大热压。本节将重点阐述外双层有百叶双层皮幕墙的模型建立和气流分析。

4.3.1　区域划分

外双层有百叶双层皮幕墙从外至内依次由双层中空外层玻璃、中空玻璃空气夹层、双层中空内层玻璃、外空腔、百叶、内空腔、内侧玻璃共七层构成。如图 4.6 所示，从外至内依次将各层标示为 eg、gap、ig、ca1、bl、ca2、ing，对应的编号为 1、2、3、4、5、6、7。横向按照各层的自然尺寸分区。

4.3.2　传热方程

忽略各层上下相邻区域间的导热，建立如下各层的能量平衡关系式。

(1) 中空外层玻璃(eg 层)。

$$(mc)_{\mathrm{eg},i}\frac{\partial T_{\mathrm{eg},i}}{\partial t}=A_{\mathrm{eg},i}h_{\mathrm{eg\text{-}am}}(T_{\mathrm{am}}-T_{\mathrm{eg},i})+A_{\mathrm{eg},i}\frac{2\lambda_{\mathrm{gap}}}{d_{\mathrm{gap}}}(T_{\mathrm{gap},i}-T_{\mathrm{eg},i})+A_{\mathrm{eg},i}\varepsilon_{\mathrm{eg\text{-}am}}\sigma(T_{\mathrm{sky}}^{4}-T_{\mathrm{eg},i}^{4})+A_{\mathrm{eg},i}\varepsilon_{\mathrm{eg\text{-}ig}}\sigma(T_{\mathrm{ig}}^{4}-T_{\mathrm{eg},i}^{4})+Q_{\mathrm{eg,sol},i} \tag{4.42}$$

(2) 中空玻璃空气夹层(gap 层)。

$$(mc)_{\mathrm{gap},i}\frac{\partial T_{\mathrm{gap},i}}{\partial t}=A_{\mathrm{gap},i}\frac{2\lambda_{\mathrm{gap}}}{d_{\mathrm{gap}}}(T_{\mathrm{eg},i}-T_{\mathrm{gap},i})+A_{\mathrm{gap},i}\frac{2\lambda_{\mathrm{gap}}}{d_{\mathrm{gap}}}(T_{\mathrm{ig},i}-T_{\mathrm{gap},i}) \tag{4.43}$$

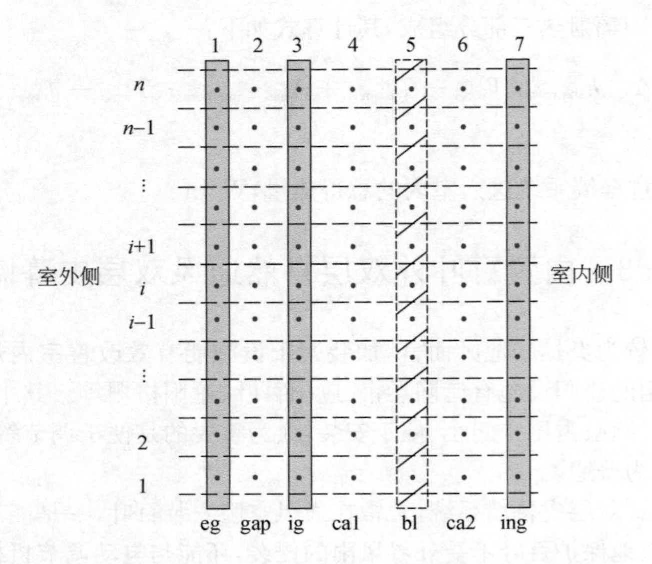

图 4.6 外双层有百叶双层皮幕墙的区域划分

(3) 中空内层玻璃(ig 层)。

$$(mc)_{\mathrm{ig},i}\frac{\partial T_{\mathrm{ig},i}}{\partial t}=A_{\mathrm{ig},i}\frac{2\lambda_{\mathrm{gap}}}{d_{\mathrm{gap}}}(T_{\mathrm{gap},i}-T_{\mathrm{ig},i})+A_{\mathrm{ig},i}h_{\mathrm{ig\text{-}ca1}}(T_{\mathrm{ca1},i}-T_{\mathrm{ig},i})$$
$$+A_{\mathrm{ig},i}\varepsilon_{\mathrm{ig\text{-}eg}}\sigma(T_{\mathrm{eg}}^{4}-T_{\mathrm{ig},i}^{4})+A_{\mathrm{ig},i}\varepsilon_{\mathrm{ig\text{-}bl}}\sigma(T_{\mathrm{bl}}^{4}-T_{\mathrm{ig},i}^{4})$$
$$+A_{\mathrm{ig},i}\varepsilon_{\mathrm{ig\text{-}ing}}\sigma(T_{\mathrm{ing}}^{4}-T_{\mathrm{ig},i}^{4})+Q_{\mathrm{ig,sol},i} \tag{4.44}$$

(4) 外空腔(ca1 层)。

$$(mc)_{\mathrm{ca1},j}\frac{\partial T_{\mathrm{ca1},i}}{\partial t}=A_{\mathrm{ca1},i}h_{\mathrm{ig\text{-}ca1}}(T_{\mathrm{ig},i}-T_{\mathrm{ca1},i})+A_{\mathrm{ca1},i}h_{\mathrm{bl\text{-}ca1}}(T_{\mathrm{bl},i}-T_{\mathrm{ca1},i})$$
$$+(c_{\mathrm{ca1},i-1}\dot{m}_{\mathrm{ca1},i}T_{\mathrm{ca1},i-1}-c_{\mathrm{ca1},i}\dot{m}_{(\mathrm{ca1,ca2}),i}T_{\mathrm{ca1},i})$$
$$+(c_{\mathrm{ca1},i-1}\dot{m}_{(\mathrm{ca1,ca2}),i}T_{\mathrm{ca1},i-1}-c_{\mathrm{ca1},i}\dot{m}_{\mathrm{ca1},i}T_{\mathrm{ca1},i}) \tag{4.45}$$

(5) 百叶(bl 层)。

$$(mc)_{\mathrm{bl},i}\frac{\partial T_{\mathrm{bl},i}}{\partial t}=A_{\mathrm{bl},i}h_{\mathrm{bl\text{-}ca1}}(T_{\mathrm{ca1},i}-T_{\mathrm{bl},i})+A_{\mathrm{bl},i}h_{\mathrm{bl\text{-}ca2}}(T_{\mathrm{ca2},i}-T_{\mathrm{bl},i})$$
$$+A_{\mathrm{bl},i}\varepsilon_{\mathrm{bl\text{-}ig}}\sigma(T_{\mathrm{ig}}^{4}-T_{\mathrm{bl},i}^{4})+A_{\mathrm{bl},i}\varepsilon_{\mathrm{bl\text{-}ing}}\sigma(T_{\mathrm{ing}}^{4}-T_{\mathrm{bl},i}^{4})+Q_{\mathrm{bl,sol},i} \tag{4.46}$$

(6) 内空腔(ca2 层)。

$$(mc)_{\mathrm{ca2},i}\frac{\partial T_{\mathrm{ca2},i}}{\partial t}=A_{\mathrm{ca2},i}h_{\mathrm{ing\text{-}ca2}}(T_{\mathrm{ing},i}-T_{\mathrm{ca2},i})+A_{\mathrm{ca2},i}h_{\mathrm{bl\text{-}ca2}}(T_{\mathrm{bl},i}-T_{\mathrm{ca2},i})$$
$$+(c_{\mathrm{ca2},i-1}\dot{m}_{\mathrm{ca2},i}T_{\mathrm{ca2},i-1}-c_{\mathrm{ca2},i-1}\dot{m}_{(\mathrm{ca1,ca2}),i}T_{\mathrm{ca2},i-1})$$
$$+(c_{\mathrm{ca1},i}\dot{m}_{(\mathrm{ca1,ca2}),i}T_{\mathrm{ca1},i}-c_{\mathrm{ca2},i}\dot{m}_{\mathrm{ca2},i}T_{\mathrm{ca2},i}) \tag{4.47}$$

（7）内侧玻璃（ing 层）。

$$(mc)_{\mathrm{ing},i}\frac{\partial T_{\mathrm{ing},i}}{\partial t}=A_{\mathrm{ing},i}h_{\mathrm{ing\text{-}ca2}}(T_{\mathrm{ca2},i}-T_{\mathrm{ing},i})+A_{\mathrm{ing},i}h_{\mathrm{ing\text{-}room}}(T_{\mathrm{room}}-T_{\mathrm{ing},i})$$
$$+A_{\mathrm{ing},i}\varepsilon_{\mathrm{ing\text{-}ig}}\sigma(T_{\mathrm{ig}}^4-T_{\mathrm{ing},i}^4)+A_{\mathrm{ing},i}\varepsilon_{\mathrm{ing\text{-}bl}}\sigma(T_{\mathrm{bl}}^4-T_{\mathrm{ing},i}^4)$$
$$+A_{\mathrm{ing},i}\varepsilon_{\mathrm{ing\text{-}room}}\sigma(T_{\mathrm{room}}^4-T_{\mathrm{ing},i}^4)+Q_{\mathrm{ing,sol},i} \tag{4.48}$$

式中，m 为质量，kg；c 为定压比热容，kJ/(kg·K)；$\dot{m}$ 为空气质量流量，kg/s；A 为面积，m^2；h 为对流换热系数，W/(m^2·K)；T 为温度，K；ε 为发射率；σ 为斯特藩-玻尔兹曼常数，5.67×10^{-8} W/(m^2·K^4)；λ 为导热系数，W/(m·K)；d 为双层中空玻璃空气层的宽度，m；Q 为能量，W。对于下角标，i 为区域序数；am 为室外环境；room 为室内环境；sol 为太阳辐射；eg-am 为中空外层玻璃与室外环境之间；ig-cal为中空内层玻璃与外空腔空气之间；ig-eg 为中空内层玻璃与中空外层玻璃之间；bl-ca1 为百叶与外空腔空气之间；bl-ca2 为百叶与内空腔空气之间；ig-bl 为中空内层玻璃与百叶之间；ing-ca2 为内侧玻璃与内空腔空气之间；bl-ing 为百叶与内侧玻璃之间；ig-ing 为中空内层玻璃与内侧玻璃之间；ing-room 为内侧玻璃与室内环境之间。

4.3.3 方程的离散

要对式(4.42)～式(4.48)进行求解，必须先对方程组进行线性化离散，然后进行求解。采用差分方法离散方程组，离散结果如下：

$$(mc)_{\mathrm{eg},i}\frac{T_{\mathrm{eg},i}^{k+1}-T_{\mathrm{eg},i}^{k}}{\Delta t}=A_{\mathrm{eg},i}h_{\mathrm{eg\text{-}am}}(T_{\mathrm{am}}^{k}-T_{\mathrm{eg},i}^{k})+A_{\mathrm{eg},i}\frac{2\lambda_{\mathrm{gap}}}{d_{\mathrm{gap}}}(T_{\mathrm{gap},i}^{k}-T_{\mathrm{eg},i}^{k})$$
$$+A_{\mathrm{eg},i}\varepsilon_{\mathrm{eg\text{-}am}}\sigma[T_{\mathrm{sky}}^4-(T_{\mathrm{eg},i}^{k})^4]+A_{\mathrm{eg},i}\varepsilon_{\mathrm{eg\text{-}ig}}\sigma[(T_{\mathrm{ig}}^{k})^4$$
$$-(T_{\mathrm{eg},i}^{k})^4]+Q_{\mathrm{eg,sol},i} \tag{4.49}$$

$$(mc)_{\mathrm{gap},i}\frac{T_{\mathrm{gap},i}^{k+1}-T_{\mathrm{gap},i}^{k}}{\Delta t}=A_{\mathrm{gap},i}\frac{2\lambda_{\mathrm{gap}}}{d_{\mathrm{gap}}}(T_{\mathrm{eg},i}^{k}-T_{\mathrm{gap},i}^{k})+A_{\mathrm{gap},i}\frac{2\lambda_{\mathrm{gap}}}{d_{\mathrm{gap}}}(T_{\mathrm{ig},i}^{k}-T_{\mathrm{gap},i}^{k}) \tag{4.50}$$

$$(mc)_{\mathrm{ig},i}\frac{T_{\mathrm{ig},i}^{k+1}-T_{\mathrm{ig},i}^{k}}{\Delta t}=A_{\mathrm{ig},i}\frac{2\lambda_{\mathrm{gap}}}{d_{\mathrm{gap}}}(T_{\mathrm{gap},i}^{k}-T_{\mathrm{ig},i}^{k})+A_{\mathrm{ig},i}h_{\mathrm{ig\text{-}cal}}(T_{\mathrm{cal},i}^{k}-T_{\mathrm{ig},i}^{k})$$
$$+A_{\mathrm{ig},i}\varepsilon_{\mathrm{ig\text{-}eg}}\sigma[(T_{\mathrm{eg},i}^{k})^4-(T_{\mathrm{ig},i}^{k})^4]+A_{\mathrm{ig},i}\varepsilon_{\mathrm{ig\text{-}bl}}\sigma[(T_{\mathrm{bl},i}^{k})^4$$
$$-(T_{\mathrm{ig},i}^{k})^4]+A_{\mathrm{ig},i}\varepsilon_{\mathrm{ig\text{-}ing}}\sigma[(T_{\mathrm{ing},i}^{k})^4-(T_{\mathrm{ig},i}^{k})^4]+Q_{\mathrm{ig,sol},i} \tag{4.51}$$

$$(mc)_{\mathrm{cal},i}\frac{T_{\mathrm{cal},i}^{k+1}-T_{\mathrm{cal},i}^{k}}{\Delta t}=A_{\mathrm{cal},i}h_{\mathrm{ig\text{-}cal}}(T_{\mathrm{ig},i}^{k}-T_{\mathrm{cal},i}^{k})+A_{\mathrm{cal},i}h_{\mathrm{bl-cal}}(T_{\mathrm{bl},i}^{k}-T_{\mathrm{cal},i}^{k})$$
$$+(c_{\mathrm{cal},i-1}\dot{m}_{\mathrm{cal},i}T_{\mathrm{cal},i-1}^{k}-c_{\mathrm{cal},i}\dot{m}_{(\mathrm{cal,ca2}),i}T_{\mathrm{cal},i}^{k})$$
$$+(c_{\mathrm{cal},i-1}\dot{m}_{(\mathrm{cal,ca2}),i}T_{\mathrm{cal},i-1}^{k}-c_{\mathrm{cal},i}\dot{m}_{\mathrm{cal},i}T_{\mathrm{cal},i}^{k}) \tag{4.52}$$

$$(mc)_{\mathrm{bl},i}\frac{T_{\mathrm{bl},i}^{k+1}-T_{\mathrm{bl},i}^{k}}{\Delta t}=A_{\mathrm{bl},i}h_{\mathrm{bl\text{-}ca1}}(T_{\mathrm{ca1},i}^{k}-T_{\mathrm{bl},i}^{k})+A_{\mathrm{bl},i}h_{\mathrm{bl\text{-}ca2}}(T_{\mathrm{ca2},i}^{k}-T_{\mathrm{bl},i}^{k})$$
$$+A_{\mathrm{bl},i}\varepsilon_{\mathrm{bl\text{-}ig}}\sigma[(T_{\mathrm{ig}}^{k})^{4}-(T_{\mathrm{bl},i}^{k})^{4}]+A_{\mathrm{bl},i}\varepsilon_{\mathrm{bl\text{-}ing}}\sigma[(T_{\mathrm{ing}}^{k})^{4}$$
$$-(T_{\mathrm{bl},i}^{k})^{4}]+Q_{\mathrm{bl,sol},i} \tag{4.53}$$

$$(mc)_{\mathrm{ca2},i}\frac{T_{\mathrm{ca2},i}^{k+1}-T_{\mathrm{ca2},i}^{k}}{\Delta t}=A_{\mathrm{ca2},i}h_{\mathrm{ing\text{-}ca2}}(T_{\mathrm{ing},i}^{k}-T_{\mathrm{ca2},i}^{k})+A_{\mathrm{ca2},i}h_{\mathrm{bl-ca2}}(T_{\mathrm{bl},i}^{k}-T_{\mathrm{ca2},i}^{k})$$
$$+(c_{\mathrm{ca2},i-1}\dot{m}_{\mathrm{ca2},i}T_{\mathrm{ca2},i-1}^{k}-c_{\mathrm{ca2},i-1}\dot{m}_{(\mathrm{ca1,ca2}),i}T_{\mathrm{ca2},i-1}^{k})$$
$$+(c_{\mathrm{ca1},i}\dot{m}_{(\mathrm{ca1,ca2}),i}T_{\mathrm{ca1},i}^{k}-c_{\mathrm{ca2},i}\dot{m}_{\mathrm{ca2},i}T_{\mathrm{ca2},i}^{k}) \tag{4.54}$$

$$(mc)_{\mathrm{ing},i}\frac{T_{\mathrm{ing},i}^{k+1}-T_{\mathrm{ing},i}^{k}}{\Delta t}=A_{\mathrm{ing},i}h_{\mathrm{ing\text{-}ca2}}(T_{\mathrm{ca2},i}^{k}-T_{\mathrm{ing},i}^{k})+A_{\mathrm{ing},i}h_{\mathrm{ing\text{-}room}}(T_{\mathrm{room}}^{k}$$
$$-T_{\mathrm{ing},i}^{k})+A_{\mathrm{ing},i}\varepsilon_{\mathrm{ing,ig}}\sigma[(T_{\mathrm{ig}}^{k})^{4}-(T_{\mathrm{ing},i}^{k})^{4}]$$
$$+A_{\mathrm{ing},i}\varepsilon_{\mathrm{ing\text{-}bl}}\sigma[(T_{\mathrm{bl},i}^{k})^{4}-(T_{\mathrm{ing},i}^{k})^{4}]$$
$$+A_{\mathrm{ing},i}\varepsilon_{\mathrm{ing\text{-}room}}\sigma[T_{\mathrm{room}}^{4}-(T_{\mathrm{ing},i}^{k})^{4}]+Q_{\mathrm{ing,sol},i} \tag{4.55}$$

式中，k 为时刻。

4.3.4　气流计算

带百叶的通风式双层皮幕墙气流流动较复杂。因百叶的存在，将空腔分隔成内外两个子空腔，其中的横向气流则被分成了两个压力区域。空腔中的气流流动不仅受纵向压差的作用，还受横向压差的作用。在这两种压差的双重作用下，气流流动的方向难以确定。此外，空腔中百叶位置、百叶叶片形状、百叶角度等因素均是影响气流流动的因素。建立便于计算且能反映空腔气流流动特性的气流模型是整个双层皮幕墙动态模拟乃至能耗模拟过程中的重要环节。

忽略风压的影响，仅考虑热压的作用下，对气流流动做如下假设：

(1) 内、外空腔气流从下至上流动为正。

(2) 气流从外空腔向内空腔流动为正。

1. 气流流向判断

对于如图 4.7 所示 NVDSF 而言，气流方向由热压决定。由流体动力学原理可知，当空腔内空气密度小于室外空气密度时，气流从下往上运动；反之，气流从上往下运动。空腔内空气密度根据空腔气流平均温度确定。那么各空腔气流存在以下流动情形：

(1) 外空腔气流流向朝上，内空腔气流流向朝上。

(2) 外空腔气流流向朝上，内空腔气流流向朝下。

(3) 外空腔气流流向朝下，内空腔气流流向朝下。

(4) 外空腔气流流向朝下，内空腔气流流向朝上。

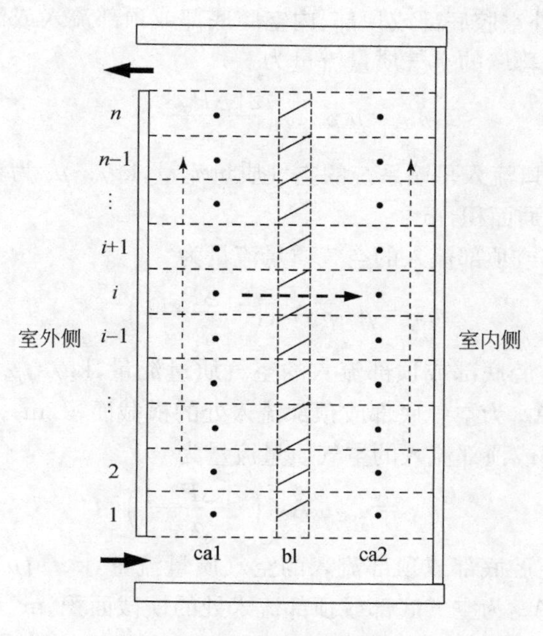

图 4.7　气流流动原理图

2. 气流流量计算

自然通风的通风规律同样适用于 NVDSF 系统。对于整个通风空腔及各子空腔,其中和面可视为在空腔中间位置,该位置压力与室外大气压力差为 0Pa。那么各空腔进出风口压力可采用简化计算的方法获得。

整个幕墙产生的热压,即进风口或出风口处相对压力为

$$\Delta P_{ca}=\frac{-(\rho_o-\rho_{ca,mean})gH}{2} \tag{4.56}$$

式中,$\rho_{ca,mean}$ 为整个空腔平均密度,kg/m³;H 为进风口与出风口之间的高度,m。

外空腔产生的热压,即外空腔入口或出口处相对压力为

$$\Delta P_{ca1}=\frac{-(\rho_o-\rho_{ca1,mean})gH}{2} \tag{4.57}$$

式中,$\rho_{ca1,mean}$ 为外空腔平均密度,kg/m³。

内空腔产生的热压,即内空腔入口或出口处相对压力为

$$\Delta P_{ca2}=\frac{-(\rho_o-\rho_{ca2,mean})gH}{2} \tag{4.58}$$

式中,$\rho_{ca2,mean}$ 为内空腔平均密度,kg/m³。

根据式(4.56)~式(4.58)计算出的各空腔进出风口外的压力差,便可求得通

过玻璃幕墙风口、外空腔底部或顶部、内空腔底部或顶部流入或流出的空气质量流量。从通风口流入幕墙的空气质量流量为

$$\dot{m}_{ca}=\mu_v\rho_o A_v\left(\frac{2|\Delta P_{ca}|}{\rho_o}\right)^{0.5} \tag{4.59}$$

式中，$\dot{m}_{ca}$为从通风口流入幕墙系统的空气质量流量，kg/s；μ_v为幕墙通风口流量系数；A_v为通风口流通面积，m^2。

从外空腔底部或顶部流入的空气质量流量为

$$\dot{m}_{ca1}=\mu_{ca1}\rho_o A_{ca1}\left(\frac{2|\Delta P_{ca1}|}{\rho_o}\right)^{0.5} \tag{4.60}$$

式中，$\dot{m}_{ca1}$为从外空腔底部或顶部流入的空气质量流量，kg/s；μ_{ca1}为外空腔气流流入处的流量系数；A_{ca1}为空气底部或顶部流入处的横截面积，m^2。

从内空腔底部或顶部流入的空气质量流量为

$$\dot{m}_{ca2}=\mu_{ca2}\rho_o A_{ca2}\left(\frac{2|\Delta P_{ca2}|}{\rho_o}\right)^{0.5} \tag{4.61}$$

式中，$\dot{m}_{ca2}$为从内空腔底部或顶部流入的空气质量流量，kg/s；μ_{ca2}为外空腔气流流入处的流量系数；A_{ca2}为空气底部或顶部流入处的横截面积，m^2。

此外，由于百叶的存在，使得内外空腔之间存在气流的横向流动，这是影响每个控制区域空气质量流量的重要因素之一。将百叶等效为孔板，气流在百叶条缝中流动简化为孔口自由出流。因此，从外空腔第i个控制区域流向内空腔第i个控制区域的空气质量流量可按式(4.62)计算。

$$\dot{m}_{(ca1,ca2),i}=\mu_{bl}\rho_{ca1,i}A_{b,i}\left(\frac{2|\Delta P_{(ca1,ca2),i}|}{\rho_{ca1,i}}\right)^{0.5} \tag{4.62}$$

式中，$\dot{m}_{(ca1,ca2),i}$为从外空腔第i个控制区域流向内空腔第i个控制区域的空气质量流量，kg/s；μ_{bl}为孔口流量系数；$\rho_{ca1,i}$为外空腔第i个控制区域的空气密度，kg/m^3；$A_{b,i}$为第i个控制区域范围内百叶条缝等效的孔口面积，m^2；$\Delta P_{(ca1,ca2),i}$为内外空腔第i个控制区域间的压差，Pa。

通过以上流量参数的计算，便可获得各区域的气流流量情况。空腔各区域的质量流量须根据其气流流向确定。如图 4.8 所示，以内外空腔气流均向上流动为例，根据各区域质量守恒定律，流出外空腔第i个区域的空气质量流量为

$$\dot{m}_{ca1,i}=\dot{m}_{ca1,i-1}-\dot{m}_{(ca1,ca2),i} \tag{4.63}$$

流出内空腔第i个区域的空气质量流量为

$$\dot{m}_{ca2,i}=\dot{m}_{ca2,i-1}+\dot{m}_{(ca1,ca2),i} \tag{4.64}$$

4.3.5 对流换热系数的计算

带百叶的 NVDSF 系统中，百叶不仅对空腔中气流运动和流量产生影响，还会

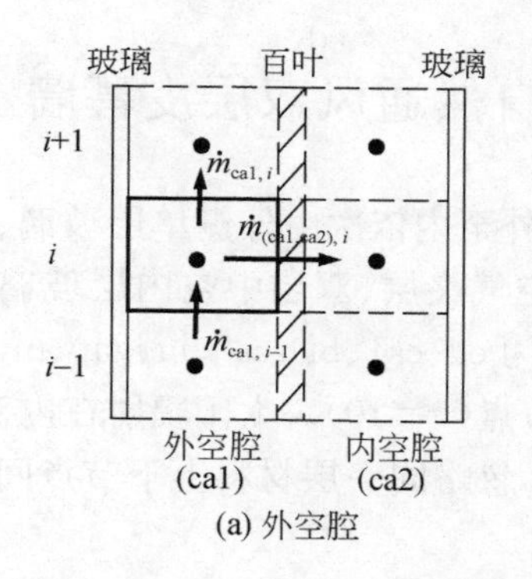

(a) 外空腔

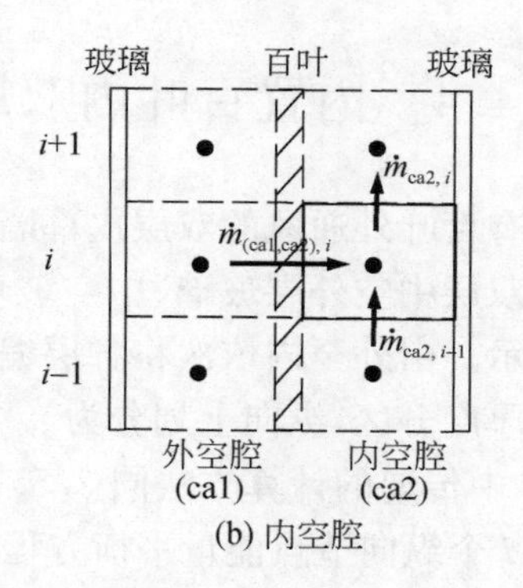

(b) 内空腔

图4.8　区域间气流流动情况

对气流产生扰动作用，影响其对流换热。但是，百叶对对流换热系数的影响非常复杂，因其百叶角度、叶片形状、叶片尺寸、百叶与空气之间的温差等因素对气流流态存在直接的影响。除了采用CFD方法从微观角度描述百叶对流换热系数外，尚没有更直接的方法，且通过实验方法确定存在较大困难。因此，往往是通过实验和数值模拟的方法相结合来研究对流换热系数。

对于带百叶的NVDSF系统，玻璃与室内外空气及空腔空气之间的对流换热系数与4.2节无百叶情形空腔对流换热系数相同。百叶与空腔空气对流换热系数采用式(4.65)计算[12]：

$$h_{\mathrm{bl}}=1.77\left|T_{\mathrm{bl}}-T_{\mathrm{air}}\right|^{0.25} \tag{4.65}$$

式中，h_{bl}为百叶与空腔空气之间的对流换热系数，W/(m^2·K)；T_{air}为空气温度，K。

4.3.6　角系数的计算

百叶将空腔两侧玻璃分隔开，因此这两层玻璃间角系数与百叶角度有关，与此同时，这两层玻璃与百叶间的角系数也与百叶角度有关。中空内侧玻璃与百叶之间的角系数计算如下[13]：

$$F_{\mathrm{ig,bl}}=2-\sin\frac{90°+\varphi}{2}-\sin\frac{90°-\varphi}{2} \tag{4.66}$$

内侧玻璃与百叶之间的角系数为[13]

$$F_{\mathrm{ing,bl}}=F_{\mathrm{ig,bl}} \tag{4.67}$$

中空内层玻璃与内侧玻璃之间的角系数为[13]

$$F_{\mathrm{ig,ing}}=\sqrt{2}\cos\frac{\varphi}{2}-1 \tag{4.68}$$

4.4　内置百叶内双层自然通风双层皮幕墙

内双层有百叶外通风的双层皮幕墙从外至内依次由外侧单层玻璃、外空腔、百叶、内空腔、双层中空外层玻璃、中空玻璃空气夹层、双层中空内层玻璃 7 层构成，如图 4.9 所示。由外至内依次将各层编号为 eg、ca1、bl 、ca2、ig、gap、ing，横向根据各层结构的厚度分区，纵向上划分为 n 个节点（$n=10$）。太阳辐射在内双层有百叶外通风 DSF 中传递的计算方法同 3.5 节。忽略同一层材料上下节点间的传热，建立每层的第 i 个纵向节点能量平衡方程式。

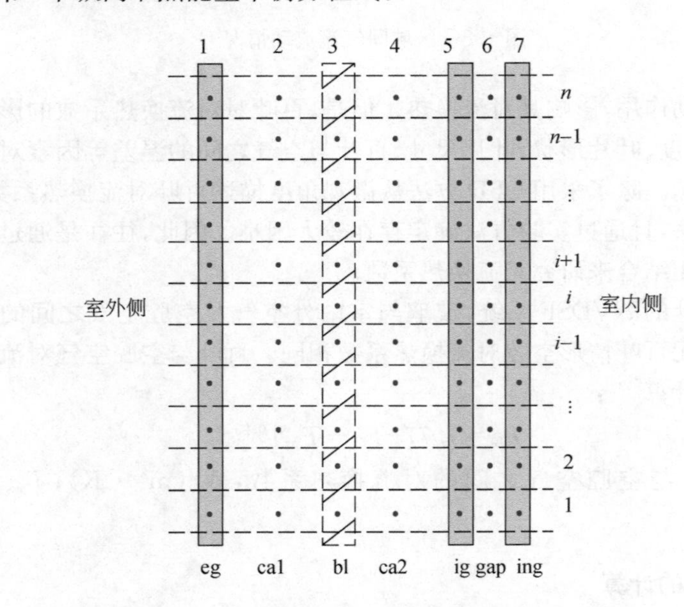

图 4.9　内双层有百叶外通风双层皮幕墙区域划分

（1）外侧单层玻璃（eg 层）。

$$(mc)_{\text{eg},i}\frac{\partial T_{\text{eg},i}}{\partial t}=A_{\text{eg},i}h_{\text{eg-am}}(T_{\text{am}}-T_{\text{eg},i})+A_{\text{eg},i}h_{\text{eg-cal}}(T_{\text{cal},i}-T_{\text{eg},i})$$
$$+A_{\text{eg},i}\varepsilon_{\text{eg-am}}\sigma(T_{\text{sky}}^4-T_{\text{eg},i}^4)+A_{\text{eg},i}\varepsilon_{\text{eg-ig}}\sigma(T_{\text{ig}}^4-T_{\text{eg},i}^4)$$
$$+A_{\text{eg},i}\varepsilon_{\text{eg-bl}}\sigma(T_{\text{bl}}^4-T_{\text{eg},i}^4)+Q_{\text{eg,sol},i} \tag{4.69}$$

（2）外空腔（ca1 层）。

$$(mc)_{\text{cal},i}\frac{\partial T_{\text{cal},i}}{\partial t}=A_{\text{cal},i}h_{\text{eg-cal}}(T_{\text{eg},i}-T_{\text{cal},i})+A_{\text{cal},i}h_{\text{cal-bl}}(T_{\text{bl},i}-T_{\text{cal},i})$$
$$+(c_{\text{cal},i-1}\dot{m}_{\text{cal},i}T_{\text{cal},i-1}-c_{\text{cal},i}\dot{m}_{(\text{cal},\text{ca2}),i}T_{\text{cal},i})$$

$$+\left(c_{\mathrm{ca1},i-1}\dot{m}_{(\mathrm{ca1},\mathrm{ca2}),i}T_{\mathrm{ca1},i-1}-c_{\mathrm{ca1},i}\dot{m}_{\mathrm{ca1},i}T_{\mathrm{ca1},i}\right) \tag{4.70}$$

(3) 百叶(bl 层)。

$$(mc)_{\mathrm{bl},i}\frac{\partial T_{\mathrm{bl},i}}{\partial t}=A_{\mathrm{bl},i}h_{\mathrm{ca1\text{-}bl}}(T_{\mathrm{ca1},i}-T_{\mathrm{bl},i})+A_{\mathrm{bl},i}h_{\mathrm{bl\text{-}ca2}}(T_{\mathrm{ca2},i}-T_{\mathrm{bl},i})$$
$$+A_{\mathrm{bl},i}\varepsilon_{\mathrm{eg\text{-}bl}}\sigma(T_{\mathrm{eg}}^4-T_{\mathrm{bl},i}^4)+A_{\mathrm{bl},i}\varepsilon_{\mathrm{bl\text{-}ig}}\sigma(T_{\mathrm{ig}}^4-T_{\mathrm{bl},i}^4)+Q_{\mathrm{bl},\mathrm{sol},i} \tag{4.71}$$

(4) 内空腔(ca2 层)。

$$(mc)_{\mathrm{ca2},i}\frac{\partial T_{\mathrm{ca2},i}}{\partial t}=A_{\mathrm{ca2},i}h_{\mathrm{ca2\text{-}ig}}(T_{\mathrm{ig},i}-T_{\mathrm{ca2},i})+A_{\mathrm{ca2},i}h_{\mathrm{bl\text{-}ca2}}(T_{\mathrm{bl},i}-T_{\mathrm{ca2},i})$$
$$+\left(c_{\mathrm{ca2},i-1}\dot{m}_{\mathrm{ca2},i}T_{\mathrm{ca2},i-1}-c_{\mathrm{ca2},i-1}\dot{m}_{(\mathrm{ca1},\mathrm{ca2}),i}T_{\mathrm{ca2},i-1}\right)$$
$$+\left(c_{\mathrm{ca1},i}\dot{m}_{(\mathrm{ca1},\mathrm{ca2}),i}T_{\mathrm{ca1},i}-c_{\mathrm{ca2},i}\dot{m}_{\mathrm{ca2},i}T_{\mathrm{ca2},i}\right) \tag{4.72}$$

(5) 双层中空外层玻璃层(ig 层)。

$$(mc)_{\mathrm{ig},i}\frac{\partial T_{\mathrm{ig},i}}{\partial t}=A_{\mathrm{ig},i}\frac{2\lambda_{\mathrm{gap}}}{d_{\mathrm{gap}}}(T_{\mathrm{gap},i}-T_{\mathrm{ig},i})+A_{\mathrm{ig},i}h_{\mathrm{ca2\text{-}ig}}(T_{\mathrm{ca2},i}-T_{\mathrm{ig},i})$$
$$+A_{\mathrm{ig},i}\varepsilon_{\mathrm{eg\text{-}ig}}\sigma(T_{\mathrm{eg}}^4-T_{\mathrm{ig},i}^4)+A_{\mathrm{ig},i}\varepsilon_{\mathrm{bl\text{-}ig}}\sigma(T_{\mathrm{bl}}^4-T_{\mathrm{ig},i}^4)$$
$$+A_{\mathrm{ig},i}\varepsilon_{\mathrm{ig\text{-}ing}}\sigma(T_{\mathrm{ing}}^4-T_{\mathrm{ig},i}^4)+Q_{\mathrm{ig},\mathrm{sol},i} \tag{4.73}$$

(6) 中空玻璃空气夹(gap 层)。

$$(mc)_{\mathrm{gap},i}\frac{\partial T_{\mathrm{gap},i}}{\partial t}=A_{\mathrm{gap},i}\frac{2\lambda_{\mathrm{gap}}}{d_{\mathrm{gap}}}(T_{\mathrm{ig},i}-T_{\mathrm{gap},i})+A_{\mathrm{gap},i}\frac{2\lambda_{\mathrm{gap}}}{d_{\mathrm{gap}}}(T_{\mathrm{ing},i}-T_{\mathrm{gap},i}) \tag{4.74}$$

(7) 双层中空内层玻璃(ing 层)。

$$(mc)_{\mathrm{ing},i}\frac{\partial T_{\mathrm{ing},i}}{\partial t}=A_{\mathrm{ing},i}\frac{2\lambda_{\mathrm{gap}}}{d_{\mathrm{gap}}}(T_{\mathrm{gap},i}-T_{\mathrm{ing},i})+A_{\mathrm{ing},i}h_{\mathrm{ing\text{-}room}}(T_{\mathrm{room}}-T_{\mathrm{ing},i})$$
$$+A_{\mathrm{ing},i}\varepsilon_{\mathrm{ig\text{-}ing}}\sigma(T_{\mathrm{ig}}^4-T_{\mathrm{ing},i}^4)+A_{\mathrm{ing},i}\varepsilon_{\mathrm{ing\text{-}room}}\sigma(T_{\mathrm{room}}^4-T_{\mathrm{ing},i}^4)$$
$$+Q_{\mathrm{ing},\mathrm{sol},i} \tag{4.75}$$

式中,m 为质量,kg;c 为定压比热容,kJ/(kg · K);$\dot{m}$ 为空气质量流量,kg/s;A 为面积,m^2;h 为对流换热系数,W/(m^2 · K);T 为温度,K;ε 为发射率;σ 为斯特藩-玻尔兹曼常数,5.67×10^{-8} W/(m^2 · K^4);λ 为导热系数,W/(m · K);d 为双层中空玻璃空气夹层的宽度,m;Q 为能量,W。对于下角标,i 为区域序数;am 为室外环境;room 为室内环境;sol 为太阳辐射;eg-am 为外侧单层玻璃与室外环境之间;eg-ca1 为外侧单层玻璃与外空腔空气之间;eg-bl 为外侧单层玻璃与百叶之间;eg-ig 为外侧玻璃与中空外层玻璃之间;ca1-bl 为外空腔空气与百叶之间;bl-ca2 为百叶与内空腔空气之间;bl-ig 为百叶与中空外层玻璃之间;ca2-ig 为内空腔空气与中空外层玻璃之间;ig-ing 为中空外层玻璃与中空内层玻璃之间;ing-room 为中空内层玻璃与室内环境之间。

4.5 内置百叶外双层机械通风双层皮幕墙

4.5.1 传热方程

忽略各层上下相邻区域间的导热，同时考虑气流流动导致的内能变化，建立如下各层的能量平衡关系式。

(1) 中空外层玻璃(eg 层)。

$$(mc)_{\mathrm{eg},i}\frac{\partial T_{\mathrm{eg},i}}{\partial t}=A_{\mathrm{eg},i}h_{\mathrm{eg\text{-}am}}(T_{\mathrm{am}}-T_{\mathrm{eg},i})+A_{\mathrm{eg},i}\frac{2\lambda_{\mathrm{gap}}}{d_{\mathrm{gap}}}(T_{\mathrm{gap},i}-T_{\mathrm{eg},i})$$
$$+A_{\mathrm{eg},i}\varepsilon_{\mathrm{eg\text{-}am}}\sigma(T_{\mathrm{sky}}^4-T_{\mathrm{eg},i}^4)+A_{\mathrm{eg},i}\varepsilon_{\mathrm{eg\text{-}ig}}\sigma(T_{\mathrm{ig}}^4-T_{\mathrm{eg},i}^4)+Q_{\mathrm{eg,sol},i} \tag{4.76}$$

(2) 中空玻璃空气夹层(gap 层)。

$$(mc)_{\mathrm{gap},i}\frac{\partial T_{\mathrm{gap},i}}{\partial t}=A_{\mathrm{gap},i}\frac{2\lambda_{\mathrm{gap}}}{d_{\mathrm{gap}}}(T_{\mathrm{eg},i}-T_{\mathrm{gap},i})+A_{\mathrm{gap},i}\frac{2\lambda_{\mathrm{gap}}}{d_{\mathrm{gap}}}(T_{\mathrm{ig},i}-T_{\mathrm{gap},i}) \tag{4.77}$$

(3) 中空内层玻璃(ig 层)。

$$(mc)_{\mathrm{ig},i}\frac{\partial T_{\mathrm{ig},i}}{\partial t}=A_{\mathrm{ig},i}\frac{2\lambda_{\mathrm{gap}}}{d_{\mathrm{gap}}}(T_{\mathrm{gap},i}-T_{\mathrm{ig},i})+A_{\mathrm{ig},i}h_{\mathrm{ig\text{-}ca1}}(T_{\mathrm{ca1},i}-T_{\mathrm{ig},i})$$
$$+A_{\mathrm{ig},i}\varepsilon_{\mathrm{ig\text{-}eg}}\sigma(T_{\mathrm{eg}}^4-T_{\mathrm{ig},i}^4)+A_{\mathrm{ig},i}\varepsilon_{\mathrm{ig\text{-}bl}}\sigma(T_{\mathrm{bl}}^4-T_{\mathrm{ig},i}^4)$$
$$+A_{\mathrm{ig},i}\varepsilon_{\mathrm{ig\text{-}ing}}\sigma(T_{\mathrm{ing}}^4-T_{\mathrm{ig},i}^4)+Q_{\mathrm{ig,sol},i} \tag{4.78}$$

(4) 外空腔(ca1 层)。

$$(mc)_{\mathrm{ca1},i}\frac{\partial T_{\mathrm{ca1},i}}{\partial t}=A_{\mathrm{ca1},i}h_{\mathrm{ig\text{-}ca1}}(T_{\mathrm{ig},i}-T_{\mathrm{ca1},i})+A_{\mathrm{ca1},i}h_{\mathrm{bl\text{-}ca1}}(T_{\mathrm{bl},i}-T_{\mathrm{ca1},i})$$
$$+(c_{\mathrm{ca1},i-1}\dot{m}_{\mathrm{ca1},i}T_{\mathrm{ca1},i-1}-c_{\mathrm{ca1},i}\dot{m}_{(\mathrm{ca1,ca2}),i}T_{\mathrm{ca1},i})$$
$$+(c_{\mathrm{ca1},i-1}\dot{m}_{(\mathrm{ca1,ca2}),i}T_{\mathrm{ca1},i-1}-c_{\mathrm{ca1},i}\dot{m}_{\mathrm{ca1},i}T_{\mathrm{ca1},i}) \tag{4.79}$$

(5) 百叶(bl 层)。

$$(mc)_{\mathrm{bl},i}\frac{\partial T_{\mathrm{bl},i}}{\partial t}=A_{\mathrm{bl},i}h_{\mathrm{bl\text{-}ca1}}(T_{\mathrm{ca1},i}-T_{\mathrm{bl},i})+A_{\mathrm{bl},i}h_{\mathrm{bl\text{-}ca2}}(T_{\mathrm{ca2},i}-T_{\mathrm{bl},i})$$
$$+A_{\mathrm{bl},i}\varepsilon_{\mathrm{bl\text{-}ig}}\sigma(T_{\mathrm{ig}}^4-T_{\mathrm{bl},i}^4)+A_{\mathrm{bl},i}\varepsilon_{\mathrm{bl\text{-}ing}}\sigma(T_{\mathrm{ing}}^4-T_{\mathrm{bl},i}^4)+Q_{\mathrm{bl,sol},i} \tag{4.80}$$

(6) 内空腔(ca2 层)。

$$(mc)_{\mathrm{ca2},i}\frac{\partial T_{\mathrm{ca2},i}}{\partial t}=A_{\mathrm{ca2},i}h_{\mathrm{ing\text{-}ca2}}(T_{\mathrm{ing},i}-T_{\mathrm{ca2},i})+A_{\mathrm{ca1},i}h_{\mathrm{bl\text{-}ca2}}(T_{\mathrm{bl},i}-T_{\mathrm{ca2},i})$$
$$+(c_{\mathrm{ca2},i-1}\dot{m}_{\mathrm{ca2},i}T_{\mathrm{ca2},i-1}-c_{\mathrm{ca2},i-1}\dot{m}_{(\mathrm{ca1,ca2}),i}T_{\mathrm{ca2},i-1})$$
$$+(c_{\mathrm{ca1},i}\dot{m}_{(\mathrm{ca1,ca2}),i}T_{\mathrm{ca1},i}-c_{\mathrm{ca2},i}\dot{m}_{\mathrm{ca2},i}T_{\mathrm{ca2},i}) \tag{4.81}$$

(7) 内侧玻璃(ing 层)。

$$(mc)_{\text{ing},i}\frac{\partial T_{\text{ing},i}}{\partial t}=A_{\text{ing},i}h_{\text{ing-ca2}}(T_{\text{ca2},i}-T_{\text{ing},i})+A_{\text{ing},i}h_{\text{ing-room}}(T_{\text{room}}-T_{\text{ing},i})$$
$$+A_{\text{ing},i}\varepsilon_{\text{ing-ig}}\sigma(T_{\text{ig}}^4-T_{\text{ing},i}^4)+A_{\text{ing},i}\varepsilon_{\text{ing-bl}}\sigma(T_{\text{bl}}^4-T_{\text{ing},i}^4)$$
$$+A_{\text{ing},i}\varepsilon_{\text{ing-room}}\sigma(T_{\text{room}}^4-T_{\text{ing},i}^4)+Q_{\text{ing,sol},i} \tag{4.82}$$

式中，m 为质量，kg；c 为定压比热容，kJ/(kg・K)；$\dot{m}$ 为空气质量流量，kg/s；A 为面积，m^2；h 为对流换热系数，W/(m^2・K)；T 为温度，K；ε 为发射率；σ 为斯特藩-玻尔兹曼常数，5.67×10^{-8}W/(m^2・K^4)；λ 为导热系数，W/(m・K)；d 为双层中空玻璃空气层的宽度，m；Q 为能量，W。对于下角标，i 为区域序数；am 为室外环境；room 为室内环境；sol 为太阳辐射；eg-am 为中空外层玻璃与室外环境之间；ig-ca1 为中空内层玻璃与外空腔空气之间；ig-eg 为中空内层玻璃与中空外层玻璃之间；bl-ca1 为百叶与外空腔空气之间；bl-ca2 为百叶与内空腔空气之间；ig-bl 为中空内层玻璃与百叶之间；ig-ing 为中空内层玻璃与内侧玻璃之间；ing-ca2 为内侧玻璃与内空腔空气之间；bl-ing 为百叶与内侧玻璃之间；ing-room 为内侧玻璃与室内环境之间。

4.5.2 气流计算

在 MVDSF 系统中，空腔的通风分别受风机的抽吸力和热压的抽吸力共同作用。因此，空腔的空气质量流量是上述两种压力的函数。采用 Tanimoto 等[14]提出的气流网络模型进行气流流动的计算。MVDSF 空腔的总压力为

$$\Delta P_{\text{t}}=\Delta P_{\text{fan}}+\Delta P_{\text{th}} \tag{4.83}$$

式中，ΔP_{t} 为空腔气流总压力，Pa；ΔP_{fan}为风机产生的压力，Pa；ΔP_{th}为热压，Pa。

将内外空腔视为两根主通风管道，百叶横向通风通道视为连接两根主通风管道的支管，且两根主通风管道起始端和末端相同，相互并联，内外空腔始末端压力相同。因此，外空腔产生的热压之值与整个空腔产生的热压之值相等，其值为

$$\Delta P_{\text{th}}=g(H/n)\sum_{i=1}^{n}(\rho_{\text{o}}-\rho_{\text{ca1},i}) \tag{4.84}$$

式中，H 为进风口与出风口之间的高度，m；n 为区域数量；ρ_{o} 为室外空气密度，kg/m^3；$\rho_{\text{ca1},i}$为外空腔第 i 个区域的空气密度，kg/m^3。

内外空腔第 i 个区域之间的压差为

$$\Delta P_{(\text{ca1},\text{ca2}),i}=g(H/n)(\rho_{\text{ca1},i}-\rho_{\text{ca2},i}) \tag{4.85}$$

式中，$\Delta P_{(\text{ca1},\text{ca2}),i}$为内外空腔第 i 个区域之间的压差，Pa；$\rho_{\text{ca2},i}$为内空腔第 i 个区域的空气密度，kg/m^3。

从室外流入外空腔的空气质量流量为

$$\dot{m}_{\mathrm{o,ca1}}=\mu_{\mathrm{ca1}}\rho_{\mathrm{o}}A_{\mathrm{ca1}}\left(\frac{2|\Delta P_{\mathrm{t}}|}{\rho_{\mathrm{o}}}\right)^{0.5} \tag{4.86}$$

式中，$\dot{m}_{\mathrm{o,ca1}}$ 为从室外进入外空腔的空气质量流量，kg/s；μ_{ca1} 为外空腔入口流量系数，可取值为 0.6。

通过室外进入内空腔的空气质量流量为

$$\dot{m}_{\mathrm{o,ca2}}=\dot{m}_{\mathrm{fan}}-\dot{m}_{\mathrm{o,ca1}} \tag{4.87}$$

式中，$\dot{m}_{\mathrm{o,ca2}}$ 为从室外进入内空腔的空气质量流量，kg/s；$\dot{m}_{\mathrm{fan}}$ 为风机风量，kg/s。第 i 个区域内外空腔之间的横向空气质量流量采用近似计算的方法。因为在机械通风过程中横向气流的流动虽然是靠两侧压差驱动，但是在风机压力的作用下，空腔中各区域的压力分布规律难以确定。因此，综合考虑百叶位置和百叶角度的影响，对文献[14]中的方法进行修正。其计算式为

$$\dot{m}_{(\mathrm{ca1,ca2})}=\frac{\dot{m}_{\mathrm{o,ca1}}-\vartheta\dot{m}_{\mathrm{fan}}}{\mu_{\mathrm{bl}}\sum_{i=1}^{n}A_{\mathrm{bl},i}\rho_{\mathrm{ca1},i}\left(\frac{2|\Delta P_{(\mathrm{ca1,ca2}),i}|}{\rho_{\mathrm{ca1},i}}\right)^{0.5}}\left[\mu_{\mathrm{bl}}A_{\mathrm{bl},i}\rho_{\mathrm{ca1},i}\left(\frac{2|\Delta P_{(\mathrm{ca1,ca2}),i}|}{\rho_{\mathrm{ca1},i}}\right)^{0.5}\right] \tag{4.88}$$

式中，$\dot{m}_{(\mathrm{ca1,ca2})}$ 为从外空腔第 i 个区域向内空腔第 i 个区域的横向空气质量流量，kg/s；μ_{bl} 为气流通过百叶时的流量系数，其值与百叶角度有关，当百叶角度为 0°时，其值取 0.6，当百叶角度为 90°时，其值取 0。ϑ 为风机抽取外空腔空气量占风机风量的比例。此处，它的基准值与外空腔占空腔宽度的比例相同，例如，当百叶位于空腔中间位置时，其基准值取 0.5。它还与百叶角度有关，当百叶角度从 0°到 60°变化时，还应乘以 1.0～1.3 的修正值。

在 MVDSF 系统中，虽然有热压的存在，但是热压的作用与风机风压相比效果更弱。因此，空腔气流方向被认为是从下往上运动，根据各区域质量守恒定律，流出外空腔第 i 个区域的空气质量流量为

$$\dot{m}_{\mathrm{ca1},i}=\dot{m}_{\mathrm{ca1},i-1}-\dot{m}_{(\mathrm{ca1,ca2}),i} \tag{4.89}$$

流出内空腔第 i 个区域的空气质量流量为

$$\dot{m}_{\mathrm{ca2},i}=\dot{m}_{\mathrm{ca2},i-1}+\dot{m}_{(\mathrm{ca1,ca2}),i} \tag{4.90}$$

4.5.3　对流换热系数的确定

MVDSF 空腔中气流与玻璃间以及百叶与气流间的对流换热系数仍然可采用 NVDSF 系统空腔内对流换热系数的计算关联式。虽然空腔气流是在风机压力的驱动下流动，但是因风机入口处风速衰减较大，对整个空腔气流流态的影响不大。因此，4.2 节所采用的对流换热系数依然适用。

4.6　双层皮幕墙实验研究

4.6.1　实验装置与仪器

为了对提出的太阳辐射传递模型进行实验验证，于湖南大学通风与除尘实验楼屋顶搭建了实验平台进行实验研究。实验平台所在位置为东经 112°54′，北纬 28°12′，实验平台由两个小室构成，如图 4.10(a)所示，其中每个小室尺寸为 2.44m×2.24m×2.8m(长×宽×高)，正南面安装有双层皮幕墙系统，如图 4.10(b)所示，幕墙边框尺寸为 2.2m×2.56m(宽×高)，玻璃尺寸为 2m×2m(宽×高)。幕墙的通风空腔宽度为 40cm，幕墙系统由外至内依次为 5mm＋15mm＋5mm 的双层中空玻璃、空气层、遮阳百叶、空气层，以及厚 8mm 白玻璃。遮阳百叶为铝合金表面光滑蓝色百叶，叶片宽度 25mm，叶片间距 25mm，叶片形状为接近平面的小幅弧形。根据叶片材质、表面粗糙度及表面积灰情况，实验用的遮阳百叶反射率约为 0.6～0.7，耀度约为 0.55～0.75，透过率为 0，幕墙玻璃的消光系数为 $38m^{-1}$。

(a) 实验平台外观

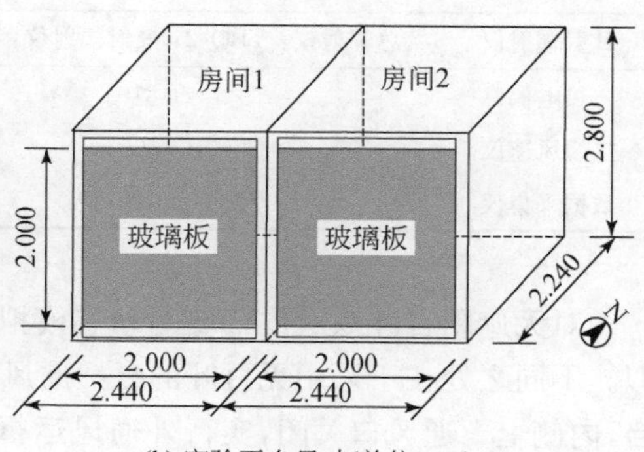

(b) 实验平台尺寸(单位：m)

图 4.10　NVDSF 实验平台

为了测量室内外太阳辐射照度，分别布置太阳辐射仪对室内外的总辐射值和散射辐射值(天空散射＋地面反射)进行测量，如图 4.11 所示。经过现场测试，在一定范围内改变辐射仪的安装位置，对测量值无太大影响。为了便于对散射辐射仪的遮光环进行调节，该仪表安装位置低于总辐射表。实验测量用的总辐射仪和散射辐射仪的型号和参数见表 4.1。

(a) 室外

(b) 室内

图 4.11 室内外太阳辐射仪的布置

表 4.1 实验用仪器型号及参数

仪器名称	型号	参数
日射辐射仪	总辐射仪：TBQ-2；散射辐射仪：TBD-1	测量范围 0～2000W/m²；精度±5%
热电偶	T 型	精度±0.5℃
热线风速仪	TV100	测量范围 0～30m/s；精度±0.3%
数据采集仪	Agilent34980A	—

对无遮阳百叶双层皮幕墙的动态模拟模型进行验证的实验平台与图 4.10 类似。不同之处在于采用无百叶的自然通风双层皮幕墙。幕墙外侧上下通风口均开启，内侧上下通风口关闭，实行外通风运行模式。上下通风口为矩形条缝型风口，其尺寸均为 2m×0.08m（长×高）。幕墙系统由外至内依次为 5mm＋15mm＋5mm 的双层中空玻璃、40cm 通风空腔以及厚 8mm 白玻璃。

为了测量幕墙系统各层的温度，分别在双层中空外层玻璃、内层玻璃，通风空腔，内侧玻璃以及上下风口布置了 T 型热电偶。如图 4.12 所示，各层沿垂直方向分别布置三个测点以观察系统在通风气流作用下的温度变化，进出风口各布置了三个测点。能被太阳光直射的温度计探头部位均采用锡箔纸遮挡，减少太阳辐射对测量结果的影响。上下风口中间位置布置热线风速仪，测量通过风口的风速。室内外太阳辐射值依然采用日射辐射仪进行测量。所有参数采用数据自动采集仪记录。

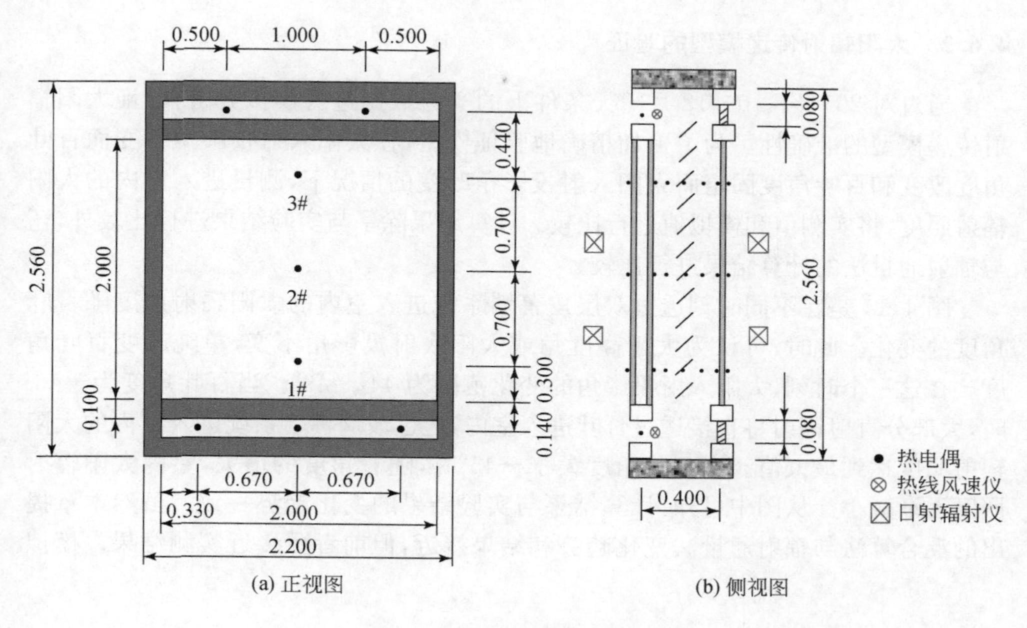

(a) 正视图　　(b) 侧视图

图 4.12　测点的布置(单位:m)

对带百叶的 MVDSF 系统的实验研究,采用如图 4.10NVDSF 实验平台。如图 4.13 所示。在幕墙上通风口通过管道与风机连接,风机置于实验平台屋顶。为了让空腔排风不集中于一个排风口,在对称位置设置了两个排风口。排风机排风量为 450m^3/h,全压 135Pa。

图 4.13　外双层有百叶 MVDSF 实验平台

4.6.2 太阳辐射传递模型的验证

通过对2014年10～12月晴天条件下的实验数据进行模拟分析，验证太阳辐射传递模型的准确性。为了更加精确地验证模型，在太阳入射投影角不变而百叶角度改变和百叶角度固定而太阳入射投影角改变的情况下，测量进入室内的太阳辐射照度，将实测值和模拟值进行比较。计算结果除了与实验结果进行比较外，还与辐射通量法的计算结果进行比较。

图4.14是在不同时刻透过双层皮幕墙系统进入室内的太阳辐射照度随百叶角度的变化。此时，可认为太阳高度角或太阳入射投影角不变，单纯改变百叶角度。在这三个时刻，太阳入射投影角的变化范围为44°～49°。当百叶角度为－45°时，大部分直射辐射将直接透过百叶进入室内，透过玻璃幕墙系统进入室内的太阳辐射照度达到最大值。当百叶角度大于－45°时，随着角度的增大，室内太阳辐射照度逐渐减小。从图中可知，计算结果与实验结果的变化趋势一致。虽然本章提出的混合算法与辐射通量法变化趋势和结果接近，但前者更接近实测结果。模拟

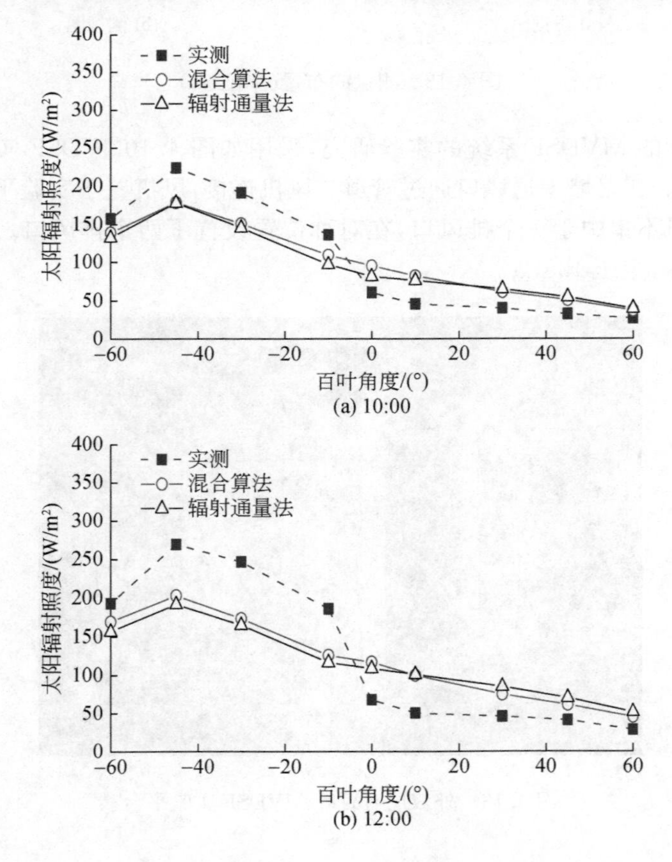

(a) 10:00

(b) 12:00

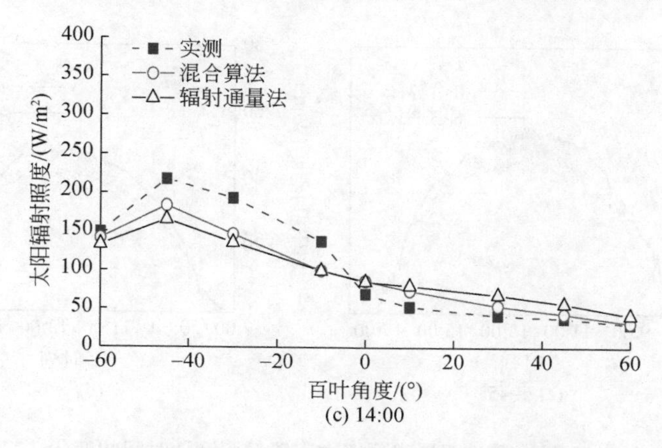

(c) 14:00

图 4.14　透过双层皮幕墙的太阳辐射照度随百叶角度的变化

结果与实测结果之间的误差主要由太阳辐射仪的精度、百叶叶片表面的粗糙度和积灰情况、地面反射及幕墙反射对室内侧太阳辐射测量值的影响以及其他一些不可知的因素导致的。

图 4.15 是固定百叶角度的情况下，一天中透过双层皮幕墙系统的太阳辐射照度的比较结果，即百叶角度固定不变，太阳入射投影角随时间改变的情形。从图中可以看出，7：00～17：00 室内太阳得热量随着室外太阳辐射照度和太阳入射投影角的变化而变化。从图 4.15(a)可知，当百叶角度为 0°时，由于部分直射辐射可直接穿过百叶进入室内，另一部分通过反射进入室内，直射—直射辐射所占的比率较大，采用第 3 章算法计算的透过幕墙系统进入室内的太阳辐射照度大于辐射通量法的计算值。随着百叶角度的增大，直接透过百叶或通过叶片反射进入室内的太阳辐射量减少，当百叶角度大于 30°，太阳入射投影角大于 45°时，完全没有直接透过和通过反射进入室内的直射辐射能，故混合算法的计算结果小于辐射通量法的计算结果。双层皮幕墙系统各层之间存在相互影响，且经过百叶作用之后直射辐

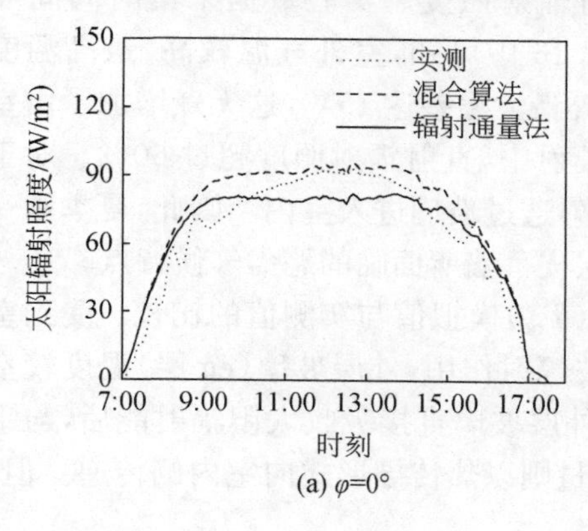

(a) $\varphi=0°$

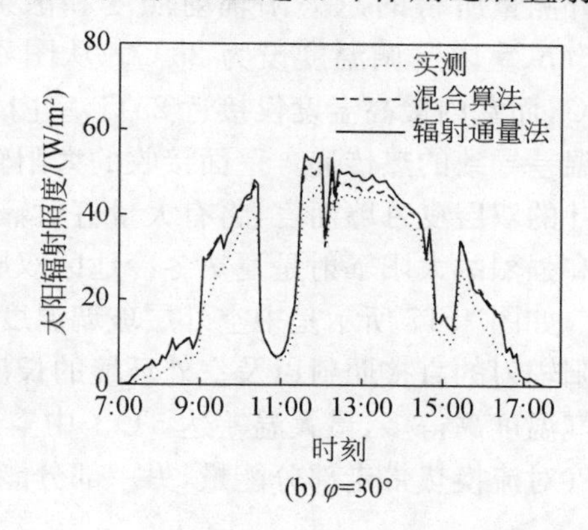

(b) $\varphi=30°$

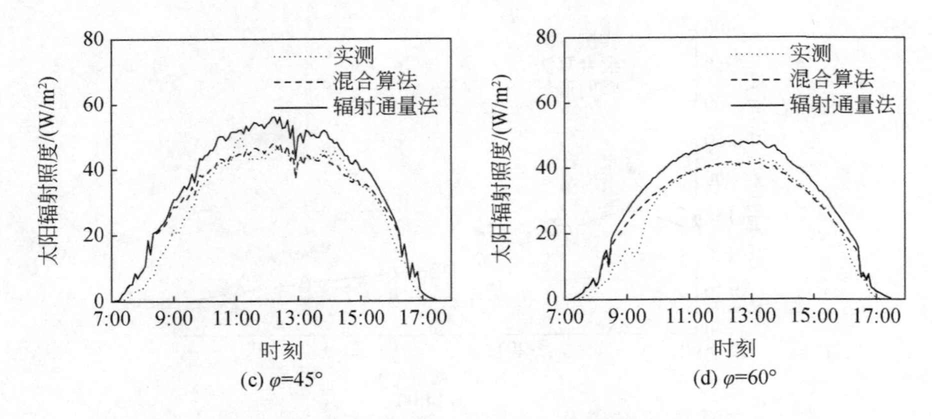

图 4.15 透过双层皮幕墙太阳辐射照度随时间的变化

射传递方向的不确定性，导致辐射传递的复杂性。若忽略百叶叶片弧度的影响、表面积灰的影响以及周围环境的遮挡作用将会使模拟结果产生一定的偏差。总体而言，本章提出的混合算法与实验结果较为接近，能满足工程精度要求，可用于双层皮幕墙系统太阳得热量的预测和计算。

4.6.3 无百叶自然通风双层皮幕墙模型验证

无百叶自然通风双层皮幕墙的动态模拟主要是计算各层的动态温度变化情况以及得热量和风速的变化等。在不带遮阳百叶的 NVDSF 中，通风空腔中的气流直接与两侧玻璃换热。同时，气流流动使得空腔内空气存在温度梯度。因此，通过比较各层 1＃、2＃、3＃位置的温度模拟值和实测值，一方面可以通过二者的比较以验证本章提出的模型的精确性和可靠性；另一方面也为后续的性能评价和全年能耗模拟提供方法参考。

图 4.16 是 2013 年 9 月 17 日 6:00 至 9 月 18 日 24:00 室内外空气温度值以及室外测量所得的总太阳辐射照度和散射辐射照度。实验数据采集时间间隔为 20min，室内空调温度设为 25℃。从图 4.16 中可知，室外气温较高，最高温度达 40℃，而室内最高温度仅接近 25℃，室内外最大温差达 15℃，这无疑增加了由室内外温差导致的热传递。壁面接收的太阳辐射中，直射辐射照度超过 60%。对于无百叶的双层皮幕墙而言，将有大量直射辐射透过玻璃进入室内。因此，夏季承受高温和强烈的太阳辐射是夏热冬冷地区双层皮幕墙所面临的恶劣气候特点。

如图 4.17 所示是中空外层玻璃温度（T_{eg}）模拟值与实测值的比较。受到室外太阳辐射的直接照射以及室外环境的长波辐射作用，外层玻璃（eg 层）温度较室外空气温度高得多，最大温差达 5℃。中空外层玻璃直接吸收太阳辐射能后，与室外空气对流换热带走部分能量，另一部分能量则以热传导形式向室内侧传递。但是，

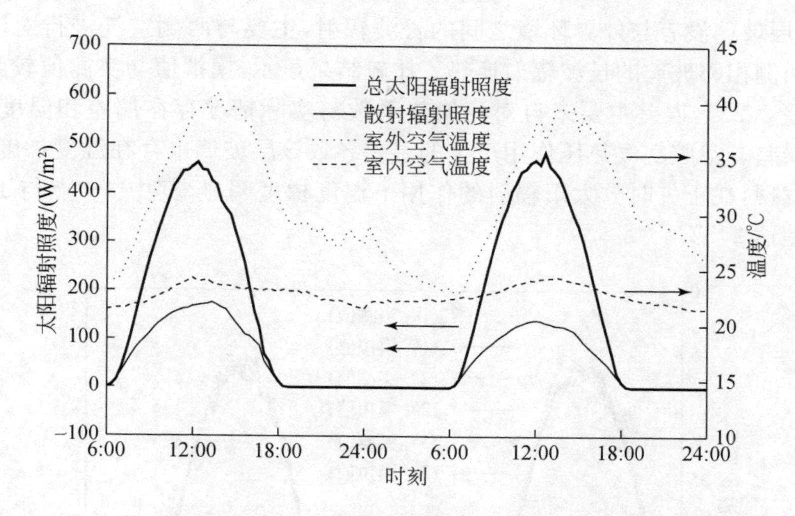

图 4.16　无百叶 NVDSF 实验期间室内外空气温度和室外太阳辐射照度

由于双层中空玻璃的狭窄空气夹层导热系数小，有效地阻止了热量向内传递，故中空外层玻璃主要通过与室外空气的对流进行换热。由图可知，在垂直方向上，1＃点温度值最高，2＃点其次，3＃点温度值最低。这是由于 1＃点离地面最近，与地面之间的长波辐射换热量大，温度高于其余两点温度值。对比结果显示，模拟值与实测值结果比较接近，变化趋势基本一致，最大偏差 2.4℃。

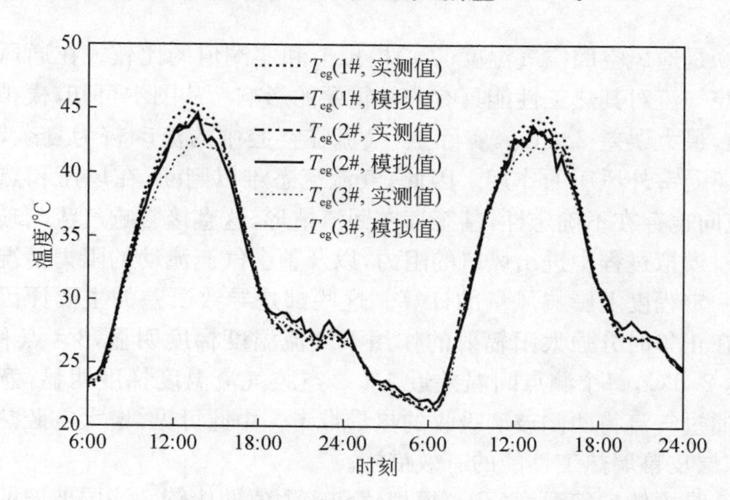

图 4.17　无百叶 NVDSF 中空外层玻璃温度 T_{eg} 模拟值和实测值的比较

图 4.18 是中空内层玻璃温度（T_{ig}）模拟值与实测值的比较。与外层玻璃不同

的是，内层玻璃没有与外界环境之间的长波辐射，主要与两侧空气进行对流换热，以及与两侧相邻玻璃的长波辐射换热。比较结果显示，模拟值与实测值较为接近，最大偏差 2.2℃，误差主要来自对流换热系数与实际情况存在偏差和温度传感器的测量误差。空腔空气热压作用产生的温差导致该层玻璃也存在温度梯度。从实测结果发现，在正午时分太阳辐射的作用下温度梯度明显，其中 3＃点与 1＃点间最大温差达 2.5℃。

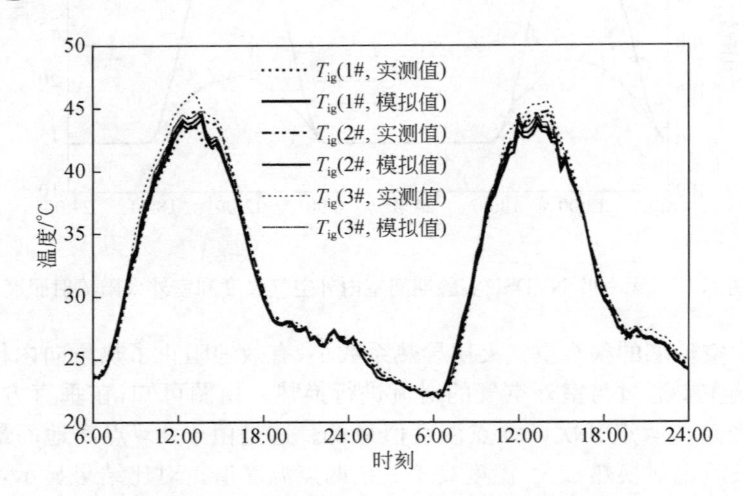

图 4.18 无百叶 NVDSF 中空内层玻璃温度 T_{ig}模拟值和实测值的比较

图 4.19 是通风空腔空气温度(T_{ca})模拟值和实测值的比较。在通风式双层皮幕墙中，空腔气流对其热工性能具有非常重要的影响。从图中可知，模拟值与实测值比较一致，最大误差 2.4℃。实际上，气流在空腔中的流动较为复杂，不仅受热压的作用，还受室外风压的作用。因此，气流流态难以判断，在风压和热压共同作用下气流流向也存在不确定性，甚至存在回流情形，这直接影响气流与玻璃的对流换热。此外，模拟过程中进出风口的阻力，以及整个气流流动的阻力情况难以准确判定，这在一定程度上影响风量的计算。这些都是导致误差的主要原因。从实测结果发现，在正午时分强太阳辐射的作用下气流温度梯度明显，3＃点和 1＃点间最大温差达 2.6℃，每个测点间温差近 1℃。空腔气流温度梯度明显，意味着通风效果显著，通过气流将两侧玻璃吸收的热量带走。由此可见，增大空腔热压和通风量是改善双层皮幕墙热工性能的有效措施。

图 4.20 是内侧玻璃温度(T_{ing})模拟值和实测值的比较。该层玻璃的模拟值和实测值非常接近，二者的最大误差在 1℃以内。内侧玻璃的温度是直接反映整个双皮玻璃幕墙热工性能优劣的重要参数之一。夏季，内侧玻璃温度越低，玻璃与室内空气换热量越小，越有利于减少室内空调负荷。相反，室内得热量越大，越不利

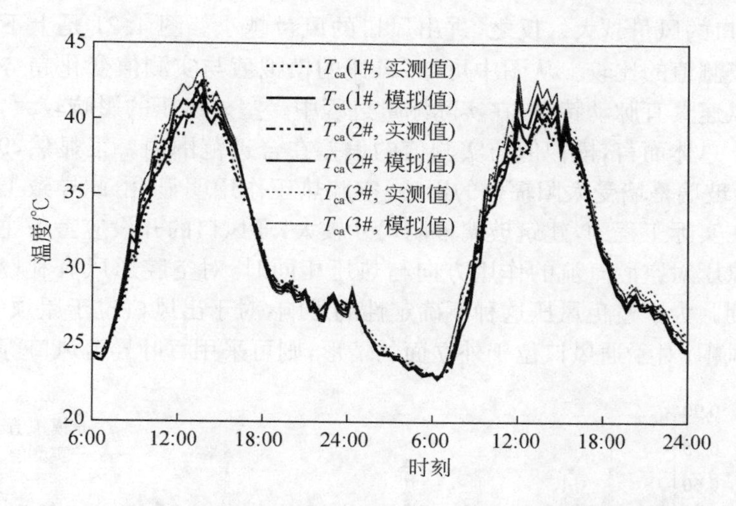

图 4.19　无百叶 NVSDF 空腔空气温度 T_{ca} 模拟值和实测值的比较

于节约空调能耗。此外，内侧玻璃温度越高，对室内的热舒适性影响越大。从图中发现，垂直方向上内层玻璃温度梯度并不明显，这是因为该层玻璃受室内空气温度和室内侧对流换热影响较大，而空腔气流对它的影响有限。在中午太阳辐射强烈时段，内侧玻璃与室内空气温差达到 10℃以上，这对于室内热舒适性是不利的。

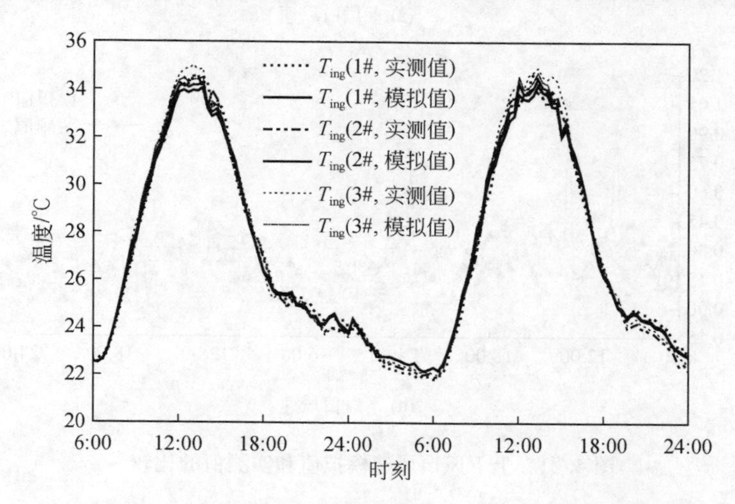

图 4.20　无百叶 NVDSF 内侧玻璃温度 T_{ing} 模拟值和实测值的比较

在对 NVDSF 的热工性能进行分析时，进出风口风量大小也是从另一个侧面反映热压作用大小的指标。很显然，当热压作用越大时，幕墙空腔的抽吸作用越明显，进出风口的风量越大。反之，进出风口的风量越小。图 4.21 是上下风口风速模拟值和实测值的比较。从图中可知，风速的模拟值与实测值变化趋势也较为一致。室外风速具有脉动特性，在实际测量过程中受室外风压的影响较大，故存在一定的偏差。总体而言，模拟值与实测值的偏差在合理范围内。很显然，9：00～17：00 时段内，玻璃幕墙受太阳辐射的影响，空腔热压作用明显，由此导致上下风口风速增大。在实际工程中，建筑玻璃幕墙尺寸较大，通风口的开设应考虑主导风向的影响。当风压对空腔气流的作用方向与热压相同时，对空腔通风有利；反之，对空腔通风不利。为了避免风压这种不确定性的影响，对于出风口位于屋顶的情形，应采用避风风帽；对于通风口位于外立面的情形，则可采用百叶导流风口等措施。

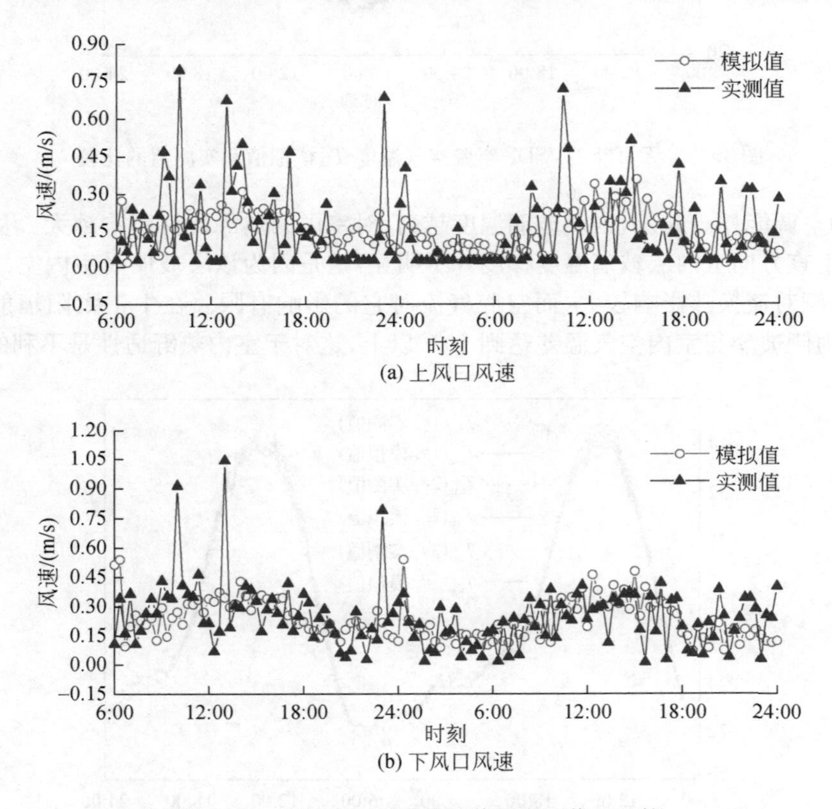

图 4.21　上下风口风速模拟值和实测值的比较

图 4.22 是透过幕墙系统进入室内的得热量计算值。从式(4.41)可知，进入室内的得热量包含对流部分、长波辐射部分、直接透过玻璃进入室内的太阳辐射部分。因此，其值的大小不仅受太阳辐射照度及玻璃幕墙透过率的影响，还受室内空气温度、室内风速等因素的影响。从图中可知，白天有太阳辐射时段，透过幕墙进

入室内的得热量较大，其中太阳得热量占总得热量的44％以上。与图4.16比较发现，进入室内的得热量占幕墙表面接收太阳辐射能的一半以上，这除了与没有百叶，直接透过玻璃进入室内的太阳辐射照度较大有关外，还与室外空气温度较高有关。当室外空气温度较高时，内侧玻璃温度也较高，通过对流换热进入室内的热量所占的比例也较大。夜晚，室内得热量主要是由室内外温差传热导致的。因此，在夏热冬冷地区，夏季须采取遮阳措施改善双层皮幕墙系统的热工性能和能耗性能。

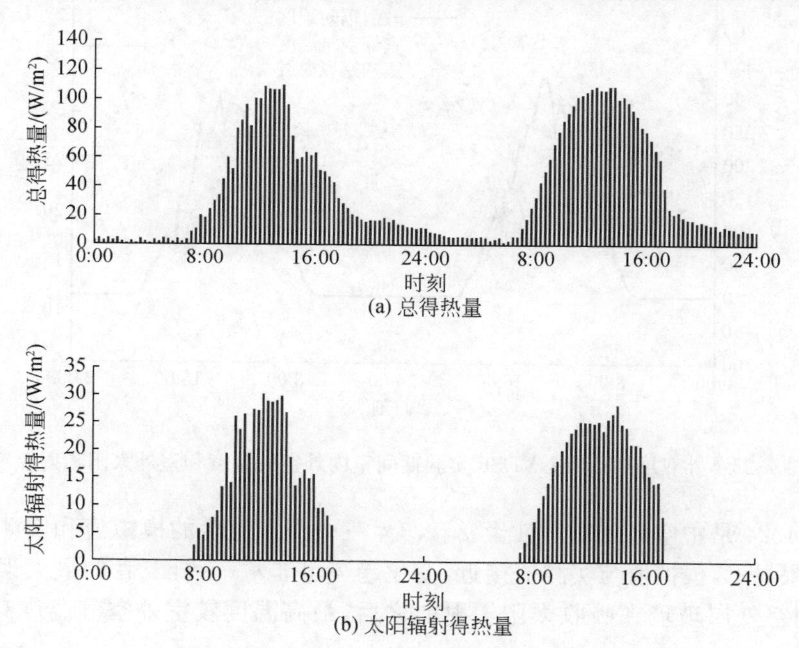

图 4.22　透过无百叶 NVDSF 得热量

通过以上实验验证可知，本章采用改进的区域模型用于模拟NVDSF系统可行，模拟值与实测值较为一致，能满足精度要求，且计算速度较快。实测值和模拟值均表明，在夏热冬冷地区，夏季无百叶双层皮幕墙内外玻璃均承受较高的温度，尤其是内侧玻璃，与室内空气温差较大，对建筑能耗性能和室内热舒适性不利。故夏季透过NVDSF进入室内的得热量较大，能耗性能差。采取必要的遮阳措施，减少透过幕墙进入室内的太阳辐射得热量，在一定程度上可降低内侧玻璃的太阳辐射吸收热及其温度，改善幕墙的能耗性能和室内的热舒适性。

4.6.4　内置百叶外双层自然通风双层皮幕墙模型验证

对带百叶外双层自然通风双层皮幕墙系统的模型进行实验验证的方法与前述无百叶自然通风双层皮幕墙系统的模型验证类似。不同之处在于通风空腔内部安装了百叶。在玻璃上、中、下(1＃、2＃、3＃)三个位置布置温度测点,具体位置尺寸同无百叶情形。实验时间为2014年7月28日、29日,通风空腔宽度40cm,百叶角度30°,百叶位于空腔正中间位置。实验期间室内空调温度设为25℃。室内、外空气温度和室外太阳辐射照度如图4.23所示。

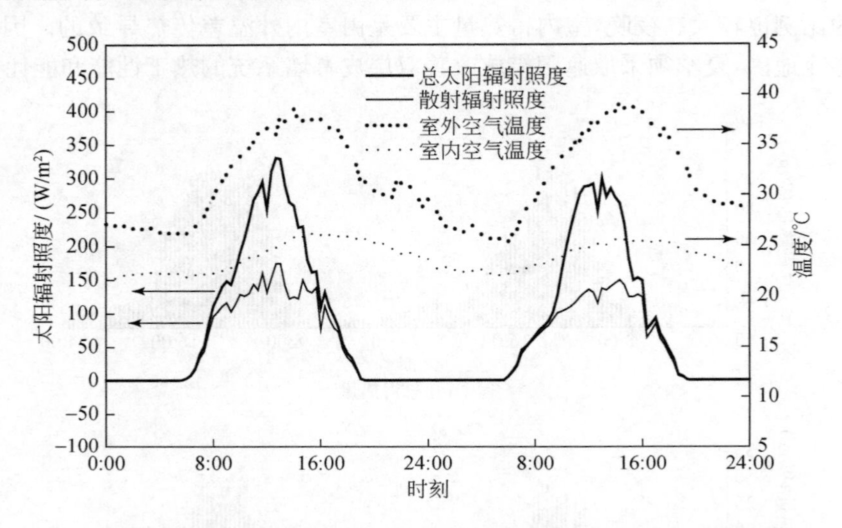

图4.23　外双层有百叶NVDSF实验期间室内外空气温度和室外太阳辐射照度

图4.24是中空外层玻璃1＃、2＃、3＃三个测点温度的模拟值和实测值的比较。结果显示,模拟值与实测值接近,变化趋势也非常一致,二者的最大误差约为2℃。中空外层玻璃在吸收太阳辐射能之后,最高温度较室外空气温度高3℃左

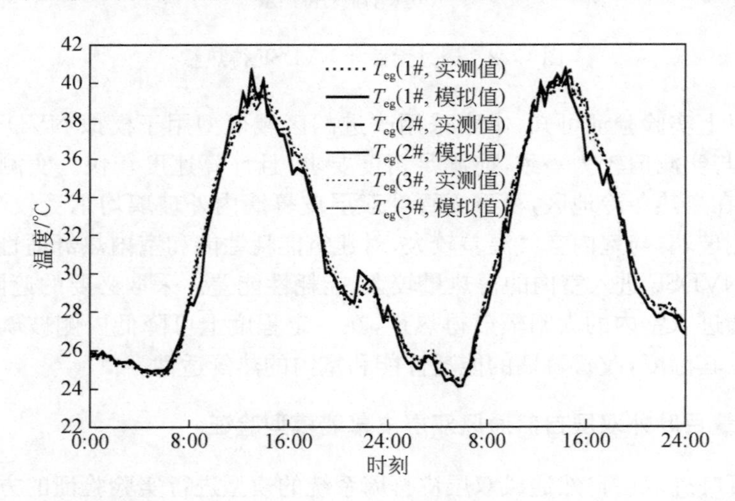

图4.24　外双层有百叶NVDSF中空外层玻璃各测点温度T_{eg}模拟值和实测值的比较

右。整个玻璃表面温度并无明显的温度梯度。外层玻璃在整个系统中,起着阻挡太阳辐射的第一道屏障,其温度受室外空气温度和太阳辐射的影响最大。

与中空外层玻璃温度不同的是,中空内层玻璃受空腔气流的影响,纵向存在1～2℃的温度梯度,如图 4.25 所示。测量值和模拟值最大误差在 2℃以内。与外层玻璃相似,在接收太阳辐射的同时,受中间空气夹层的影响,内外层玻璃间导热量较小,其热量基本通过对流换热传递。然而,通过内外层玻璃的遮挡后,太阳辐射能被大大削弱,降低了百叶层和内侧玻璃接收的太阳辐射照度。

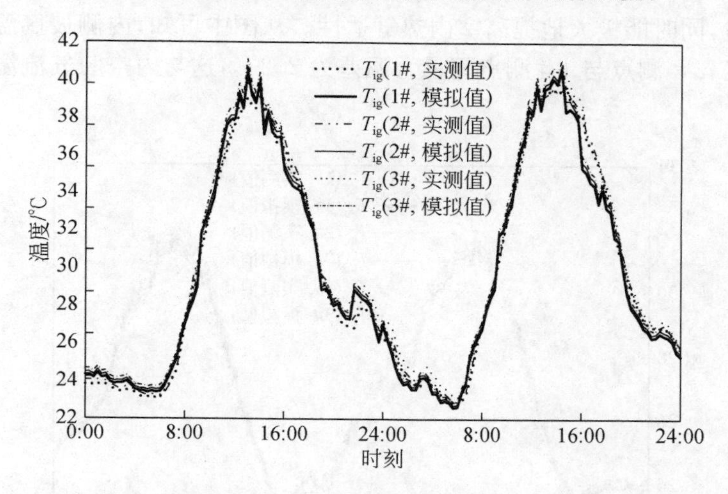

图 4.25　外双层有百叶 NVDSF 中空内层玻璃各测点温度 T_{ig}模拟值和实测值的比较

图 4.26 是百叶层各测点温度的模拟值和实测值的比较。百叶层在吸收太阳

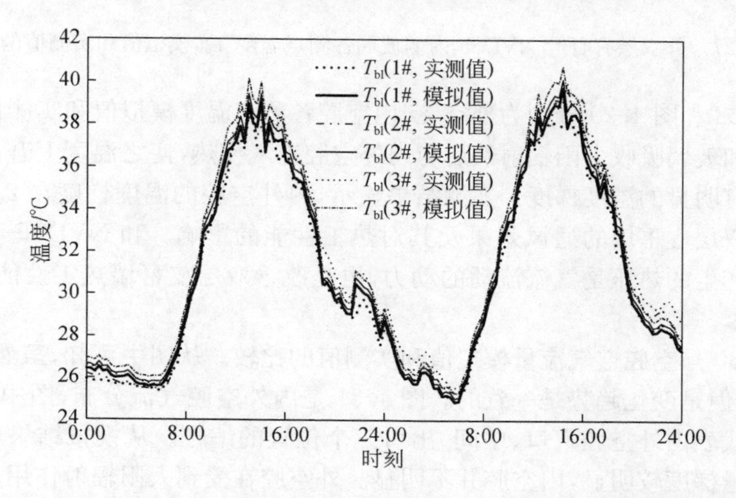

图 4.26　外双层有百叶 NVDSF 百叶层各测点温度 T_{bl}模拟值和实测值的比较

辐射后温度升高，其值比室外空气温度高3℃。同时，受空腔气流的影响，有明显的温度梯度。太阳辐射强烈时段，测点3＃与测点1＃平均温差达1.6℃。总体而言，模拟值与实测值比较一致，二者的偏差主要是在光学模型计算过程中忽略百叶叶片弧度和表面积灰情况，以及对流换热系数不准确所致。

内侧玻璃温度可总体反映双层皮幕墙系统热工性能的优劣。带百叶双层皮幕墙系统内侧玻璃与室内最大温差约6℃，如图4.27所示，与无百叶自然通风双层皮幕墙系统相比，其值低了6～7℃，这能在很大程度上降低通过导热和对流进入室内的得热量，同时能极大地提高室内热舒适性。从图中可知，内侧玻璃温度纵向存在温度梯度，3＃测点与1＃测点间最大温差为2.2℃，这与内空腔气流温度梯度密不可分。

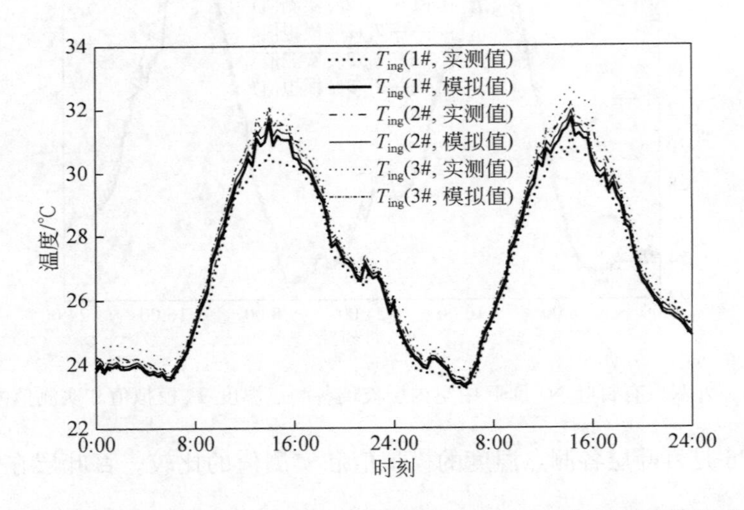

图4.27　外双层有百叶NVDSF内侧玻璃各测点温度T_{ing}模拟值和实测值的比较

图4.28和图4.29分别为外空腔、内空腔各测点温度模拟值和实测值的比较。遮阳百叶和玻璃吸收太阳辐射热后与内外空腔空气换热，使之温度上升。因此，内外空腔均有明显的温度梯度。实测结果显示，内外空腔的温度梯度在2.3℃以上，这反映出双层皮幕墙的通风效果及其对热工性能的影响。和NVDSF系统类似，通风空腔产生的热压是气流流动的动力，也是改善双层皮幕墙热工性能需要着重考虑的因素。

图4.30是空腔空气流量模拟值和实测值的比较。从图中可知，虽然二者有一定的偏差，但是变化趋势是一致的。图4.31是内外空腔气流分布，图中1＃、5＃、10＃分别代表内外空腔入口、中间、出口三个位置的编号。从模拟结果可知，外空腔空气流量梯度较明显，内空腔并不明显。外空腔在受到太阳辐射作用后，由于热

压的作用，气流流动变化明显。

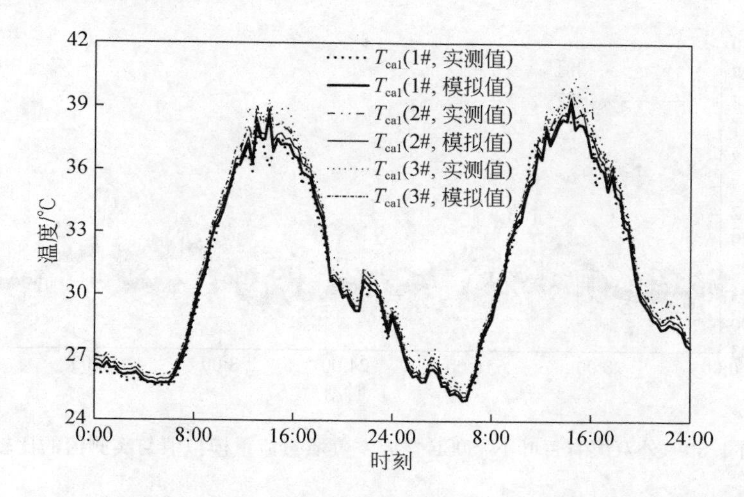

图 4.28　外双层有百叶 NVDSF 外空腔各测点温度 T_{ca1} 模拟值和实测值的比较

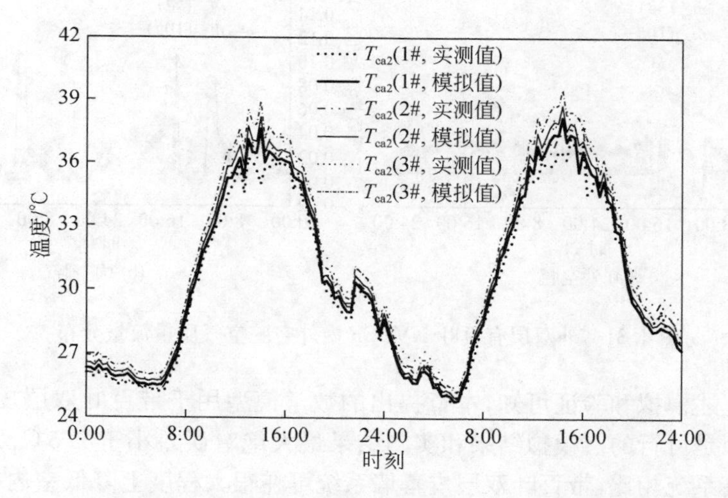

图 4.29　外双层有百叶 NVDSF 内空腔各测点温度 T_{ca2} 模拟值和实测值的比较

安装有遮阳百叶的双层皮幕墙能显著减少太阳辐射得热量。从图 4.32 可以看出，透过玻璃进入室内的太阳辐射得热量占总得热量的比例不到 25%，这充分说明增加百叶装置对双皮玻璃幕墙热工性能的改善作用不可忽略。与此同时，通过热传导和热对流方式进入室内的得热量所占的比例较大。因此，减小内侧玻璃的导热系数是关键，通过调节百叶角度可在一定程度降低内空腔温度和内侧玻璃温度，减少进入室内的得热量。与此同时，将双层中空玻璃置于内侧，也是减少通过导热方式进入室内的得热量的有效措施之一。

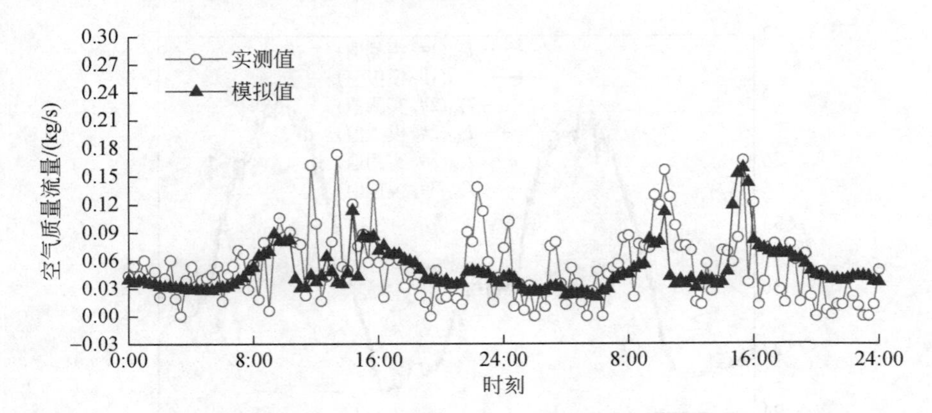

图 4.30 外双层有百叶 NVDSF 空腔空气质量流量模拟值与实测值的比较

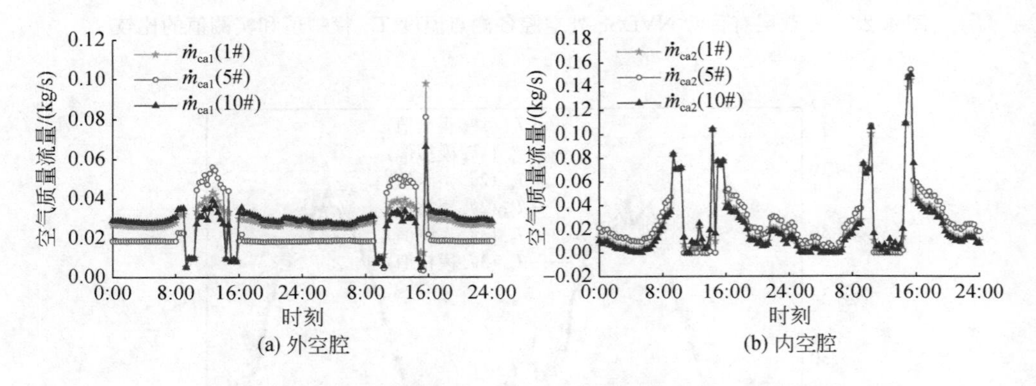

图 4.31 外双层有百叶 NVDSF 内外空腔空气质量流量分布

通过上述模拟和验证可知，本章提出的数学模型用于带百叶双层皮幕墙系统的动态模拟是可行的。模拟结果和实测结果最大绝对误差小于 2.5℃。与无百叶双层皮幕墙系统相比，带百叶双层皮幕墙系统可在很大程度上降低室内得热量，尤其是太阳辐射得热量，改善了其热工性能。与此同时，由于通风和百叶的作用，内侧玻璃温度大幅度降低。

4.6.5 机械通风双层皮幕墙模型验证

在验证机械通风双层皮幕墙模型的实验中，通风空腔宽度为 40cm，百叶角度为 45°；实验时间为 2014 年 9 月 6～7 日，其间室内空调温度设为 25℃。图 4.33 是实验期间测得的室外太阳辐射照度及室内外空气温度。从图中可以发现，室外总

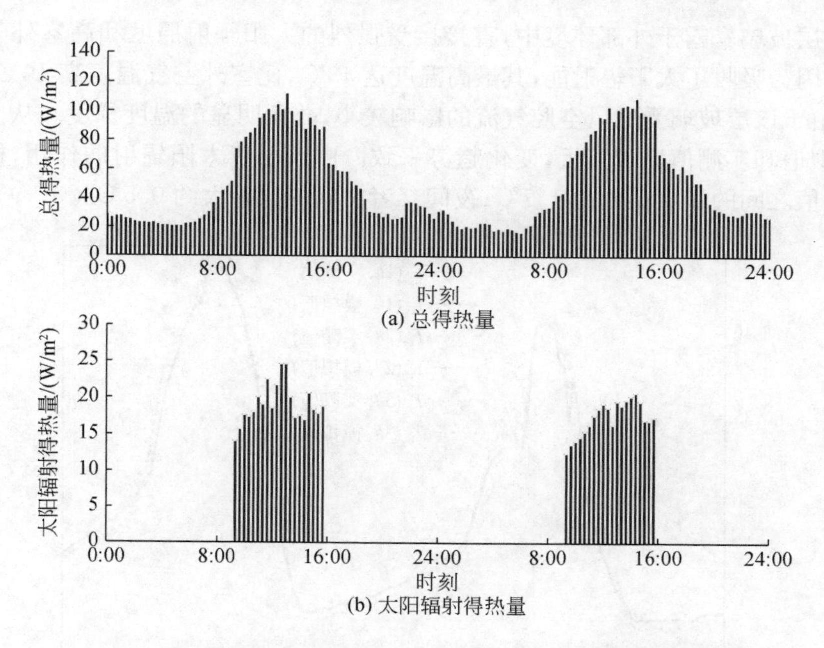

图 4.32　透过外双层有百叶 NVDSF 的太阳辐射得热量

辐射值远远大于散射辐射值，这意味着有大量的直射辐射照射在幕墙外表面，且会透过系统进入室内，影响室内得热量。

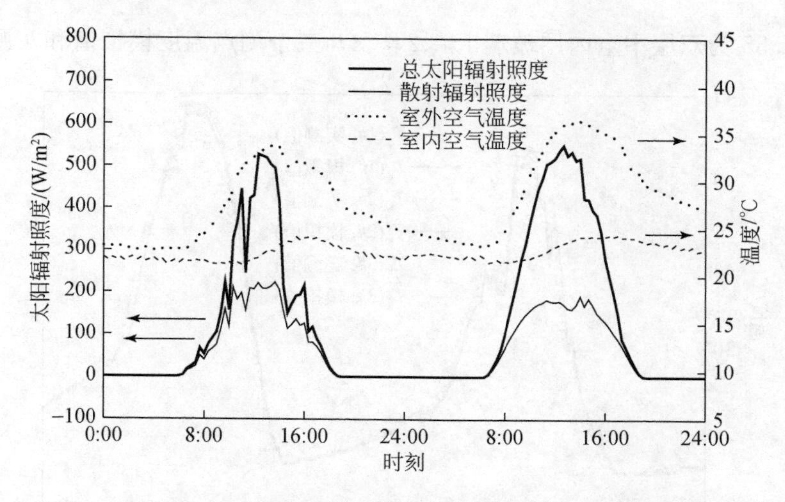

图 4.33　MVDSF 实验期间室内外空气温度和室外太阳辐射照度

图 4.34 是双层中空外层玻璃 1＃、2＃、3＃三个测点温度模拟值和实测值的比

较。该层玻璃暴露于外部环境中，直接接受强烈的太阳辐射照度和高室外气温的作用。因为吸收了太阳辐射能，其最高温度达43℃，比室外空气温度高10℃以上。此外，由于该层玻璃受通风空腔气流的影响较小，并无明显的温度梯度。从图中可知，模拟值和实测值比较接近，变化趋势一致。白天由于太阳辐射的作用，模拟值和实测值之间的最大误差为1.7℃；夜间二者之间的误差大约0.5℃。

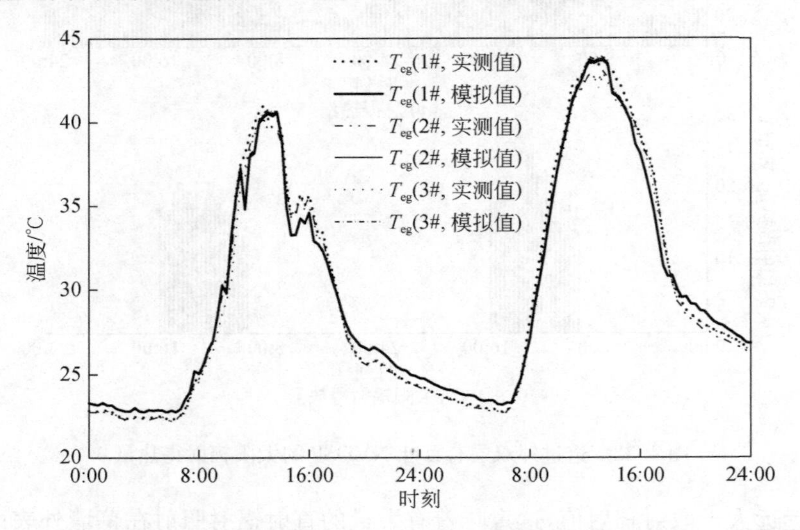

图 4.34　MVDSF 双层中空外层玻璃温度 T_{eg} 模拟值和实测值的比较

图 4.35 为双层中空内层玻璃 1＃、2＃、3＃三个测点温度模拟值和实测值的比

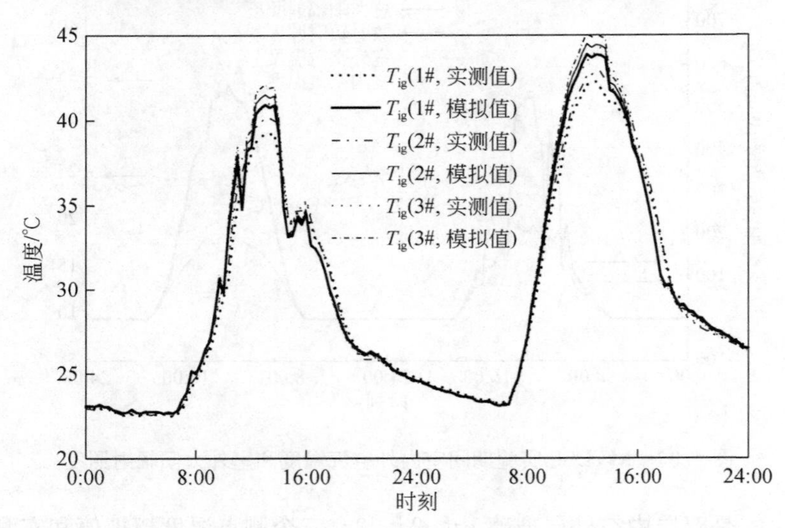

图 4.35　MVDSF 双层中空内层玻璃温度 T_{ig} 模拟值和实测值的比较

较。该层玻璃直接与空腔空气接触，这使其温度受空腔温度的影响较大。3＃测点温度较1＃测点温度至少高1.5℃；当太阳辐射强烈时，二者之间最大温差达2.4℃。在太阳辐射峰值时段，模拟值和实测值的最大偏差为2.6℃，其余时间二者基本重合。这个偏差主要是由对流换热系数不准确、对玻璃散射辐射的简化处理、长波辐射计算误差以及实验误差等因素导致的。

图4.36是百叶层1＃、2＃、3＃三个测点温度模拟值和实测值的比较。百叶是双层皮幕墙系统中不可或缺的重要装置。由于它在遮挡太阳辐射时，吸收部分辐射能，因此其温度高于室外和空腔内空气温度。从图中可以看出，百叶受两侧空腔气流的影响，温度梯度明显，3＃测点温度较1＃测点高2.0℃。模拟值和实测值最大偏差2.1℃，其偏差主要是复杂的百叶光学性能计算的误差以及空腔气流的复杂性所导致的。总体而言，模拟值和实测值是吻合的。

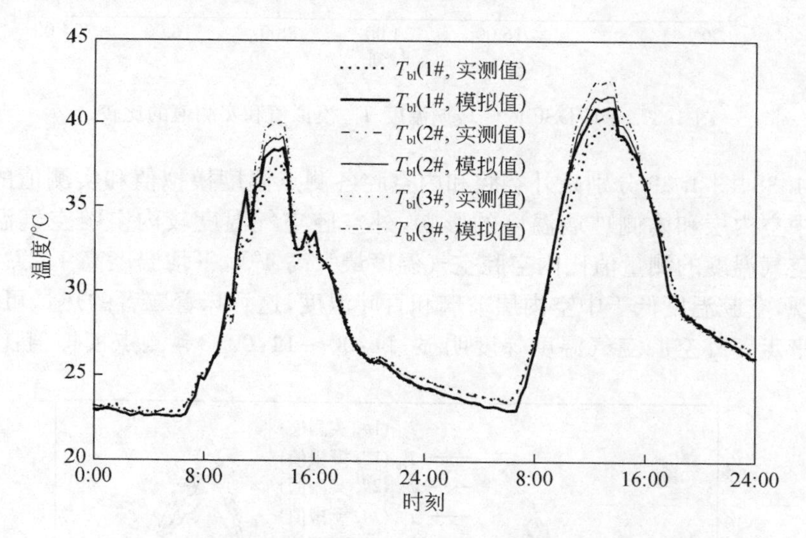

图 4.36　MVDSF 百叶层温度 T_{bl} 模拟值和实测值的比较

图4.37是内侧玻璃1＃、2＃、3＃三个测点温度模拟值和实测值的比较。无论是模拟值还是实测值，各测点间温差并不明显。该层玻璃温度梯度与内空腔空气以及室内空气温度的影响密不可分。在百叶的遮挡作用下，内侧玻璃吸收的太阳辐射能较系统其他两层玻璃小，同时受室内空气温度的影响，该层玻璃温度较低。内侧玻璃与室内空气温差越小，室内热舒适性越佳。从图中可知，内侧玻璃层与室内空气的最大温差是6～7℃，平均温差为2.7℃。内侧玻璃层温度是体现玻璃幕墙热工性能的直接且重要的参数。从温度分布情况可知，通风式双层皮幕墙系统具有较好性能。此外，模拟值和实测值比较接近，二者偏差在1℃以内。

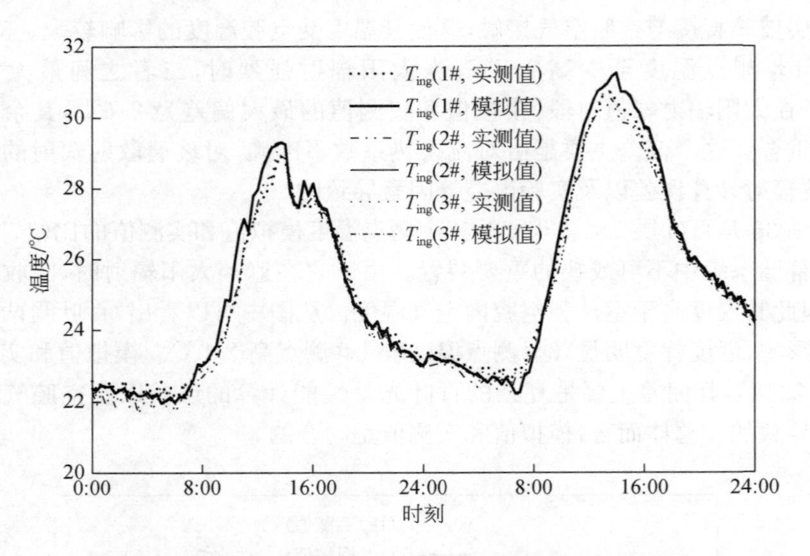

图 4.37 MVDSF 内侧玻璃温度 T_{ing} 模拟值和实测值的比较

图 4.38、图 4.39 分别是外空腔和内空腔各测点温度模拟值和实测值的比较。由于受中空内层和内侧玻璃温度的影响，外空腔空气温度较内空腔空气温度高。外空腔空气温度的测量值比内空腔空气温度最大高 4℃，平均温度高 1.2℃。通过比较发现，空腔温度低于中空内层玻璃和百叶温度，这意味着二者的热量可通过空腔气流带走。外空腔空气温度梯度明显，11:00～14:00，3＃测点模拟值比 1＃测

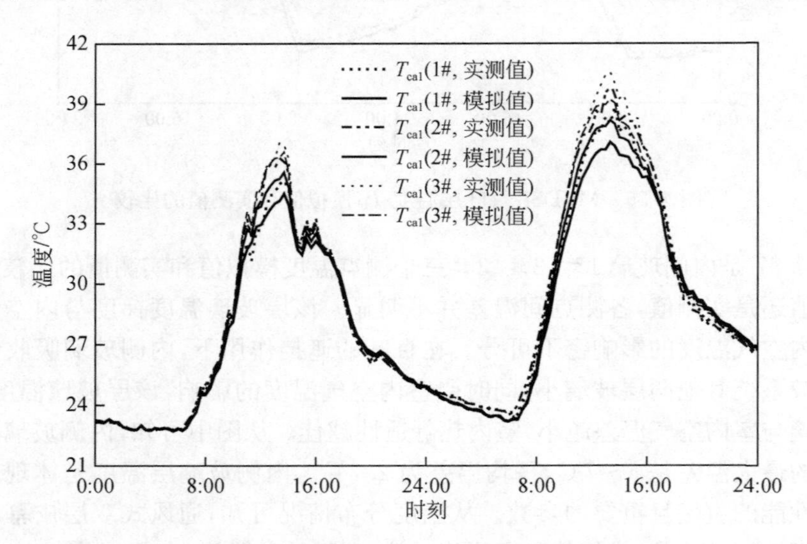

图 4.38 MVDSF 外空腔空气温度 T_{ca1} 模拟值和实测值的比较

点模拟值高 2.4℃，比 1＃测点的实测值高 2.6℃。然而，无论是模拟值还是实测值，内空腔空气温度梯度并不明显。这也说明，太阳辐射对外空腔空气温度梯度的影响较大。内空腔的模拟值和实测值间的最大误差为 2.2℃。导致误差的主要原因是空腔阻力作用致使风机的实际通风量与额定通风量有差异，以及通风气流扰动带来的对流换热系数误差、实验误差等。

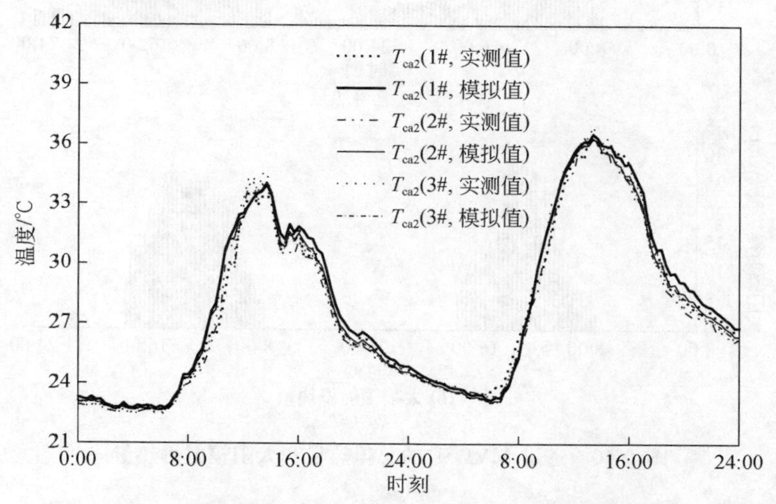

图 4.39　MVDSF 内空腔空气温度 T_{ca2} 模拟值和实测值的比较

图 4.40 是透过双层皮幕墙的得热量。白天有太阳辐射时，在有百叶的作用下，太阳得热量仍占总得热量的 25%左右，由此可见，太阳辐射对室内得热量的影响之大。夜间无太阳辐射时，室内得热量主要靠室内外空气温差产生；当室内空气温度高于室外空气温度时，热量向外传递，得热量为负。因此，带百叶的双层皮幕墙，调节百叶角度减少太阳得热量是减少总得热量的有效方法。

通过上述的模拟计算和实验验证可以看出，MVDSF 系统的内侧玻璃温度与室内空气温度间差值并不大，对改善室内热舒适性和幕墙热工性能有利。空腔空气温度梯度明显，通风效果较好。验证表明，模拟结果与实验结果吻合，采用的模拟方法用于 MVDSF 系统的动态模拟可行，与传统的 CFD 计算方法相比，计算速度较快，可用于全年能耗模拟。

4.7　小　　结

本章分别建立不带遮阳百叶的 NVDSF、带遮阳百叶的 NVDSF 和 MVDSF 系统的改进区域模型。采用第 3 章提出的混合计算光学模型计算双层皮幕墙系统的

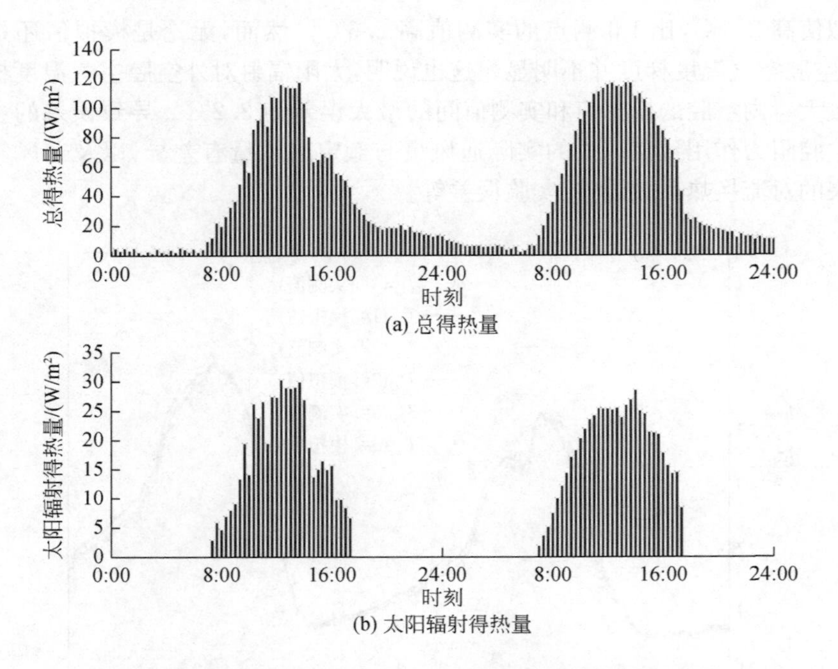

(a) 总得热量

(b) 太阳辐射得热量

图 4.40　透过 MVDSF 的总得热量和太阳辐射得热量

光学性能。利用区域热平衡方法建立各区域能量平衡方程。基于伯努利方程、自然通风原理、气流幂定律及改进的气流网络模型，分别建立不带遮阳百叶的 NVDSF、带遮阳百叶的 NVDSF 和 MVDSF 中的空腔气流模型。

本章对太阳辐射传递模型进行了实验验证。分别比较太阳入射投影角不变情况下改变百叶角度和百叶角度不变太阳入射投影角变化两种情况进入室内的太阳辐射照度实测值和模拟值，还将模拟值与辐射通量法的计算值进行了比较。结果显示，混合算法与实验结果更为接近，能满足工程精度要求，可用于双层皮幕墙系统太阳得热量的预测和计算。

本章分别对不带遮阳百叶的 NVDSF、带遮阳百叶的 NVDSF 和 MVDSF 系统模型进行了实验验证。实验结果与模拟结果吻合良好，变化趋势一致，该模拟模型可用于不带遮阳百叶的 NVDSF、带遮阳百叶的 NVDSF 和 MVDSF 的动态模拟和能耗模拟。其模拟方法与传统的 CFD 计算方法相比，计算速度较快，可用于全年逐时能耗模拟。

参考文献

[1] Ciampi M, Leccese F, Tuoni G. Ventilated facades energy performance in summer cooling of buildings. Solar Energy, 2003, 75(6): 491-502.

[2] Balocco C. A simple model to study ventilated facades energy performance. Energy and Buildings, 2002, 34(5): 469-475.

[3] Ghadamian H, Ghadimi M, Shakouri M, et al. Analytical solution for energy modeling of double skin facades building. Energy and Buildings, 2012, 50: 158-165.

[4] Balocco C. A non-dimensional analysis of a ventilated double facade energy performance. Energy and Buildings, 2004, 36(1): 35-40.

[5] Balocco C, Colombari M. Thermal behaviour of interactive mechanically ventilated double glazed facade: Non-dimensional analysis. Energy and Buildings, 2006, 38(1): 35-40.

[6] Xue F, Li X F. A fast assessment method for thermal performance of naturally ventilated double-skin facades during cooling season. Solar Energy, 2015, 114: 303-313.

[7] Elarga H, de Carli M, Zarrella A. A simplified mathematical model for transient simulation of thermal performance and energy assessment for active facades. Energy and Buildings, 2015, 104: 97-107.

[8] Clark J, Peeters L, Novoselac A. Experimental study of convective heat transfer from windows with venetian blinds. Building and Environment, 2013, 59: 690-700.

[9] Suarez C, Joubert P, Molina J L, et al. Heat transfer and mass flow correlations for ventilated facades. Energy and Buildings, 2011, 43(12): 3696-3703.

[10] Blanco J M, Arriaga P, Roji E, et al. Investigating the thermal behavior of double-skin perforated sheet facades: Part A: Model characterization and validation procedure. Building and Environment, 2014, 82: 50-62.

[11] ISO. ISO 15099. Thermal performance of windows, doors, and shading devices detailed calculations. Geneva: International Standards Organization, 2003.

[12] Chaiyapinunt S, Worasinchai S. Development of a model for calculating the longwave optical properties and surface temperature of a curved venetian blind. Solar Energy, 2009, 83(6): 817-831.

[13] Jiru T E, Haghighat F. Modeling ventilated double skin facade: A zonal approach. Energy and Buildings, 2008, 40(8): 1567-1576.

[14] Tanimoto J, Kimura K. Simulation study on an airflow window system with an integrated roll screen. Energy and Buildings, 1997, 26(3): 317-325.

第 5 章　双层皮幕墙热性能简化计算

5.1　概　述

由前文建立的模型可知，双层皮幕墙太阳辐射透过性能和热工性能的模拟计算需要计算软件才能实现。如果没有利用模型开发的计算软件，工程技术人员难以分析计算 NVDSF 的热性能。为使工程技术人员和研究人员能准确快速计算出通过双层皮幕墙的得热量，本章介绍了一种双层皮幕墙热性能简化计算方法。内双层有百叶外通风形式双层皮幕墙适用于绝大多数气候条件和朝向。因此，本章给出内双层有百叶外通风双层皮幕墙的热性能简化计算方法：将影响双层皮幕墙热性能的参数分区段模拟计算，并编制成性能参数表；通过查表和插值方法计算双层皮幕墙热性能。

5.2　热性能简化计算方法

在内双层有百叶外通风的双层皮幕墙简化计算中，将双层皮幕墙的得热量分为两部分：一部分是直接透过幕墙进入室内的太阳辐射得热量；另一部分是由于幕墙吸收太阳辐射和室内外温差引起的对流得热量。因此通过幕墙的总得热量计算公式为

$$Q_g = Q_c + Q_{t,sol} \tag{5.1}$$

式中，Q_c 为由于幕墙吸收太阳辐射和室内外温差引起的对流得热量，W/m^2；$Q_{t,sol}$ 为透过双层皮幕墙进入室内的太阳辐射得热量，W/m^2。

5.2.1　太阳辐射透过率参数表

利用内双层有百叶外通风双层皮幕墙太阳辐射传递和动态传热计算模型开发双层皮幕墙热工性能模拟计算程序。每次只改变其中一个参数，控制程序中可能影响双层皮幕墙辐射得热透过率的其他参数不变，对比计算出的太阳辐射透过率。对比分析发现，影响双层皮幕墙太阳辐射透过率的参数有太阳入射投影角(β)、百叶角度(φ)和幕墙接收到的太阳辐射中散射辐射所占的比例(散射比 sp)。对影响双层皮幕墙太阳辐射透过率的参数划分区段节点。由于太阳入射投影角的变化对

透过率的影响较为敏感，因此太阳入射投影角从0°到90°每2.5°为一个节点。百叶角度从0°到90°每10°为一个节点。散射比划分为0%、30%、60%、90%、100%共五个节点。计算双层皮幕墙每个参数节点组合的太阳辐射透过率，将计算结果编制成太阳辐射透过率参数表。散射比为0%、30%、60%、90%、100%的太阳辐射透过率参数表分别列于附录B的附表B.1～B.5中。

在计算太阳辐射得热量时，通过查表和插值的方法就可以得到双层皮幕墙太阳辐射透过率，然后采用式(5.2)就可以计算出透过双层皮幕墙的太阳辐射得热量。

$$Q_{t,sol}=\tau E_{ts} \tag{5.2}$$

式中，τ为太阳辐射透过率；E_{ts}为双层皮幕墙接收到的太阳总辐射照度，W/m^2。

5.2.2 对流得热量参数表

通过同样的方法分析发现，影响对流得热量的参数有太阳入射投影角(β)、百叶角度(φ)、散射比(sp)、室内外空气温度(T_{am})、幕墙接收到的总辐射照度(E_{st})、双层皮幕墙高度(H)和通风空腔宽度(D)。将影响双层皮幕墙对流得热量的参数进行区段节点划分。由于太阳入射投影角的变化对对流得热的影响较为敏感，因此太阳入射投影角从0°到90°每2.5°为一个节点。百叶角度从0°到90°每10°为一个节点。散射比划分为0%、30%、60%、100%四个节点。室外空气温度(T_{am})从20℃到40℃每5℃为一个节点。幕墙接收到的太阳辐射照度从$0W/m^2$到$800W/m^2$每$100W/m^2$为一个节点。室内空气温度恒定为26℃。内双层有百叶外通风的双层皮幕墙常用高度为3～5m，且高度对对流得热量的影响较小，因此将高度(H)划分为3m、4m、5m三个节点，可根据实际需要选用其中一个节点的数据进行计算，也可以对高度进行插值计算，由高度引起的插值最大误差不超过0.5%。内双层有百叶外通风的双层皮幕墙通风空腔常用宽度为0.3～0.4m。因此将通风空腔宽度(D)划分为0.3m和0.4m两个节点，可根据实际需要选用其中一个节点的数据进行计算，也可以对通风空腔宽度进行插值计算，由通风空腔宽度引起的最大插值误差不超过0.5%。计算双层皮幕墙每个参数节点组合的对流换热量，将计算结果编制成对流得热量参数表。由于通风空腔宽度和高度对对流得热量影响很小，因篇幅所限，附录C仅列出高度为4m、通风空腔宽度为0.3m的对流得热量参数表。散射比为0%、30%、60%和100%，室外空气温度为20℃、25℃、30℃、35℃、40℃的对流得热量参数表分别列于附表C.1～附表C.18中。在计算对流得热量时，通过查表和插值的方法就可以得到对流得热量Q_c，最后采用式(5.1)就可以计算出双层皮幕墙进入室内的总得热量Q_g。在对对流得热量进行插值计算时，当双层皮幕墙接收到的太阳辐射照度$<100W/m^2$时，无论散射比为何值，都用散射比

sp＝0％、太阳辐射照度为 0W/m^{2}和 100W/m^{2}与散射比 sp＝100％、太阳辐射照度为 0W/m^{2}和 100W/m^{2}的对流得热量进行插值计算。由于高度和通风空腔宽度对对流得热量影响很小，因此对于高度为 3～5m、通风空腔宽度为 0.3～0.4m 的双层皮幕墙，可直接用附录 C 的数值进行插值计算，不需要修正。

5.2.3　修正系数

附录 B 和附录 C 中的性能参数表是针对外侧单层玻璃厚度为 6mm、双层中空玻璃类型为 6mm＋9A＋6mm 的计算结果。而在实际工程中存在双层皮幕墙有用 6mm＋12A＋6mm 双层中空玻璃的情况。因此，在计算 6mm＋12A＋6mm 双层中空玻璃的双层皮幕墙的得热量时，需要对计算结果进行修正。

这两种双层皮幕墙的唯一不同之处在于双层中空玻璃空气夹层的厚度不同，因为空气对太阳辐射没有吸收、折射和反射作用，故这两种双层皮幕墙的太阳辐射透过率和各层材料对太阳辐射的吸收率是一致的，不需要对双层皮幕墙的太阳辐射透过率进行修正。而这两种双层皮幕墙的对流换热量是不一样的，因此需要对对流换热量进行修正。双层中空玻璃的空气夹层较小，在计算过程中可以看作是纯导热过程。对流得热量主要是由通风空腔与室内的温差导致的，当温差一定时，对流得热量的差异主要受双层中空玻璃的导热系数影响，因此这两种双层皮幕墙的对流换热量的比值应接近于其双层中空玻璃的导热系数的比值。通过大量对比计算发现，采用空气夹层为 12mm 的双层皮幕墙与采用空气夹层为 9mm 的双层皮幕墙的对流得热量比值在 0.97 左右，即 $Q_{c,12mm}/Q_{c,9mm}=0.97$。采用此系数进行修正后的对流换热量的最大误差不超过 1.3％。

5.3　算　例

1. 计算条件

以上海市上午 9 时的气象参数作为计算条件，室外空气温度为 32.33℃，室外天空法向直射辐射为 736.6W/m^2，室外天空水平面散射辐射为 96.55W/m^2。双层皮幕墙通风空腔宽度 D 为 0.4m，高度 H 为 5m，百叶角度设置为 30°，双层皮幕墙朝向为南向。

2. 计算查表需要的参数

查表所需要的参数为幕墙接收到的总辐射、幕墙接收到的散射辐射、幕墙接收到的散射辐射所占比例和太阳入射投影角。通过计算得到幕墙接收到的总辐射

E_{ts}=152.99W/m²,幕墙接收到的散射辐射为119.81W/m²,散射比为78.31%,太阳入射投影角为86.55°。

3. 计算太阳辐射透过率 τ

(1) 通过查附表B.3可得,散射比为60%,太阳入射投影角为85°时,透过率 τ_1=4.99%;散射比为60%,太阳入射投影角为87.5°时,透过率 τ_2=4.97%。通过对太阳入射投影角插值计算,散射比为78.31%,太阳入射投影角为86.55°时,太阳辐射透过率 τ_3=(4.99%-4.97%)/(87.5-85)×(87.5-86.55)+4.97%=4.98%。

(2) 同理根据附表B.4可得,散射比为90%,太阳入射投影角为86.55°时,太阳辐射透过率 τ_4=6.75%。对散射比进行插值计算,散射比为78.31%,太阳入射投影角为86.55°时,太阳辐射透过率 τ=(6.75%-4.98%)/(90-60)×(78.31-60)+4.98%=6.06%。

4. 计算对流得热量 Q_c

1) 计算散射比为60%时的对流得热量

(1) 通过查附表C.11可得,室外空气温度为30℃,幕墙接收到的太阳辐射照度为100W/m²,太阳入射投影角为85°时,对流得热量为18.43W/m²。室外空气温度为30℃,幕墙接收到的太阳辐射照度为100W/m²,太阳入射投影角为87.5°时,对流得热量为18.41W/m²。通过对太阳入射投影角插值计算可得,室外空气温度为30℃,幕墙接收到的太阳辐射照度为100W/m²,太阳入射投影角为86.55°时,对流得热量 Q_{c1}=18.42W/m²。

(2) 同理根据附表C.11可得,室外空气温度为30℃,幕墙接收到的太阳辐射照度为200W/m²,太阳入射投影角为86.55°时,对流得热量 Q_{c2}=25.10W/m²。

(3) 通过对幕墙接收到的太阳辐射照度插值计算,可得室外空气温度为30℃,幕墙接收到的太阳辐射照度为152.99W/m²,太阳入射投影角为86.55°时,对流得热量 Q_{c3}=(25.10-18.42)/(200-100)×(152.99-100)+18.42=21.96(W/m²)。

(4) 查附表C.12,重复步骤(1)~步骤(3)可得,室外空气温度为35℃,幕墙接收到的太阳辐射照度为152.99W/m²,太阳入射投影角为86.55°时,对流得热量 Q_{c4}=36.32W/m²。

(5) 通过室外空气温度插值计算可得,散射比为60%,室外空气温度为32.33℃,幕墙接收到的太阳辐射照度为152.99W/m²,太阳入射投影角为86.55°时,对流得热量 Q_{c5}=(36.32-21.96)/(35-30)×(32.33-30)+21.96=28.65(W/m²)。

2）计算散射比为100%时的对流得热量

查附表C.16和附表C.17重复1)的计算过程，计算出散射比为100%，室外空气温度为32.33℃，幕墙接收到的太阳辐射照度为152.99W/m^2，太阳入射投影角为86.55°时，对流得热量Q_{c6}=32.39W/m^2。

3）计算对流得热量

通过对散射比插值计算可得，散射比为78.31%，室外空气温度为32.33℃，幕墙接收到的太阳辐射照度为152.99W/m^2，太阳入射投影角为86.55°时，对流得热量Q_c=(32.39−28.65)/(100−60)×(78.31−60)+28.65=30.36(W/m^2)。

5. 计算总得热量Q_g

用式(5.1)和式(5.2)可计算上海市南向双层皮幕墙在上午9时的总得热量$Q_g=Q_c+\tau E_{ts}$=30.36+6.06%×152.99=39.63(W/m^2)。

5.4 简化计算方法检验

以上海市和长沙市典型年份7月21日气象参数作为输入条件，采用模拟计算和插值计算两种方法计算双层皮幕墙的辐射得热量和对流得热量，对比验证双层皮幕墙热性能简化计算方法的准确性。

5.4.1 上海市计算结果对比

计算上海市高度为5m，通风空腔宽度为0.4m的内双层有百叶外通风双层皮幕墙。表5.1给出了上海市双层皮幕墙在7月21日百叶角度为30°时的逐时对流得热量和辐射得热量的模拟和插值计算结果。表5.1中的插值对流得热量是用附录C通风空腔宽度为0.3m、高度为4m的双层皮幕墙的对流得热量参数表进行插值计算得到的。由表5.1可以看出，用通风空腔宽度为0.3m、高度为4m的双层皮幕墙的对流得热量参数表插值计算通风空腔宽度为0.4m、高度为5m的双层皮幕墙的对流得热量，有很高的准确性。模拟和插值计算上海市东向、南向内双层有百叶外通风双层皮幕墙百叶角度分别为30°和60°时的辐射得热量如图5.1(a)、(b)所示。由图可以看出，两种计算方法的计算结果完全吻合。每一个时刻的相对误差不超过0.5%，这是因为双层皮幕墙辐射得热量影响参数较少，故插值计算的误差较小。模拟和插值计算上海市东向、南向内双层有百叶外通风双层皮幕墙百叶角度分别为30°和60°时的对流得热量如图5.1(c)、(d)所示。由图可以看出，18:00～4:00没有太阳辐射时，对流得热量的影响参数较少，插值计算的误差较小，插值计算值与模拟值几乎相同。白天太阳辐射大，对流得热量的影响参数较多,插值计算有一定的误差,但误差较小,每一个时刻的相对误差都在 3%以内。

表 5.1　上海市南向双层皮幕墙逐时对流得热量和太阳辐射得热量插值计算值与模拟值的对比

时刻	室外空气温度 T_{am}/℃	天空法向直射辐射/(W/m²)	天空水平面散射辐射/(W/m²)	投射到DSF E_{ts}/(W/m²)	投射到DSF散射辐射/(W/m²)	散射比(sp)/%	太阳入射投影角 β/(°)	模拟 Q_c/(W/m²)	插值 Q_c/(W/m²)	模拟 $Q_{t,sol}$/(W/m²)	插值 $Q_{t,sol}$/(W/m²)
0:00	28.20	0.00	0.00	0.00	0.00	0.00	0.00	5.32	5.29	0.00	0.00
1:00	27.90	0.00	0.00	0.00	0.00	0.00	0.00	4.46	4.45	0.00	0.00
2:00	27.57	0.00	0.00	0.00	0.00	0.00	0.00	3.52	3.53	0.00	0.00
3:00	27.40	0.00	0.00	0.00	0.00	0.00	0.00	3.04	3.06	0.00	0.00
4:00	27.54	187.62	2.58	1.68	1.68	100.00	0.00	3.60	3.63	0.12	0.12
5:00	27.97	537.65	19.57	12.72	12.72	100.00	0.00	5.93	5.97	0.93	0.93
6:00	28.69	602.14	39.59	36.66	36.66	100.00	0.00	10.43	10.49	2.69	2.69
7:00	29.70	658.41	60.86	65.16	65.16	100.00	0.00	16.44	16.35	4.79	4.79
8:00	30.97	703.63	80.76	93.45	93.45	100.00	0.00	23.05	22.94	6.87	6.87
9:00	32.33	736.60	96.55	152.99	119.81	78.31	86.55	30.25	30.36	9.28	9.27
10:00	33.56	755.08	105.86	233.32	141.04	60.45	85.05	38.41	38.10	11.73	11.70
11:00	34.46	757.80	107.26	280.42	151.08	53.88	79.87	43.57	43.35	13.05	13.05
12:00	34.80	744.57	100.53	287.18	147.81	51.47	79.21	44.68	44.48	12.98	12.98
13:00	34.30	716.31	86.71	254.20	132.02	51.94	79.87	40.93	40.67	11.55	11.54
14:00	33.45	674.94	67.90	189.44	107.11	56.54	82.06	34.27	34.11	9.09	9.09
15:00	32.50	623.28	46.78	76.99	76.99	100.00	0.00	25.53	25.55	5.66	5.66
16:00	31.52	560.86	26.08	49.56	49.56	100.00	0.00	19.84	19.93	3.64	3.64
17:00	30.56	473.95	8.01	23.60	23.60	100.00	0.00	14.46	14.44	1.73	1.73
18:00	29.67	0.00	0.00	0.00	0.00	0.00	0.00	9.57	9.39	0.00	0.00
19:00	28.90	0.00	0.00	0.00	0.00	0.00	0.00	7.33	7.24	0.00	0.00
20:00	28.30	0.00	0.00	0.00	0.00	0.00	0.00	5.60	5.57	0.00	0.00
21:00	27.84	0.00	0.00	0.00	0.00	0.00	0.00	4.29	4.29	0.00	0.00
22:00	27.49	0.00	0.00	0.00	0.00	0.00	0.00	3.29	3.31	0.00	0.00
23:00	27.21	0.00	0.00	0.00	0.00	0.00	0.00	2.50	2.53	0.00	0.00

5.4.2　长沙市计算结果对比

计算长沙市高度为 3m,通风空腔宽度为 0.3m 的内双层有百叶外通风双层皮

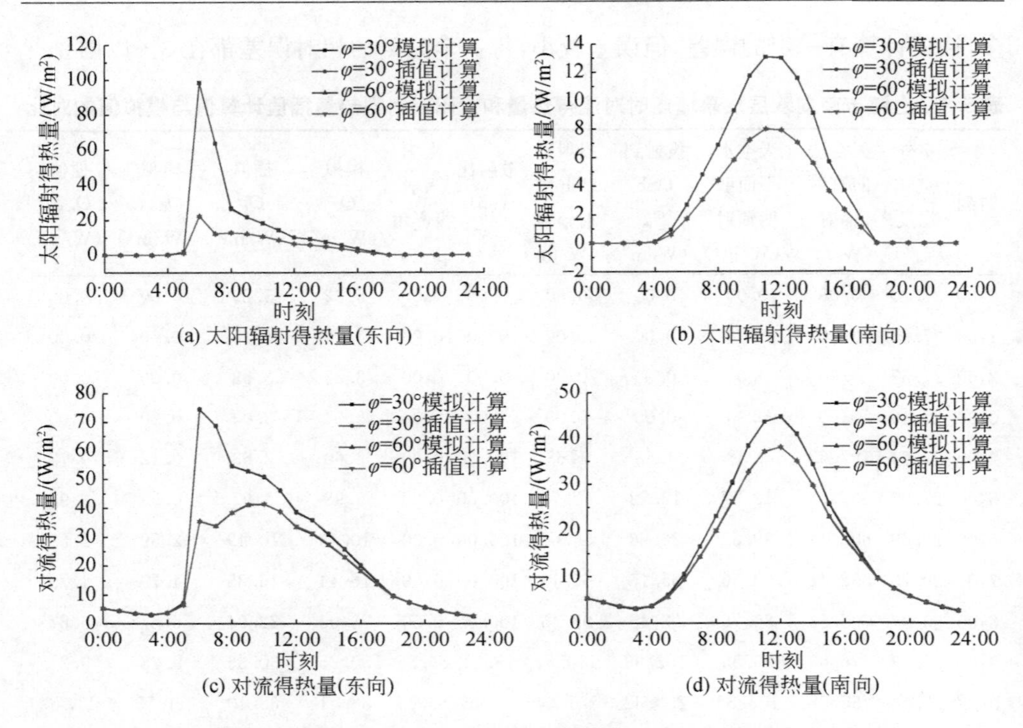

(a) 太阳辐射得热量(东向)　(b) 太阳辐射得热量(南向)

(c) 对流得热量(东向)　(d) 对流得热量(南向)

图 5.1　上海市东向、南向双层皮幕墙插值与模拟计算结果的比较

幕墙。模拟和插值计算长沙市东向、南向内双层有百叶外通风双层皮幕墙百叶角度分别为 30°和 60°时的太阳辐射得热量，如图 5.2(a)、(b)所示。由图可知，两种计算方法的计算结果曲线几乎重合。模拟和插值计算长沙市东向与南向双层皮幕墙百叶角度为 30°和 60°时的对流得热量，如图 5.2(c)、(d)所示。由图可知，夜间无太阳辐射，对流得热量的影响参数较少，插值计算产生的误差较小，两种计算结果几乎相同。白天太阳辐射大，对流得热量的影响参数较多，插值计算会产生一定的误差，但误差较小，每一个时刻的相对误差也都在 3%以内。

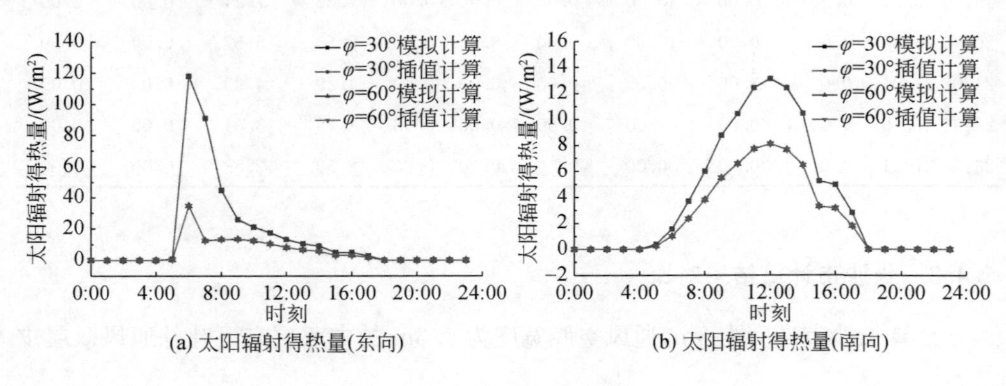

(a) 太阳辐射得热量(东向)　(b) 太阳辐射得热量(南向)

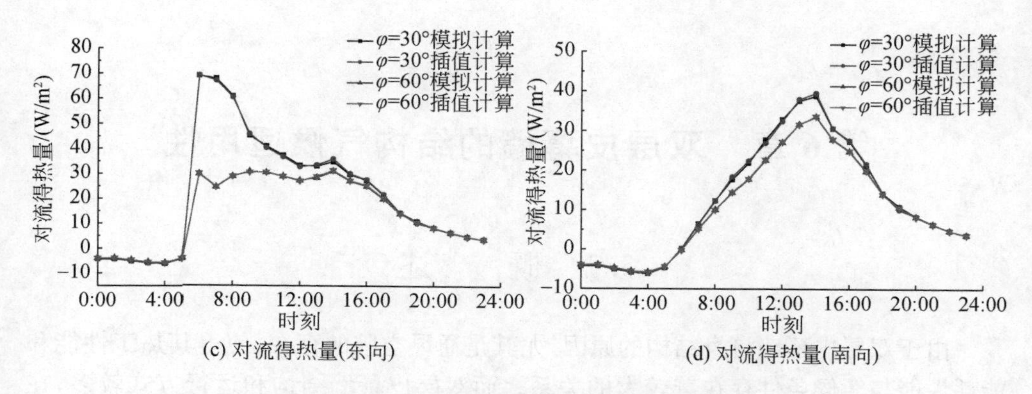

(c) 对流得热量(东向)　　(d) 对流得热量(南向)

图 5.2　长沙市东向、南向双层皮幕墙插值与模拟计算结果的比较

由上海市和长沙市两个算例可见，插值计算内双层有百叶外通风双层皮幕墙热性能的简化计算方法有很好的准确性，能够满足工程精度要求。

5.5　小　结

本章在开发的内双层有百叶外通风双层皮幕墙热性能动态计算模型的基础上，将影响双层皮幕墙热性能的参数分区段模拟计算，编制成性能参数表，给出插值计算内双层有百叶外通风双层皮幕墙热性能的简化计算方法。通过上海市和长沙市双层皮幕墙的算例计算与分析验证，证实了双层皮幕墙热性能简化计算方法的简单性、高效性、正确性及可靠性，为工程技术人员提供了一种简便计算方法。

第6章　双层皮幕墙的结构气候适用性

6.1　概　　述

由于双层皮幕墙自身结构的原因，尤其是通风空腔的存在，使得其热工性能和能耗性能与气候条件存在着较大的关系。而双层皮幕墙结构和运行方式较多，在不同的气候条件下又存在着不同的热工性能和能耗性能。出于对节能和室内舒适度的考虑，须研究在不同的气候条件下适合使用哪种结构和运行方式的双层皮幕墙。本章选取中国5个气候区的典型城市，以其典型年气象数据中的夏季和冬季负荷计算日的气象数据作为输入条件，计算出每个朝向不同结构和运行方式双层皮幕墙的得热量。通过对比分析得到最优性能双层皮幕墙的结构和运行方式。

6.2　我国的气候特点

我国幅员辽阔，国内地形地貌较为复杂，山川大河并存，使得国内不同地域的气候不尽相同，其中既有大陆性气候，又存在海洋性气候。气候对建筑热工性能影响很大，为了使建筑设计与当地的气候相适应，我国根据气候特点划分了5个气候分区：严寒地区、寒冷地区、夏热冬冷地区、夏热冬暖地区和温和地区。

6.3　双层皮幕墙结构类型

双层皮幕墙结构类型见表6.1。夏季室内温度设置为26℃。冬季室内温度设置为18℃。百叶的宽度和间距都为0.025m，不同结构和运行方式的双层皮幕墙高度为3m，通风空腔宽度为0.3m，幕墙宽度为4m。下面的计算结果中，各气候区冬季的峰值得热量是指冬季典型计算日得(失)热量中的最大失热量，为负值；各气候区夏季的峰值得热量是指夏季典型计算日逐时得热量中的最大值，为正值；冬、夏季全天得热量是冬、夏季典型计算日逐时得热量之和。

表 6.1　双层皮幕墙结构类型

编号	结构类型
墙 1	外双层有百叶外通风 DSF［6mm 钢化玻璃＋(6mm＋12A＋6mm)钢化玻璃］
墙 2	外双层有百叶内通风 DSF［6mm 钢化玻璃＋(6mm＋12A＋6mm)钢化玻璃］
墙 3	外双层有百叶不通风 DSF［6mm 钢化玻璃＋(6mm＋12A＋6mm)钢化玻璃］
墙 4	外双层无百叶外通风 DSF［6mm 钢化玻璃＋(6mm＋12A＋6mm)钢化玻璃］
墙 5	外双层无百叶内通风 DSF［6mm 钢化玻璃＋(6mm＋12A＋6mm)钢化玻璃］
墙 6	外双层无百叶不通风 DSF［6mm 钢化玻璃＋(6mm＋12A＋6mm)钢化玻璃］
墙 7	内双层有百叶外通风 DSF［6mm 钢化玻璃＋(6mm＋12A＋6mm)钢化玻璃］
墙 8	内双层有百叶内通风 DSF［6mm 钢化玻璃＋(6mm＋12A＋6mm)钢化玻璃］
墙 9	内双层有百叶不通风 DSF［6mm 钢化玻璃＋(6mm＋12A＋6mm)钢化玻璃］
墙 10	内双层无百叶外通风 DSF［6mm 钢化玻璃＋(6mm＋12A＋6mm)钢化玻璃］
墙 11	内双层无百叶内通风 DSF［6mm 钢化玻璃＋(6mm＋12A＋6mm)钢化玻璃］
墙 12	内双层无百叶不通风 DSF［6mm 钢化玻璃＋(6mm＋12A＋6mm)钢化玻璃］

6.4　严寒地区双层皮幕墙结构气候适用性

哈尔滨纬度较高，气温较低，且寒冷持续时间较长，是严寒地区中典型的城市。本章选择哈尔滨作为严寒地区的代表城市，分别对其冬季和夏季的典型计算日进行计算分析。哈尔滨典型计算日的气象参数如图 6.1 所示［(a)为冬季典型计算日的气象参数，(b)为夏季典型计算日的气象参数］。

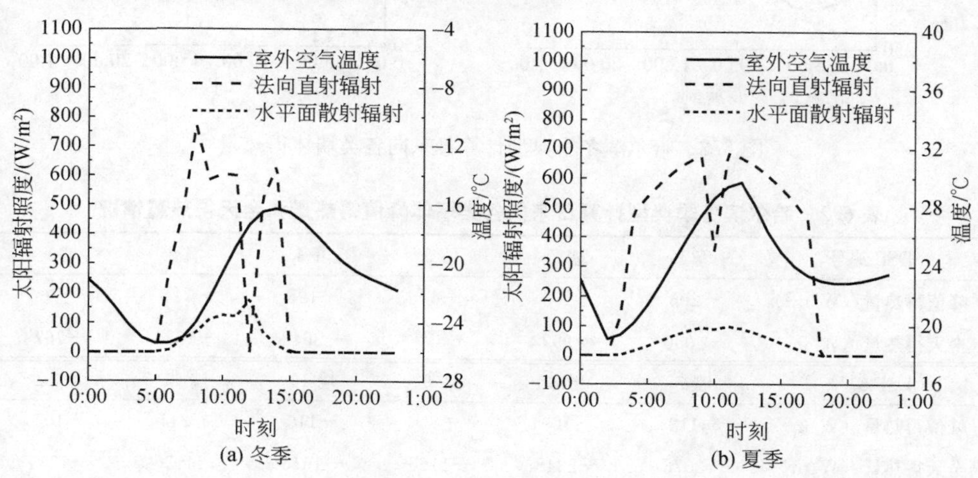

图 6.1　哈尔滨典型计算日的气象参数

6.4.1　东向

哈尔滨冬季典型计算日东向各类墙体得热量计算结果如图 6.2 所示，峰值得热量和全天得热量见表 6.2。白天室外太阳辐射较强，外双层有百叶内通风 DSF 可以将空腔内的大量热量带入室内，使得室内得热量较高，降低了房间的供暖热负荷。但是夜间没有太阳辐射，室外空气温度又较低，采用内通风会增加室内的失热量，同时也会增加房间的峰值负荷。而外双层有百叶不通风 DSF 具有良好的保温隔热性能，夜间失热量最低，因此夜间没有太阳辐射时可以采用外双层有百叶不通风 DSF。因此严寒地区东向冬季最适合使用外双层有百叶 DSF，在白天太阳辐射较强时可以打开通风口，采用内通风模式，增加室内得热量，夜间没有太阳辐射时，则关闭通风口，其良好的保温隔热性能可以降低房间失热量。

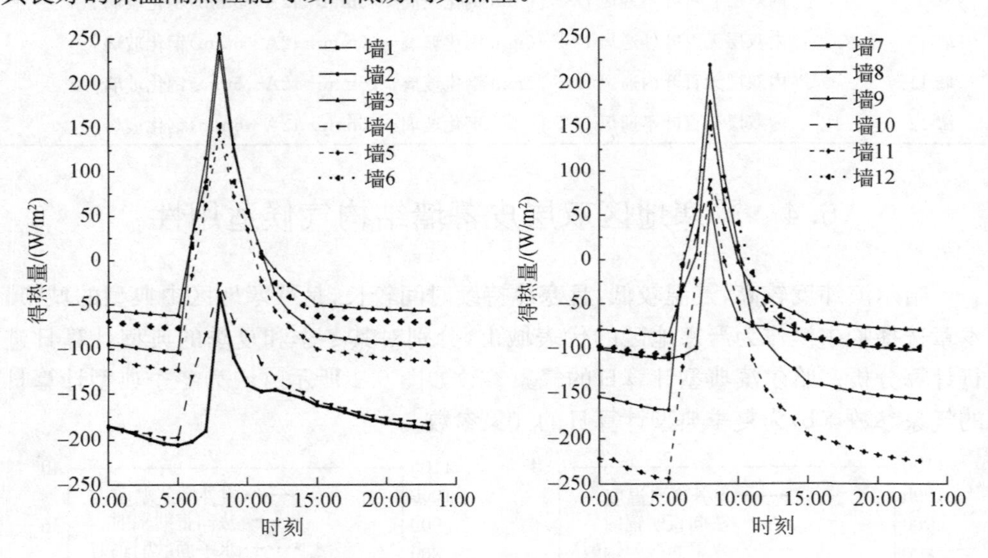

图 6.2　哈尔滨冬季典型计算日东向各类墙体得热量

表 6.2　哈尔滨冬季典型计算日东向各类墙体峰值得热量和全天得热量情况

DSF 编号	墙 1	墙 2	墙 3	墙 4	墙 5	墙 6
峰值得热量/(W/m²)	−206	−103	−62	−198	−123	−76
全天得热量/(W/m²)	−4050	−992	−390	−3642	−1625	−767
DSF 编号	墙 7	墙 8	墙 9	墙 10	墙 11	墙 12
峰值得热量/(W/m²)	−112	−169	−86	−110	−244	−107
全天得热量/(W/m²)	−2076	−2348	−1166	−1615	−4036	−1339

哈尔滨夏季典型计算日东向各类墙体得热量计算结果如图 6.3 所示，峰值得热量和全天得热量见表 6.3。白天太阳辐射较强时，内双层有百叶外通风 DSF 的得热量最低，性能最佳。而夜间没有太阳辐射，室外空气温度较低，内双层无百叶内通风 DSF 的失热量最大，热工性能最佳。但是相比内双层有百叶外通风 DSF，其白天得热量较大，使得房间得热量极高。而夜间其失热量相差极小，对房间总得热量的影响较小，因此严寒地区东向夏季最适合使用内双层有百叶 DSF，其通风模式是外通风。

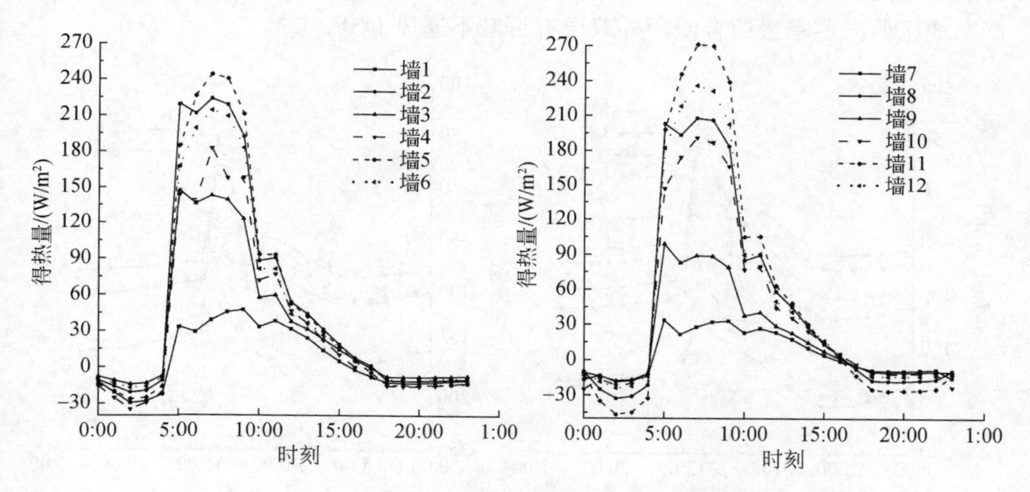

图 6.3　哈尔滨夏季典型计算日东向各类墙体得热量

表 6.3　哈尔滨夏季典型计算日东向各类墙体峰值得热量和全天得热量

DSF 编号	墙 1	墙 2	墙 3	墙 4	墙 5	墙 6
峰值得热量/(W/m²)	47	223	147	182	244	214
全天得热量/(W/m²)	140	1255	814	816	1242	1140
DSF 编号	墙 7	墙 8	墙 9	墙 10	墙 11	墙 12
峰值得热量/(W/m²)	34	208	99	191	271	236
全天得热量/(W/m²)	126	1081	458	996	1245	1217

综上所述，严寒地区东向冬季最适合使用外双层有百叶 DSF，而夏季最适合使用内双层有百叶外通风 DSF。但是由图 6.2 和图 6.3 可知，夏季内双层有百叶外通风 DSF 和外双层有百叶外通风 DSF 热工性能较为接近，而冬季内双层有百叶 DSF 热工性能和能耗性能远不如外双层有百叶 DSF。严寒地区能耗以冬季为主。因此，严寒地区东向最适合使用外双层有百叶 DSF，冬季太阳辐射较强时

采用内通风模式,夜间无太阳辐射时采用不通风模式,夏季全天采用外通风模式。

6.4.2 西向

哈尔滨冬季典型计算日西向各类墙体得热量计算结果如图 6.4 所示,峰值得热量和全天得热量见表 6.4。白天太阳辐射较强时,外双层有百叶不通风 DSF 的得热量最高。而夜间没有太阳辐射时,其保温隔热性能最好,失热量最低。因此在严寒地区西向冬季最适合使用外双层有百叶不通风 DSF。

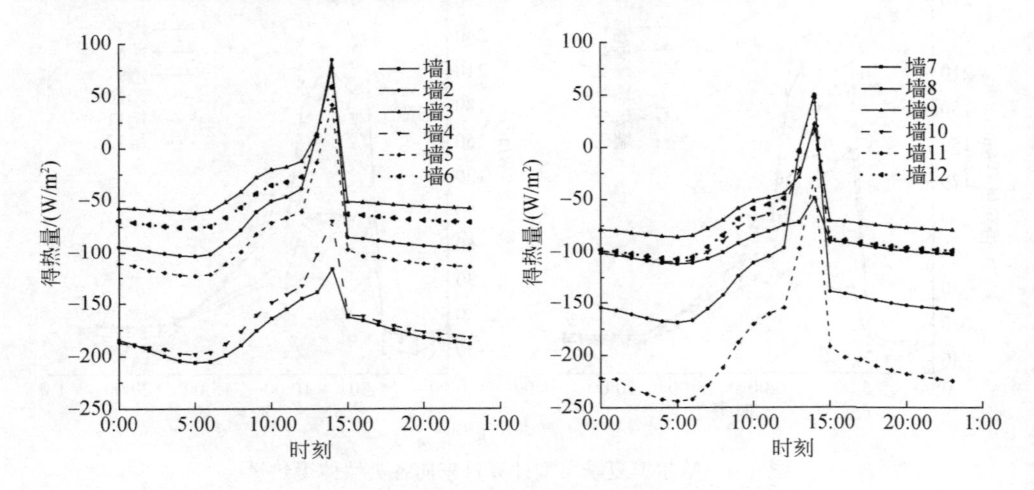

图 6.4 哈尔滨冬季典型计算日西向各类墙体得热量

表 6.4 哈尔滨冬季典型计算日西向各类墙体峰值得热量和全天得热量

DSF 编号	墙 1	墙 2	墙 3	墙 4	墙 5	墙 6
峰值得热量/(W/m²)	−206	−103	−62	−198	−123	−76
全天得热量/(W/m²)	−4260	−1788	−991	−4025	−2262	−1310
DSF 编号	墙 7	墙 8	墙 9	墙 10	墙 11	墙 12
峰值得热量/(W/m²)	−112	−169	−86	−110	−244	−107
全天得热量/(W/m²)	−2293	−3175	−1623	−2079	−4796	−1944

哈尔滨夏季典型计算日西向各类墙体得热量计算结果如图 6.5 所示,峰值得热量和全天得热量见表 6.5。白天太阳辐射较强、空气温度较高时,内双层有百叶外通风 DSF 的得热量最低,性能最佳。而夜间没有太阳辐射、室外空气温度较低时,内双层无百叶内通风 DSF 的失热量最大,热工性能最佳。但是相比内双层有

百叶外通风 DSF,其白天得热量较大,使得房间得热量极高;夜间其失热量相差极小,对房间总得热量的影响较小。因此,严寒地区西向夏季最适合使用内双层有百叶 DSF,其通风形式是外通风。

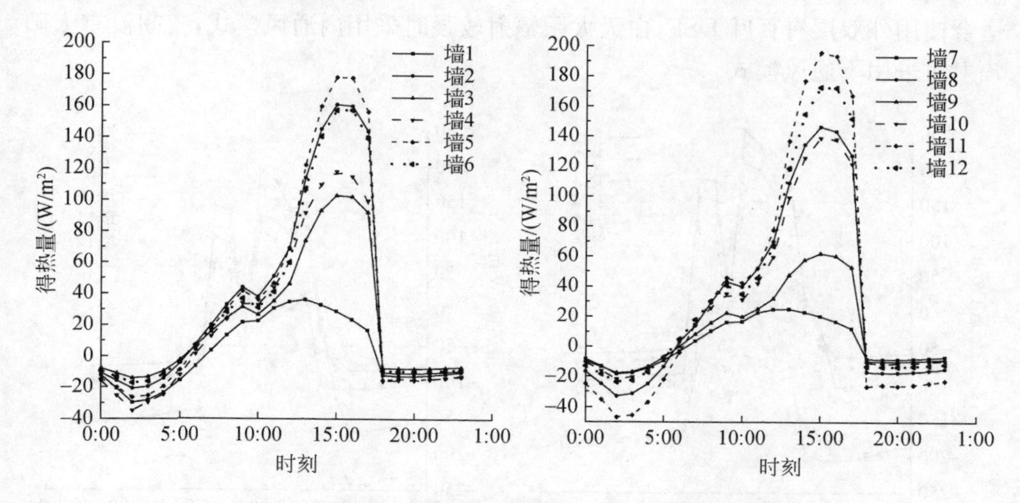

图 6.5　哈尔滨夏季典型计算日西向各类墙体得热量

表 6.5　哈尔滨夏季典型计算日西向各类墙体峰值得热量和全天得热量

DSF 编号	墙 1	墙 2	墙 3	墙 4	墙 5	墙 6
峰值得热量/(W/m²)	36	161	103	118	178	157
全天得热量/(W/m²)	53	833	542	508	834	793
DSF 编号	墙 7	墙 8	墙 9	墙 10	墙 11	墙 12
峰值得热量/(W/m²)	25	146	62	139	196	173
全天得热量/(W/m²)	55	665	264	678	766	830

综上所述,严寒地区西向冬季最适合使用外双层有百叶不通风 DSF,而夏季最适合使用内双层有百叶外通风 DSF。但是由图 6.4 和图 6.5 可知,冬季外双层有百叶不通风 DSF 的热工性能和能耗性能要远优于内双层有百叶不通风 DSF,而夏季外双层有百叶外通风 DSF 和内双层有百叶外通风 DSF 热工和能耗性能较为接近。严寒地区能耗以冬季为主。因此严寒地区西向最适合使用外双层有百叶 DSF,冬季采用不通风模式,夏季全天采用外通风模式。

6.4.3　南向

哈尔滨冬季典型计算日南向各类墙体得热量计算结果如图 6.6 所示,峰值得热量和全天得热量见表 6.6。白天有太阳辐射时，外双层有百叶内通风 DSF 得热量最高，可以大大降低房间白天的供暖热负荷。夜间没有太阳辐射时，外双层有百叶不通风 DSF 失热量最小，热工性能和能耗性能最好。因此严寒地区南向冬季最适合使用外双层有百叶 DSF，白天太阳辐射较强时采用内通风模式，夜间没有太阳辐射时采用不通风模式。

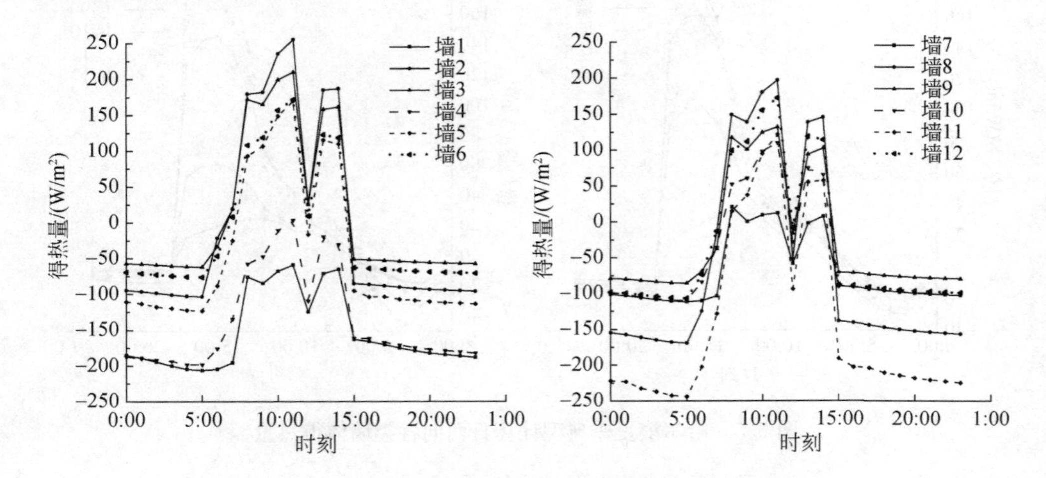

图 6.6　哈尔滨冬季典型计算日南向各类墙体得热量

表 6.6　哈尔滨冬季典型计算日南向各类墙体峰值得热量和全天得热量

DSF 编号	墙 1	墙 2	墙 3	墙 4	墙 5	墙 6
峰值得热量/(W/m²)	−206	−103	−62	−198	−123	−76
全天得热量/(W/m²)	−3720	−171	231	−3291	−1061	−277
DSF 编号	墙 7	墙 8	墙 9	墙 10	墙 11	墙 12
峰值得热量/(W/m²)	−112	−169	−86	−110	−244	−107
全天得热量/(W/m²)	−1765	−1563	−633	−1195	−3356	−795

哈尔滨夏季典型计算日南向各类墙体得热量计算结果如图 6.7 所示，峰值得热量和全天得热量见表 6.7。白天有太阳辐射时，外双层有百叶外通风 DSF 的得热量最低，其性能要优于其他结构形式的 DSF。而夜间没有太阳辐射时，内双层无百叶内通风 DSF 失热量最大，性能最好。但是和外双层有百叶外通风 DSF 差别较小，而两种墙体在白天能耗性能差别较大。因此，严寒地区南向夏季最适合使用内双层有百叶 DSF，其通风形式是外通风。

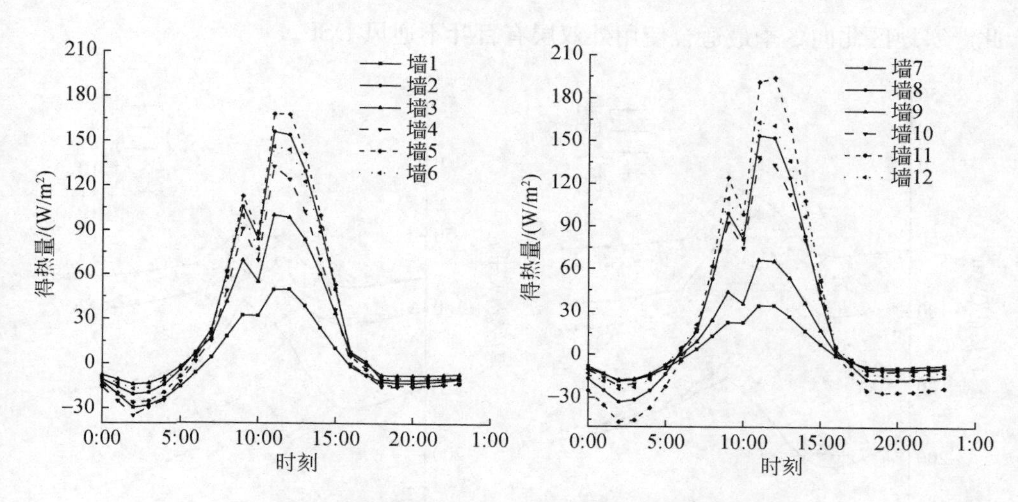

图 6.7　哈尔滨夏季典型计算日南向各类墙体得热量

表 6.7　哈尔滨夏季典型计算日南向各类墙体峰值得热量和全天得热量

DSF 编号	墙 1	墙 2	墙 3	墙 4	墙 5	墙 6
峰值得热量/(W/m²)	50	156	100	133	168	146
全天得热量/(W/m²)	38	721	465	452	715	689
DSF 编号	墙 7	墙 8	墙 9	墙 10	墙 11	墙 12
峰值得热量/(W/m²)	34	154	66	139	194	163
全天得热量/(W/m²)	41	556	211	595	631	713

综上所述，严寒地区南向冬季最适合使用外双层有百叶 DSF，而夏季最适合使用内双层有百叶 DSF。但是由图 6.6 和图 6.7 可以发现，夏季内双层有百叶外通风 DSF 和外双层有百叶外通风 DSF 得热量差别较小，性能较为接近，而冬季外双层有百叶 DSF 性能要远远优于内双层有百叶 DSF，严寒地区能耗又以冬季为主。因此，严寒地区南向最适合使用外双层有百叶 DSF，冬季白天太阳辐射较强时采用内通风模式，夜间无太阳辐射时，采用不通风模式，夏季全天采用外通风模式。

6.4.4　北向

哈尔滨冬季典型计算日北向各类墙体得热量计算结果如图 6.8 所示，峰值得热量和全天得热量见表 6.8。由于北向墙体很难接收到太阳直射辐射，因此全天是失热状态。其中外双层有百叶不通风 DSF 失热量最少，保温隔热性能最好，因此严寒地区北向冬季最适合使用外双层有百叶不通风 DSF。

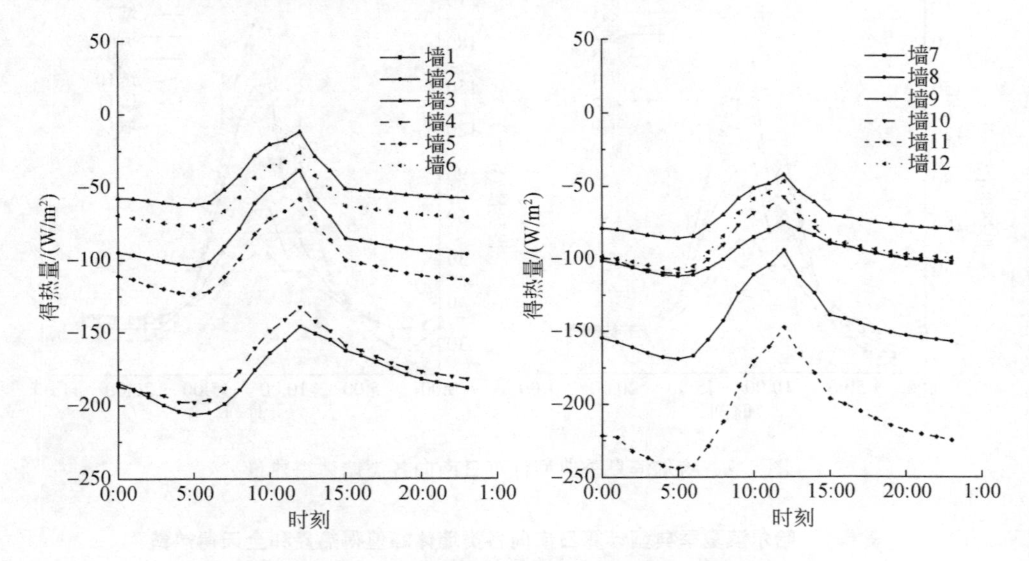

图 6.8　哈尔滨冬季典型计算日北向各类墙体得热量

表 6.8　哈尔滨冬季典型计算日北向各类墙体峰值得热量和全天得热量

DSF 编号	墙 1	墙 2	墙 3	墙 4	墙 5	墙 6
峰值得热量/(W/m²)	−206	−103	−62	−198	−123	−76
全天得热量/(W/m²)	−4312	−2014	−1148	−4143	−2450	−1473
DSF 编号	墙 7	墙 8	墙 9	墙 10	墙 11	墙 12
峰值得热量/(W/m²)	−112	−169	−86	−110	−244	−107
全天得热量/(W/m²)	−2338	−3455	−1728	−2222	−5009	−2123

哈尔滨夏季典型计算日北向各类墙体得热量计算结果如图 6.9 所示，峰值得热量和全天得热量见表 6.9。夏天北向墙体接收到的太阳辐射仍然较少，得热量较低。而其中白天室外太阳辐射较强时，内双层有百叶外通风 DSF 得热量最低。夜间由于室外空气温度较低，墙体处于失热的状态，其中内双层无百叶内通风 DSF 失热量最大。但是与内双层有百叶外通风 DSF 相比失热量相差较小，而且其白天的得热量较大，在夏季为了降低峰值负荷要保证白天得热量较小。因此，严寒地区北向夏季最适合使用内双层有百叶 DSF，其通风形式是外通风。

综上所述，严寒地区北向冬季最适合使用外双层有百叶 DSF，而夏季最适合使用内双层有百叶 DSF。对于北向墙体，夏季时外双层有百叶外通风 DSF 和内双层有百叶外通风 DSF 得热量相差极小，而在冬季时外双层有百叶 DSF 的性能要远远优于内双层有百叶DSF。严寒地区能耗以冬季为主。因此，严寒地区北向最适合使用的DSF结构是外双层有百叶，冬季采用不通风模式，夏季采用外通风模式。

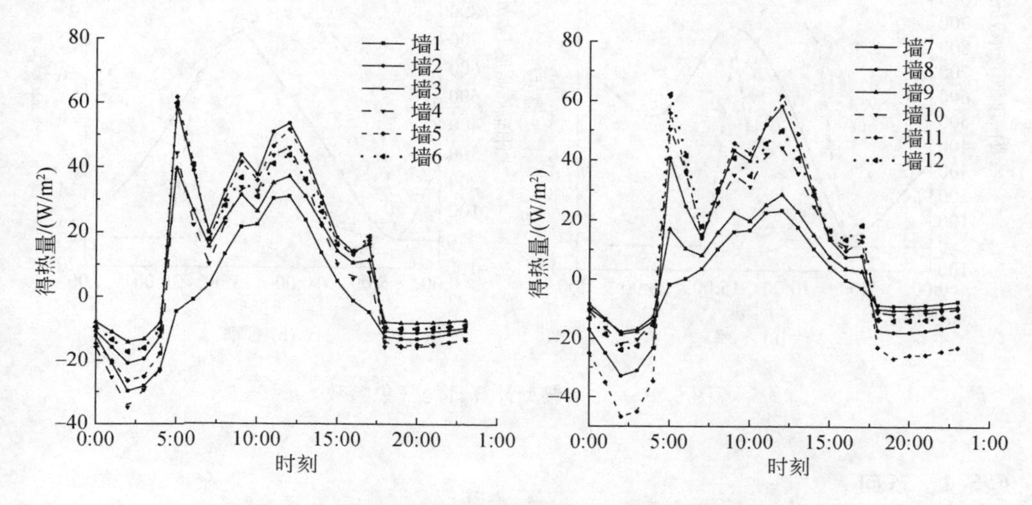

图6.9 哈尔滨夏季典型计算日北向各类墙体得热量

表6.9 哈尔滨夏季典型计算日北向各类墙体峰值得热量和全天得热量

DSF编号	墙1	墙2	墙3	墙4	墙5	墙6
峰值得热量/(W/m²)	31	59	40	46	62	60
全天得热量/(W/m²)	−34	316	224	119	253	286
DSF编号	墙7	墙8	墙9	墙10	墙11	墙12
峰值得热量/(W/m²)	23	58	29	50	62	62
全天得热量/(W/m²)	−2	173	69	231	120	268

6.5 寒冷地区双层皮幕墙结构气候适用性

北京地区属于温带季风气候，冬季受高纬度内陆偏北风的影响，寒冷且干燥，而夏天则受海洋气团的影响，暖热多雨，是寒冷地区中较为典型的城市。本节选择北京作为寒冷地区的代表城市，分别对其冬季和夏季的典型计算日进行计算分析。北京典型计算日的气象参数如图6.10所示[(a)为冬季典型计算日的气象参数，(b)为夏季典型计算日的气象参数]。

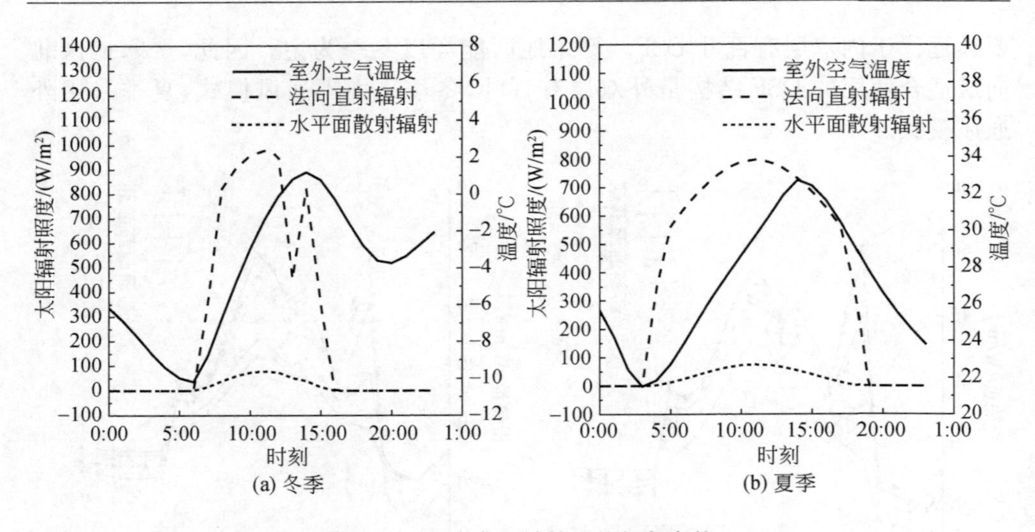

图 6.10 北京典型计算日的气象参数

6.5.1 东向

北京冬季典型计算日东向各类墙体得热量计算结果如图 6.11 所示，峰值得热量和全天得热量见表 6.10。白天太阳辐射较强时，得热量最大的墙体为外双层有百叶内通风 DSF。夜间没有辐射且室外空气温度较低时，房间处于失热状态，失热量最小的是外双层有百叶不通风 DSF。因此，寒冷地区东向冬季最适合使用外双层有百叶 DSF，白天太阳辐射较强时最适宜采用内通风模式，夜间没有太阳辐射时

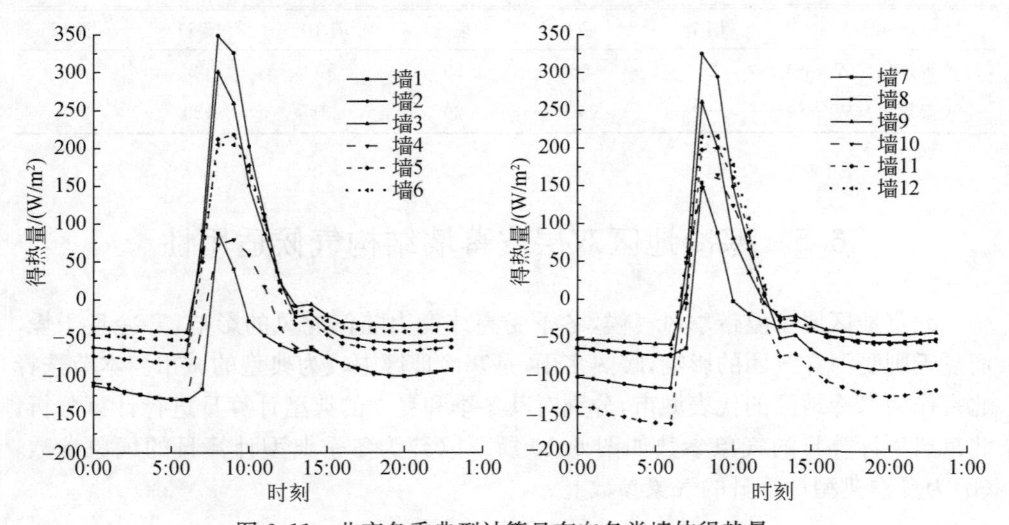

图 6.11 北京冬季典型计算日东向各类墙体得热量

最适合采用不通风模式。

表 6.10 北京冬季典型计算日东向各类墙体峰值得热量和全天得热量

DSF 编号	墙 1	墙 2	墙 3	墙 4	墙 5	墙 6
峰值得热量/(W/m²)	−132	−72	−43	−130	−84	−53
全天得热量/(W/m²)	−1954	116	312	−1652	−397	40
DSF 编号	墙 7	墙 8	墙 9	墙 10	墙 11	墙 12
峰值得热量/(W/m²)	−74	−117	−59	−74	−163	−74
全天得热量/(W/m²)	−916	−764	−260	−477	−1672	−256

北京夏季典型计算日东向各类墙体得热量计算结果如图 6.12 所示，峰值得热量和全天得热量见表 6.11。白天太阳辐射较强时，得热量最小的为内双层有百叶外通风 DSF。夜间失热量最大的为内双层无百叶内通风 DSF，其白天得热量也较大，虽然夜间性能较好，但是与内双层有百叶外通风 DSF 性能相差较小。夏季能耗也以白天得热为主。因此，寒冷地区东向夏季最适合使用内双层有百叶 DSF，通风方式为外通风。

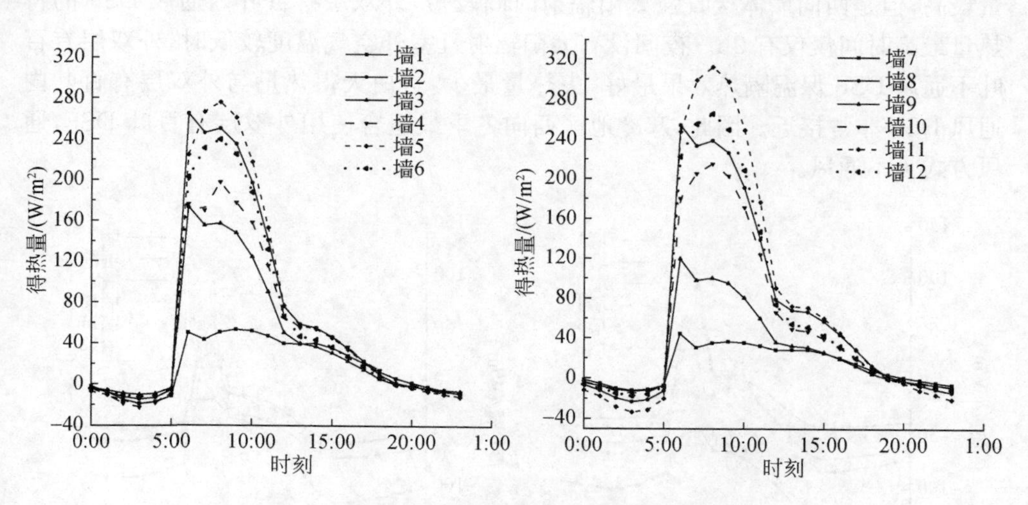

图 6.12 北京夏季典型计算日东向各类墙体得热量

表 6.11 北京夏季典型计算日东向各类墙体峰值得热量和全天得热量

DSF 编号	墙 1	墙 2	墙 3	墙 4	墙 5	墙 6
峰值得热量/(W/m²)	53	265	173	197	276	239
全天得热量/(W/m²)	425	1555	984	1184	1580	1382

续表

DSF 编号	墙 7	墙 8	墙 9	墙 10	墙 11	墙 12
峰值得热量/(W/m²)	44	254	119	215	312	257
全天得热量/(W/m²)	312	1510	636	1282	1765	1526

综上所述，寒冷地区东向冬季最适合使用外双层有百叶 DSF，而夏季最适合使用内双层有百叶 DSF。但是由图 6.11 和图 6.12 可知，夏季内双层有百叶外通风 DSF 与外双层有百叶外通风 DSF 性能较为接近，而冬季外双层有百叶 DSF 性能却远优于内双层有百叶 DSF 性能。寒冷地区能耗也以冬季为主。因此，寒冷地区东向最佳结构是外双层有百叶 DSF，冬季白天太阳辐射较强时采用内通风模式，夜间没有太阳辐射时采用不通风模式，夏季全天采用外通风模式。

6.5.2 西向

北京冬季典型计算日西向各类墙体得热量计算结果如图 6.13 所示，峰值得热量和全天得热量见表 6.12。白天太阳辐射较强时，外双层有百叶内通风 DSF 得热量最高，但是西向墙体接收强太阳辐射时间较短，外双层有百叶内通风 DSF 的得热量最高时间仅仅有 2h。夜间没有太阳辐射且室外空气温度较低时，外双层有百叶不通风 DSF 保温隔热效果最好，失热量最少，且白天得热量与外双层有百叶内通风 DSF 非常接近。因此，寒冷地区西向冬季最适合使用外双层有百叶 DSF，通风方式为不通风。

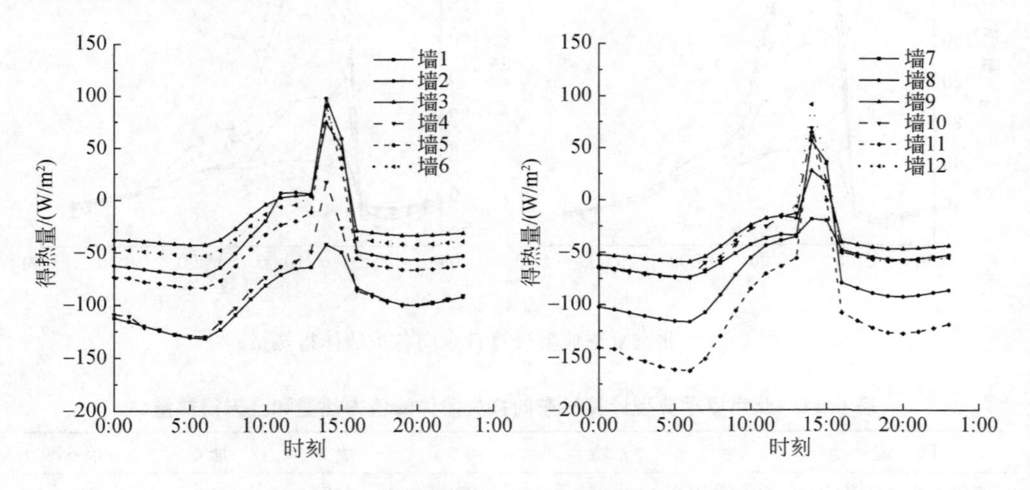

图 6.13 北京冬季典型计算日西向各类墙体得热量

表 6.12　北京冬季典型计算日西向各类墙体峰值得热量和全天得热量情况

DSF 编号	墙 1	墙 2	墙 3	墙 4	墙 5	墙 6
峰值得热量/(W/m²)	−132	−72	−43	−130	−84	−53
全天得热量/(W/m²)	−2322	−900	−489	−2167	−1216	−673
DSF 编号	墙 7	墙 8	墙 9	墙 10	墙 11	墙 12
峰值得热量/(W/m²)	−74	−117	−59	−74	−163	−74
全天得热量/(W/m²)	−1292	−1836	−920	−1099	−2641	−1048

北京夏季典型计算日西向各类墙体得热量计算结果如图 6.14 所示，峰值得热量和全天得热量见表 6.13。白天太阳辐射较强时，得热量最低的为内双层有百叶外通风 DSF。夜间没有太阳辐射且室外空气温度较低，都表现出失热的状态，且失热量都较为接近。综合来看寒冷地区西向夏季最适合使用内双层有百叶 DSF，通风方式为外通风。

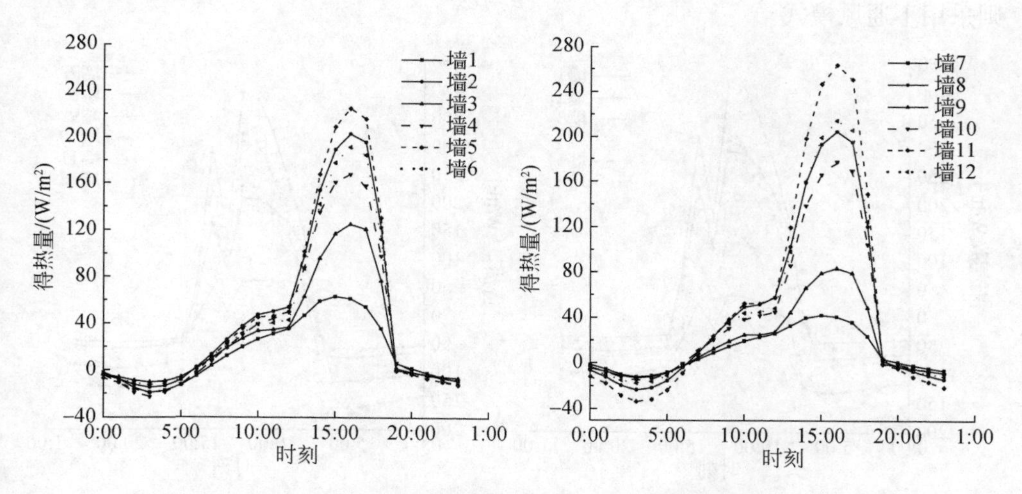

图 6.14　北京夏季典型计算日西向各类墙体得热量

表 6.13　北京夏季典型计算日西向各类墙体峰值得热量和全天得热量

DSF 编号	墙 1	墙 2	墙 3	墙 4	墙 5	墙 6
峰值得热量/(W/m²)	63	203	125	167	225	191
全天得热量/(W/m²)	356	1108	695	884	1139	1005
DSF 编号	墙 7	墙 8	墙 9	墙 10	墙 11	墙 12
峰值得热量/(W/m²)	42	205	84	178	264	215
全天得热量/(W/m²)	250	1069	432	949	1253	1121

综上所述,寒冷地区西向冬季最适合使用外双层有百叶 DSF,而夏季最适合使用内双层有百叶 DSF。但是由图 6.13 和图 6.14 可知,夏季内双层有百叶外通风 DSF 与外双层有百叶外通风 DSF 性能较为接近,而冬季外双层有百叶不通风 DSF 性能却远优于内双层有百叶不通风 DSF 性能。寒冷地区能耗以冬季为主。因此,寒冷地区西向最适合使用外双层有百叶 DSF,冬季采用不通风模式,夏季采用外通风模式。

6.5.3 南向

北京冬季典型计算日南向各类墙体得热量计算结果如图 6.15 所示,峰值得热量和全天得热量见表 6.14。白天室外太阳辐射较强,墙体处于得热状态,得热量最大的 DSF 为外双层有百叶内通风 DSF。夜间室外没有太阳辐射且空气温度较低时,墙体处于失热状态,失热量最小的是外双层有百叶不通风 DSF。因此最适合北京南向冬季的为外双层有百叶 DSF,白天太阳辐射较强时采用内通风模式,夜间则采用不通风模式。

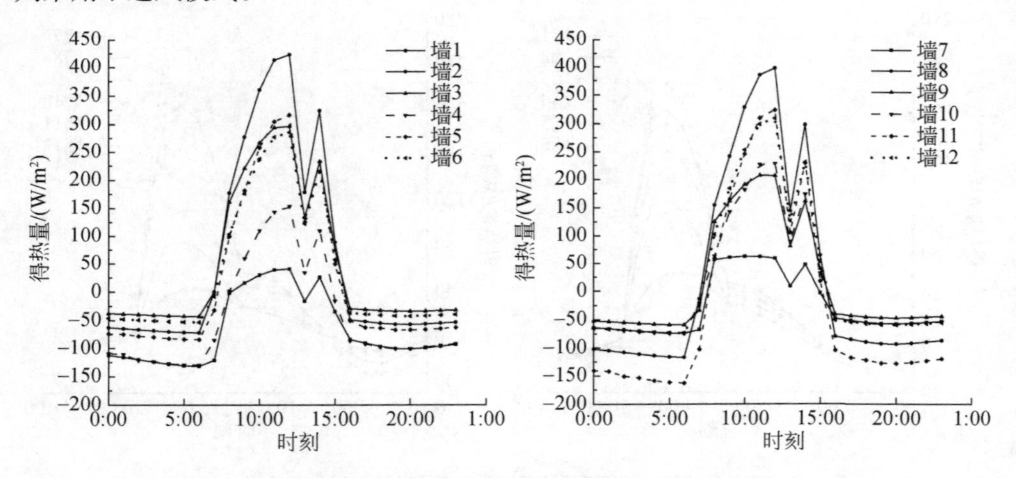

图 6.15　北京冬季典型计算日南向各类墙体得热量

表 6.14　北京冬季典型计算日南向各类墙体峰值得热量和全天得热量

DSF 编号	墙 1	墙 2	墙 3	墙 4	墙 5	墙 6
峰值得热量/(W/m²)	−132	−72	−43	−130	−84	−53
全天得热量/(W/m²)	−1643	1335	1141	−1096	480	796

DSF 编号	墙 7	墙 8	墙 9	墙 10	墙 11	墙 12
峰值得热量/(W/m²)	−74	−117	−59	−74	−163	−74
全天得热量/(W/m²)	−640	514	382	176	−688	587

北京夏季典型计算日南向各类墙体得热量计算结果如图 6.16 所示，峰值得热量和全天得热量见表 6.15。夜间 DSF 的得热量较小，甚至是负值，因此主要考虑白天的得热情况。由图可知，白天得热量最小的 DSF 是内双层有百叶外通风 DSF，其得热量的峰值和总量与外双层有百叶 DSF 接近，且都小于其他的 DSF。

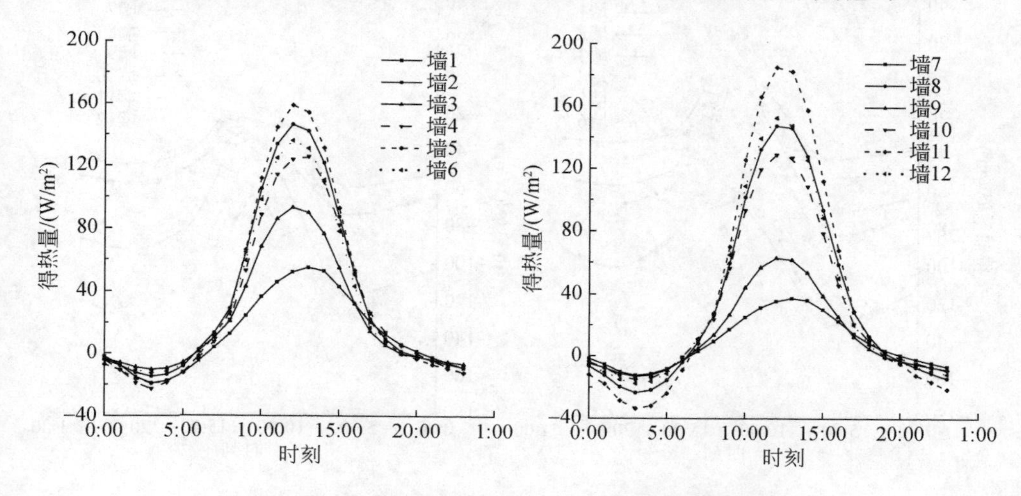

图 6.16　北京夏季典型计算日南向各类墙体得热量

表 6.15　北京夏季典型计算日南向各类墙体峰值得热量和全天得热量

DSF 编号	墙 1	墙 2	墙 3	墙 4	墙 5	墙 6
峰值得热量/(W/m²)	55	146	93	126	159	136
全天得热量/(W/m²)	300	846	532	706	862	765
DSF 编号	墙 7	墙 8	墙 9	墙 10	墙 11	墙 12
峰值得热量/(W/m²)	38	147	63	129	185	153
全天得热量/(W/m²)	212	809	324	742	939	837

综合比较外双层有百叶 DSF 和内双层有百叶 DSF 的冬夏季性能，寒冷地区南向最适合使用外双层有百叶 DSF，冬季白天太阳辐射较强时采用内通风模式，夜间没有太阳辐射时采用不通风模式，夏季全天采用外通风模式。

6.5.4　北向

北京冬季典型计算日北向各类墙体得热量计算结果如图 6.17 所示，峰值得热量和全天得热量见表 6.16。在北京北向墙体接收到的太阳辐射较少，所以北向墙体全天得热量都为负值，北向墙体应以保温隔热为主。在图中可以看出，失热量最小的为外双层有百叶不通风 DSF。虽然中午有 2h 的失热量大于外双层有百叶内通风 DSF,但是差别较小,时间较短。总体来看外双层有百叶不通风 DSF 性能最优。

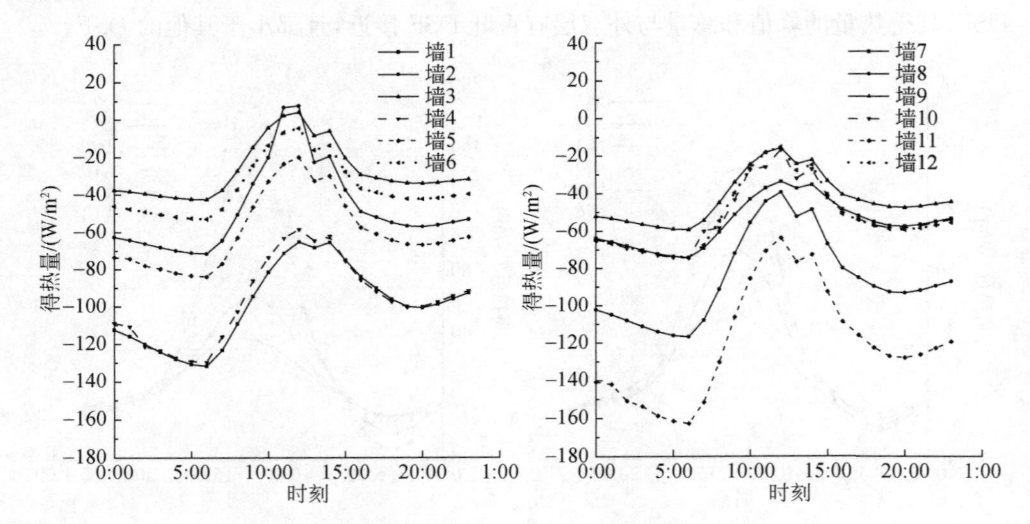

图 6.17 北京冬季典型计算日北向各类墙体得热量

表 6.16 北京冬季典型计算日北向各类墙体峰值得热量和全天得热量

DSF 编号	墙 1	墙 2	墙 3	墙 4	墙 5	墙 6
峰值得热量/(W/m²)	−132	−72	−43	−130	−84	−53
全天得热量/(W/m²)	−2374	−1142	−653	−2311	−1435	−865
DSF 编号	墙 7	墙 8	墙 9	墙 10	墙 11	墙 12
峰值得热量/(W/m²)	−74	−117	−59	−74	−163	−74
全天得热量/(W/m²)	−1333	−2060	−1026	−1271	−2890	−1260

北京夏季典型计算日北向各类墙体得热量计算结果如图 6.18 所示,峰值得热量和全天得热量见表 6.17。夜间没有太阳辐射且室外空气温度较低,墙体处于失热状态,因此主要考虑各墙体白天的得热情况。而白天太阳辐射较强,室外空气温度较高,墙体处于得热状态,其中得热量最少的为内双层有百叶外通风 DSF。

综上所述,寒冷地区北向冬季最适合使用外双层有百叶 DSF,而夏季最适合使用内双层有百叶 DSF。但是根据图 6.17 和图 6.18 可知,夏季外双层有百叶外通风 DSF 得热量与内双层有百叶外通风 DSF 的得热量较为接近,而冬季外双层有百叶 DSF 性能却远优于内双层有百叶 DSF。寒冷地区能耗以冬季为主。因此,寒冷地区北向最适宜使用外双层有百叶 DSF,在冬季采用不通风模式,夏季全天采用外通风模式。

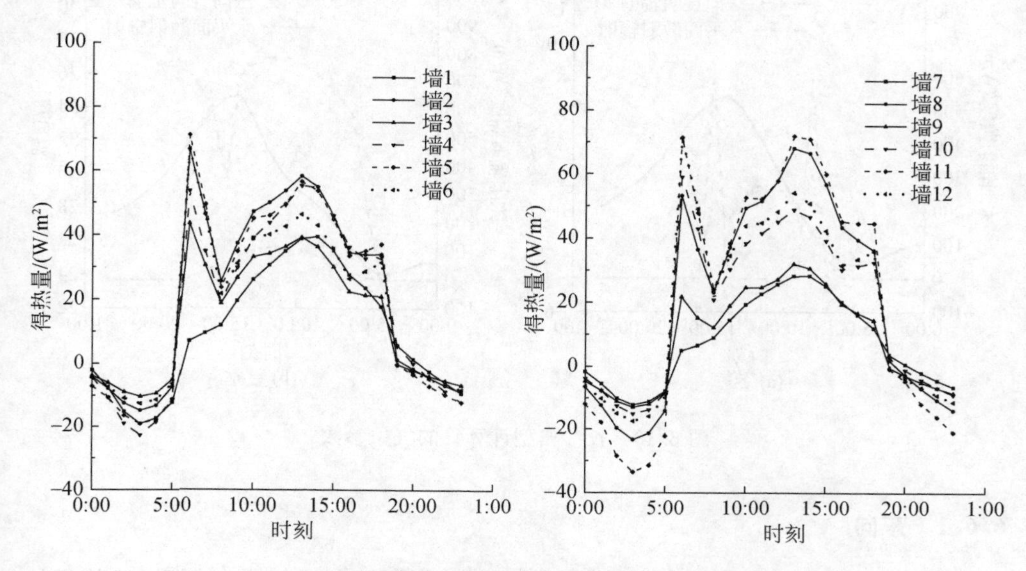

图 6.18　北京夏季典型计算日北向各类墙体得热量

表 6.17　北京夏季典型计算日北向各类墙体峰值得热量和全天得热量

DSF 编号	墙 1	墙 2	墙 3	墙 4	墙 5	墙 6
峰值得热量/(W/m²)	40	67	44	55	71	67
全天得热量/(W/m²)	239	509	333	423	467	425
DSF 编号	墙 7	墙 8	墙 9	墙 10	墙 11	墙 12
峰值得热量/(W/m²)	28	68	32	59	72	71
全天得热量/(W/m²)	177	490	206	429	483	459

6.6　夏热冬冷地区双层皮幕墙结构气候适用性

长沙地区受亚热带季风的影响,四季变化较为明显,夏热冬冷的大陆性气候较为明显,是夏热冬冷地区典型的城市。本节选择长沙作为夏热冬冷地区的代表城市,分别对其冬季和夏季的典型计算日进行计算分析。长沙典型计算日的气象参数如图 6.19 所示[(a)为冬季典型计算日的气象参数,(b)为夏季典型计算日的气象参数]。

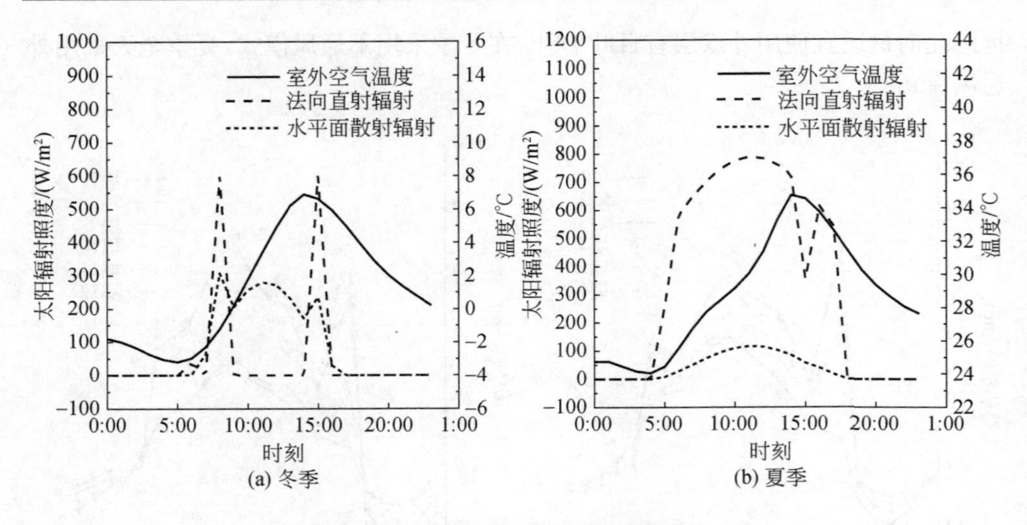

图 6.19　长沙典型计算日的气象参数

6.6.1　东向

长沙冬季典型计算日东向各类墙体得热量计算结果如图 6.20 所示，峰值得热量和全天得热量见表 6.18。白天室外太阳辐射较强，墙体处于得热状态，得热量最大的墙体为外双层有百叶内通风 DSF。夜间没有太阳辐射且室外空气温度较低，墙体处于失热状态，失热量最小的墙体为外双层有百叶不通风 DSF。因此长沙地区东向冬季最佳结构为外双层有百叶 DSF，白天太阳辐射较强时采用内通风模式，夜间采用不通风模式。

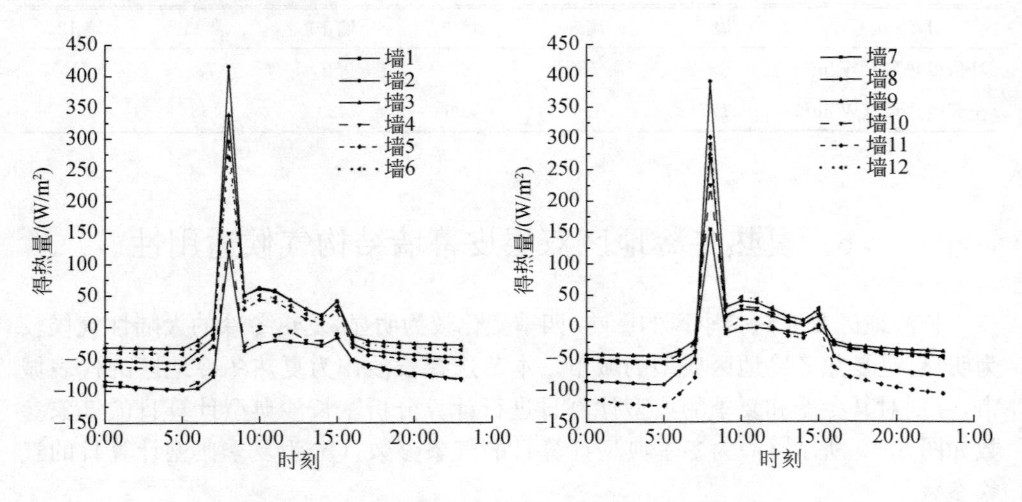

图 6.20　长沙冬季典型计算日东向各类墙体得热量

表 6.18　长沙冬季典型计算日东向各类墙体峰值得热量和全天得热量

DSF 编号	墙 1	墙 2	墙 3	墙 4	墙 5	墙 6
峰值得热量/(W/m^2)	−98	−56	−33	−98	−65	−42
全天得热量/(W/m^2)	−1350	14	228	−1233	−364	−17
DSF 编号	墙 7	墙 8	墙 9	墙 10	墙 11	墙 12
峰值得热量/(W/m^2)	−56	−91	−46	−57	−125	−58
全天得热量/(W/m^2)	−638	−616	−222	−389	−1351	−256

长沙夏季典型计算日东向各类墙体得热量计算结果如图 6.21 所示，峰值得热量和全天得热量见表 6.19。夜间室外无太阳辐射且室外空气温度和室内温度较为接近，墙体得热量都为 0W/m^2 左右，因此主要考虑墙体白天的得热量。白天室外太阳辐射较强，其中得热量最小的为内双层有百叶外通风 DSF。因此长沙地区东向夏季最适合使用内双层有百叶外通风 DSF。

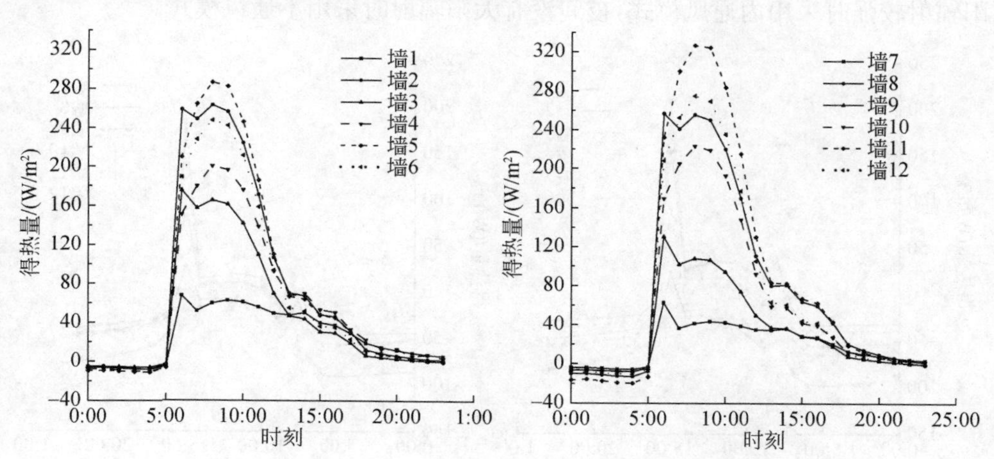

图 6.21　长沙夏季典型计算日东向各类墙体得热量

表 6.19　长沙夏季典型计算日东向各类墙体峰值得热量和全天得热量

DSF 编号	墙 1	墙 2	墙 3	墙 4	墙 5	墙 6
峰值得热量/(W/m^2)	67	263	175	200	286	247
全天得热量/(W/m^2)	638	1781	1131	1416	1802	1547
DSF 编号	墙 7	墙 8	墙 9	墙 10	墙 11	墙 12
峰值得热量/(W/m^2)	63	257	131	223	327	275
全天得热量/(W/m^2)	464	1821	786	1471	2092	1731

综上所述，夏热冬冷地区东向冬季最适合使用外双层有百叶 DSF，而夏季最适合使用内双层有百叶 DSF。但是根据图 6.20 和图 6.21 可知，冬季外双层有百叶 DSF 和内双层有百叶 DSF 的能耗性能非常接近，而夏季内双层有百叶 DSF 的能耗性能相比外双层有百叶 DSF 有较大的提升。夏热冬冷地区能耗以夏季为主。因此，夏热冬冷地区东向墙体最适宜使用内双层有百叶 DSF，冬季白天太阳辐射较强时采用内通风模式，夜间没有太阳辐射时采用不通风模式，夏季全天采用外通风模式。

6.6.2 西向

长沙冬季典型计算日西向各类墙体得热量计算结果如图 6.22 所示，峰值得热量和全天得热量见表 6.20。白天幕墙接收到的太阳辐射较强，室外空气温度较高，墙体处于得热状态，其中外双层有百叶内通风 DSF 得热量最大。夜间室外没有太阳辐射，室外空气温度也较低，墙体处于失热状态，其中外双层有百叶不通风 DSF 失热量最低。因此长沙地区西向冬季最适合使用外双层有百叶 DSF，白天太阳辐射较强时采用内通风模式，夜间没有太阳辐射时采用不通风模式。

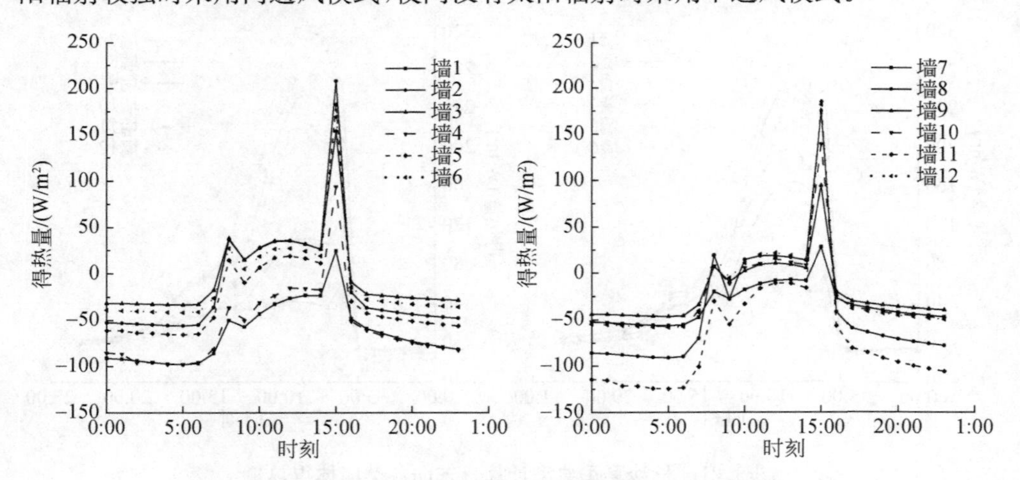

图 6.22 长沙冬季典型计算日西向各类墙体得热量

表 6.20 长沙冬季典型计算日西向各类墙体峰值得热量和全天得热量

DSF 编号	墙 1	墙 2	墙 3	墙 4	墙 5	墙 6
峰值得热量/(W/m²)	−98	−56	−33	−98	−65	−42
全天得热量/(W/m²)	−1532	−321	−68	−1396	−617	−232
DSF 编号	墙 7	墙 8	墙 9	墙 10	墙 11	墙 12
峰值得热量/(W/m²)	−56	−91	−46	−57	−125	−58
全天得热量/(W/m²)	−824	−975	−494	−1396	−1656	−497

长沙夏季典型计算日西向各类墙体得热量计算结果如图 6.23 所示，峰值得热量和全天得热量见表 6.21。夜间没有太阳辐射且室外空气温度与室内温度较为接近，因此各墙体夜间的得热量接近 0W/m²，因此主要考虑白天的得热量。白天太阳辐射较强且室外空气温度较高，所以各墙体都有较大的得热量，其中内双层有百叶外通风 DSF 的得热量最小。因此，长沙地区西向夏季最适合使用内双层有百叶 DSF，通风方式为外通风。

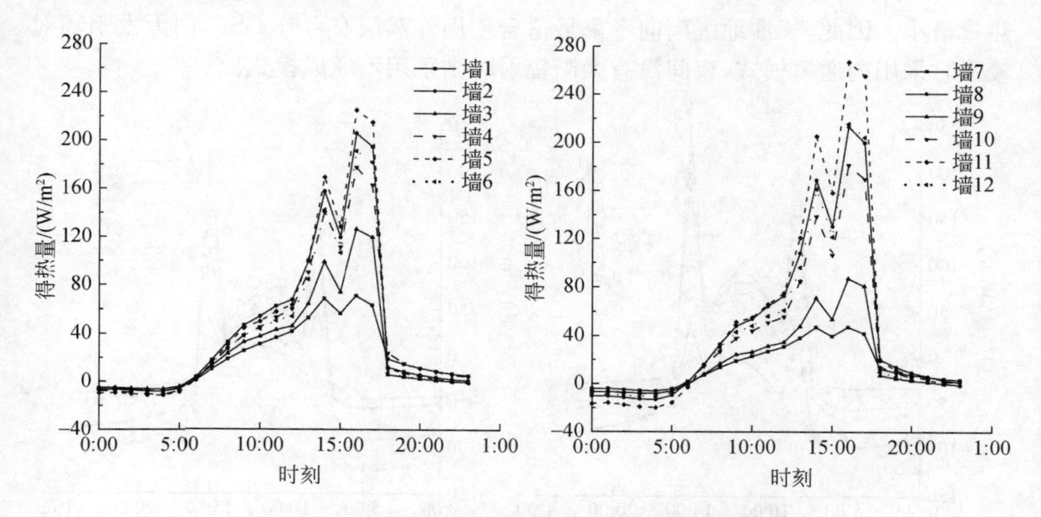

图 6.23　长沙夏季典型计算日西向各类墙体得热量

表 6.21　长沙夏季典型计算日西向各类墙体峰值得热量和全天得热量

DSF 编号	墙 1	墙 2	墙 3	墙 4	墙 5	墙 6
峰值得热量/(W/m²)	71	206	126	177	225	191
全天得热量/(W/m²)	502	1050	660	935	1064	912
DSF 编号	墙 7	墙 8	墙 9	墙 10	墙 11	墙 12
峰值得热量/(W/m²)	48	214	87	182	267	216
全天得热量/(W/m²)	352	1099	458	911	1240	1023

综上所述，夏热冬冷地区西向冬季最适合使用外双层有百叶 DSF，而夏季最适合使用内双层有百叶 DSF。但是根据图 6.22 和图 6.23 可以发现，冬季外双层有百叶 DSF 和内双层有百叶 DSF 的能耗性能非常接近，而夏季内双层有百叶 DSF 的能耗性能相比外双层有百叶 DSF 有较大的提升。夏热冬冷地区能耗以夏季为主。因此，夏热冬冷地区西向最适宜使用内双层有百叶 DSF，冬季白天太阳辐射较强时采用内通风模式，夜间没有太阳辐射时采用不通风模式，夏季全天采用外通风模式。

6.6.3　南向

长沙冬季典型计算日南向各类墙体得热量计算结果如图 6.24 所示，峰值得热量和全天得热量见表 6.22。长沙冬季夜间 DSF 的得热量是负值，为失热状态，白天受太阳辐射的影响是正值，为得热状态。白天有太阳辐射时外双层有百叶内通风 DSF 的得热量最大，效果最佳，夜间无太阳辐射时，外双层有百叶不通风 DSF 失热量最小。因此，长沙地区南向冬季最适合使用外双层有百叶 DSF，白天太阳辐射较强时采用内通风模式，夜间没有太阳辐射时则采用不通风模式。

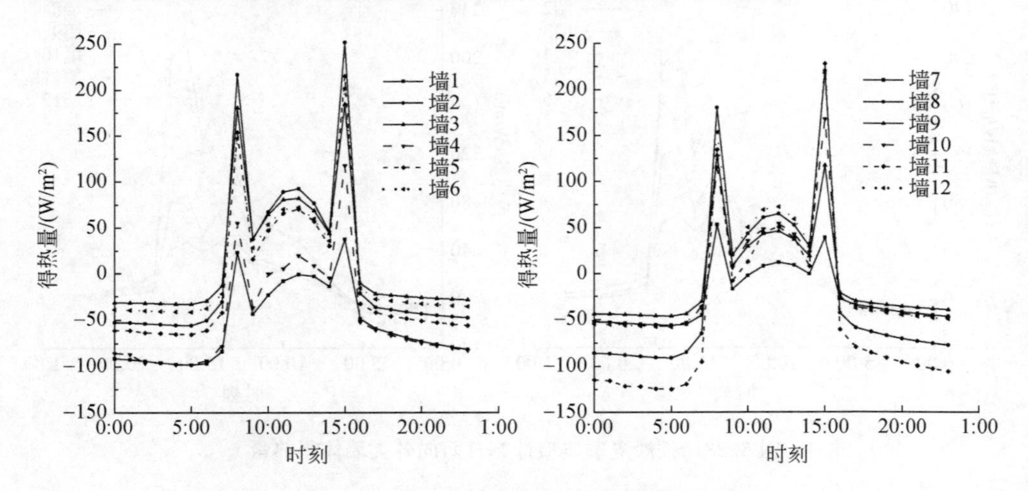

图 6.24　长沙冬季典型计算日南向各类墙体得热量

表 6.22　长沙冬季典型计算日南向各类墙体峰值得热量和全天得热量

DSF 编号	墙 1	墙 2	墙 3	墙 4	墙 5	墙 6
峰值得热量/(W/m²)	−98	−56	−33	−98	−65	−42
全天得热量/(W/m²)	−1330	149	317	−1129	−212	128
DSF 编号	墙 7	墙 8	墙 9	墙 10	墙 11	墙 12
峰值得热量/(W/m²)	−56	−91	−46	−57	−125	−58
全天得热量/(W/m²)	−647	−545	−190	−263	−1153	−96

长沙夏季典型计算日南向各类墙体得热量计算结果如图 6.25 所示，峰值得热量和全天得热量见表 6.23。夜间没有太阳辐射，且室外空气温度与室内温度较为接近，所以 DSF 的得热量趋近于 0W/m^2，因此主要考虑白天 DSF 的得热情况。由图 6.25 可知，白天受太阳辐射影响时，内双层有百叶外通风 DSF 的得热最低，其

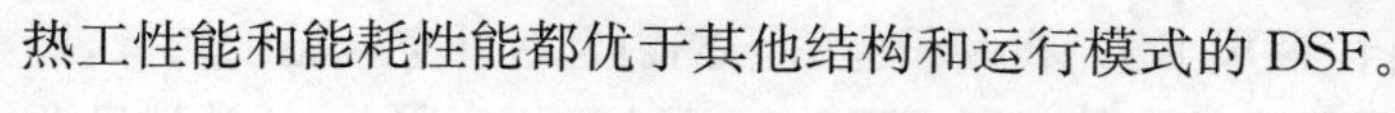
热工性能和能耗性能都优于其他结构和运行模式的 DSF。

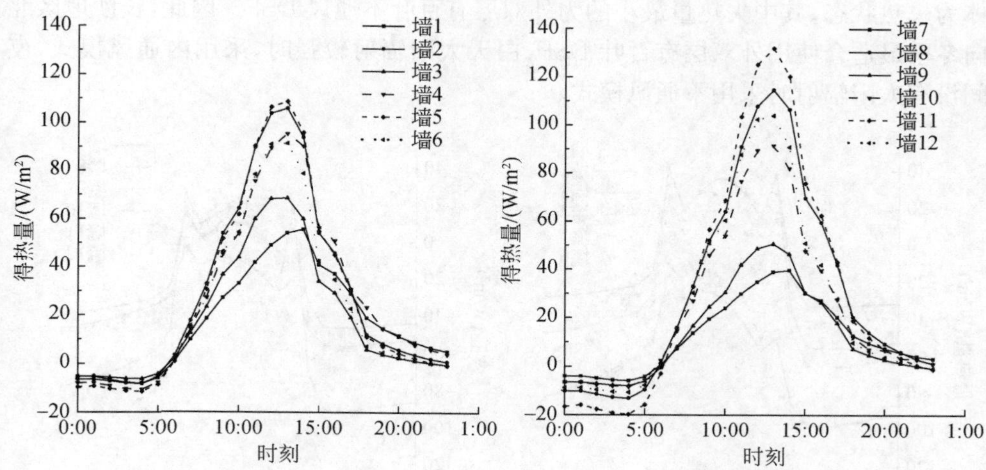

图 6.25　长沙夏季典型计算日南向各类墙体得热量

表 6.23　长沙夏季典型计算日南向各类墙体峰值得热量和全天得热量

DSF 编号	墙 1	墙 2	墙 3	墙 4	墙 5	墙 6
峰值得热量/(W/m²)	56	106	68	95	109	91
全天得热量/(W/m²)	422	686	438	643	656	560
DSF 编号	墙 7	墙 8	墙 9	墙 10	墙 11	墙 12
峰值得热量/(W/m²)	40	115	51	92	132	104
全天得热量/(W/m²)	302	747	317	592	772	632

综上所述,在夏热冬冷地区南向冬季最适合使用外双层有百叶不通风 DSF,而夏热冬冷地区南向夏季最适合使用内双层有百叶外通风 DSF。由图 6.24 和图 6.25 可知,冬季外双层有百叶不通风 DSF 与内双层有百叶不通风 DSF 得热量差距较小,夏季外双层有百叶不通风 DSF 与内双层有百叶不通风 DSF 得热量差距也较小。但是夏热冬冷地区夏天持续时间较长,以供冷为主。因此,夏热冬冷地区南向最适宜使用内双层有百叶 DSF,冬季白天太阳辐射较强时采用内通风模式,夜间无太阳辐射时采用不通风模式,夏季全天采用外通风模式。

6.6.4　北向

长沙冬季典型计算日北向各类墙体得热量计算结果如图 6.26 所示,峰值得热量和全天得热量见表 6.24。白天太阳辐射较强时,墙体为得热状态,其中得热量量最大的是外双层有百叶内通风 DSF；夜间没有太阳辐射且室外空气温度较低，墙体为失热状态，其中失热量最小的为外双层有百叶不通风 DSF。因此，长沙地区北向冬季最适合使用外双层有百叶 DSF，白天太阳辐射较强时，采用内通风模式，夜间没有太阳辐射时采用不通风模式。

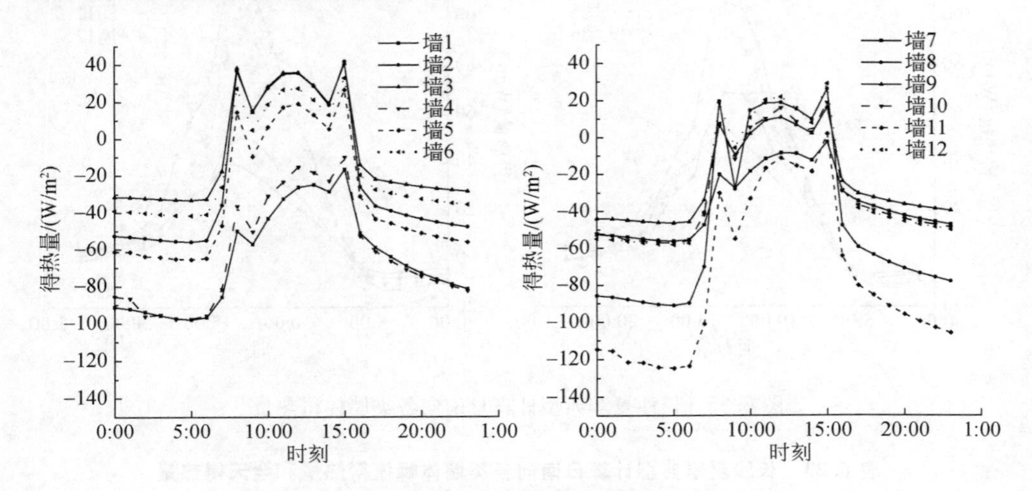

图 6.26 长沙冬季典型计算日北向各类墙体得热量

表 6.24 长沙冬季典型计算日北向各类墙体峰值得热量和全天得热量

DSF 编号	墙 1	墙 2	墙 3	墙 4	墙 5	墙 6
峰值得热量/(W/m²)	−98	−56	−33	−98	−65	−42
全天得热量/(W/m²)	−1583	−504	−196	−1510	−785	−382
DSF 编号	墙 7	墙 8	墙 9	墙 10	墙 11	墙 12
峰值得热量/(W/m²)	−56	−91	−46	−57	−125	−58
全天得热量/(W/m²)	−862	−1136	−582	−708	−1853	−664

长沙夏季典型计算日北向各类墙体得热量计算结果如图 6.27 所示，峰值得热量和全天得热量见表 6.25。夜间没有太阳辐射，且室外空气温度与室内温度较为接近，所以 DSF 的得热量趋近于 $0W/m^2$，因此主要考虑白天墙体的得热情况。由图 6.26 可知，白天受太阳辐射影响时，内双层有百叶外通风 DSF 的得热量最低。

综上所述，夏热冬冷地区北向冬季最适合使用外双层有百叶不通风 DSF；夏热冬冷地区北向夏季最适合使用内双层有百叶外通风 DSF。由图 6.26 和图 6.27 可知，冬季外双层有百叶 DSF 与内双层有百叶 DSF 的得热量差距较小，而夏季内双层有百叶不通风 DSF 墙却有着较大的优势。夏热冬冷地区夏天持续时间较长，以供冷为主。因此,夏热冬冷地区北向最适宜使用内双层有百叶 DSF,冬季白天太阳辐射较强时采用内通风模式,夜间无太阳辐射时采用不通风模式,夏季全天采用外通风模式。

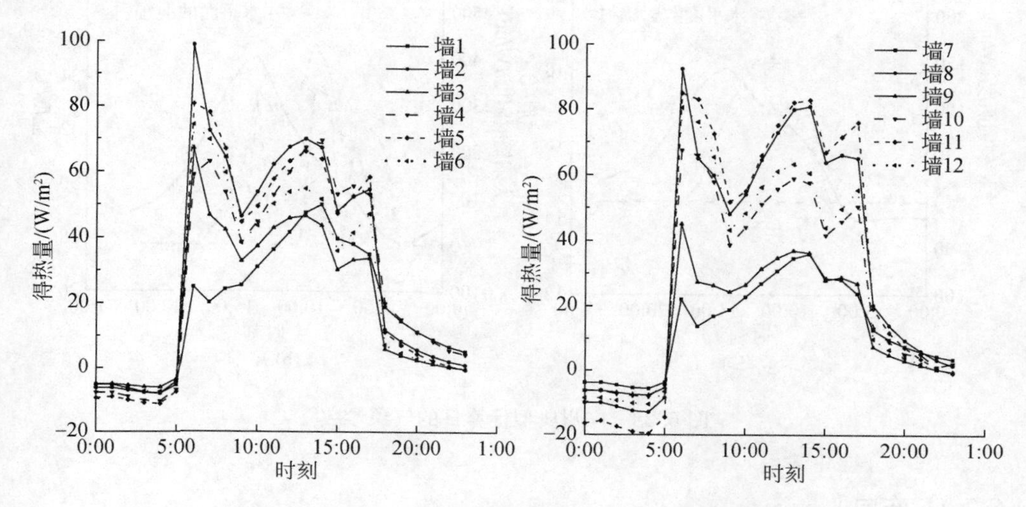

图 6.27　长沙夏季典型计算日北向各类墙体得热量

表 6.25　长沙夏季典型计算日北向各类墙体峰值得热量和全天得热量

DSF 编号	墙 1	墙 2	墙 3	墙 4	墙 5	墙 6
峰值得热量/(W/m^2)	50	99	67	70	80	74
全天得热量/(W/m^2)	440	750	484	683	695	599
DSF 编号	墙 7	墙 8	墙 9	墙 10	墙 11	墙 12
峰值得热量/(W/m^2)	36	92	45	68	85	81
全天得热量/(W/m^2)	320	802	385	631	808	673

6.7　夏热冬暖地区双层皮幕墙结构气候适用性

广州地区受亚热带海洋性季风气候的影响,温暖多雨,夏热冬暖且夏季较长,是夏热冬暖地区中较为典型的城市。本节选择广州作为夏热冬暖地区的代表城市,分别对其冬季和夏季的典型计算日进行计算分析。广州典型计算日的气象参数如图 6.28 所示[(a)为冬季典型计算日的气象参数,(b)为夏季典型计算日的气象参数]。

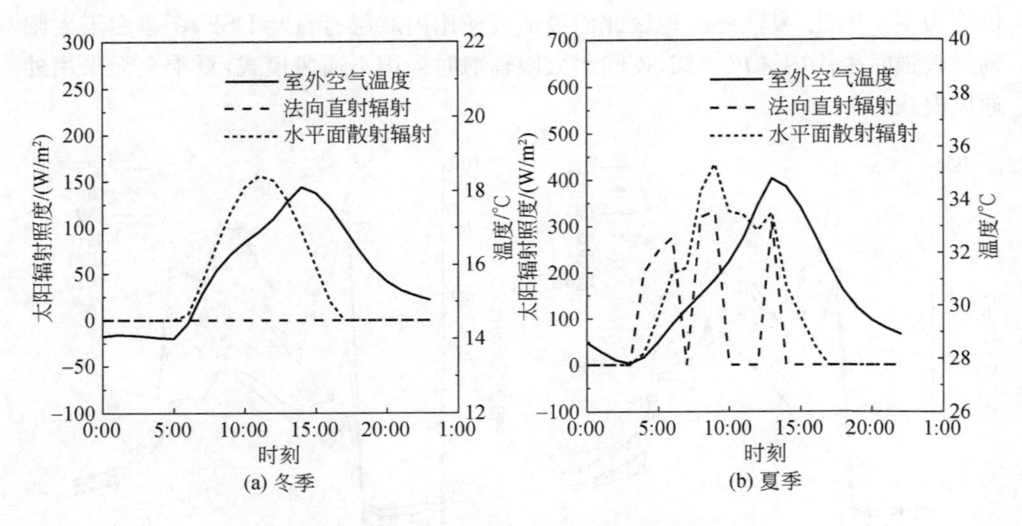

图 6.28 广州典型计算日的气象参数

6.7.1 东向

广州冬季典型计算日东向各类墙体得热量计算结果如图 6.29 所示，峰值得热量和全天得热量见表 6.26。白天太阳辐射较强，室外空气温度较高，墙体处于得热状态，其中得热量最大的是外双层有百叶内通风 DSF。夜间室外无太阳辐射且室外空气温度较低，墙体处于失热状态，其中失热量最小的墙体为外双层有百叶不通风 DSF。尤其是出现得热峰值时，内双层有百叶外通风 DSF 得热量最小。相比

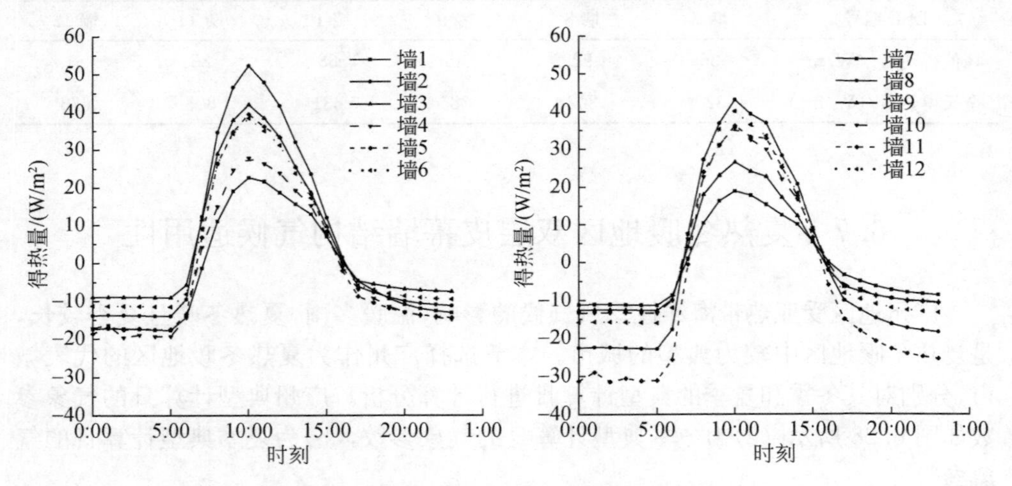

图 6.29 广州冬季典型计算日东向各类墙体得热量

其他结构和运行方式的 DSF，外双层有百叶 DSF 表现出较为明显的优势。因此，广州地区东向冬季最适合使用外双层有百叶 DSF，白天太阳辐射较强时，采用内通风模式，夜间没有太阳辐射时采用不通风模式。

表 6.26　广州冬季典型计算日东向各类墙体峰值得热量和全天得热量

DSF 编号	墙 1	墙 2	墙 3	墙 4	墙 5	墙 6
峰值得热量/(W/m²)	−18	−14	−9	−20	−19	−11
全天得热量/(W/m²)	−60	147	143	−45	23	90
DSF 编号	墙 7	墙 8	墙 9	墙 10	墙 11	墙 12
峰值得热量/(W/m²)	−11	−23	−13	−13	−31	−16
全天得热量/(W/m²)	−16	−15	2	51	−162	43

广州夏季典型计算日东向各类墙体得热量计算结果如图 6.30 所示，峰值得热量和全天得热量见表 6.27。广州地区夏天太阳辐射较强，室外空气温度高，所以墙体全天得热，其中得热量最小的墙体为内双层有百叶外通风 DSF。

表 6.27　广州夏季典型计算日东向各类墙体峰值得热量和全天得热量

DSF 编号	墙 1	墙 2	墙 3	墙 4	墙 5	墙 6
峰值得热量/(W/m²)	95	270	180	226	273	236
全天得热量/(W/m²)	862	1664	1106	1402	1594	1342
DSF 编号	墙 7	墙 8	墙 9	墙 10	墙 11	墙 12
峰值得热量/(W/m²)	70	272	129	228	313	264
全天得热量/(W/m²)	633	1800	843	1352	1919	1527

综上所述，夏热冬暖地区东向冬季最适宜使用外双层有百叶 DSF，夏季最适宜使用内双层有百叶 DSF。由图 6.29 和图 6.30 可知，冬季内双层有百叶 DSF 与外双层有百叶 DSF 的得热量非常接近，而夏季内双层有百叶 DSF 的得热量却远小于外双层有百叶 DSF。夏热冬暖地区能耗以夏季为主。因此，夏热冬暖地区东向最适宜使用内双层有百叶 DSF，冬季白天室外太阳辐射较强时采用内通风模式，夜间室外没有太阳辐射时采用不通风模式，夏季采用外通风模式。

6.7.2　西向

广州冬季典型计算日西向各类墙体得热量计算结果如图 6.31 所示，峰值得热量和全天得热量见表 6.28。白天室外太阳辐射较强，室外空气温度较高，墙体处于得热状态，其中得热量最大的为外双层有百叶内通风 DSF。夜间室外没有太阳

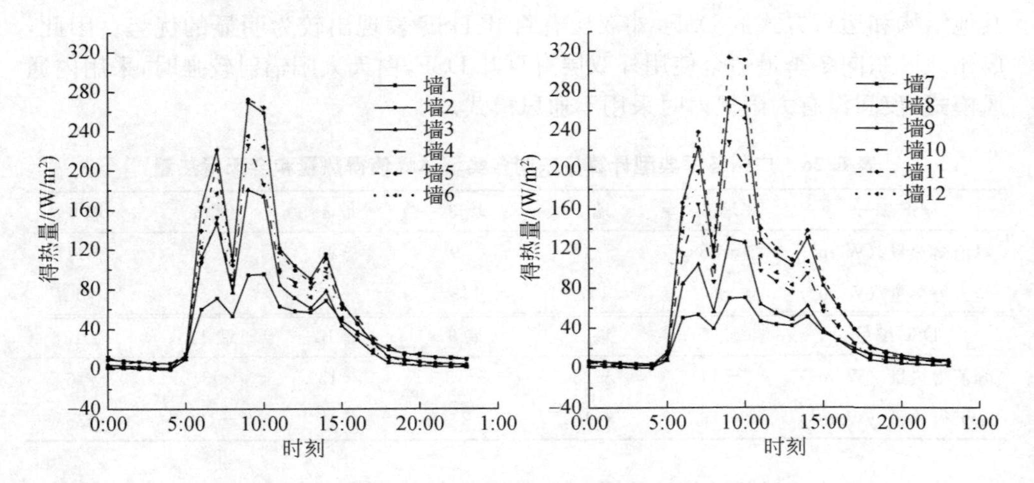

图 6.30 广州夏季典型计算日东向各类墙体得热量

辐射且室外空气温度较低，墙体处于失热状态，其中失热量最小的为外双层有百叶不通风 DSF。因此，广州地区西向冬季最适合使用外双层有百叶 DSF，白天太阳辐射较强时，采用内通风模式，夜间没有太阳辐射时采用不通风模式。

广州夏季典型计算日西向各类墙体得热量计算结果如图 6.32 所示，峰值得热量和全天得热量见表 6.29。广州地区室外太阳辐射较强且室外空气温度较高，因此全天都处于得热的状态，其中得热量最低的内双层有百叶外通风 DSF。

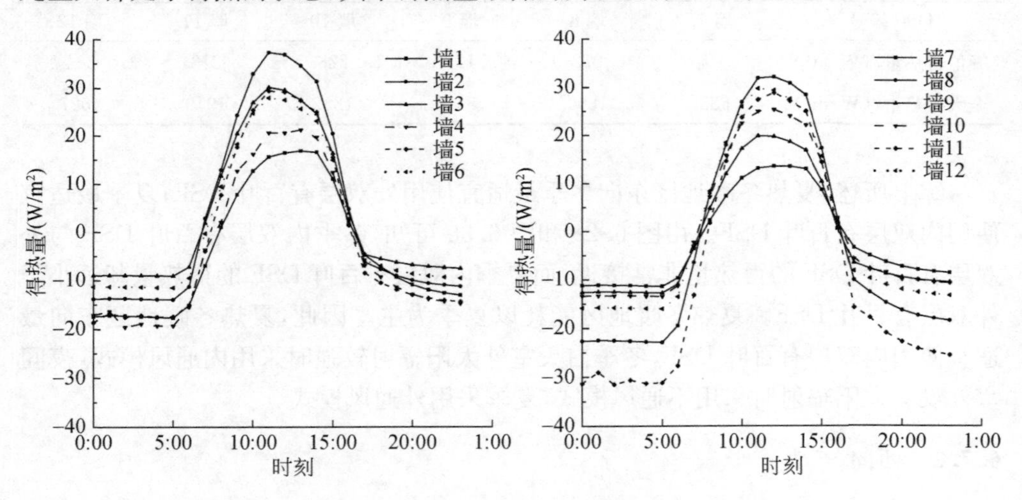

图 6.31 广州冬季典型计算日西向各类墙体得热量

表 6.28　广州冬季典型计算日西向各类墙体峰值得热量和全天得热量

DSF 编号	墙 1	墙 2	墙 3	墙 4	墙 5	墙 6
峰值得热量/(W/m²)	−18	−14	−9	−20	−19	−11
全天得热量/(W/m²)	−96	79	87	−86	−31	40
DSF 编号	墙 7	墙 8	墙 9	墙 10	墙 11	墙 12
峰值得热量/(W/m²)	−11	−23	−13	−13	−31	−16
全天得热量/(W/m²)	−44	−74	−34	2	−214	−10

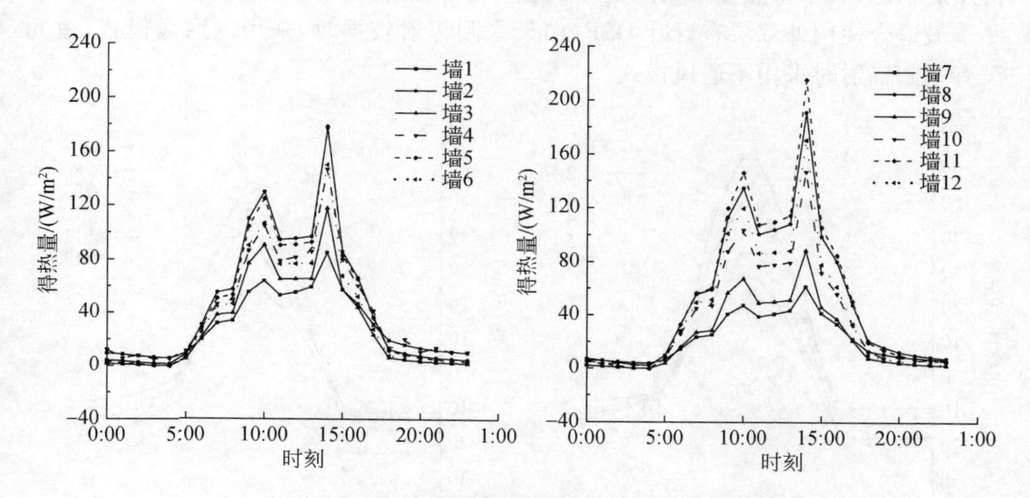

图 6.32　广州夏季典型计算日西向各类墙体得热量

表 6.29　广州夏季典型计算日西向各类墙体峰值得热量和全天得热量

DSF 编号	墙 1	墙 2	墙 3	墙 4	墙 5	墙 6
峰值得热量/(W/m²)	85	177	118	147	178	150
全天得热量/(W/m²)	717	1100	732	1012	1046	874
DSF 编号	墙 7	墙 8	墙 9	墙 10	墙 11	墙 12
峰值得热量/(W/m²)	61	191	89	147	215	171
全天得热量/(W/m²)	519	1234	572	925	1284	1003

综上所述，夏热冬暖地区西向冬季最适宜使用外双层有百叶 DSF，而夏季最适宜使用内双层有百叶 DSF。由图 6.31 和图 6.32 可知，冬季内双层有百叶 DSF 与外双层有百叶 DSF 的得热量非常接近，而夏季内双层有百叶 DSF 的得热量却远小于外双层有百叶 DSF。夏热冬暖地区能耗以夏季为主。因此，夏热冬暖地区西向

最适宜使用内双层有百叶 DSF,冬季白天室外太阳辐射较强时采用内通风模式,夜间室外没有太阳辐射时采用不通风模式,夏季采用外通风模式。

6.7.3　南向

广州冬季典型计算日南向各类墙体得热量计算结果如图 6.33 所示,峰值得热量和全天得热量见表 6.30。夜间没有太阳辐射时,各类墙体都是失热状态,失热量最小的是外双层有百叶不通风 DSF。白天太阳辐射较强时,各种 DSF 都表现为得热的状态,其中得热量最大的是外双层有百叶内通风 DSF。因此,广州地区南向冬季最适合使用外双层有百叶 DSF,白天太阳辐射较强时,采用内通风模式,夜间没有太阳辐射时采用不通风模式。

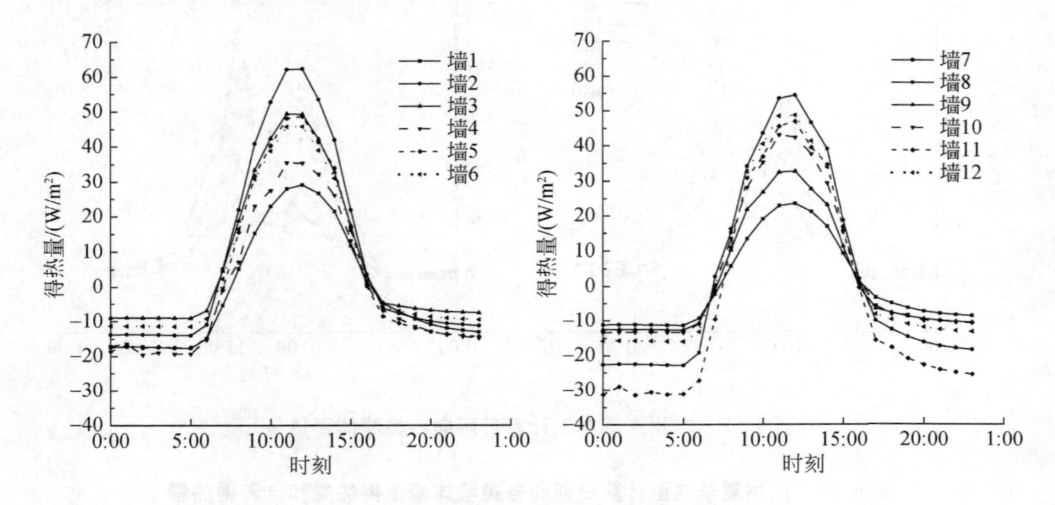

图 6.33　广州冬季典型计算日南向各类墙体得热量

表 6.30　广州冬季典型计算日南向各类墙体峰值得热量和全天得热量

DSF 编号	墙 1	墙 2	墙 3	墙 4	墙 5	墙 6
峰值得热量/(W/m²)	−18	−14	−9	−20	−19	−11
全天得热量/(W/m²)	−32	207	188	−9	70	133
DSF 编号	墙 7	墙 8	墙 9	墙 10	墙 11	墙 12
峰值得热量/(W/m²)	−11	−23	−13	−13	−31	−16
全天得热量/(W/m²)	7	46	34	91	−114	90

广州夏季典型计算日南向各类墙体得热量计算结果如图 6.34 所示,峰值得热量和全天得热量见表 6.31。广州地区夏季室外太阳辐射较强且室外空气温度高。

因此,各墙体全天都处于得热状态,其中得热量最小的为内双层有百叶外通风 DSF。

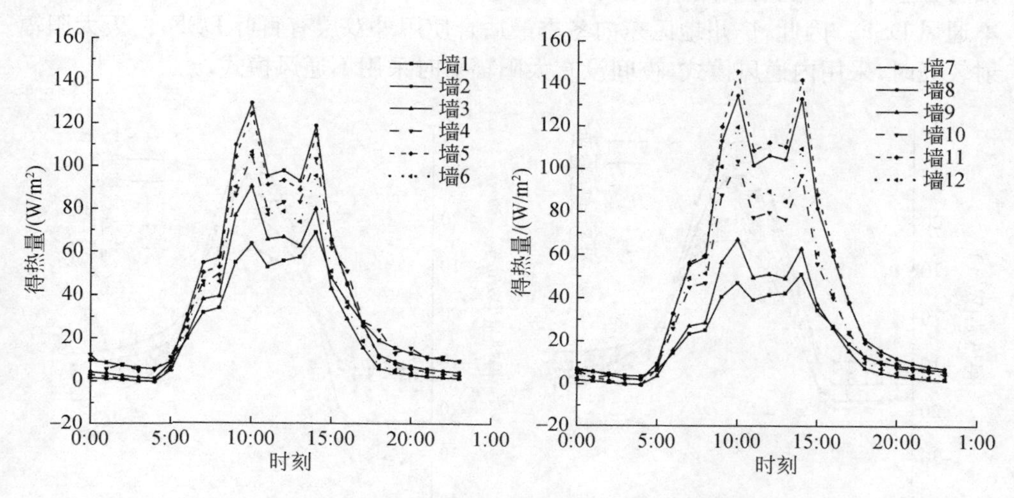

图 6.34　广州夏季典型计算日南向各类墙体得热量

表 6.31　广州夏季典型计算日南向各类墙体峰值得热量和全天得热量

DSF 编号	墙 1	墙 2	墙 3	墙 4	墙 5	墙 6
峰值得热量/(W/m²)	69	130	91	105	125	106
全天得热量/(W/m²)	679	991	658	937	935	777
DSF 编号	墙 7	墙 8	墙 9	墙 10	墙 11	墙 12
峰值得热量/(W/m²)	51	135	67	104	146	120
全天得热量/(W/m²)	492	1128	522	837	1159	896

综上所述,夏热冬暖地区南向冬季最适宜使用外双层有百叶 DSF,而夏季最适宜使用内双层有百叶 DSF。由图 6.33 和图 6.34 可知,冬季内双层有百叶 DSF 与外双层有百叶 DSF 的得热量非常接近,而夏季内双层有百叶 DSF 的得热量却远小于外双层有百叶 DSF。夏热冬暖地区能耗以夏季为主,因此,夏热冬暖地区南向最适宜使用内双层有百叶 DSF,冬季白天室外太阳辐射较强时采用内通风模式,室外没有太阳辐射时采用不通风模式,夏季采用外通风模式。

6.7.4　北向

广州冬季典型计算日北向各类墙体得热量计算结果如图 6.35 所示,峰值得热量和全天得热量见表 6.32。广州地区白天太阳辐射较强且室外空气温度较高,墙体处于得热状态，其中得热量最大的为外双层有百叶外通风 DSF。夜间没有太阳辐射且室外空气温度较低，墙体处于失热状态，其中失热量最小的为外双层有百叶不通风 DSF。因此，广州地区东向冬季最适合使用外双层有百叶 DSF，白天太阳辐射较强时，采用内通风模式，夜间没有太阳辐射时采用不通风模式。

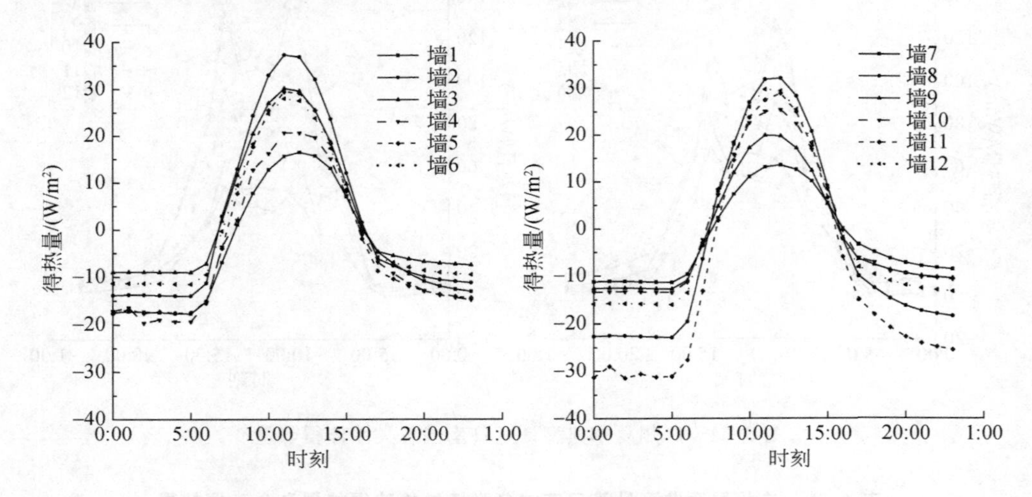

图 6.35 广州冬季典型计算日北向各类墙体得热量

表 6.32 广州冬季典型计算日北向各类墙体峰值得热量和全天得热量

DSF 编号	墙 1	墙 2	墙 3	墙 4	墙 5	墙 6
峰值得热量/(W/m²)	−18	−14	−9	−20	−18	−11
全天得热量/(W/m²)	−107	57	69	−100	−50	22
DSF 编号	墙 7	墙 8	墙 9	墙 10	墙 11	墙 12
峰值得热量/(W/m²)	−11	−23	−13	−13	−31	−16
全天得热量/(W/m²)	−52	−97	−47	−14	−238	−29

广州夏季典型计算日北向各类墙体得热量计算结果如图 6.36 所示，峰值得热量和全天得热量见表 6.33。在广州地区夏季室外太阳辐射较强且室外空气温度较高。因此，各墙体全天都处于得热状态，其中得热量最小的为内双层有百叶外通风 DSF，与其他结构和运行方式的 DSF 相比有较大的优势。

综上所述，夏热冬暖地区北向冬季最适宜使用外双层有百叶 DSF，而夏季最适宜使用内双层有百叶 DSF。由图 6.35 和图 6.36 可知，冬季内双层有百叶 DSF 与外双层有百叶 DSF 的得热量非常接近，而夏季内双层有百叶 DSF 的得热量却远小于外双层有百叶 DSF，且夏热冬暖地区能耗以夏季为主。因此，夏热冬暖地区北向

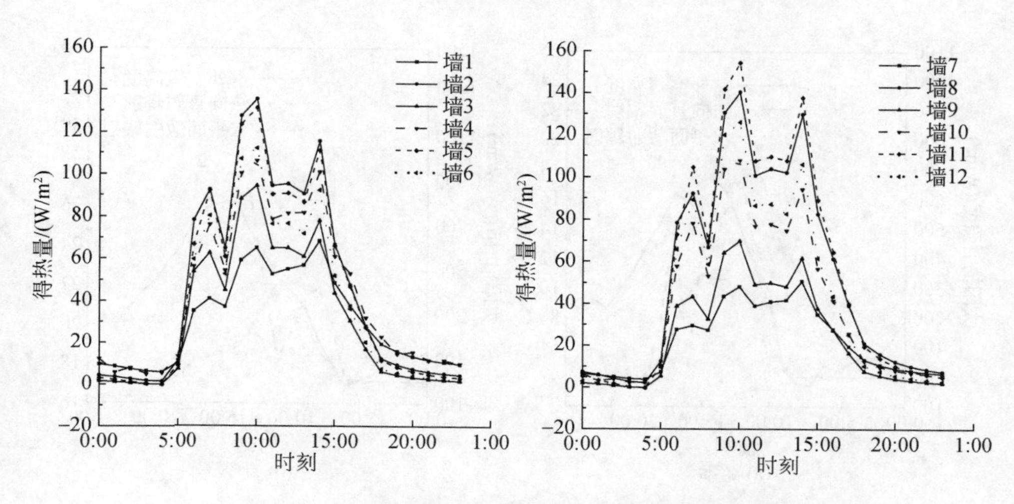

图 6.36　广州夏季典型计算日北向各类墙体得热量

最适宜使用内双层有百叶 DSF，冬季白天室外太阳辐射较强时采用内通风模式，夜间室外没有太阳辐射时采用不通风模式，夏季采用外通风模式。

表 6.33　广州夏季典型计算日北向各类墙体峰值得热量和全天得热量

DSF 编号	墙 1	墙 2	墙 3	墙 4	墙 5	墙 6
峰值得热量/(W/m²)	68	136	94	106	131	112
全天得热量/(W/m²)	712	1106	735	1017	1046	874
DSF 编号	墙 7	墙 8	墙 9	墙 10	墙 11	墙 12
峰值得热量/(W/m²)	51	141	70	108	154	126
全天得热量/(W/m²)	517	1239	575	927	1284	1004

6.8　温和地区双层皮幕墙结构气候适用性

昆明地区受亚热带高原季风气候的影响，一年四季温度变化不大，是典型的温和地区的城市。本节选择昆明作为温和地区的代表城市，分别对其冬季和夏季的典型计算日进行计算分析。昆明典型计算日的气象参数如图 6.37 所示[(a)为冬季典型计算日的气象参数，(b)为夏季典型计算日的气象参数]。

6.8.1　东向

昆明冬季典型计算日东向各类墙体得热量计算结果如图 6.38 所示，峰值得热

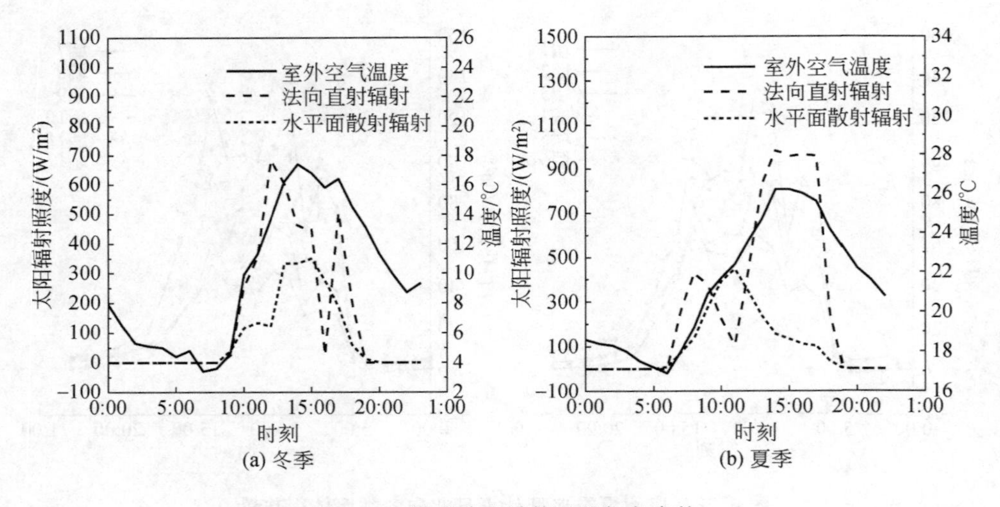

图 6.37　昆明典型计算日的气象参数

量和全天得热量见表 6.34。昆明地区冬季白天太阳辐射较强且室外空气温度较高,墙体处于得热状态,其中得热量最大的为外双层有百叶内通风 DSF。夜间室外无太阳辐射且室外空气温度较低,墙体处于失热状态,其中失热量最小的为外双层有百叶不通风 DSF。因此,温和地区东向冬季最适宜使用外双层有百叶 DSF,白天太阳辐射较强时采用内通风模式,夜间无太阳辐射时采用不通风模式。其能耗性能比其他结构的 DSF 有较大的优势。

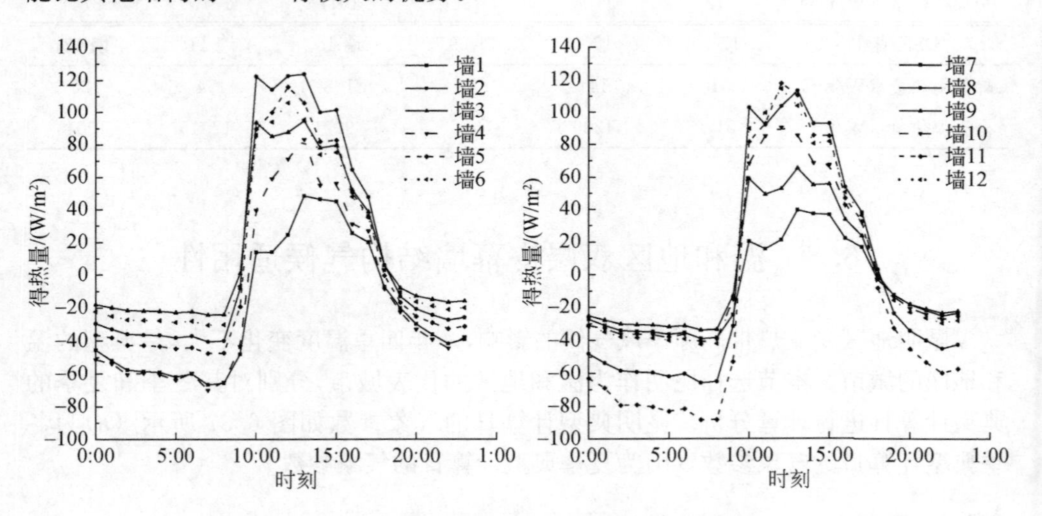

图 6.38　昆明冬季典型计算日东向各类墙体得热量

表 6.34　昆明冬季典型计算日东向各类墙体峰值得热量和全天得热量

DSF 编号	墙 1	墙 2	墙 3	墙 4	墙 5	墙 6
峰值得热量/(W/m²)	−67	−40	−24	−70	−47	−30
全天得热量/(W/m²)	−510	358	353	−348	123	277
DSF 编号	墙 7	墙 8	墙 9	墙 10	墙 11	墙 12
峰值得热量/(W/m²)	−39	−66	−34	−41	−88	−42
全天得热量/(W/m²)	−231	−57	8	85	−370	174

昆明夏季典型计算日东向各类墙体得热量计算结果如图 6.39 所示，峰值得热量和全天得热量见表 6.35。昆明地区夏季白天太阳辐射较强且室外空气温度较高，墙体处于得热状态，其中得热量最低的为内双层有百叶外通风 DSF。夜间室外无太阳辐射且室外空气温度较低，墙体处于失热状态，其中失热量最低的为内双层无百叶内通风的 DSF。但是与内双层有百叶外通风 DSF 失热量相差极少，且夏季主要考虑白天的能耗情况。因此，温和地区东向夏季最适合使用内双层有百叶外通风 DSF。

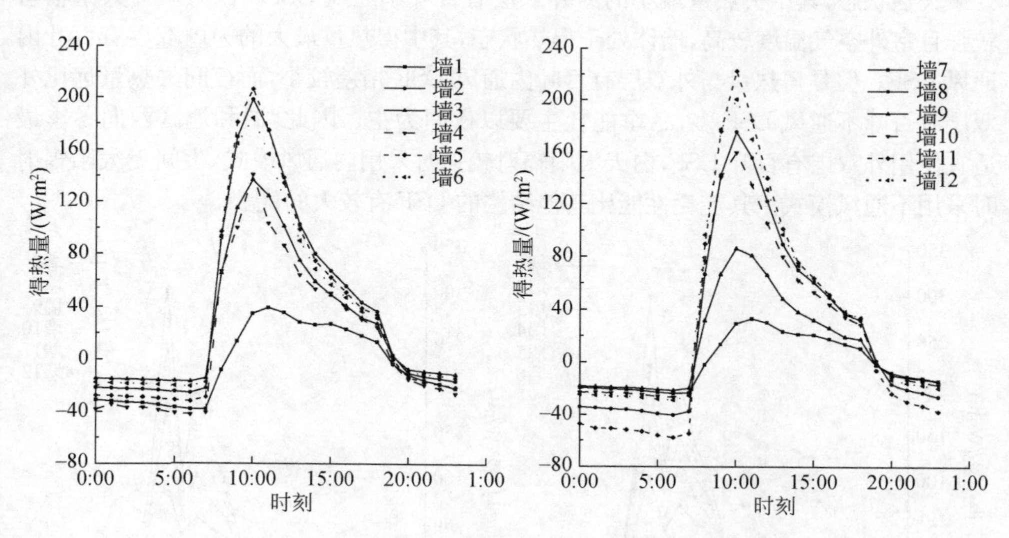

图 6.39　昆明夏季典型计算日东向各类墙体得热量

表 6.35　昆明夏季典型计算日东向各类墙体峰值得热量和全天得热量

DSF 编号	墙 1	墙 2	墙 3	墙 4	墙 5	墙 6
峰值得热量/(W/m²)	39	198	136	141	206	184
全天得热量/(W/m²)	−101	920	662	361	845	851

续表

DSF 编号	墙 7	墙 8	墙 9	墙 10	墙 11	墙 12
峰值得热量/(W/m²)	33	176	86	160	223	201
全天得热量/(W/m²)	−8	621	305	671	626	855

综上所述,温和地区东向冬季最适宜使用外双层有百叶 DSF,而夏季最适宜使用内双层有百叶外通风 DSF。由图 6.38 和图 6.39 可知,夏季内双层有百叶外通风 DSF 能耗性能与外双层有百叶外通风 DSF 较为接近,而冬季两种结构的 DSF 能耗性能相差较大。因此,温和地区冬季东向最适宜使用外双层有百叶 DSF,冬季白天太阳辐射较强时采用内通风模式,夜间无太阳辐射时采用不通风模式,夏季采用外通风模式。

6.8.2 西向

昆明冬季典型计算日西向各类墙体得热量计算结果如图 6.40 所示,峰值得热量和全天得热量见表 6.36。昆明地区夜间室外无太阳辐射且室外空气温度较低,墙体处于失热状态,其中失热量最小的为外双层有百叶不通风 DSF。白天室外太阳辐射较强且室外空气温度较高,墙体处于得热状态,其中得热量最大的为内双层有百叶内通风 DSF。但是得热量与外双层有百叶内通风 DSF 相差较小,而夜间失热量远比外双层有百叶不通风 DSF 多,冬季能耗主要以夜间为主。因此,温和地区西向冬季最适宜使用外双层有百叶 DSF,白天太阳辐射较强时采用内通风模式,夜间无太阳辐射时采用不通风模式。其能耗性能比其他结构的 DSF 有较大的优势。

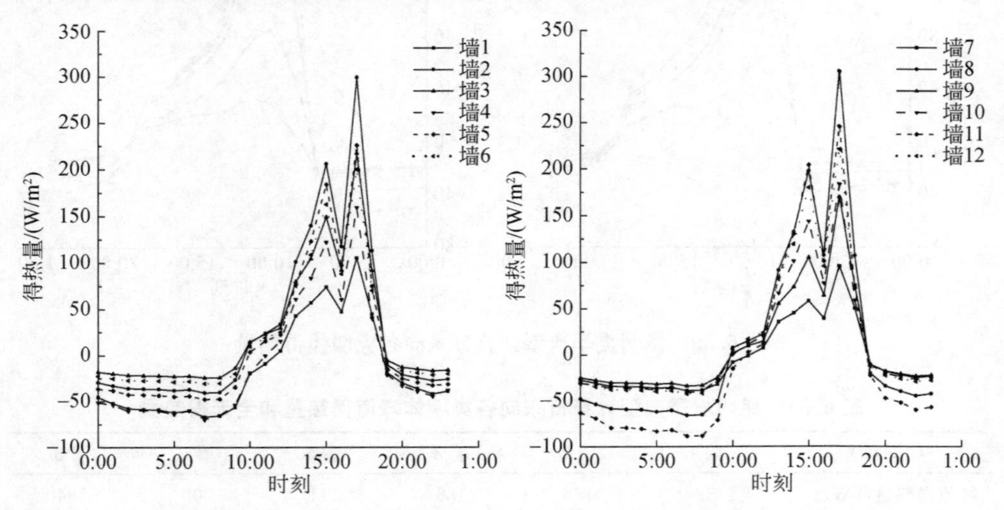

图 6.40　昆明冬季典型计算日西向各类墙体得热量

表 6.36　昆明冬季典型计算日西向各类墙体峰值得热量和全天得热量

DSF 编号	墙 1	墙 2	墙 3	墙 4	墙 5	墙 6
峰值得热量/(W/m²)	−67	−40	−24	−70	−47	−30
全天得热量/(W/m²)	−399	590	528	−247	273	410
DSF 编号	墙 7	墙 8	墙 9	墙 10	墙 11	墙 12
峰值得热量/(W/m²)	−39	−66	−34	−41	−88	−42
全天得热量/(W/m²)	−122	220	171	196	−189	324

昆明夏季典型计算日西向各类墙体得热量计算结果如图 6.41 所示，峰值得热量和全天得热量见表 6.37。昆明地区夏季白天太阳辐射较强且室外空气温度较高，墙体处于得热状态，其中得热量最小的为内双层有百叶外通风 DSF。夜间室外无太阳辐射且室外空气温度较低，墙体处于失热状态，其中失热量最小的为内双层无百叶内通风的 DSF，但是与内双层有百叶外通风 DSF 失热量相差极小，且夏季主要考虑白天的能耗情况。因此，温和地区西向夏季最适合使用内双层有百叶外通风 DSF。

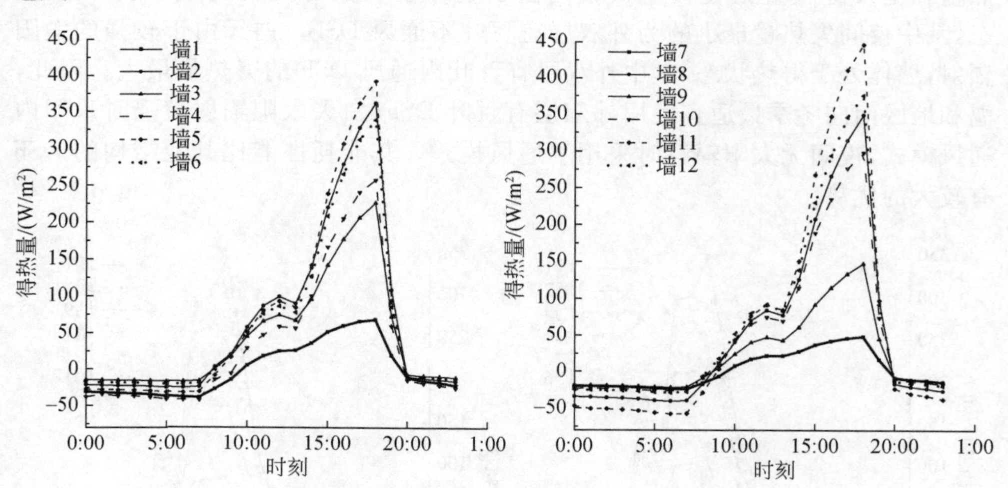

图 6.41　昆明夏季典型计算日西向各类墙体得热量

表 6.37　昆明夏季典型计算日西向各类墙体峰值得热量和全天得热量

DSF 编号	墙 1	墙 2	墙 3	墙 4	墙 5	墙 6
峰值得热量/(W/m²)	68	361	226	257	392	339
全天得热量/(W/m²)	−17	1547	1022	803	1542	1446

续表

DSF 编号	墙 7	墙 8	墙 9	墙 10	墙 11	墙 12
峰值得热量/(W/m²)	48	349	148	298	447	376
全天得热量/(W/m²)	45	1244	539	1194	1447	1519

综上所述,温和地区西向冬季最适宜使用外双层有百叶 DSF,而夏季最适宜使用内双层有百叶 DSF。由图 6.40 和图 6.41 可知,夏季内双层有百叶外通风 DSF 能耗性能与外双层有百叶外通风 DSF 较为接近,而冬季两种结构的 DSF 能耗性能相差较大。因此,温和地区西向最适宜使用外双层有百叶 DSF,冬季白天太阳辐射较强时采用内通风模式,夜间无太阳辐射时采用不通风模式,夏季采用外通风模式。

6.8.3　南向

昆明冬季典型计算日南向各类墙体得热量计算结果如图 6.42 所示,峰值得热量和全天得热量见表 6.38。夜间由于室外空气温度较低,墙体处于失热状态,其中夜间失热量最小的为外双层有百叶不通风 DSF。白天由于较强的太阳辐射,墙体处于得热状态,其中外双层有百叶内通风 DSF 的得热量最大。因此,温和地区南向冬季最适宜使用外双层有百叶 DSF,白天太阳辐射较强时采用内通风模式,夜间无太阳辐射时采用不通风模式。其能耗性能比其他结构的 DSF 有较大的优势。

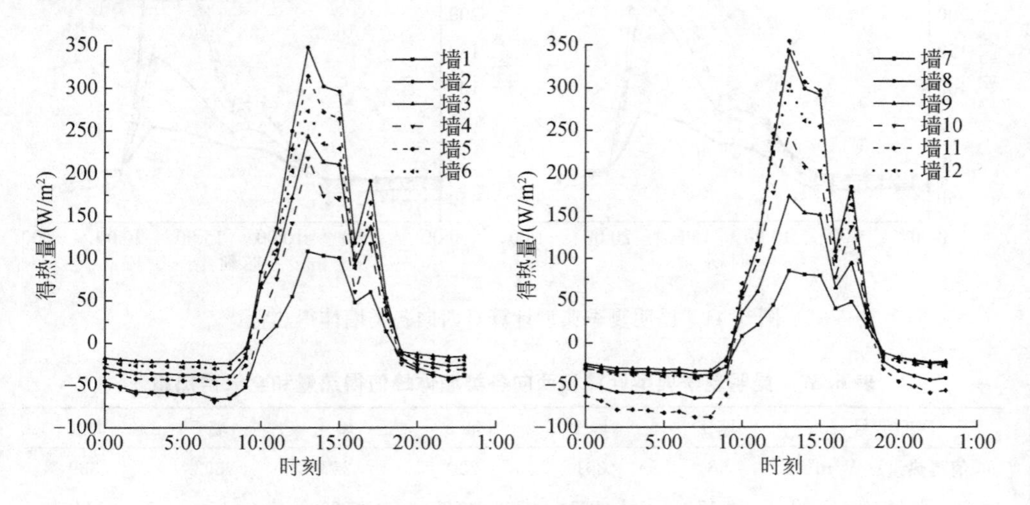

图 6.42　昆明冬季典型计算日南向各类墙体得热量

表 6.38　昆明冬季典型计算日南向各类墙体峰值得热量和全天得热量

DSF 编号	墙 1	墙 2	墙 3	墙 4	墙 5	墙 6
峰值得热量/(W/m²)	−67	−40	−24	−70	−47	−30
全天得热量/(W/m²)	−233	1325	1006	231	1014	1040
DSF 编号	墙 7	墙 8	墙 9	墙 10	墙 11	墙 12
峰值得热量/(W/m²)	−39	−66	−34	−41	−88	−42
全天得热量/(W/m²)	−20	917	479	758	653	1026

昆明夏季典型计算日南向各类墙体得热量计算结果如图 6.43 所示，峰值得热量和全天得热量见表 6.39。昆明地区夏季白天太阳辐射较强且室外空气温度较高，墙体处于得热状态，其中得热量最小的为外双层有百叶外通风 DSF。夜间室外无太阳辐射且室外空气温度较低，墙体处于失热状态，其中失热量最小的为内双层无百叶内通风 DSF。但是与外双层有百叶外通风 DSF 失热量相差极小，且夏季主要考虑白天的能耗情况。因此，温和地区南向夏季最适宜使用外双层有百叶外通风 DSF。

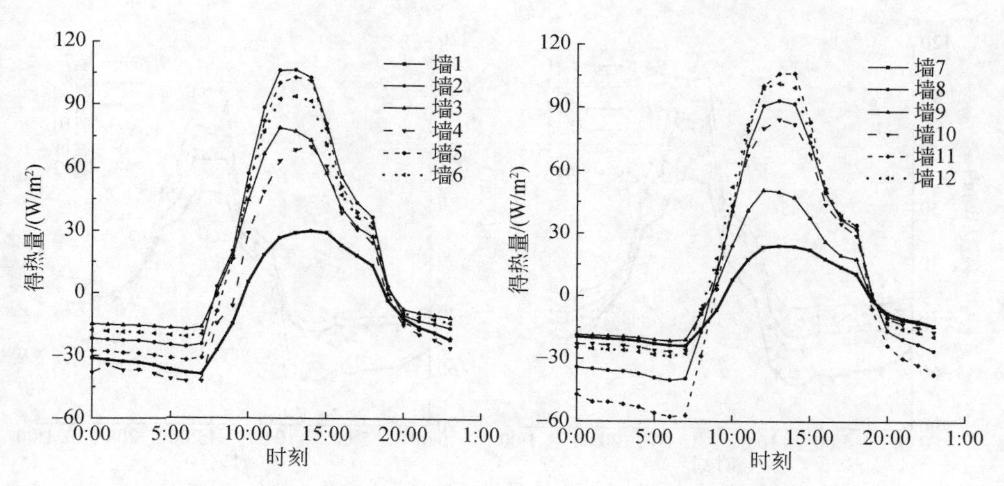

图 6.43　昆明夏季典型计算日南向各类墙体得热量

表 6.39　昆明夏季典型计算日南向各类墙体峰值得热量和全天得热量

DSF 编号	墙 1	墙 2	墙 3	墙 4	墙 5	墙 6
峰值得热量/(W/m²)	30	106	79	70	103	94
全天得热量/(W/m²)	−201	460	352	15	338	412

续表

DSF 编号	墙 7	墙 8	墙 9	墙 10	墙 11	墙 12
峰值得热量/(W/m²)	24	93	50	84	106	101
全天得热量/(W/m²)	−83	191	100	284	61	367

综上所述，温和地区南向最适合使用外双层有百叶 DSF，冬季白天太阳辐射较强时采用内通风模式，夜间无太阳辐射的采用不通风模式，夏季采用外通风模式。

6.8.4　北向

昆明冬季典型计算日北向各类墙体得热量计算结果如图 6.44 所示，峰值得热量和全天得热量见表 6.40。昆明地区夜间室外无太阳辐射且室外空气温度较低，墙体处于失热状态，其中失热量最小的为外双层有百叶不通风 DSF。白天室外太阳辐射较强且室外空气温度较高，墙体处于得热状态，其中得热量最大的为外双层有百叶内通风 DSF。因此，温和地区北向冬季最适宜使用外双层有百叶 DSF，白天太阳辐射较强时采用内通风模式，夜间无太阳辐射时采用不通风模式。

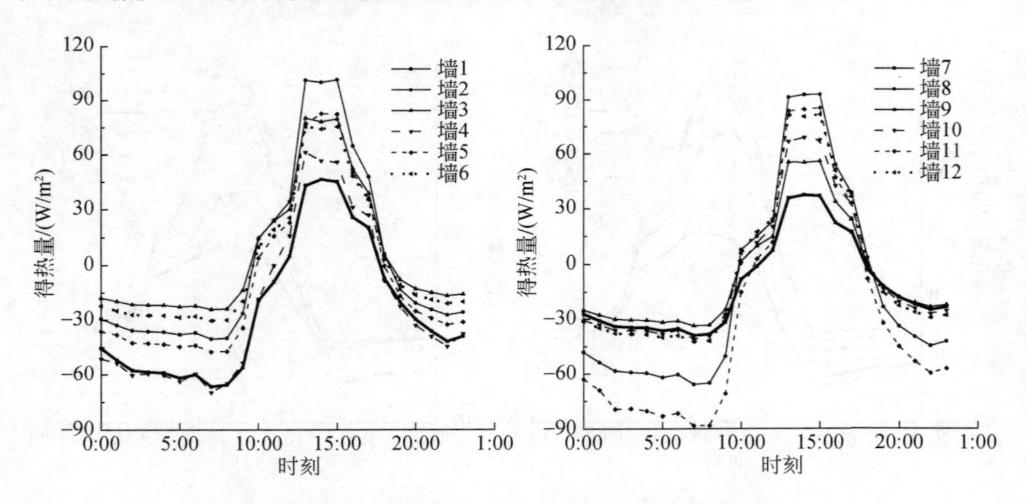

图 6.44　昆明冬季典型计算日北向各类墙体得热量

表 6.40　昆明冬季典型计算日北向各类墙体峰值得热量和全天得热量

DSF 编号	墙 1	墙 2	墙 3	墙 4	墙 5	墙 6
峰值得热量/(W/m²)	−67	−40	−24	−70	−47	−30
全天得热量/(W/m²)	−600	30	125	−553	−185	13

续表

DSF 编号	墙 7	墙 8	墙 9	墙 10	墙 11	墙 12
峰值得热量/(W/m²)	−39	−66	−34	−41	−88	−42
全天得热量/(W/m²)	−301	−351	−149	−158	−708	−120

昆明夏季典型计算日北向各类墙体得热量计算结果如图 6.45 所示，峰值得热量和全天得热量见表 6.41。昆明地区夏季白天太阳辐射较强且室外空气温度较高，墙体处于得热状态，其中得热量最小的为内双层有百叶外通风 DSF。夜间室外无太阳辐射且室外空气温度较低，墙体处于失热状态，其中失热量最小的为内双层无百叶内通风 DSF。但是与内双层有百叶外通风 DSF 失热量相差极小，且夏季主要考虑白天的能耗情况。因此，温和地区北向夏季最适合使用内双层有百叶外通风 DSF。

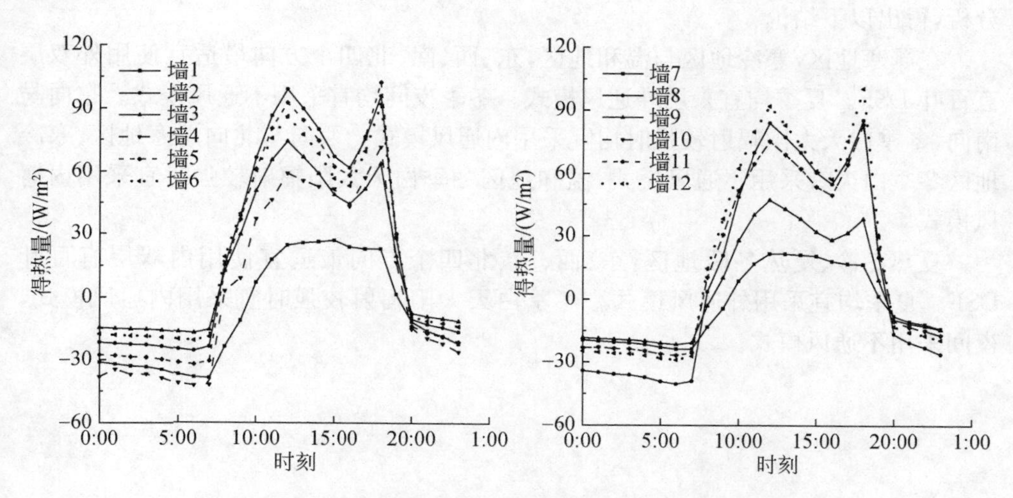

图 6.45　昆明夏季典型计算日北向各类墙体得热量

表 6.41　昆明夏季典型计算日北向各类墙体峰值得热量和全天得热量

DSF 编号	墙 1	墙 2	墙 3	墙 4	墙 5	墙 6
峰值得热量/(W/m²)	27	99	74	72	102	92
全天得热量/(W/m²)	−183	561	421	109	463	526
DSF 编号	墙 7	墙 8	墙 9	墙 10	墙 11	墙 12
峰值得热量/(W/m²)	22	86	47	83	109	101
全天得热量/(W/m²)	−71	280	136	388	199	491

综上所述，温和地区北向冬季最适宜使用外双层有百叶 DSF，而夏季最适宜使用内双层有百叶 DSF。由图 6.44 和图 6.45 可知，夏季内双层有百叶外通风 DSF 能耗性能与外双层有百叶外通风 DSF 较为接近，而冬季两种结构的 DSF 能耗性能相差较大。因此，温和地区北向最适宜使用外双层有百叶 DSF，冬季白天太阳辐射较强时采用内通风模式，夜间无太阳辐射时采用不通风模式，夏季采用外通风模式。

6.9 小 结

双层皮幕墙的结构和运行方式较多，导致其光、热、能耗性能和气候适用性不同，因此不同气候区适用的 DSF 结构和运行方式亦不同。本章通过对不同气候区夏季典型计算日和冬季典型计算日的各种结构与运行方式的 DSF 能耗性能进行分析，得出以下结论：

在严寒地区、寒冷地区与温和地区，东、西、南、北四个方向最适宜使用外双层有百叶 DSF。夏季均宜采用外通风模式。冬季夜间均宜采用不通风模式。东向与南向，冬季白天太阳辐射较强时均宜采用内通风模式。西向与北向严寒地区、寒冷地区冬季白天宜采用不通风模式，温和地区冬季白天太阳辐射较强时宜采用内通风模式。

夏热冬冷、夏热冬暖地区，东、西、南、北四个方向最适宜使用内双层有百叶 DSF。夏季均宜采用外通风模式。冬季白天太阳辐射较强时宜采用内通风模式，夜间采用不通风模式。

第7章　夏热冬冷地区双层皮幕墙适宜性分析

7.1　概　　述

我国夏热冬冷地区介于寒冷地区和夏热冬暖地区之间，北起淮阴至若尔盖一线，南至福州、韶关、柳州一线，西至四川、贵州、广西东部一部分，东至东部沿海一线，涵盖16个省（自治区、直辖市），人口密集，是我国经济较为发达地区。夏热冬冷地区公共建筑开发量大，玻璃幕墙是公共建筑外围护结构的主要形式。在夏季，由于纬度较低，太阳辐射强烈。该地区大多数城市白天的气温都达到35℃以上，七月平均气温比同纬度的其他地区一般高2℃左右。夜间又由于受城市热岛效应和温室效应的影响，室内白天积聚的热量无法散入室外，导致室内温度较高。在冬季，该地区受到西北边西伯利亚寒潮的影响，又由于所处的地理位置，冷空气积聚且难以散去，寒冷季节时间长达两个多月。夏季更加炎热，冬季更加寒冷。两种极端的气候更替给夏热冬冷地区建筑外围护结构的节能带来了很大的挑战。

由第6章可知，夏热冬冷地区冬季寒冷潮湿、夏季炎热潮湿的气候特点决定了双层中空玻璃置于内侧的有百叶双层皮幕墙热性能更佳。本章以内双层有百叶双层皮幕墙结构作为模拟计算对象，模拟计算双层皮幕墙的全年能耗，并与夏热冬冷地区六个城市最为普遍使用的围护结构类型如黏土实心砖外墙、加气混凝土砌块外墙等进行了比较，分析双层皮幕墙在夏热冬冷地区的适宜性和经济性。

7.2　夏热冬冷地区常见外围护结构类型

在我国夏热冬冷地区，常见的围护结构类型有黏土实心砖外墙、黏土空心砖＋聚苯乙烯泡沫板（EPS）外保温外墙、钢筋混凝土＋EPS外保温外墙、加气混凝土砌块外墙、加气混凝土砌块＋挤塑聚苯保温板外墙、双层中空玻璃幕墙以及通风式双层皮幕墙等。常见外墙材料的热工性能指标见表7.1。

表7.1　常见外墙材料的热工性能指标[1]

序号	材料名称	厚度/mm	导热系数/[W/(m·K)]
1	水泥砂浆	20	0.93

续表

序号	材料名称	厚度/mm	导热系数/[W/(m·K)]
2	黏土实心砖	240	0.70
3	黏土空心砖	240	0.64
4	加气混凝土砌块	200	0.22
5	钢筋混凝土	200	1.74
6	EPS外保温	40	0.04
7	挤塑聚苯保温板	20	0.03
8	透明玻璃	5、6	0.76

然而，在夏热冬冷地区，传统的黏土实心砖＋水泥砂浆仍然是建筑中使用最多的外墙材料，尤其在已有建筑和自建居住建筑中。为了满足建筑节能的需要，该墙体类型在公共建筑中的使用被禁止，取而代之的是各种各样的保温墙体，但因其使用面积之广，用量之大，其在使用过程中的能耗情况应得到足够的重视。

7.3　双层皮幕墙能耗模拟和比较

现代建筑中，玻璃外立面的使用越来越多，在追求节能和美观的矛盾下，双层皮幕墙系统应运而生。在夏热冬冷地区，除了双层皮幕墙外，单层玻璃幕墙(由双层中空玻璃构成)以及其他保温墙体与双层中空玻璃窗构成的外墙均是常见的围护结构形式。双层皮幕墙与这些墙体的能耗相比如何，是否适合在夏热冬冷地区使用？要回答这个问题，需要对它们的全年能耗进行模拟分析比较。表 7.2 是进行模拟比较的围护结构类型。

表 7.2　能耗计算比较用围护结构

编号	围护结构构造	窗墙比
1#	黏土实心砖墙＋(5mm＋12A＋5mm)双层中空钢化玻璃窗	0.3
2#	(黏土空心砖＋EPS外保温墙)＋ (5mm＋12A＋5mm)双层中空钢化玻璃窗	0.3
3#	(钢筋混凝土＋EPS外保温墙)＋ (5mm＋12A＋5mm)双层中空钢化玻璃窗	0.3
4#	(加气混凝土砌块＋挤塑聚苯保温板墙)＋(5mm＋12A＋5mm)双层中空钢化玻璃窗	0.3
5#	外百叶＋(6mm＋12A＋6mm)双层中空钢化玻璃幕墙	0.7
6#	双层皮幕墙[6mm 钢化玻璃＋(6mm＋12A＋6mm)钢化玻璃]	0.7

7.3.1　气象参数和代表城市的选择

模拟过程中气象参数至关重要。本章采用由中国气象局气象信息中心气象资料室和清华大学建筑学院建筑技术科学系共同提供的《中国建筑热环境分析专用气象数据集》[2]。该气象数据以全国 270 个地面气象台站 1971～2003 年的实测气象数据为基础，通过分析、整理、补充源数据以及合理的插值计算，获得了全国 270 个台站的建筑热环境分析专用气象数据集，其数据内容包括根据观测资料整理出的设计用室外气象参数，以及由实测数据生成的动态模拟分析用逐时气象参数。

我国夏热冬冷地区区域内不同地方气候特点差异大。为了更加有代表性，本章选择上海、南京、长沙、武汉、重庆、成都六个城市作为夏热冬冷地区的代表城市进行模拟。图 7.1 是这六个城市全年室外温度值。

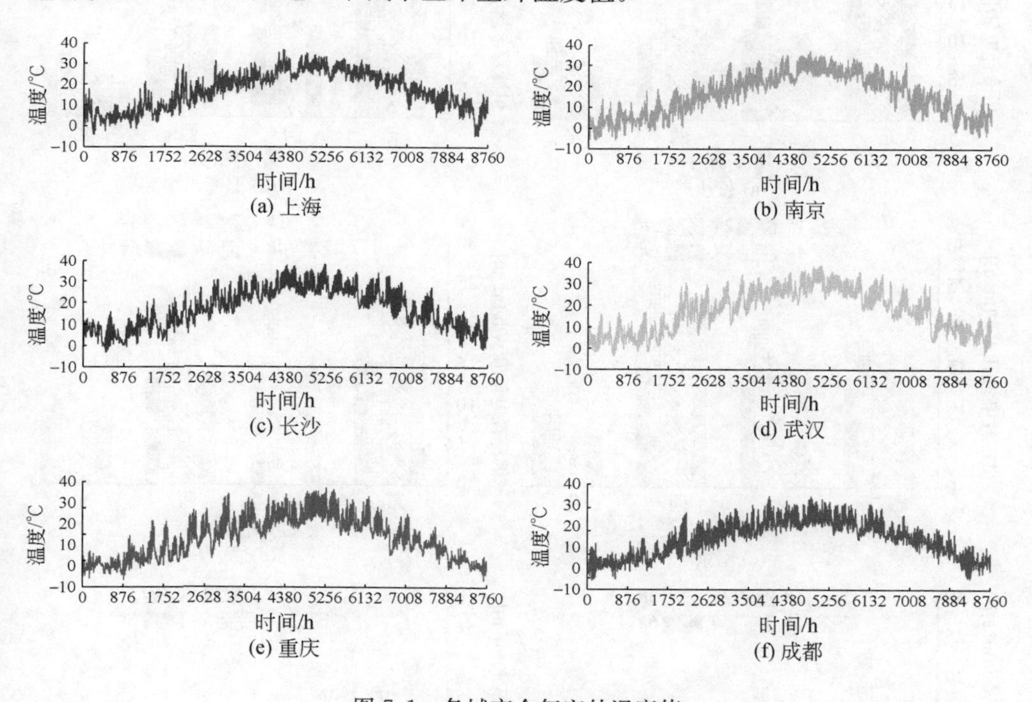

图 7.1　各城市全年室外温度值

7.3.2　能耗计算和比较

夏热冬冷地区，建筑能耗主要集中于夏季和冬季。夏季建筑须采取空调或其他供冷方式以达到室内要求的热环境，冬季同样须采取空调或其他供暖方式以维持室内要求的热环境。过渡季节则可通过通风或增减着衣量来达到调节热舒适的方式,无需空调。采用前面章节提出的内双层有百叶外通风 DSF 动态热传递模型及开发的模拟计算模块进行模拟计算。夏季模拟时段为 6 月 15 日～9 月 15 日,冬季时段为 12 月 1 日～2 月 28 日。对东、西、南、北四个朝向的墙体均进行模拟计算,并分别进行比较。其中,5＃和 6＃围护结构中的百叶角度均为 45°,夏季室内空调温度设定为 26℃,冬季室内供暖温度设定为 18℃。按照 GB 50189—2015《公共建筑节能设计标准》[3] 给出的换算方法,将模拟计算得到的供冷供暖季得(失)热量换算为耗电量进行比较分析,如图 7.2 和图 7.3 所示。

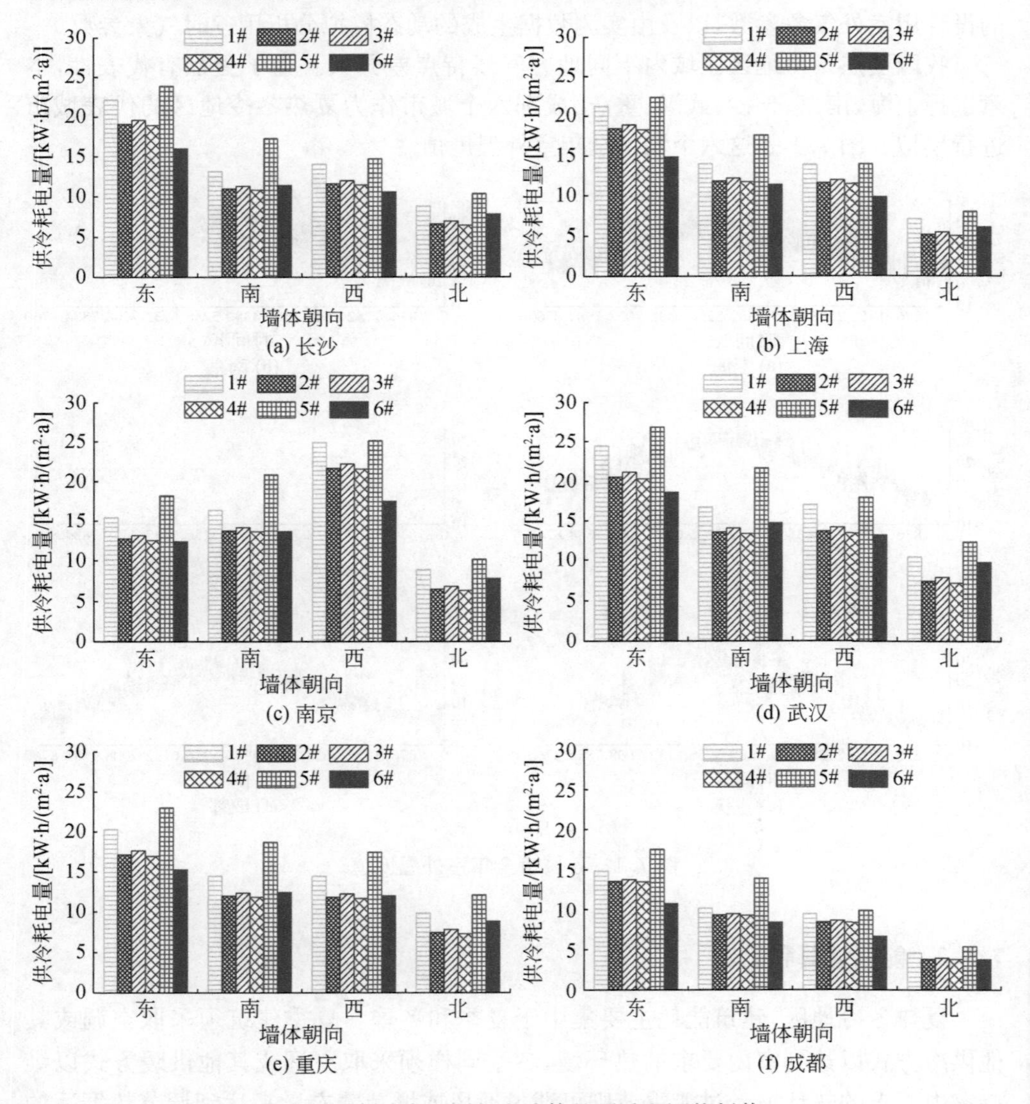

图 7.2　各城市不同朝向墙体的夏季空调能耗值

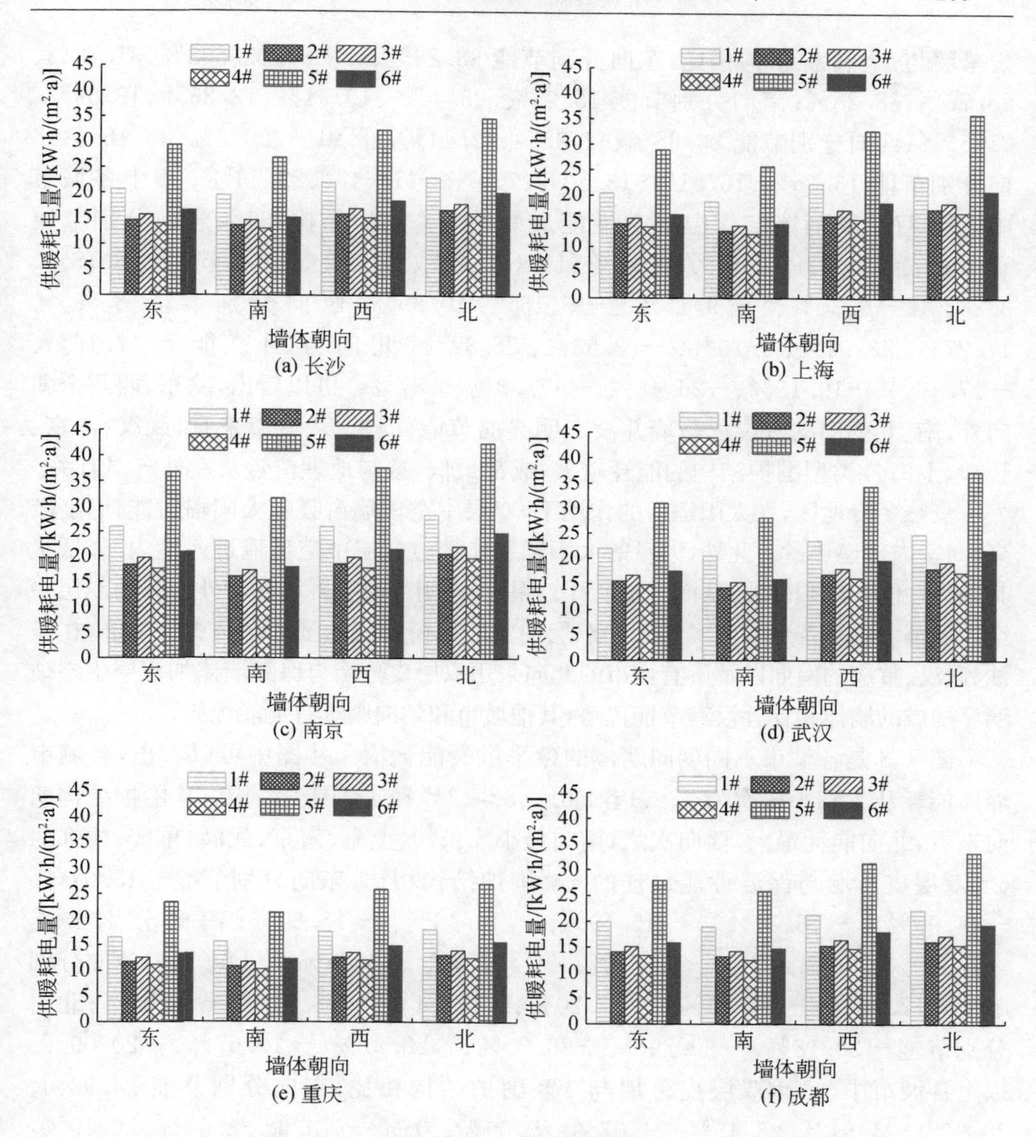

图 7.3　各城市墙体冬季供暖能耗值

图 7.2 是各城市不同朝向墙体的夏季空调能耗值。从朝向看，除南京之外，其余城市东向墙体能耗量最大，这与气象参数有关。从墙体类型来看，5＃围护结构能耗量最大，因为外百叶＋双层中空钢化玻璃构成的幕墙系统热工性能差，除了有太阳辐射得热量进入室内外，大量的热量通过温差传热进入室内。除了各城市的北向、长沙南向、南京南向及重庆南向和西向外，双层皮幕墙比保温墙体加双层中空玻璃构成的墙体形式能耗更低。长沙、上海、南京、武汉、重庆、成都的 6＃双层

皮幕墙与1#围护结构相比,东向分别节能38.28%、42.63%、25.05%、31.72%、28.76%、38.28%;南向分别节能15.25%、23.47%、19.91%、13.85%、16.39%、21.56%;西向分别节能33.38%、42.36%、42.44%、28.91%、20.8%、43.16%;北向分别节能13.06%、16.81%、13.50%、7.07%、11.64%、22.56%。以上各城市中,6#双层皮幕墙与保温隔热性能最好的4#围护结构相比,东向分别节能18.15%、22.88%、1.40%、9.17%、11.1%、25.71%;南向分别节能−5.18%、3.20%、−0.36%、−9.17%、−5.16%、10.89%;西向分别节能8.69%、17.27%、23.04%、1.70%、−2.63%、26.89%;北向分别节能−17.16%、−17.46%、−19.18%、−26.48%、−17.53%、0.87%。可以看出,除东、西两个朝向外,南、北朝向的双层皮幕墙并没有明显的节能优势。从城市来看,武汉、南京、长沙、上海各类型围护结构的能耗较大,成都最低,这与地理位置及室外气温有关。

夏热冬冷地区,在太阳辐射的作用下,双层中空玻璃窗吸收太阳辐射能,温度较高,向室内传递热量。此外,大量的太阳辐射能透过双层中空玻璃进入室内,降低了其隔热性能和遮阳性能,从而增加能耗。因此,采用双层皮幕墙比带外百叶的双层中空玻璃幕墙以及普通黏土实心砖加双层中空玻璃窗构成的围护结构更加节能,在长沙、武汉、重庆的南向以及所有城市的北向采用双层皮幕墙与保温墙体加双层中空玻璃窗构成的墙体相比并没有节能优势,其他城市和朝向则具有节能优势。

图7.3是各城市不同朝向墙体的冬季供暖能耗值。从图中可以看出,各城市墙体能耗从大到小依次为5#、1#、6#、3#、2#和4#围护结构。从围护结构朝向来看,北向能耗最大,西向次之,南向最小。长沙、上海、南京、武汉、重庆、成都的6#双层皮幕墙与保温性能最佳的4#围护结构相比,东向分别节能−15.64%、−14.99%、−16.01%、−15.49%、−16.49%、−15.60%;南向分别节能−14.69%、−13.98%、−14.58%、−14.78%、−15.76%、−14.63%;西向分别节能−17.98%、−17.49%、−17.20%、−17.81%、−18.41%、−18.09%;北向分别节能−20.18%、−20.29%、−20.20%、−20.27%、−19.67%、−20.09%。以上各城市中,6#双层皮幕墙与1#围护结构相比,东向分别节能24.93%、26.33%、24.81%、25.46%、24.07%、25.69%;南向分别节能28.64%、30.19%、28.85%、28.80%、27.53%、29.16%;西向分别节能19.33%、20.11%、21.29%、19.67%、18.65%、19.04%;北向分别节能14.42%、14.08%、14.86%、14.22%、15.80%、14.58%。对于同朝向、同类型的围护结构,重庆地区能耗最低,这同样与该地区的室外气候特点息息相关。综上所述,双层皮幕墙冬季热工性能虽不及2#、3#、4#围护结构,但比1#和5#围护结构更佳。

在夏热冬冷地区,冬季室内阴冷,除了提高围护结构保温性能外,最大限度利用太阳辐射是降低供暖负荷、改善室内热环境最有效的办法。在以上各种围护结构类型中，2＃、3＃、4＃围护结构材料的保温性能较好，使其冬季能耗相对较低。而1＃和5＃围护结构保温性能较差，从而导致其冬季能耗量较大。而双层皮幕墙，冬季期间封闭空腔进出风口，加之双层中空空气夹层，形成双层空气保温层，大大提高了保温性能。与此同时，大面积的透明玻璃面积，能最大限度地接收太阳辐射能，从而改善冬季的能耗性能。

图7.4是各城市墙体的全年能耗计算值。从结果可知，5＃围护结构的能耗最大，1＃围护结构其次。各城市四个朝向的双层皮幕墙相对于其他类型围护结构的节能率见表7.3。

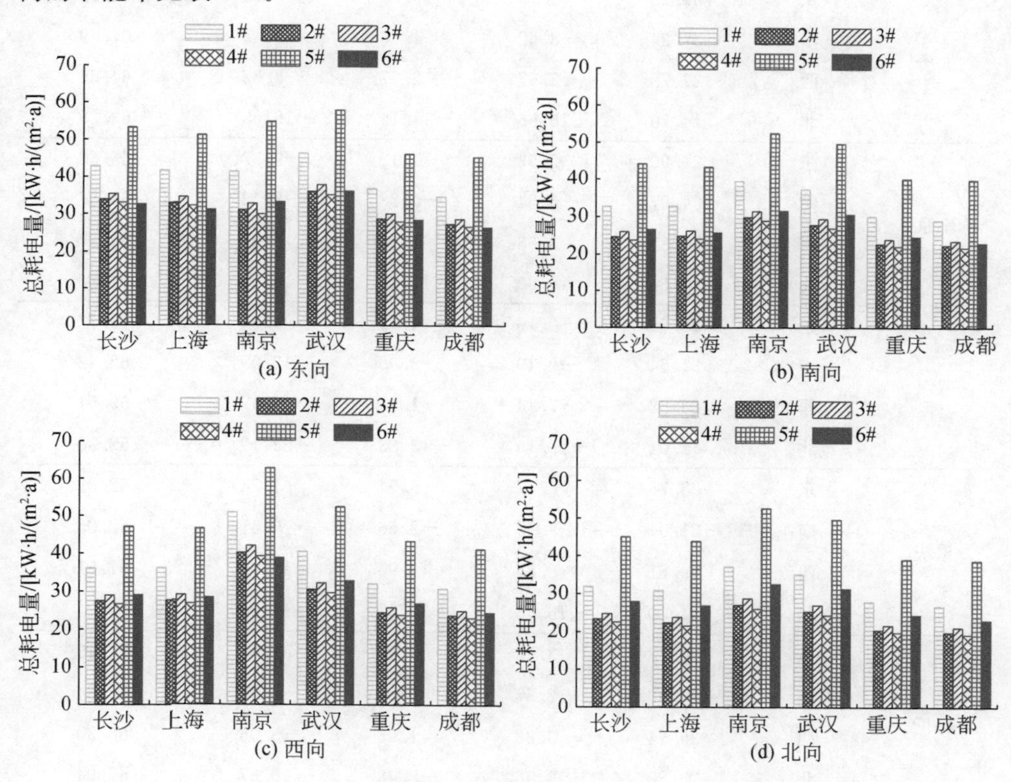

图7.4　各城市墙体的全年能耗计算值

从表中数据可知，6＃双层皮幕墙相对于1＃围护结构，各城市的东、南、西、北向至少分别节能24％、21％、19％、12％。6＃双层皮幕墙相对于5＃围护结构无论是哪个城市哪个朝向，至少节能58％。而相对于其他保温墙体加双层中空玻璃窗的围护结构形式(2＃、3＃、4＃围护结构)，视具体城市和朝向，有的朝向6＃双层皮幕墙节能性能更佳，有的则更差。除北向外，在其他朝向上，双层皮幕墙与它们之间的差别平均在10％以内。

表 7.3　双层皮幕墙(6♯)相对于其他围护结构的节能率　(单位:%)

城市	朝向	双层皮幕墙相对于其他围护结构的节能率				
		1♯	2♯	3♯	4♯	5♯
长沙	东	31.49	3.54	8.32	0.97	63.51
	南	22.90	−7.71	−2.42	−10.62	66.10
	西	24.43	−5.54	−0.40	−8.30	62.38
	北	14.04	−16.37	−11.13	−19.34	61.38
上海	东	34.13	5.73	10.60	3.14	64.92
	南	27.24	−3.52	1.76	−6.42	67.89
	西	27.78	−2.67	2.57	−5.52	64.56
	北	14.70	−16.56	−11.15	−19.65	63.25
南京	东	24.90	−6.53	−1.12	−9.53	65.58
	南	24.97	−5.54	−0.28	−8.42	66.57
	西	30.81	3.33	8.13	0.91	61.37
	北	14.54	−16.90	−11.46	−19.96	61.86
武汉	东	28.68	−0.16	4.71	−2.81	60.77
	南	21.64	−9.19	−3.95	−12.09	62.42
	西	23.38	−7.14	−1.94	−9.97	59.51
	北	12.01	−19.15	−13.83	−22.19	58.36
重庆	东	28.76	0.77	5.54	−1.74	62.09
	南	21.91	−7.75	−2.66	−10.41	62.05
	西	19.61	−8.85	−3.95	−11.35	61.51
	北	14.30	−16.08	−10.87	−18.90	60.04
成都	东	30.78	3.65	8.48	1.09	71.43
	南	26.40	−2.57	2.64	−5.36	72.84
	西	25.54	−3.22	1.95	−5.96	68.30
	北	15.88	−13.76	−8.48	−16.67	67.94

以上模拟的围护结构是夏热冬冷地区最有代表性和普遍采用的形式。作者认为,眼下建筑师越来越热衷于设计使用玻璃幕墙,从能耗特性看,当前大量使用的单层玻璃幕墙和双层中空玻璃幕墙并不节能,不适用于该地区。而双层皮幕墙在能耗方面稍逊色于或接近当前常用围护结构形式,但同时兼顾其良好的采光和视觉性能以及其他传统墙体所没有的优势。因此,相较于普通单层、双层中空玻璃幕墙而言,双层皮幕墙更适用于夏热冬冷地区。当玻璃幕墙采用 Low-E、热反射以及

镀膜等新型玻璃后，其热工性能会更佳，有更大的节能空间。

7.4 经济性分析

双层皮幕墙的应用除应该考虑其热工性能和能耗性能外，还应对其经济性进行分析。本章结合已经计算的能耗值，分别对以上6种围护结构在使用寿命周期内的资金耗量现值进行计算。在进行经济性分析时，初始成本是反映这几种围护结构初投资的指标，见表7.4。

表7.4 各类围护结构初始成本计算

围护结构编号	费用项	单价	数量	费用/元	备注
1#	黏土实心砖	0.35元/块	128块	44.8	
	水泥砂浆	13元/m^2	2m^2	26	
	人工费	40元/m^2	1m^2	40	
	(5+12A+5)双层中空钢化玻璃窗 1.4mm 断桥铝合金框	380元/m^2	1m^2	380	
	窗户安装费用	50元/m^2	1m^2	50	
	平均成本/(元/m^2)			206.6	窗墙比0.3
2#	黏土空心砖	0.75元/块	97块	72.8	
	水泥砂浆	13元/m^2	2m^2	26	
	EPS保温板	9元/m^2	1m^2	9	
	人工费	70元/m^2	1m^2	70	
	(5+12A+5)双层中空钢化玻璃窗 1.4mm 断桥铝合金框	380元/m^2	1m^2	380	
	窗户安装费用	50元/m^2	1m^2	50	
	平均成本/(元/m^2)			253.5	窗墙比0.3
3#	钢筋混凝土	150元/m^2	1m^2	150	
	抹灰	13元/m^2	2m^2	26	
	EPS保温板	9元/m^2	1m^2	9	
	人工费	90元/m^2	1m^2	90	
	(5+12A+5)双层中空钢化玻璃窗 1.4mm 断桥铝合金框	380元/m^2	1m^2	380	
	窗户安装费用	50元/m^2	1m^2	50	
	平均成本/(元/m^2)			321.5	窗墙比0.3

续表

围护结构编号	费用项	单价	数量	费用/元	备注
4#	加气混凝土砌块	8元/块	9块	72	
	挤塑聚苯保温板	13元/m^2	1m^2	13	
	人工费	70元/m^2	1m^2	70	
	(5+12A+5)双层中空钢化玻璃窗 1.4mm 断桥铝合金框	380元/m^2	1m^2	380	
	窗户安装费用	50元/m^2	1m^2	50	
	平均成本/(元/m^2)			237.5	窗墙比0.3
5#	钢筋混凝土	150元/m^2	1m^2	150	
	抹灰	13元/m^2	2m^2	26	
	EPS保温板	9元/m^2	1m^2	9	
	人工费	90元/m^2	1m^2	90	
	(6+12A+6)双层中空钢化玻璃(夹胶)	150元/m^2	1m^2	150	
	铝型材	270元/m^2	1m^2	270	
	铝型材表面金属氟碳喷涂	130元/m^2	1m^2	130	
	驳接抓、镀锌连接件、不锈钢紧固件等	116元/m^2	1m^2	116	
	三元乙丙胶条	17元/m^2	1m^2	17	
	硅酮密封胶	30元/m^2	1m^2	30	
	安装辅料	15元/m^2	1m^2	15	
	加工制作费	45元/m^2	1m^2	45	
	电动遮阳百叶	420元/m^2	1m^2	420	
	安装运输保管费	80元/m^2	1m^2	80	
	平均成本/(元/m^2)			973.6	窗墙比0.7
6#	钢筋混凝土	150元/m^2	1m^2	150	
	抹灰	13元/m^2	2m^2	26	
	EPS保温板	9元/m^2	1m^2	9	
	人工费	90元/m^2	1m^2	90	
	(6+12A+6)双层中空钢化玻璃(夹胶)	150元/m^2	1m^2	150	
	6mm钢化玻璃	80元/m^2	1m^2	80	
	铝型材	270元/m^2	2m^2	540	
	铝型材表面金属氟碳喷涂	130元/m^2	2m^2	260	
	驳接抓、镀锌连接件、不锈钢紧固件等	116元/m^2	2m^2	232	
	三元乙丙胶条	17元/m^2	2m^2	34	

续表

围护结构编号	费用项	单价	数量	费用/元	备注
6#	硅酮密封胶	30元/m^2	2m^2	60	
	安装辅料	15元/m^2	2m^2	30	
	加工制作费	45元/m^2	2m^2	90	
	电动遮阳百叶	420元/m^2	1m^2	420	
	安装运输保管费	120元/m^2	1m^2	120	
	平均成本/(元/m^2)			1493.7	窗墙比0.7

注:材料费、人工费、安装运输保管费均是通过市场调查获取的平均价格。不同地区、不同材料、不同工艺之间存在一定的差异。

在进行围护结构使用寿命周期内资金耗量现值的计算过程中,忽略通货膨胀的影响,仅考虑银行存款利率对现金流产生的时间价值的影响,则在使用周期内总耗资现值计算式为[4]

$$\mathrm{PV}=\mathrm{CV}+\sum_{i=0}^{n}F_i\,(1+\mathrm{Ir})^{-i} \tag{7.1}$$

式中,PV为总耗资现值,元;CV为初始投资额,元;F_i为第i年现金流,元;Ir为存款利率,现行商业银行存款利率为1.5%。

计算中商业用电价格为1.0元/(kW·h)。根据JGJ 102—2003《玻璃幕墙工程技术规范》[5]的说明,幕墙构建设计使用年限一般可考虑不低于25年,且结构胶的使用年限一般为25年。因此,玻璃幕墙的使用年限也定为25年。各类围护结构在使用周期内的总耗资现值见表7.5。

表7.5 各类围护结构使用寿命周期内的总耗资现值

(单位:元/m^2)

城市	朝向	1#	2#	3#	4#	5#	6#
长沙	东	646.7	600.0	684.0	575.4	1520.8	1828.4
	南	542.7	505.8	588.3	481.9	1427.8	1767.2
	西	577.5	535.0	618.3	510.8	1457.6	1791.7
	北	533.9	493.6	576.6	469.0	1436.8	1780.7
上海	东	635.2	591.4	675.0	567.1	1500.6	1813.2
	南	543.4	508.8	590.9	485.2	1418.0	1758.4
	西	578.4	536.7	620.0	512.5	1452.5	1784.7
	北	523.1	483.8	566.7	459.2	1424.1	1769.7

续表

城市	朝向	1#	2#	3#	4#	5#	6#
南京	东	632.2	572.0	658.5	545.8	1537.8	1834.5
	南	611.4	559.4	644.5	534.1	1513.1	1817.6
	西	729.4	666.5	753.6	640.8	1618.5	1893.3
	北	588.9	530.9	617.0	504.6	1518.8	1827.5
武汉	东	683.8	623.7	709.8	597.9	1569.8	1864.5
	南	589.5	539.4	623.8	514.2	1484.9	1808.5
	西	622.8	566.7	652.3	541.2	1511.7	1831.0
	北	567.3	513.9	599.0	488.1	1483.7	1815.8
重庆	东	584.6	549.3	631.3	526.0	1449.4	1787.3
	南	515.9	487.6	568.5	464.8	1384.8	1747.4
	西	536.4	504.9	586.3	481.9	1418.9	1769.4
	北	493.2	463.9	545.0	440.9	1374.8	1744.5
成都	东	563.4	536.3	617.5	513.3	1441.3	1766.5
	南	505.3	483.5	564.1	461.2	1382.1	1730.0
	西	522.4	497.0	578.0	474.0	1397.0	1745.3
	北	481.1	457.8	538.3	434.9	1371.5	1730.6

从表中结果可以看出，在整个使用寿命周期内，资金耗费量从大到小依次是6#、5#、3#、1#、2#、4#。从经济性角度看，双层皮幕墙在使用寿命周期内，资金耗费量最大，最不经济，资金消耗量至少在1730元/m^2以上；带外百叶的单层玻璃幕墙其次，资金消耗量至少在1371元/m^2以上。从节能量和经济性来看，2#、3#、4#三种保温围护结构节能性和经济性最佳。而双层皮幕墙和带百叶的单层玻璃幕墙在追求通透性和美观性的同时，需付出经济性方面的代价。

7.5　小　　结

本章结合夏热冬冷地区的气候特点和围护结构类型，将双层皮幕墙的全年能耗与其他最为普遍的围护结构类型的全年能耗进行了比较分析。此外，还对各种围护结构类型的经济性进行了分析计算。具体内容如下：

(1) 计算了六种最常用的围护结构类型的冬、夏季以及全年能耗值。夏季，采用双层皮幕墙比带外百叶的双层中空玻璃幕墙以及普通黏土实心砖加双层中空玻璃窗构成的围护结构更加节能，在长沙、武汉、重庆的南向以及所有城市的北向采用双层皮幕墙与保温墙体加双层中空玻璃窗构成的墙体相比并没有节能优势，其他城市和朝向则具有节能优势。冬季，6＃双层皮幕墙比2＃、3＃和4＃三种保温墙体加中空玻璃窗的能耗稍高，但比1＃和5＃要低。从全年能耗来看，双层皮幕墙相对于5＃围护结构无论是哪个城市哪个朝向，至少节能57%以上。而相对于其他保温墙体加双层中空玻璃窗的围护结构形式（2＃、3＃、4＃），除北向外，在其他朝向上，双层皮幕墙与它们之间的差别平均在10%以内。从能耗特性看，当前大量使用的单层玻璃幕墙和双层中空玻璃幕墙并不节能，不适用于该地区。而双层皮幕墙在能耗方面稍逊色于或接近当前常用围护结构形式，但同时兼顾其良好的采光和视觉性能以及其他传统墙体所没有的优势，因此双层皮幕墙适用于夏热冬冷地区。

(2) 采用"使用寿命周期资金耗量现值法"对各种墙体的经济性进行了分析计算。从计算结果来看，2＃、3＃、4＃三种保温围护结构节能性和经济性最佳，而5＃和6＃围护结构由于初投资较大，经济性最差。

参考文献

[1] 中华人民共和国住房和城乡建设部，中华人民共和国国家质量监督检验检疫总局. GB 50736—2012　民用建筑供暖通风与空气调节设计规范. 北京：中国建筑工业出版社，2012.

[2] 中国气象局气象信息中心气象资料室，清华大学建筑技术科学系. 中国建筑热环境分析专用气象数据集. 北京：中国建筑工业出版社，2005.

[3] 中华人民共和国住房和城乡建设部，中华人民共和国国家质量监督检验检疫总局. GB 50189—2015　公共建筑节能设计标准. 北京：中国建筑工业出版社，2015.

[4] 曾峻，闫银灿. 财务管理学. 长春：吉林大学出版社，2009.

[5] 中华人民共和国建设部. JGJ 102—2003　玻璃幕墙工程技术规范. 北京：中国建筑工业出版社，2003.

第 8 章　双层皮幕墙与建筑能耗模拟平台的联合计算

8.1　概　述

本章基于前文提出的混合光学计算模型和改进的区域模型，开发了双层皮幕墙热传递动态模拟计算模块（dsfFMU），建立了计算模块 dsfFMU 与建筑能耗模拟平台耦合的国际通用模型标准接口（FMI），通过乒乓法实现了计算模块 dsfFMU 与建筑能耗模拟平台之间的数据交换和耦合计算。计算模块 dsfFMU 既能准确快速地独立逐时计算双层皮幕墙的全年能耗性能，又能在建筑能耗模拟平台上联合计算双层皮幕墙建筑的全年能耗。将计算模块 dsfFMU 嵌入到空调系统设计负荷计算软件中，还可以实现双层皮幕墙建筑空调系统设计负荷计算。鸿业负荷计算软件 V10.0 已嵌入了该模块，实现了双层皮幕墙建筑空调系统设计负荷的计算。下面主要介绍在 DeST 能耗模拟平台实现能耗模拟联合计算的技术路线和算例。

8.2　技术路线

8.2.1　独立开发的技术路线

如图 8.1 所示，双层皮幕墙的动态模拟计算 C++程序的独立开发技术路线是：首先开发太阳辐射模型，之后依次开发单层玻璃、多层玻璃和百叶的光学模型，其中百叶的光学模型采用直射辐射和散射辐射分离的混合算法。然后开发不带百叶双层皮幕墙的光学模型和带百叶双层皮幕墙的光学模型，并进行实验验证。在完成了光学模型之后，开发 2 种结构 12 种运行方式的双层皮幕墙动态传热区域模型，包括能量平衡模型和流动模型。然后对外双层有百叶外通风 DSF 和外双层无百叶外通风 DSF 进行热性能模拟，并通过实验验证模型的正确性。最后开发 2 种结构 12 种运行模式的双层皮幕墙热性能模拟计算 C++程序模块。

8.2.2　FMU/FMI 的开发框架简介

功能模型单元(FMU)是为开发独立 FMU 模块的软件开发人员提供的软件开

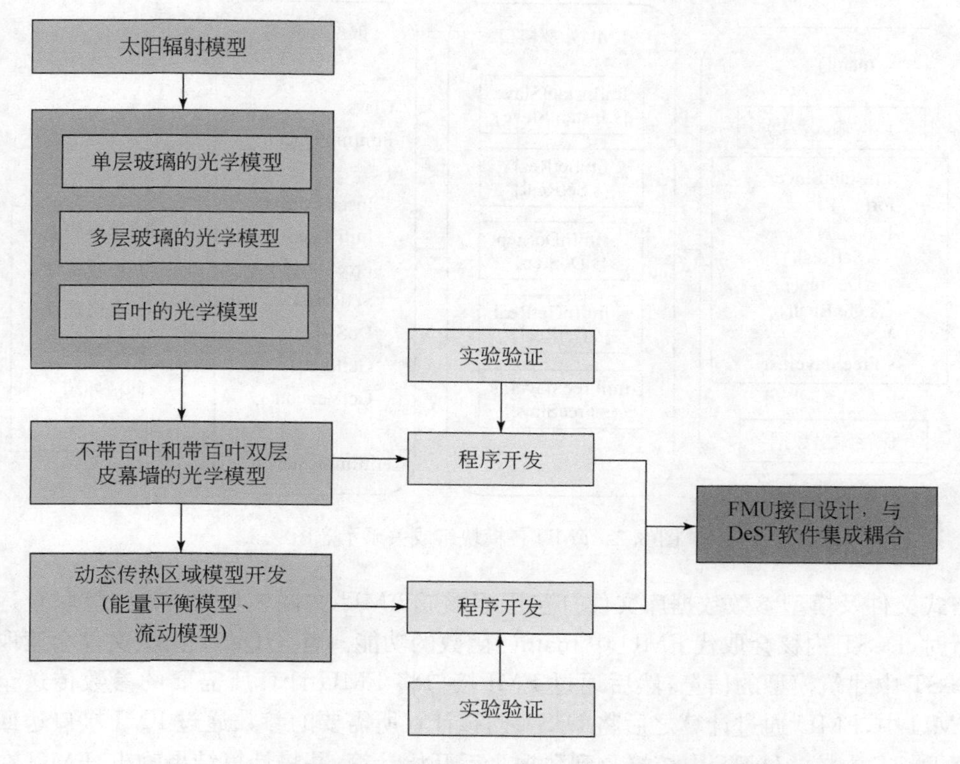

图 8.1　双层皮幕墙的动态模拟计算 C++程序的独立开发技术路线

发程序。该模块基于 FMU/FMI 技术以及标准的 FMU 开发框架。FMU 开发所涉及的关键技术有:FMI 标准接口函数实现、SQlite 数据库读写、模型解算器编写。FMU 各模块组成关系如图 8.2 所示,main()函数为主控函数,主控函数中主要包括 s. InstantSlave、s. SetReal()、s. DoStep()、s. GetReal()和 s. FreeSlaveInst 等函数。当 FMU 独立运行时,首先由 s. InstantSlave 函数开辟运行空间,s. SetReal()函数将 main()函数读取的输入参数通过 FMU 外部接口送至模型解算器,然后送至解算模块。当 s. SetReal()函数运行结束之后,s. DoStep()函数会通过 FMU 接口使模型解算器运行 DoStep()函数,从而使解算模块开始运行。s. DoStep()运行结束之后,s. GetReal()通过 FMU 接口读取模型解算器中解算模块运行的结果,送至 main()函数然后输出表格。

8.2.3　FMU 与 DeST 内核联合运行框架简介

FMU 与 DeST 内核联合运行的框架如图 8.3 所示。首先将 FMU 功能模块在 Windows 系统下执行 release 命令形成的 . dll 文件与 FMU 外部接口的 . xml

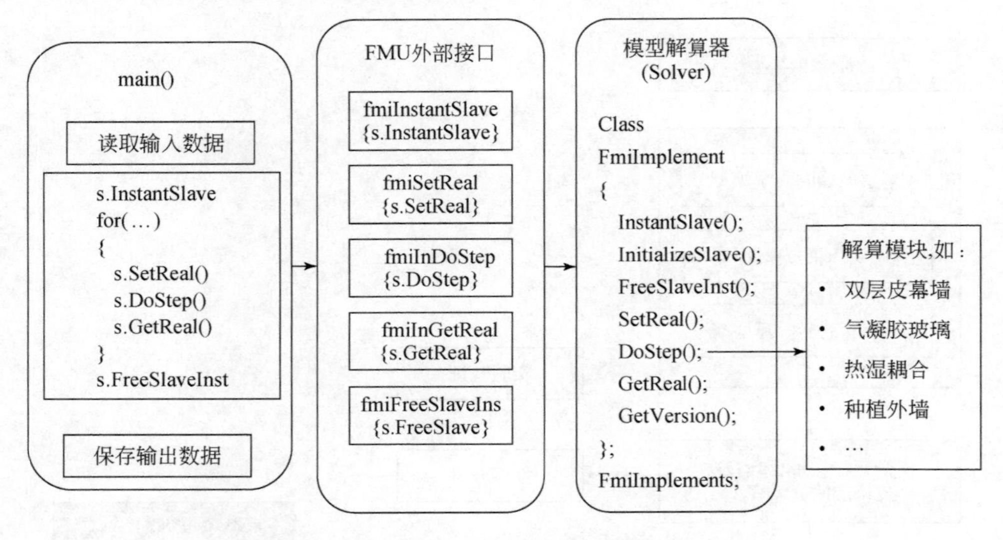

图 8.2　FMU 各模块组成关系示意图

格式文件及模型参数数据库文件打包压缩形成 FMU 文件。与 DeST 内核联合运行时,DeST 内核会取代 FMU 中 main()函数的功能。首先 DeST 内核文件会读取 DeST 中建筑模型的信息,然后通过 FMI 接口将 FMU 计算所需要的参数传送至 FMU 中,FMU 通过计算之后将 DeST 内核计算所需要的参数通过 FMI 接口送回至 DeST 内核。DeST 内核接收到数据之后开始计算,并将计算结果输出,FMU 在计算结束之后也会将送回至 DeST 内核的数据单独输出至表格。

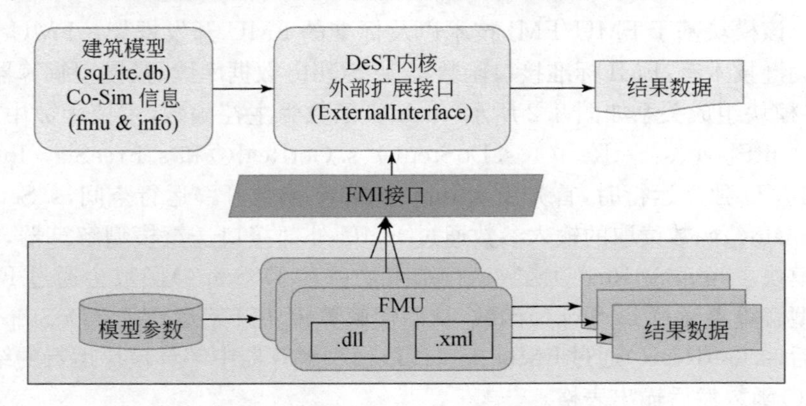

图 8.3　FMU 与 DeST 内核联合运行的框架示意图

8.2.4　FMU 框架下 DeST 联合仿真流程简介

FMU 框架下 DeST 联合仿真流程如图 8.4 所示。首先在 DeST 中创建建筑模型并设置需要与 FMU 联合计算的 FMI 对象，DeST 会自动分配运行内存，分配运行内存之后 DeST 内核会从数据库中读取建筑模型参数和气象参数。DeST 将需要与 FMU 联合计算的 FMI 对象实例化并初始化，初始化时 FMI 对象会从 DeST 内核中读取建筑模型参数和气象参数。FMI 对象与 FMU 通过 FMI 接口交换数据联合运行，直至同一个时刻前后两次运行的结果差值在规定的范围内，则认为联合运行达到收敛，然后此时刻解算结束开始进行下一个时刻的计算。当所有的时刻都运行结束后，DeST 释放 FMI 实例和内存并创建表格，输出计算结果。

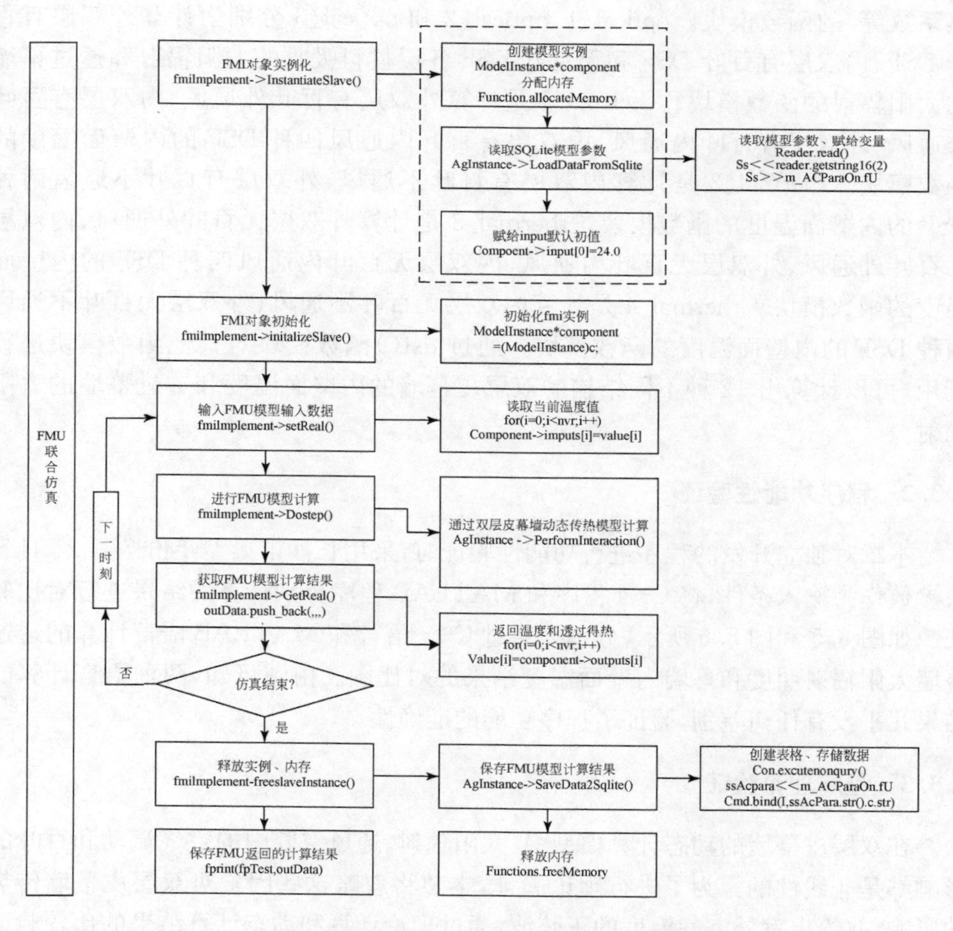

图 8.4　FMU 框架下 DeST 联合仿真流程

8.3 独立开发程序的验证

8.3.1 程序模块介绍

本章开发的 FMU 模块包括 10 个源程序块结构，其中 dsf()函数模块是由 DeST 主控程序 DoStep 函数直接调用的计算模块，property 和 property1 函数分别为计算有百叶时和无百叶时空气腔各个节点的空气参数(如动力黏滞系数、导热系数等)的函数模块。optical_1、optical_2 和 optical_3 分别为计算外双层有百叶 DSF、内双层有百叶 DSF 和无百叶 DSF 各层材料吸收的太阳辐射和透过幕墙的太阳辐射的函数模块。thermal_1 是计算外双层有百叶外通风、内双层有百叶外通风、外双层有百叶内通风、内双层有百叶内通风四种 DSF 的内壁面温度的函数模块。thermal_2 是计算内双层有百叶不通风、外双层有百叶不通风两种 DSF 的内壁面温度的函数模块。thermal_3 是计算外双层无百叶外通风、内双层无百叶外通风、外双层无百叶内通风、内双层无百叶内通风四种 DSF 的内壁面温度的函数模块。thermal_4 是计算内双层无百叶不通风、外双层无百叶不通风两种 DSF 的内壁面温度的函数模块。通过 dsf()函数模块对其他函数模块进行调用，可以计算出 12 种不同结构的双层皮幕墙的内壁面温度和透过幕墙的太阳辐射。

8.3.2 程序功能性验证

本章对独立开发的程序进行功能性验证时，采用长沙市典型年份 7 月 21 日气象参数作为输入条件，将 C++程序和 MATLAB 程序分别计算的结果进行对比验证。如图 8.5 和图 8.6 所示，分别为通过 C++语言和 MATLAB 语言计算的透过幕墙太阳辐射照度和幕墙内壁面温度结果的对比图。由图可知，两种语言计算的结果几乎没有任何差别，验证了程序功能的准确性。

8.3.3 程序理论验证

在双层皮幕墙的动态计算模型中，太阳辐射、通风空腔内的空气流动和百叶的影响都是非线性的。为了进行理论验证，本节将忽略这些因素对双层皮幕墙传热的影响，并给出室外空气温度的正弦波，通过理论计算和动态计算结果的比较验证程序的正确性，室外空气温度如图 8.7 所示。当通风空腔较大时，虽然关闭了通风口，空腔内传热仍会有空气流动的影响。为了降低空气流动带来的影响，取通风空腔宽度 $\delta_4=0.015\text{m}$，中空玻璃厚度为 $\delta_1=\delta_3=0.005\text{m}$，中空玻璃空气腔厚度为

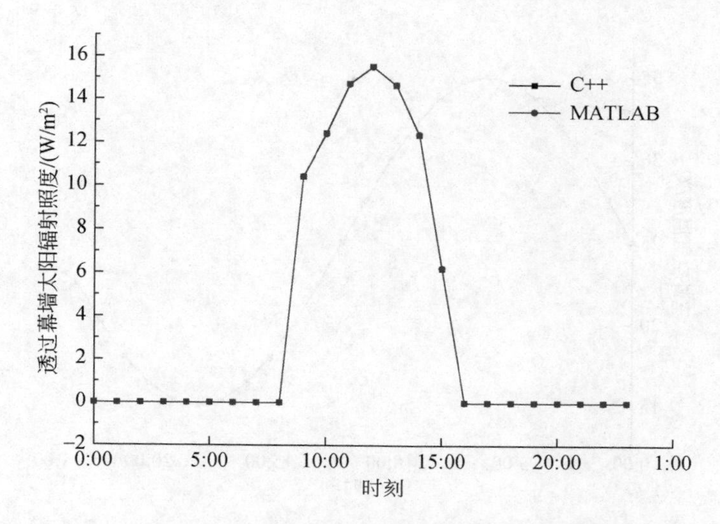

图 8.5　C++与 MATLAB 计算的透过幕墙太阳辐射照度对比

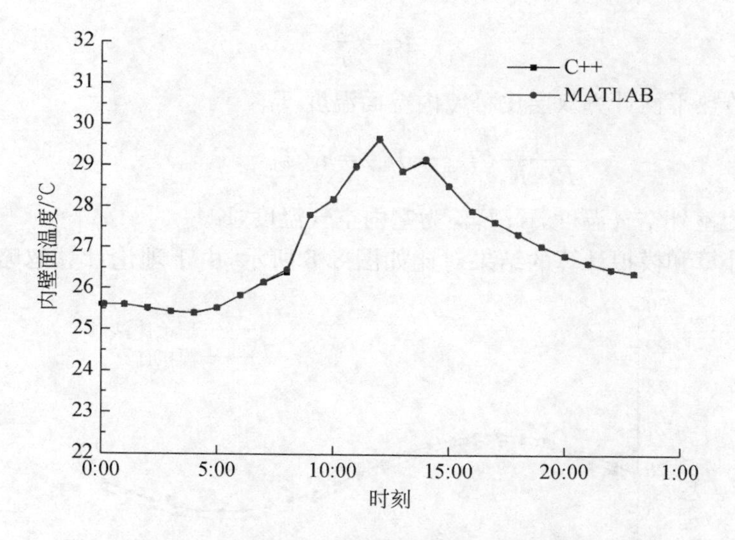

图 8.6　C++与 MATLAB 计算的内壁面温度对比

$\delta_2=0.009$m，单层玻璃厚度为 $\delta_5=0.008$m，玻璃的传热系数为 $\lambda_1=\lambda_3=\lambda_5=1.7$W/(m·K)，空气的传热系数为 $\lambda_2=\lambda_4=0.023549$W/(m·K)，室外壁面换热系数为 $h_e=23.3$W/(m²·K)，室内壁面换热系数为 $h_i=8.7$W/(m²·K)。

双层皮幕墙的热阻 R 计算公式和外表面换热热阻 R_e 计算公式分别为

$$R=\frac{\delta_1}{\lambda_1}+\frac{\delta_2}{\lambda_2}+\frac{\delta_3}{\lambda_3}+\frac{\delta_4}{\lambda_4}+\frac{\delta_5}{\lambda_5} \tag{8.1}$$

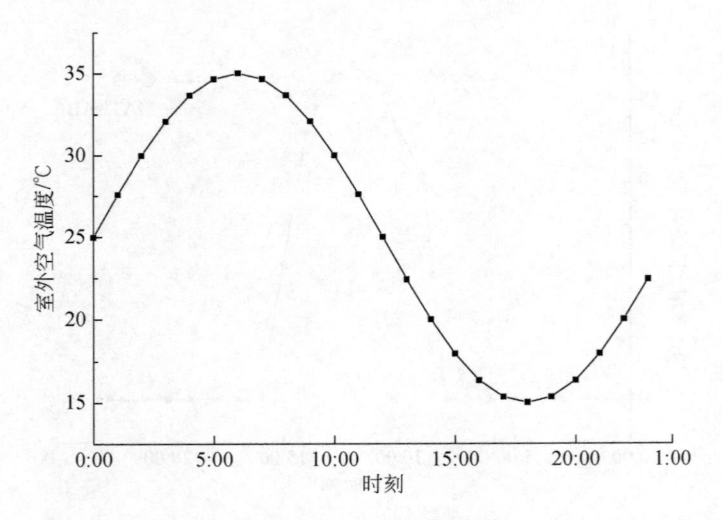

图 8.7 室外空气温度

$$R_e=\frac{1}{h_e} \tag{8.2}$$

通过传热平衡计算双层皮幕墙内壁面温度 T_{in}：

$$\frac{1}{R+R_e}(T_{am}-T_{in})=h_i(T_{in}-T_{room}) \tag{8.3}$$

式中，T_{am}为室外空气温度，K；T_{room}为室内空气温度，K。

理论计算和模拟计算的结果对比如图 8.8 所示，由于理论计算忽略了空腔内

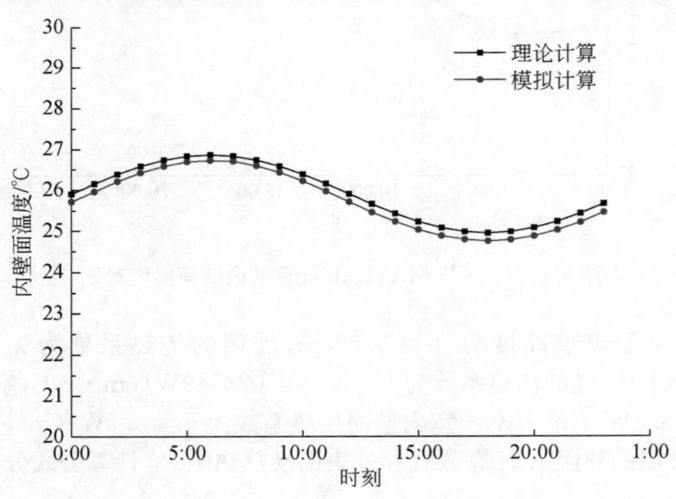

图 8.8 理论计算和模拟计算结果对比

气流流动等因素，使得两种计算结果存在误差，但是两种计算结果的趋势相同，验证了动态计算程序的正确性。

8.3.4　程序静态检测

采用的源程序静态缺陷检测软件为 CppDetect，在 CppDetect 安装成功后将源程序导入软件中进行检测，第一次检测结果如图 8.9 所示。由图可知，检测结果显示源程序存在溢出等问题。根据源程序报错结果进行修改(本章只针对模型源程序文件进行修改)，修改后检测结果如 8.10 所示。由图可知，第一次检测结果中显示的模型源程序中存在的缺陷全部修改成功。

序号	工具	文件	行号	级别	类型	描述	选择导出
1	cppcheck	C:\Users\Administrator.PC-20180410HYOS\Des...	9835	4	buffer	Array 'mdK[1][90000]' index mdK[9]...	
2	cppcheck	C:\Users\Administrator.PC-20180410HYOS\Des...	12949	4	buffer	Array 'return_thermal_4[2]' accesse...	
3	cppcheck	C:\Users\Administrator.PC-20180410HYOS\Des...	12950	4	buffer	Array 'return_thermal_4[2]' accesse...	
4	cppcheck	C:\Users\Administrator.PC-20180410HYOS\Des...	12951	4	buffer	Array 'return_thermal_4[2]' accesse...	
5	cppcheck	C:\Users\Administrator.PC-20180410HYOS\Des...	13077	2	knownConditionTrueFalse	Condition 'kk_1==1' is always true	
6	cppcheck	C:\Users\Administrator.PC-20180410HYOS\Des...	13104	2	knownConditionTrueFalse	Condition 'kk_1==2' is always false	
7	cppcheck	C:\Users\Administrator.PC-20180410HYOS\Des...	13130	2	knownConditionTrueFalse	Condition 'kk_1==1' is always true	
8	cppcheck	C:\Users\Administrator.PC-20180410HYOS\Des...	13156	2	knownConditionTrueFalse	Condition 'kk_1==2' is always false	
9	cppcheck	C:\Users\Administrator.PC-20180410HYOS\Des...	13182	2	knownConditionTrueFalse	Condition 'kk_1==1' is always true	
10	cppcheck	C:\Users\Administrator.PC-20180410HYOS\Des...	707	2	redundantAssignment	Variable 'Ets' is reassigned a value ...	
11	cppcheck	C:\Users\Administrator.PC-20180410HYOS\Des...	4437	2	redundantAssignment	Variable 'F117' is reassigned a valu...	
12	cppcheck	C:\Users\Administrator.PC-20180410HYOS\Des...	4438	2	redundantAssignment	Variable 'F118' is reassigned a valu...	
13	cppcheck	C:\Users\Administrator.PC-20180410HYOS\Des...	4439	2	redundantAssignment	Variable 'F119' is reassigned a valu...	
14	cppcheck	C:\Users\Administrator.PC-20180410HYOS\Des...	4440	2	redundantAssignment	Variable 'F1110' is reassigned a val...	
15	cppcheck	C:\Users\Administrator.PC-20180410HYOS\Des...	4447	2	redundantAssignment	Variable 'F107' is reassigned a valu...	
16	cppcheck	C:\Users\Administrator.PC-20180410HYOS\Des...	4448	2	redundantAssignment	Variable 'F108' is reassigned a valu...	
17	cppcheck	C:\Users\Administrator.PC-20180410HYOS\Des...	4449	2	redundantAssignment	Variable 'F109' is reassigned a valu...	
18	cppcheck	C:\Users\Administrator.PC-20180410HYOS\Des...	4456	2	redundantAssignment	Variable 'F97' is reassigned a value...	
19	cppcheck	C:\Users\Administrator.PC-20180410HYOS\Des...	4457	2	redundantAssignment	Variable 'F98' is reassigned a value...	
20	cppcheck	C:\Users\Administrator.PC-20180410HYOS\Des...	4464	2	redundantAssignment	Variable 'F87' is reassigned a value...	
21	cppcheck	C:\Users\Administrator.PC-20180410HYOS\Des...	5057	2	redundantAssignment	Variable 'Ets' is reassigned a value ...	
22	cppcheck	C:\Users\Administrator.PC-20180410HYOS\Des...	8789	2	redundantAssignment	Variable 'F117' is reassigned a valu...	
23	cppcheck	C:\Users\Administrator.PC-20180410HYOS\Des...	8790	2	redundantAssignment	Variable 'F118' is reassigned a valu...	
24	cppcheck	C:\Users\Administrator.PC-20180410HYOS\Des...	8791	2	redundantAssignment	Variable 'F119' is reassigned a valu...	
25	cppcheck	C:\Users\Administrator.PC-20180410HYOS\Des...	8792	2	redundantAssignment	Variable 'F1110' is reassigned a val...	
26	cppcheck	C:\Users\Administrator.PC-20180410HYOS\Des...	8799	2	redundantAssignment	Variable 'F107' is reassigned a valu...	
27	cppcheck	C:\Users\Administrator.PC-20180410HYOS\Des...	8800	2	redundantAssignment	Variable 'F108' is reassigned a valu...	
28	cppcheck	C:\Users\Administrator.PC-20180410HYOS\Des...	8801	2	redundantAssignment	Variable 'F109' is reassigned a valu...	
29	cppcheck	C:\Users\Administrator.PC-20180410HYOS\Des...	8808	2	redundantAssignment	Variable 'F97' is reassigned a value...	
30	cppcheck	C:\Users\Administrator.PC-20180410HYOS\Des...	8809	2	redundantAssignment	Variable 'F98' is reassigned a value...	
31	cppcheck	C:\Users\Administrator.PC-20180410HYOS\Des...	8816	2	redundantAssignment	Variable 'F87' is reassigned a value...	
32	cppcheck	C:\Users\Administrator.PC-20180410HYOS\Des...	9409	2	redundantAssignment	Variable 'Ets' is reassigned a value ...	

图 8.9　源程序第一次检测结果

8.3.5　程序动态检测

源程序动态检测首先需要在计算机中安装虚拟机，在虚拟机中安装 Debian 系统，然后将 Windows 系统下的 DSF 计算模块源程序移植到 Linux 系统下进行编译。Linux 系统下源程序移植编译成功如图 8.11 所示。由图可知，在 Linux 系统下运行"cmake.."命令和"make"命令之后源程序编译成功。

在源程序移植编译成功之后，在源程序动态检测平台上建立测试案例，并将 Linux 系统下源程序编译结果传至源程序动态检测平台运行，并进行误差分析。源程序在动态检测平台上的运行结果如图 8.12 所示。由图可知，源程序在动态检测平台上运行成功。

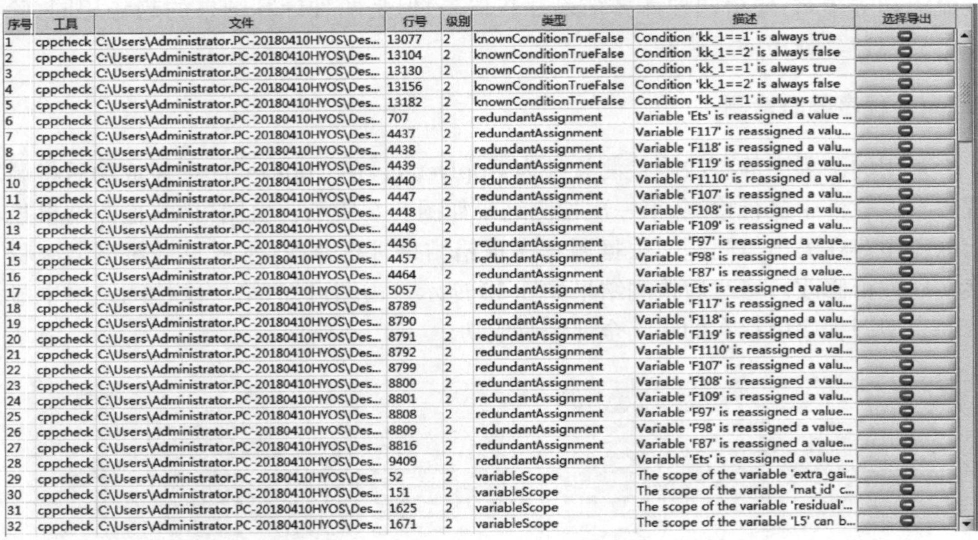

序号	工具	文件	行号	级别	类型	描述	选择导出
1	cppcheck	C:\Users\Administrator.PC-20180410HYOS\Des...	13077	2	knownConditionTrueFalse	Condition 'kk_1==1' is always true	
2	cppcheck	C:\Users\Administrator.PC-20180410HYOS\Des...	13104	2	knownConditionTrueFalse	Condition 'kk_1==2' is always false	
3	cppcheck	C:\Users\Administrator.PC-20180410HYOS\Des...	13130	2	knownConditionTrueFalse	Condition 'kk_1==1' is always true	
4	cppcheck	C:\Users\Administrator.PC-20180410HYOS\Des...	13156	2	knownConditionTrueFalse	Condition 'kk_1==2' is always false	
5	cppcheck	C:\Users\Administrator.PC-20180410HYOS\Des...	13182	2	knownConditionTrueFalse	Condition 'kk_1==1' is always true	
6	cppcheck	C:\Users\Administrator.PC-20180410HYOS\Des...	707	2	redundantAssignment	Variable 'Ets' is reassigned a value ...	
7	cppcheck	C:\Users\Administrator.PC-20180410HYOS\Des...	4437	2	redundantAssignment	Variable 'F117' is reassigned a valu...	
8	cppcheck	C:\Users\Administrator.PC-20180410HYOS\Des...	4438	2	redundantAssignment	Variable 'F118' is reassigned a valu...	
9	cppcheck	C:\Users\Administrator.PC-20180410HYOS\Des...	4439	2	redundantAssignment	Variable 'F119' is reassigned a valu...	
10	cppcheck	C:\Users\Administrator.PC-20180410HYOS\Des...	4440	2	redundantAssignment	Variable 'F1110' is reassigned a val...	
11	cppcheck	C:\Users\Administrator.PC-20180410HYOS\Des...	4447	2	redundantAssignment	Variable 'F107' is reassigned a valu...	
12	cppcheck	C:\Users\Administrator.PC-20180410HYOS\Des...	4448	2	redundantAssignment	Variable 'F108' is reassigned a valu...	
13	cppcheck	C:\Users\Administrator.PC-20180410HYOS\Des...	4449	2	redundantAssignment	Variable 'F109' is reassigned a valu...	
14	cppcheck	C:\Users\Administrator.PC-20180410HYOS\Des...	4456	2	redundantAssignment	Variable 'F97' is reassigned a value...	
15	cppcheck	C:\Users\Administrator.PC-20180410HYOS\Des...	4457	2	redundantAssignment	Variable 'F98' is reassigned a value...	
16	cppcheck	C:\Users\Administrator.PC-20180410HYOS\Des...	4464	2	redundantAssignment	Variable 'F87' is reassigned a value...	
17	cppcheck	C:\Users\Administrator.PC-20180410HYOS\Des...	5057	2	redundantAssignment	Variable 'Ets' is reassigned a value ...	
18	cppcheck	C:\Users\Administrator.PC-20180410HYOS\Des...	8789	2	redundantAssignment	Variable 'F117' is reassigned a valu...	
19	cppcheck	C:\Users\Administrator.PC-20180410HYOS\Des...	8790	2	redundantAssignment	Variable 'F118' is reassigned a valu...	
20	cppcheck	C:\Users\Administrator.PC-20180410HYOS\Des...	8791	2	redundantAssignment	Variable 'F119' is reassigned a valu...	
21	cppcheck	C:\Users\Administrator.PC-20180410HYOS\Des...	8792	2	redundantAssignment	Variable 'F1110' is reassigned a val...	
22	cppcheck	C:\Users\Administrator.PC-20180410HYOS\Des...	8799	2	redundantAssignment	Variable 'F107' is reassigned a valu...	
23	cppcheck	C:\Users\Administrator.PC-20180410HYOS\Des...	8800	2	redundantAssignment	Variable 'F108' is reassigned a valu...	
24	cppcheck	C:\Users\Administrator.PC-20180410HYOS\Des...	8801	2	redundantAssignment	Variable 'F109' is reassigned a valu...	
25	cppcheck	C:\Users\Administrator.PC-20180410HYOS\Des...	8808	2	redundantAssignment	Variable 'F97' is reassigned a value...	
26	cppcheck	C:\Users\Administrator.PC-20180410HYOS\Des...	8809	2	redundantAssignment	Variable 'F98' is reassigned a value...	
27	cppcheck	C:\Users\Administrator.PC-20180410HYOS\Des...	8816	2	redundantAssignment	Variable 'F87' is reassigned a value...	
28	cppcheck	C:\Users\Administrator.PC-20180410HYOS\Des...	9409	2	redundantAssignment	Variable 'Ets' is reassigned a value ...	
29	cppcheck	C:\Users\Administrator.PC-20180410HYOS\Des...	52	2	variableScope	The scope of the variable 'extra_gai...	
30	cppcheck	C:\Users\Administrator.PC-20180410HYOS\Des...	151	2	variableScope	The scope of the variable 'mat_id' c...	
31	cppcheck	C:\Users\Administrator.PC-20180410HYOS\Des...	1625	2	variableScope	The scope of the variable 'residual'...	
32	cppcheck	C:\Users\Administrator.PC-20180410HYOS\Des...	1671	2	variableScope	The scope of the variable 'L5' can b...	

图 8.10　修改后检测结果

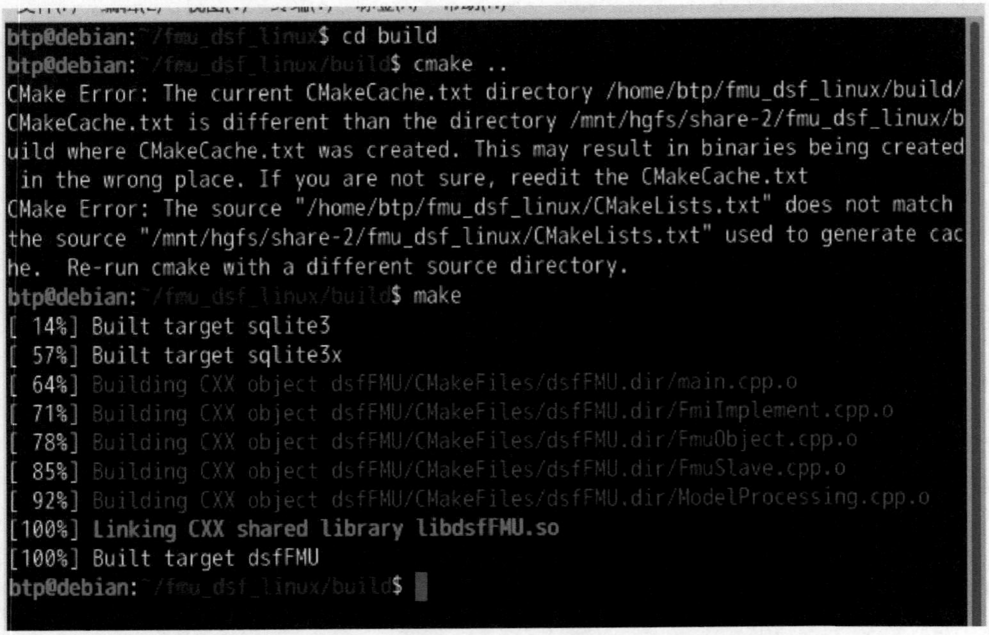

```
btp@debian:~/fmu_dsf_linux$ cd build
btp@debian:~/fmu_dsf_linux/build$ cmake ..
CMake Error: The current CMakeCache.txt directory /home/btp/fmu_dsf_linux/build/
CMakeCache.txt is different than the directory /mnt/hgfs/share-2/fmu_dsf_linux/b
uild where CMakeCache.txt was created. This may result in binaries being created
 in the wrong place. If you are not sure, reedit the CMakeCache.txt
CMake Error: The source "/home/btp/fmu_dsf_linux/CMakeLists.txt" does not match
the source "/mnt/hgfs/share-2/fmu_dsf_linux/CMakeLists.txt" used to generate cac
he.  Re-run cmake with a different source directory.
btp@debian:~/fmu_dsf_linux/build$ make
[ 14%] Built target sqlite3
[ 57%] Built target sqlite3x
[ 64%] Building CXX object dsfFMU/CMakeFiles/dsfFMU.dir/main.cpp.o
[ 71%] Building CXX object dsfFMU/CMakeFiles/dsfFMU.dir/FmiImplement.cpp.o
[ 78%] Building CXX object dsfFMU/CMakeFiles/dsfFMU.dir/FmuObject.cpp.o
[ 85%] Building CXX object dsfFMU/CMakeFiles/dsfFMU.dir/FmuSlave.cpp.o
[ 92%] Building CXX object dsfFMU/CMakeFiles/dsfFMU.dir/ModelProcessing.cpp.o
[100%] Linking CXX shared library libdsfFMU.so
[100%] Built target dsfFMU
btp@debian:~/fmu_dsf_linux/build$
```

图 8.11　Linux 系统下源程序编译

```
0%   10   20   30   40   50   60   70   80   90   100%
|----|----|----|----|----|----|----|----|----|----|
***************************************************

Saving ...

Illumination calculating ...
Illumination calculation end.

Project run used 839.888s(CPU time), 840.029s(Clock).
The thread 3251876416 ended using 840.167s(CPU time).
 /bunion -cos 1 -hs -o s /app/61/case5_project.db

succeeded.

[2019-12-27 10:45:18] 完成执行#61
开始误差分析
[2019-12-27 10:45:18] 完成case5_project.db误差分析
[2019-12-27 10:45:18] 完成执行测试用例#61
[2019-12-27 10:45:18] 结束执行测试用例
```

图 8.12　源程序在动态检测平台上的运行结果

在程序运行完成之后，系统将源程序运行结果与 Windows 系统下源程序联合调试结果进行误差对比（本测试案例设定误差为 0.01）。图 8.13 为外双层有百叶外通风 DSF 误差的对比结果。图 8.14 为外双层有百叶内通风 DSF 误差的对比结果。图 8.15 为外双层有百叶不通风 DSF 误差的对比结果。由图可知，测试平台上三个案例的运行结果均与 Windows 系统下运行结果误差满足案例设定误差，检测通过。

图 8.13　外双层有百叶外通风 DSF 误差的对比结果

图 8.14　外双层有百叶内通风 DSF 误差的对比结果

图 8.15　外双层有百叶不通风 DSF 误差的对比结果

8.4　接口设计

FMU 的数据接口设计如图 8.16 所示，FMU 中的各个模块都能用到的变量设置为全局变量，其他的物理性质参数可以在函数里给出或者读取数据库获得。逐时的气象参数由 DeST 主控程序通过 FMI 接口送给 FMU，同样 FMU 计算出来的结果也通过 FMI 接口送给 DeST 主控程序。

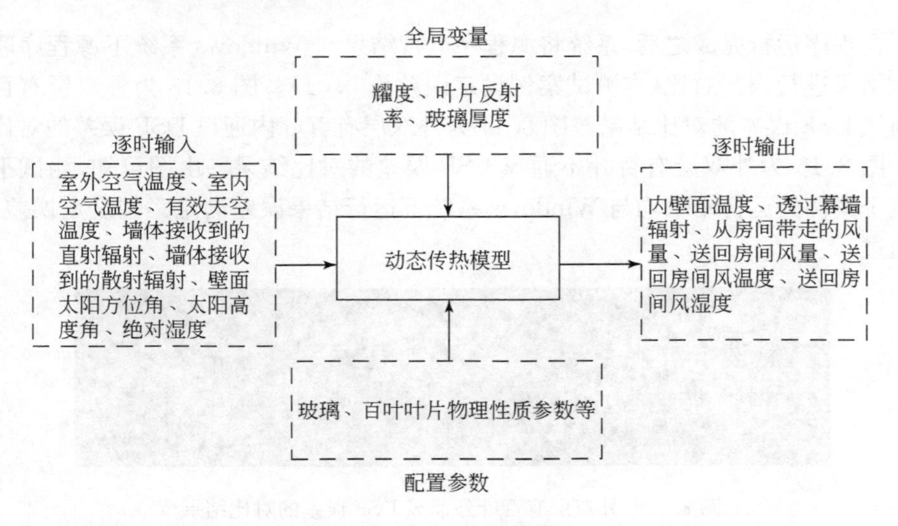

图 8.16　数据接口设计

FMU 的数据接口类型如图 8.17 所示，数据接口是清华大学 DeST 研发组在 DeST 内核上预留的第二类接口，即透明变物性围护结构的数据接口。DeST 送给 dsfFMU 的参数为：室外空气温度、室内空气温度、有效天空温度、墙体接收到的直射辐射和散射辐射、壁面太阳方位角、太阳高度角和绝对湿度。dsfFMU 送回 DeST 的参数为内壁面温度、透过的太阳辐射、从房间带走的风量、送回房间的风量、送回房间风的温度和送回房间风的湿度。DeST 内核综合房间各个参数,联合方程组求解得到需要的参数。

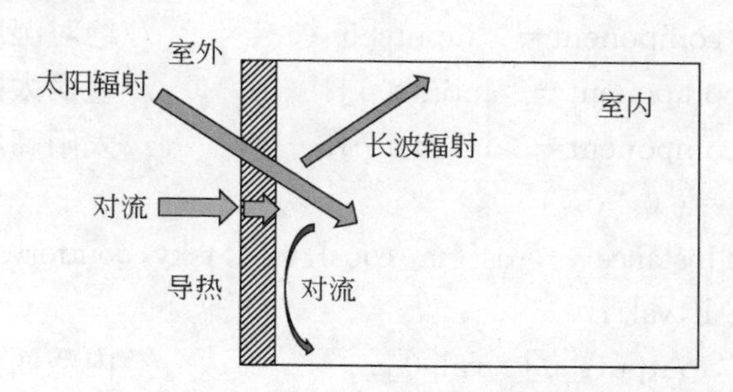

图 8.17　数据接口类型

FMI 接口采用的数据顺序耦合方法为乒乓法,乒乓法示意图如图 8.18 所示。由于 DeST 的计算是以小时为单位,因此 DeST 和 FMU 的数据交换也是以小时为单位。DeST 送出时刻 1 的气象参数,FMU 经过计算之后将计算得到的结果送回 DeST 主控程序;DeST 主控程序经过计算后,送出时刻 2 的气象参数给 FMU;以此类推。

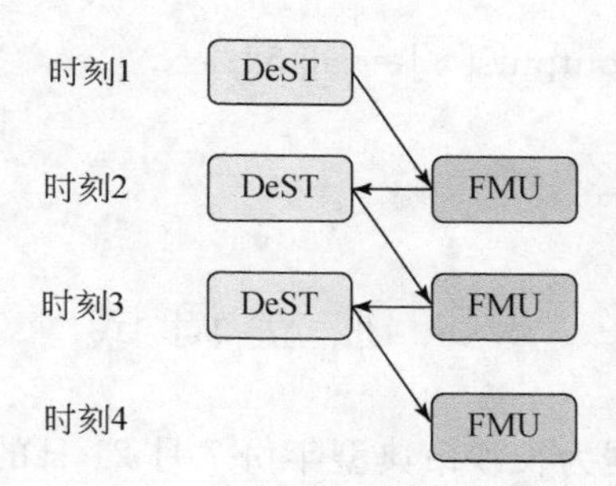

图 8.18　乒乓法示意图

本章开发的 FMI 接口源程序如下所示,其中 inputs[0]至 inputs[7]为 DeST 主控程序送出的气象参数,outputs[0]至 outputs[5]为 FMU 返回的计算结果。DeST 主控程序通过 SetReal 函数将气象参数送到 FMI 中,通过 FMI 将这些气象参数顺序送至 FMU 中。DeST 主控程序通过 DoStep 函数调用 FMU 中的 dsf()函数,dsf()函数将计算出的结果存在 val[ ]数组中返回 FMI 接口。DeST 通过 GetReal 函数读取 FMI 中的 FMU 的返回值。

```
double ta_equal=component->inputs[0];      //室内空气温度
double tout=component->inputs[1];          //室外空气温度
double tsky=component->inputs[2];          //有效天空温度
```

```
double qoutforwall=component->inputs[3];  //壁面太阳直射辐射
double qoutscat=component->inputs[4];     //壁面散射辐射
double AHi=component->inputs[5];          //绝对湿度
double Azi=component->inputs[6];          //壁面太阳方位角
double Alt=component->inputs[7];          //太阳高度角
double val[6]={ 0 };
bool b=modelInstance->dsf(ta_equal,tout,tsky,qoutforwall,qoutscat,AHi,
        Azi,Alt,val);
component->outputs[0]=val[0];             //内壁面温度
component->outputs[1]=val[1];             //透过幕墙的辐射
if (iOutputNum ==6) {
    component->outputs[2]=val[2];         //从房间带走的风量(m3/s)
    component->outputs[3]=val[3];         //房间进风量(m3/s,匹配
                                            房间进风温湿度)
    component->outputs[4]=val[4];         //房间进风温度(℃,匹配
                                            房间进风量)
    component->outputs[5]=val[5];         //房间进风含湿量(g/kg,
                                            匹配房间进风量)
}
```

8.5 独立调试

独立调试的气象数据为长沙市典型年份 7 月 21 日的气象参数。DSF 运行工况为外双层外通风工况，幕墙的高度为 3m、宽度为 4m，通风空腔宽度为 0.3m，百叶角度为 60°，墙体方向朝南向，室内空气温度设为 26℃。

算例结果见表 8.1，其中法向直射辐射、水平面散射辐射、室外空气温度为输入参数，数据来源为长沙市典型年份气象参数，内壁面温度和透过太阳辐射为模型计算结果。

表 8.1 算例计算结果

时刻	法向直射辐射照度/(W/m²)	水平面散射辐射照度/(W/m²)	室外空气温度/℃	内壁面温度/℃	透过太阳辐射/W
0:00	0	0	24.75	25.59	0
1:00	0	0	24.75	25.59	0

续表

时刻	法向直射辐射照度 /(W/m²)	水平面散射辐射照度 /(W/m²)	室外空气温度 /℃	内壁面温度 /℃	透过太阳辐射 /W
2:00	0	0	24.45	25.50	0
3:00	0	0	24.15	25.40	0
4:00	0	0	24.05	25.37	0
5:00	258.13	7.91	24.45	25.52	5.43
6:00	583.52	28.67	25.55	25.94	22.30
7:00	649.55	51.54	26.75	26.44	53.07
8:00	703.99	74.73	27.75	26.89	86.00
9:00	747.12	95.15	28.45	27.31	125.19
10:00	775.97	109.84	29.15	27.61	149.22
11:00	788.57	116.52	30.05	28.11	176.89
12:00	784.08	114.12	31.35	28.58	186.48
13:00	762.79	103.04	33.25	29.05	176.15
14:00	726.18	85.00	34.75	29.34	148.49
15:00	355.27	57.29	34.55	28.66	74.80
16:00	615.50	39.36	33.75	28.39	71.11
17:00	544.26	17.72	32.65	27.92	40.55
18:00	0	0	31.45	27.40	0
19:00	0	0	30.25	27.09	0
20:00	0	0	29.35	26.85	0
21:00	0	0	28.65	26.66	0
22:00	0	0	28.05	26.50	0
23:00	0	0	27.65	26.39	0

8.6 联合调试

联合调试采用的房间平面图如图 8.19 所示，房间的尺寸为 5m×4m×3.6m，屋顶为平屋顶，南向墙面上开了一扇窗户，窗墙比为 0.36。东向墙面为预留墙体，可以设置成双层皮幕墙，通过 FMU 进行计算。

数据接口的设计在 8.4 节已经介绍。此案例采用北京市典型年份 7 月 16～17 日的气象数据。DSF 的运行工况为外双层有百叶内通风工况，DSF 的高度为

3.6m、宽度为 4m，通风空腔宽度为 0.4m，百叶角度为 60°，墙体方向朝东向。通过对比联合调试的结果和独立调试的结果验证程序接口的正确性。

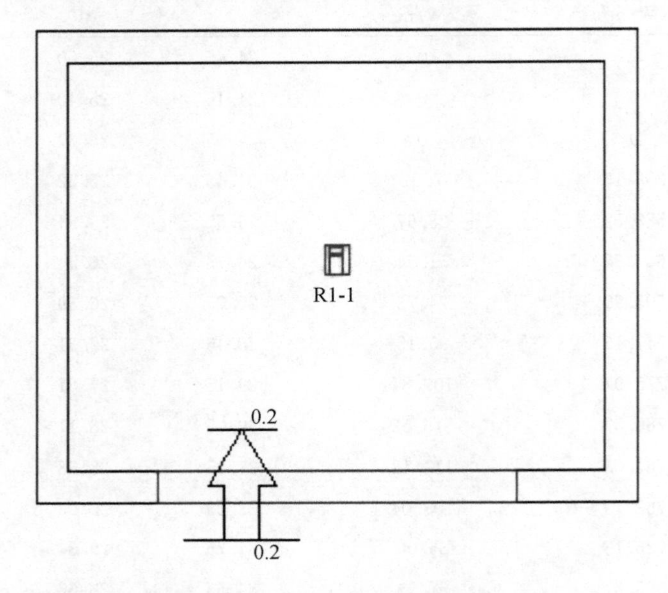

图 8.19　联合调试采用的房间平面图

联合调试和独立调试计算的透过 DSF 太阳辐射和内壁面温度结果对比图如图 8.20 和图 8.21 所示。由图可知，独立调试计算的透过 DSF 的太阳辐射和联合

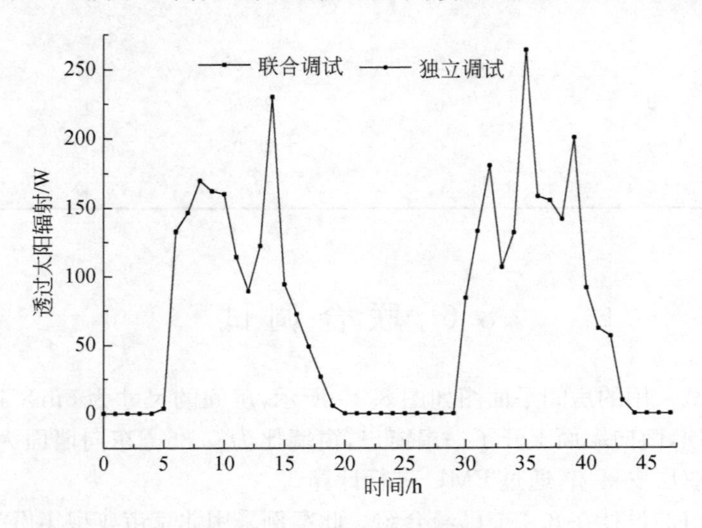

图 8.20　幕墙透过太阳辐射对比

调试计算的透过幕墙的太阳辐射没有任何差别;独立调试计算的内壁面温度和联合调试计算的内壁面温度的最大误差不超过 0.04℃。这是由于独立调试的室内空气温度是读取表格,而联合调试是主控程序计算所得的室内温度直接送到 FMU 中。数据精度不同引起程序计算的迭代次数不同,导致微小误差。因此,联合调试的结果是正确的。

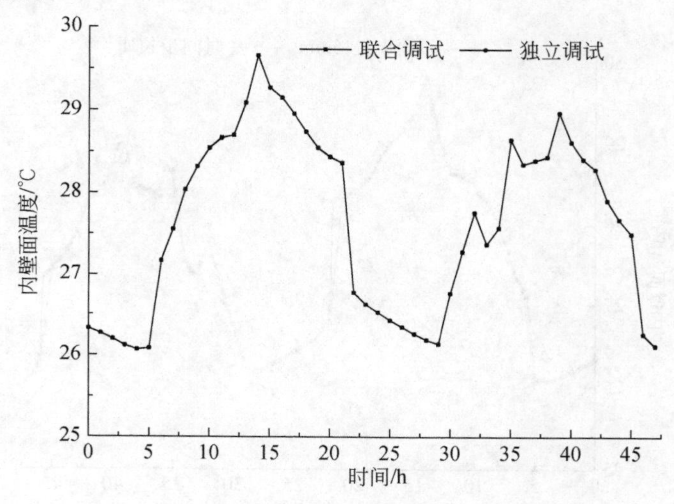

图 8.21　内壁面温度对比

为了验证时间步长小于 1h 计算结果的准确性,将时间步长为 1h 和时间步长为 15min 联合调试计算得出的透过太阳辐射和内壁面温度进行对比,如图 8.22 和

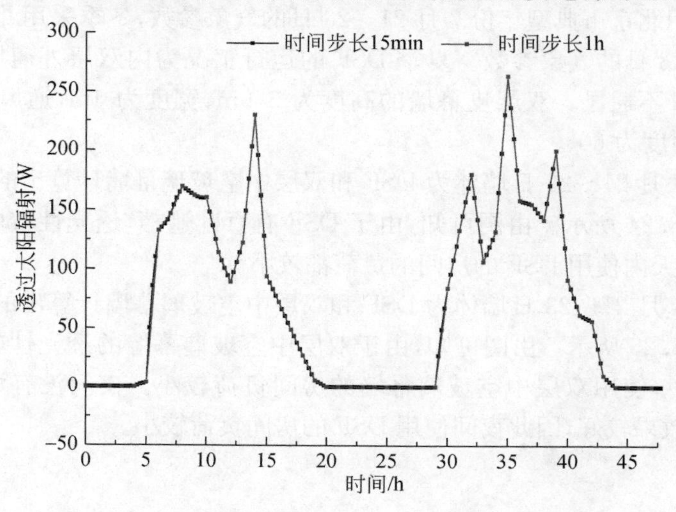

图 8.22　不同时间步长透过太阳辐射对比

图 8.23 所示。由图可知，采用两个时间步长调试的结果非常一致。两个时间步长计算重合时间点的透过太阳辐射完全相同。内壁面温度产生了一点误差是由于室内空气温度受到前一个时刻计算条件的影响，两种步长在此时刻计算时的室内空气温度不同导致的。因此，联合调试采用小于 1h 的时间步长的计算结果是正确的。

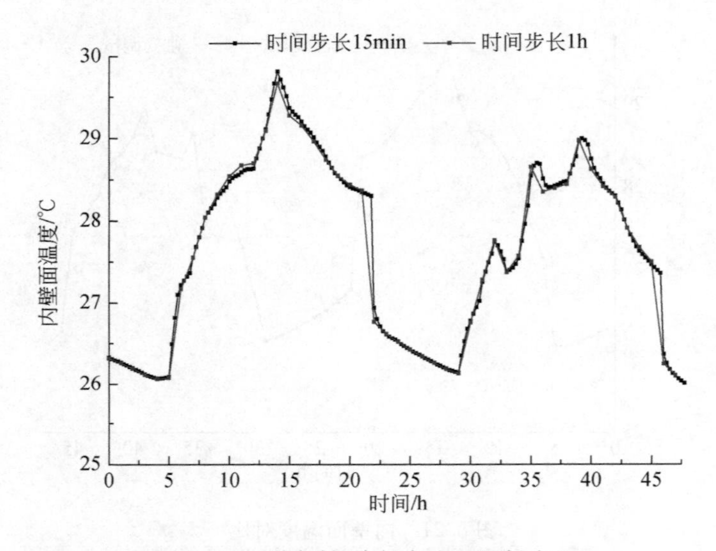

图 8.23　不同时间步长内壁面温度对比

将此房间东向墙体采用 DSF 和双层中空玻璃幕墙的房间负荷计算值进行对比。夏季采用北京市典型年份 7 月 21～23 日的气象参数，冬季采用北京市典型年份 1 月 21～23 日的气象参数。夏季 DSF 的运行工况为内双层外通风工况，冬季外双层有百叶不通风。双层皮幕墙的高度为 3.6m、宽度为 4m，通风空腔宽度为 0.4m，百叶角度为 60°。

北京市 7 月 21～23 日墙体为 DSF 和双层中空玻璃幕墙计算出的空调逐时显热负荷如图 8.24 所示。由图可知，由于 DSF 有百叶遮挡，透光性较弱，散热能力较好，因此全天内使用 DSF 的房间的负荷都较小。

北京市 1 月 21～23 日墙体为 DSF 和双层中空玻璃幕墙计算出的空调逐时显热负荷如图 8.25 所示。由图可知，由于双层中空玻璃幕墙的透光性较好，白天太阳辐射较强时，使用双层中空玻璃幕墙的房间负荷较小。夜间没有太阳辐射时，DSF 的保温效果较好，因此夜间使用 DSF 的房间负荷较小。

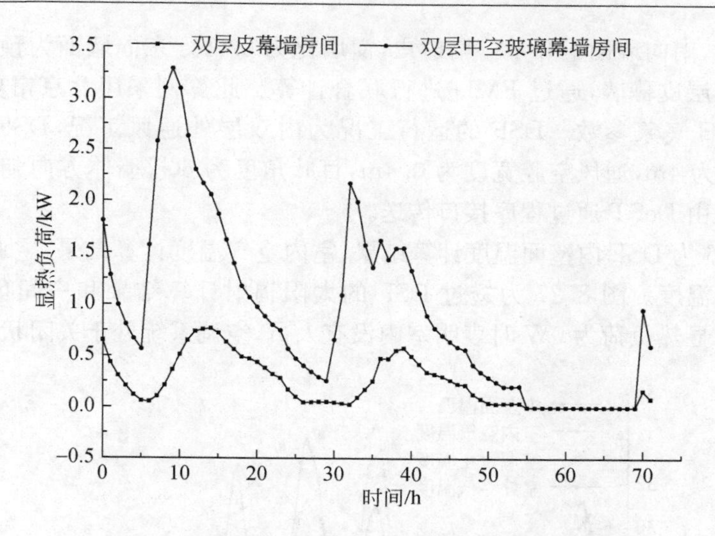

图 8.24　北京市 7 月 21～23 日房间显热负荷

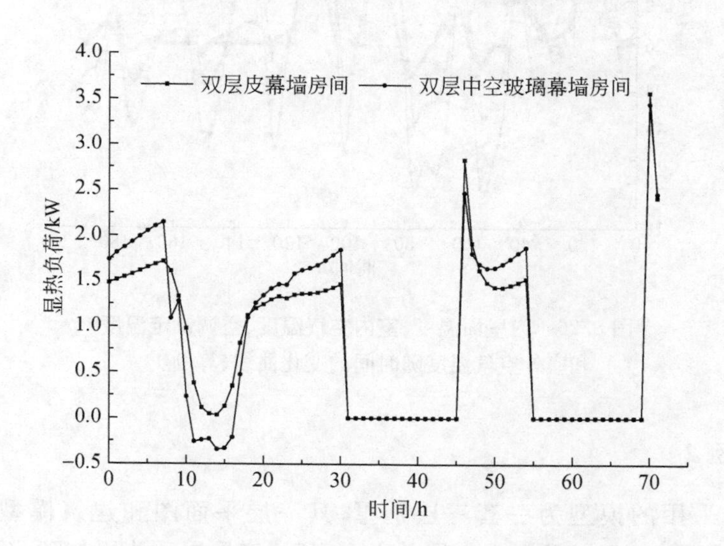

图 8.25　北京市 1 月 21～23 日房间显热负荷

8.7　联合计算算例

8.7.1　算例 1

算例 1 采用的房间平面图如图 8.19 所示，房间的尺寸为 5m×4m×3.6m，屋顶为平屋顶，南向墙面上开了一扇窗户，窗墙比为0.36。东向墙面为预留墙体，可以设置成双层皮幕墙，通过FMU进行联合计算。此算例采用北京市典型年份7月16～23日气象参数。DSF的运行工况为内双层外通风工况，DSF的高度为3.6m、宽度为4m，通风空腔宽度为0.4m，百叶角度为60°，墙体方向朝东向，气象参数等数据由DeST通过程序接口传送。

图8.26为DSF内壁面温度计算结果、室内空气温度计算结果、空调设定温度和室外空气温度。图8.27为透过DSF的太阳辐射计算结果和房间负荷计算结果。其中当显热负荷为0W时表明室内没有人员，空调系统处于关闭状态。

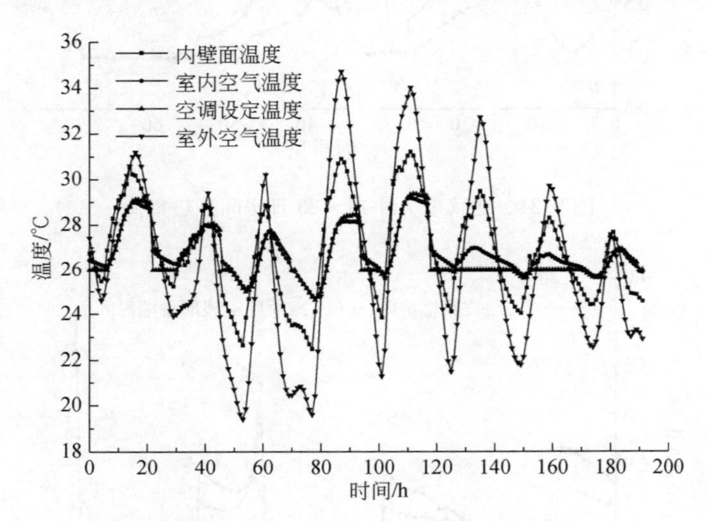

图8.26 内壁面温度、室内空气温度、空调设定温度和室外空气温度随时间的变化曲线(算例1)

8.7.2 算例2

算例2采用的模型为一套三层别墅，其一层平面图和建筑模型三维图如图8.28(a)和图8.28(b)所示。一层共六个房间，三层屋顶为平屋顶，建筑总高度为11.5m，其中一层高度为3.6m，建筑总面积为365m²，每个房间都设置有空调系统。此算例将一层编号为5089房间的东向墙体替换为外双层有百叶内通风的双层皮幕墙，此墙体高度为3.6m，宽度为5m。此算例采用北京市典型年份7月16～23日的气象参数。DSF的运行工况为内双层外通风工况，幕墙的高度为3.6m、宽度为5m，通风空腔宽度为0.4m，百叶角度为60°，墙体朝向为东向，气象参数等数据由DeST通过程序接口传送。

联合计算结果如图8.29和图8.30所示。图8.29为DSF内壁面温度计算结

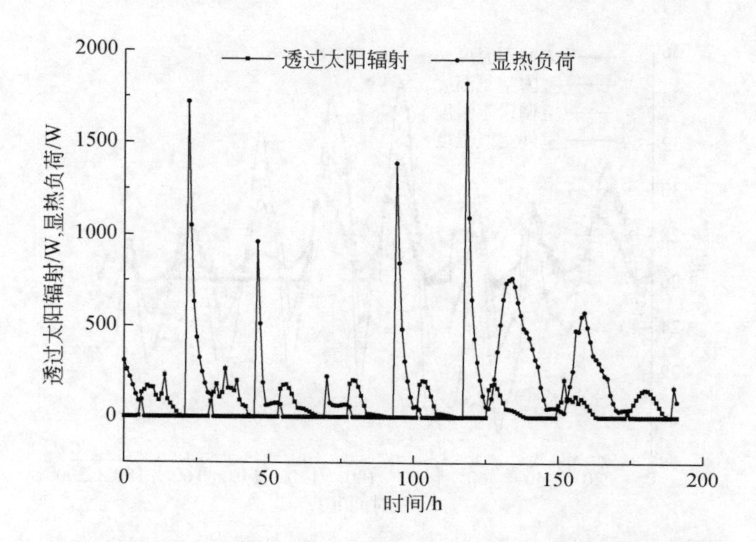

图 8.27　透过太阳辐射和房间显热负荷随时间的变化曲线(算例 1)

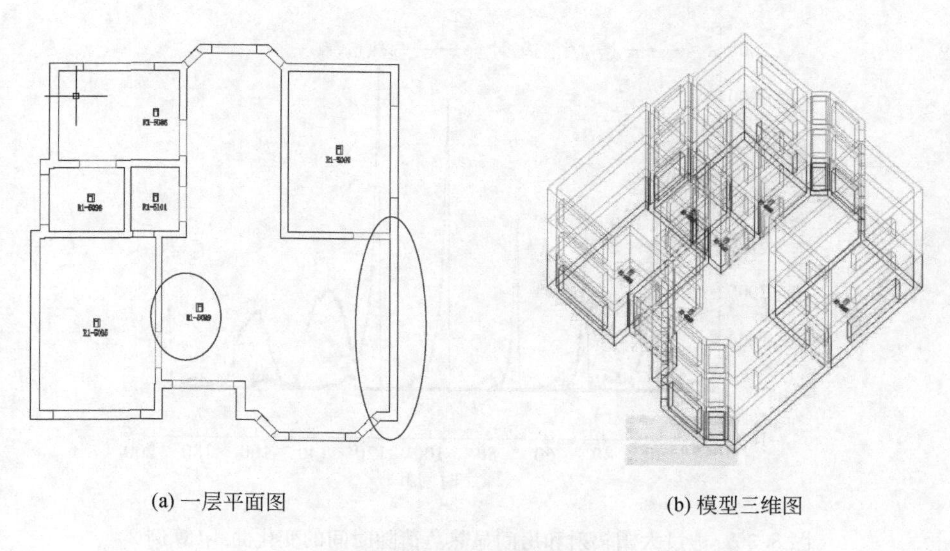

(a) 一层平面图　　(b) 模型三维图

图 8.28　建筑模型

果、室内空气温度计算结果、空调设定温度和室外空气温度。图 8.30 为透过 DSF 的太阳辐射计算结果和房间显热负荷计算结果。其中当显热负荷为 0W 时表明室内没有人员,空调系统处于关闭状态。

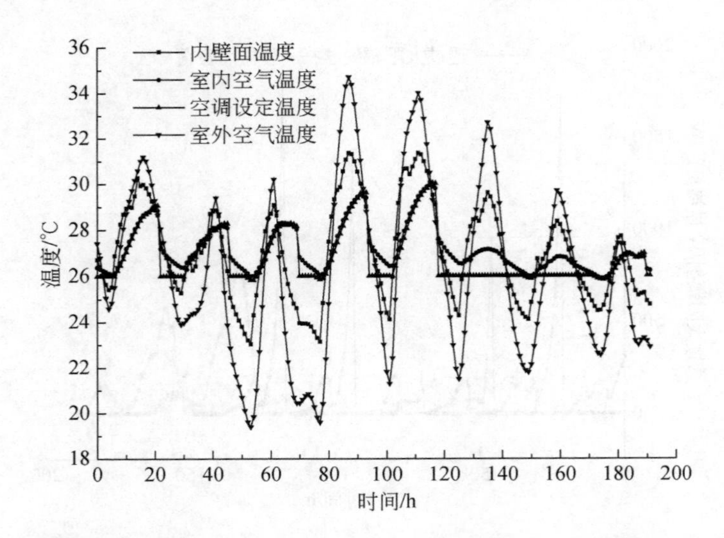

图 8.29　内壁面温度、室内空气温度、空调设定温度和室外空气温度随时间的变化曲线(算例 2)

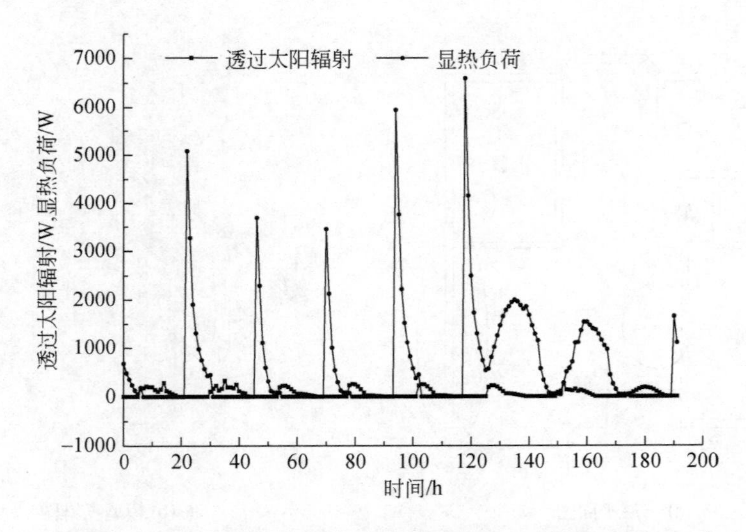

图 8.30　透过太阳辐射和房间显热负荷随时间的变化曲线(算例 2)

8.8　小　　结

(1) 对独立开发的双层皮幕墙计算模块程序进行了功能性验证、理论验证、源程序静态检测和源程序动态检测。通过验证结果和检测结果可知,开发的双层皮幕墙计算模块程序是正确的,可以与 DeST 计算平台进行耦合计算。

(2) 设计了双层皮幕墙计算模块程序与 DeST 能耗计算平台耦合计算的接口,其接口类型为第二类透明变物性接口,数据传送的方法采用乒乓法。

(3) 对开发的双层皮幕墙计算模块 dsfFMU 进行了独立调试和联合调试。通过对比独立调试计算结果和联合调试计算结果验证了接口设计的正确性。通过对比以时间步长为 1h 和时间步长为 15min 的联合计算结果验证了 dsfFMU 和 DeST 能耗模拟平台小步长联合计算的正确性。联合计算和对比了墙体为双层皮幕墙和双层中空玻璃幕墙房间的负荷情况。

附录 A 百叶直射反射次数所占比例

A.1 前向直射反射次数所占比例

1. 入射前端无反射情形

(1) $NR_1=0, NR_2=1$。

$$ra_0=\left|\frac{S\cos\varphi}{\tan(\beta+\varphi)}+S\sin\varphi-W\right|\Big/\left[S\sin\varphi+\frac{S\cos\varphi}{\tan(\beta+\varphi)}\right] \tag{A.1}$$

$$ra_1=W\Big/\left[S\sin\varphi+\frac{S\cos\varphi}{\tan(\beta+\varphi)}\right] \tag{A.2}$$

(2) $NR_1=0, NR_2=2$。

$$ra_0=\left|\frac{S\cos\varphi}{\tan(\beta+\varphi)}+S\sin\varphi-W\right|\Big/\left[S\sin\varphi+\frac{S\cos\varphi}{\tan(\beta+\varphi)}\right] \tag{A.3}$$

$$ra_1=\left|\frac{S\cos\varphi}{\tan(\beta+\varphi)}-S\sin\varphi\right|\Big/\left[S\sin\varphi+\frac{S\cos\varphi}{\tan(\beta+\varphi)}\right] \tag{A.4}$$

$$ra_2=\left|W-\frac{S\cos\varphi}{\tan(\beta+\varphi)}+S\sin\varphi\right|\Big/\left[S\sin\varphi+\frac{S\cos\varphi}{\tan(\beta+\varphi)}\right] \tag{A.5}$$

(3) $NR_1=1, NR_2=2$。

$$ra_1=\left|2\frac{S\cos\varphi}{\tan(\beta+\varphi)}-W\right|\Big/\left[S\sin\varphi+\frac{S\cos\varphi}{\tan(\beta+\varphi)}\right] \tag{A.6}$$

$$ra_2=\left|S\sin\varphi-\frac{S\cos\varphi}{\tan(\beta+\varphi)}+W\right|\Big/\left[S\sin\varphi+\frac{S\cos\varphi}{\tan(\beta+\varphi)}\right] \tag{A.7}$$

(4) $NR_1=2, NR_2=3$。

$$ra_2=\left|S\sin\varphi+3\frac{S\cos\varphi}{\tan(\beta+\varphi)}-W\right|\Big/\left[S\sin\varphi+\frac{S\cos\varphi}{\tan(\beta+\varphi)}\right] \tag{A.8}$$

$$ra_3=\left|W-2\frac{S\cos\varphi}{\tan(\beta+\varphi)}\right|\Big/\left[S\sin\varphi+\frac{S\cos\varphi}{\tan(\beta+\varphi)}\right] \tag{A.9}$$

(5) $NR_1=2, NR_2=4$。

$$ra_2=\left|3\frac{S\cos\varphi}{\tan(\beta+\varphi)}+S\sin\varphi-W\right|\Big/\left[S\sin\varphi+\frac{S\cos\varphi}{\tan(\beta+\varphi)}\right] \quad (A.10)$$

$$ra_3=\left|\frac{S\cos\varphi}{\tan(\beta+\varphi)}-S\sin\varphi\right|\Big/\left[S\sin\varphi+\frac{S\cos\varphi}{\tan(\beta+\varphi)}\right] \quad (A.11)$$

$$ra_4=\left|S\sin\varphi-3\frac{S\cos\varphi}{\tan(\beta+\varphi)}+W\right|\Big/\left[S\sin\varphi+\frac{S\cos\varphi}{\tan(\beta+\varphi)}\right] \quad (A.12)$$

(6) $NR_1=3, NR_2=4$。

$$ra_3=\left|4\frac{S\cos\varphi}{\tan(\beta+\varphi)}-W\right|\Big/\left[S\sin\varphi+\frac{S\cos\varphi}{\tan(\beta+\varphi)}\right] \quad (A.13)$$

$$ra_4=\left|S\sin\varphi-3\frac{S\cos\varphi}{\tan(\beta+\varphi)}+W\right|\Big/\left[S\sin\varphi+\frac{S\cos\varphi}{\tan(\beta+\varphi)}\right] \quad (A.14)$$

(7) $NR_1=4, NR_2=5$。

$$ra_4=\left|S\sin\varphi+5\frac{S\cos\varphi}{\tan(\beta+\varphi)}-W\right|\Big/\left[S\sin\varphi+\frac{S\cos\varphi}{\tan(\beta+\varphi)}\right] \quad (A.15)$$

$$ra_5=\left|S\sin\varphi-4\frac{S\cos\varphi}{\tan(\beta+\varphi)}+W\right|\Big/\left[S\sin\varphi+\frac{S\cos\varphi}{\tan(\beta+\varphi)}\right] \quad (A.16)$$

(8) $NR_1=4, NR_2=6$。

$$ra_4=\left|S\sin\varphi+5\frac{S\cos\varphi}{\tan(\beta+\varphi)}-W\right|\Big/\left[S\sin\varphi+\frac{S\cos\varphi}{\tan(\beta+\varphi)}\right] \quad (A.17)$$

$$ra_5+ra_6=\left|S\sin\varphi-4\frac{S\cos\varphi}{\tan(\beta+\varphi)}+W\right|\Big/\left[S\sin\varphi+\frac{S\cos\varphi}{\tan(\beta+\varphi)}\right] \quad (A.18)$$

2. 入射前端有部分反射情形

(1) $NR_1=0, NR_2=2$。

$$ra_0=\left|S\sin\varphi+\frac{S\cos\varphi}{\tan(\beta+\varphi)}-W\right|\Big/\left[S\sin\varphi+\frac{S\cos\varphi}{\tan(\beta+\varphi)}\right] \quad (A.19)$$

$$ra_2=\left|\frac{S\cos\varphi}{\tan(\beta+\varphi)}-S\sin\varphi+W\right|\Big/\left[S\sin\varphi+\frac{S\cos\varphi}{\tan(\beta+\varphi)}\right] \quad (A.20)$$

$$Rb=\left|S\sin\varphi-\frac{S\cos\varphi}{\tan(\beta+\varphi)}\right|\Big/\left[S\sin\varphi+\frac{S\cos\varphi}{\tan(\beta+\varphi)}\right] \quad (A.21)$$

(2) $NR_1=2, NR_2=4$。

$$ra_2=\left|3\frac{S\cos\varphi}{\tan(\beta+\varphi)}+S\sin\varphi-W\right|\Big/\left[S\sin\varphi+\frac{S\cos\varphi}{\tan(\beta+\varphi)}\right] \quad (A.22)$$

$$ra_4=\left|W-\frac{S\cos\varphi}{\tan(\beta+\varphi)}-S\sin\varphi\right|\Big/\left[S\sin\varphi+\frac{S\cos\varphi}{\tan(\beta+\varphi)}\right] \tag{A.23}$$

$$Rb=\left|S\sin\varphi-\frac{S\cos\varphi}{\tan(\beta+\varphi)}\right|\Big/\left[S\sin\varphi+\frac{S\cos\varphi}{\tan(\beta+\varphi)}\right] \tag{A.24}$$

(3) $NR_1=4, NR_2=6$。

$$ra_4=\left|S\sin\varphi+5\frac{S\cos\varphi}{\tan(\beta+\varphi)}-W\right|\Big/\left[S\sin\varphi+\frac{S\cos\varphi}{\tan(\beta+\varphi)}\right] \tag{A.25}$$

$$ra_6=\left|2W-S\sin\varphi-3\frac{S\cos\varphi}{\tan(\beta+\varphi)}\right|\Big/\left[S\sin\varphi+\frac{S\cos\varphi}{\tan(\beta+\varphi)}\right] \tag{A.26}$$

$$Rb=\left|S\sin\varphi-\frac{S\cos\varphi}{\tan(\beta+\varphi)}\right|\Big/\left[S\sin\varphi+\frac{S\cos\varphi}{\tan(\beta+\varphi)}\right] \tag{A.27}$$

式中，ra_0～ra_6 依次对应于光线在百叶间不同反射次数所占的比例；Rb 为光线被反射回外界部分所占的比例。

A.2　后向直射反射次数所占比例

1. 当 $\varphi\in[0°,45°]$，且 $\beta\in[0°,\varphi]$时，入射前端无反射

(1) $NR_1=0, NR_2=1$。

$$ra_0=\left|S\sin\varphi+\frac{S\cos\varphi}{\tan(\varphi-\beta)}-W\right|\Big/\left[S\sin\varphi+\frac{S\cos\varphi}{\tan(\varphi-\beta)}\right] \tag{A.28}$$

$$ra_1=W\Big/\left[S\sin\varphi+\frac{S\cos\varphi}{\tan(\varphi-\beta)}\right] \tag{A.29}$$

(2) $NR_1=0, NR_2=2$。

$$ra_0=\left|W-S\sin\varphi-\frac{S\cos\varphi}{\tan(\varphi-\beta)}\right|\Big/\left[S\sin\varphi+\frac{S\cos\varphi}{\tan(\varphi-\beta)}\right] \tag{A.30}$$

$$ra_1=\left|S\sin\varphi-\frac{S\cos\varphi}{\tan(\varphi-\beta)}\right|\Big/\left[S\sin\varphi+\frac{S\cos\varphi}{\tan(\varphi-\beta)}\right] \tag{A.31}$$

$$ra_2=\left|W-\frac{S\cos\varphi}{\tan(\varphi-\beta)}+S\sin\varphi\right|\Big/\left[S\sin\varphi+\frac{S\cos\varphi}{\tan(\varphi-\beta)}\right] \tag{A.32}$$

(3) $NR_1=1, NR_2=2$。

$$ra_1=\left|2\frac{S\cos\varphi}{\tan(\varphi-\beta)}-W\right|\Big/\left[S\sin\varphi+\frac{S\cos\varphi}{\tan(\varphi-\beta)}\right] \tag{A.33}$$

$$ra_2=\left|W-\frac{S\cos\varphi}{\tan(\varphi-\beta)}+S\sin\varphi\right|\bigg/\left[S\sin\varphi+\frac{S\cos\varphi}{\tan(\varphi-\beta)}\right] \tag{A.34}$$

(4)$NR_1=2, NR_2=3$。

$$ra_2=\left|3\frac{S\cos\varphi}{\tan(\varphi-\beta)}+S\sin\varphi-W\right|\bigg/\left[S\sin\varphi+\frac{S\cos\varphi}{\tan(\varphi-\beta)}\right] \tag{A.35}$$

$$ra_3=\left|W-2\frac{S\cos\varphi}{\tan(\varphi-\beta)}\right|\bigg/\left[S\sin\varphi+\frac{S\cos\varphi}{\tan(\varphi-\beta)}\right] \tag{A.36}$$

(5)$NR_1=2, NR_2=4$。

$$ra_2=\left|3\frac{S\cos\varphi}{\tan(\varphi-\beta)}+S\sin\varphi-W\right|\bigg/\left[S\sin\varphi+\frac{S\cos\varphi}{\tan(\varphi-\beta)}\right] \tag{A.37}$$

$$ra_3=\left|3\frac{S\cos\varphi}{\tan(\varphi-\beta)}-S\sin\varphi\right|\bigg/\left[S\sin\varphi+\frac{S\cos\varphi}{\tan(\varphi-\beta)}\right] \tag{A.38}$$

$$ra_4=\left|W+S\sin\varphi-3\frac{S\cos\varphi}{\tan(\varphi-\beta)}\right|\bigg/\left[S\sin\varphi+\frac{S\cos\varphi}{\tan(\varphi-\beta)}\right] \tag{A.39}$$

(6)$NR_1=3, NR_2=4$。

$$ra_3=\left|4\frac{S\cos\varphi}{\tan(\varphi-\beta)}-W\right|\bigg/\left[S\sin\varphi+\frac{S\cos\varphi}{\tan(\varphi-\beta)}\right] \tag{A.40}$$

$$ra_4=\left|S\sin\varphi+W-3\frac{S\cos\varphi}{\tan(\varphi-\beta)}\right|\bigg/\left[S\sin\varphi+\frac{S\cos\varphi}{\tan(\varphi-\beta)}\right] \tag{A.41}$$

(7)$NR_1=4, NR_2=5$。

$$ra_4=\left|S\sin\varphi+5\frac{S\cos\varphi}{\tan(\varphi-\beta)}-W\right|\bigg/\left[S\sin\varphi+\frac{S\cos\varphi}{\tan(\varphi-\beta)}\right] \tag{A.42}$$

$$ra_5=\left|W-4\frac{S\cos\varphi}{\tan(\varphi-\beta)}\right|\bigg/\left[S\sin\varphi+\frac{S\cos\varphi}{\tan(\varphi-\beta)}\right] \tag{A.43}$$

(8)$NR_1=4, NR_2=6$。

$$ra_4=\left|5\frac{S\cos\varphi}{\tan(\varphi-\beta)}+S\sin\varphi-W\right|\bigg/\left[S\sin\varphi+\frac{S\cos\varphi}{\tan(\varphi-\beta)}\right] \tag{A.44}$$

$$ra_5=\left|2W-11\frac{S\cos\varphi}{\tan(\varphi-\beta)}-S\sin\varphi\right|\bigg/\left[S\sin\varphi+\frac{S\cos\varphi}{\tan(\varphi-\beta)}\right] \tag{A.45}$$

$$ra_6=\left|7\frac{S\cos\varphi}{\tan(\varphi-\beta)}+S\sin\varphi-W\right|\bigg/\left[S\sin\varphi+\frac{S\cos\varphi}{\tan(\varphi-\beta)}\right] \tag{A.46}$$

2. 当 $\varphi\in[0°,45°]$，且 $\beta\in(\varphi, 90°]$时，入射前端无反射

(1)$NR_1=0, NR_2=1$。

$$ra_0=\left|\frac{S\cos\varphi}{\tan(\beta-\varphi)}-S\sin\varphi-W\right|\Big/\left|\frac{S\cos\varphi}{\tan(\beta-\varphi)}-S\sin\varphi\right| \tag{A.47}$$

$$ra_1=W\Big/\left|\frac{S\cos\varphi}{\tan(\beta-\varphi)}-S\sin\varphi\right| \tag{A.48}$$

(2) $NR_1=1, NR_2=1$。

$$ra_1=1 \tag{A.49}$$

(3) $NR_1=1, NR_2=2$。

$$ra_1=\left|2\frac{S\cos\varphi}{\tan(\beta-\varphi)}-W\right|\Big/\left|\frac{S\cos\varphi}{\tan(\beta-\varphi)}-S\sin\varphi\right| \tag{A.50}$$

$$ra_2=\left|W-\frac{S\cos\varphi}{\tan(\beta-\varphi)}-S\sin\varphi\right|\Big/\left|\frac{S\cos\varphi}{\tan(\beta-\varphi)}-S\sin\varphi\right| \tag{A.51}$$

(4) $NR_1=2, NR_2=3$。

$$ra_2=\left|3\frac{S\cos\varphi}{\tan(\beta-\varphi)}-S\sin\varphi-W\right|\Big/\left|\frac{S\cos\varphi}{\tan(\beta-\varphi)}-S\sin\varphi\right| \tag{A.52}$$

$$ra_3=\left|W-2\frac{S\cos\varphi}{\tan(\beta-\varphi)}\right|\Big/\left|\frac{S\cos\varphi}{\tan(\beta-\varphi)}-S\sin\varphi\right| \tag{A.53}$$

(5) $NR_1=3, NR_2=3$。

$$ra_3=1 \tag{A.54}$$

(6) $NR_1=3, NR_2=4$。

$$ra_3=\left|4\frac{S\cos\varphi}{\tan(\beta-\varphi)}-W\right|\Big/\left|\frac{S\cos\varphi}{\tan(\beta-\varphi)}-S\sin\varphi\right| \tag{A.55}$$

$$ra_4=\left|W-3\frac{S\cos\varphi}{\tan(\beta-\varphi)}-S\sin\varphi\right|\Big/\left|\frac{S\cos\varphi}{\tan(\beta-\varphi)}-S\sin\varphi\right| \tag{A.56}$$

(7) $NR_1=4, NR_2=5$。

$$ra_4=\left|5\frac{S\cos\varphi}{\tan(\beta-\varphi)}-S\sin\varphi-W\right|\Big/\left|\frac{S\cos\varphi}{\tan(\beta-\varphi)}-S\sin\varphi\right| \tag{A.57}$$

$$ra_5=\left|W-4\frac{S\cos\varphi}{\tan(\beta-\varphi)}\right|\Big/\left|\frac{S\cos\varphi}{\tan(\beta-\varphi)}-S\sin\varphi\right| \tag{A.58}$$

3. 当 $\varphi\in(45°,90°]$，且 $\beta\in[0°,2\varphi-90°]$ 时，入射前端有部分反射

(1) $NR_1=0, NR_2=2$。

$$ra_0=\left|S\sin\varphi+\frac{S\cos\varphi}{\tan(\varphi-\beta)}-W\right|\Big/\left|S\sin\varphi+\frac{S\cos\varphi}{\tan(\varphi-\beta)}\right| \tag{A.59}$$

$$ra_2=\left|W-S\sin\varphi+\frac{S\cos\varphi}{\tan(\varphi-\beta)}\right|\Big/\left|S\sin\varphi+\frac{S\cos\varphi}{\tan(\varphi-\beta)}\right| \tag{A.60}$$

$$Rb=\left|S\sin\varphi-\frac{S\cos\varphi}{\tan(\varphi-\beta)}\right|\Big/\left|S\sin\varphi+\frac{S\cos\varphi}{\tan(\varphi-\beta)}\right| \tag{A.61}$$

(2) $NR_1=2, NR_2=4$。

$$ra_2=\left|3\frac{S\cos\varphi}{\tan(\varphi-\beta)}+S\sin\varphi-W\right|\Big/\left|S\sin\varphi+\frac{S\cos\varphi}{\tan(\varphi-\beta)}\right| \tag{A.62}$$

$$ra_4=\left|W-\frac{S\cos\varphi}{\tan(\varphi-\beta)}-S\sin\varphi\right|\Big/\left|S\sin\varphi+\frac{S\cos\varphi}{\tan(\varphi-\beta)}\right| \tag{A.63}$$

$$Rb=\left|S\sin\varphi-\frac{S\cos\varphi}{\tan(\varphi-\beta)}\right|\Big/\left|S\sin\varphi+\frac{S\cos\varphi}{\tan(\varphi-\beta)}\right| \tag{A.64}$$

(3) $NR_1=4, NR_2=6$。

$$ra_4=\left|S\sin\varphi+5\frac{S\cos\varphi}{\tan(\varphi-\beta)}-W\right|\Big/\left|S\sin\varphi+\frac{S\cos\varphi}{\tan(\varphi-\beta)}\right| \tag{A.65}$$

$$ra_6=\left|W-S\sin\varphi-3\frac{S\cos\varphi}{\tan(\varphi-\beta)}\right|\Big/\left|S\sin\varphi+\frac{S\cos\varphi}{\tan(\varphi-\beta)}\right| \tag{A.66}$$

$$Rb=\left|S\sin\varphi-\frac{S\cos\varphi}{\tan(\varphi-\beta)}\right|\Big/\left|S\sin\varphi+\frac{S\cos\varphi}{\tan(\varphi-\beta)}\right| \tag{A.67}$$

附录B 双层皮幕墙太阳辐射透过率参数表

附表 B.1 太阳辐射透过率(散射比＝0%) (单位:%)

太阳入射投影角/(°)	百叶角度									
	0°	10°	20°	30°	40°	50°	60°	70°	80°	90°
0.0	36.39	31.79	27.20	22.76	16.62	11.20	6.89	3.57	1.28	0
2.5	35.29	30.69	26.14	21.39	15.48	10.24	6.14	3.05	1.02	0
5.0	34.11	29.52	25.01	19.98	14.28	9.24	5.35	2.51	0.52	0
7.5	32.91	28.33	23.87	18.58	13.07	8.23	4.56	1.96	0.51	0
10.0	31.69	27.12	22.70	17.17	11.85	7.20	3.75	0.97	0.51	0
12.5	30.43	25.87	21.51	15.75	10.45	6.16	2.94	0.94	0.49	0
15.0	29.13	24.60	20.29	14.31	9.20	5.10	1.42	0.91	0.48	0
17.5	27.80	23.29	18.66	12.86	7.93	4.02	1.36	0.89	0.46	0
20.0	26.42	21.94	17.01	11.37	6.62	1.94	1.30	0.88	0.45	0
22.5	25.00	20.55	15.34	9.86	5.28	1.83	1.25	0.86	0.44	0
25.0	23.53	19.11	13.63	8.31	2.56	1.74	1.20	0.84	0.42	0
27.5	22.00	17.62	11.88	6.73	2.41	1.65	1.19	0.82	0.41	0
30.0	20.42	16.08	10.09	3.35	2.27	1.56	1.18	0.79	0.40	0
32.5	18.77	14.10	8.25	3.15	2.14	1.49	1.15	0.77	0.39	0
35.0	17.05	12.07	3.85	2.95	2.01	1.45	1.13	0.75	0.37	0
37.5	15.26	9.98	3.68	2.77	1.89	1.43	1.10	0.73	0.36	0
40.0	13.39	4.56	3.53	2.59	1.78	1.42	1.07	0.71	0.35	0
42.5	11.44	4.33	3.39	2.42	1.70	1.39	1.05	0.69	0.34	0
45.0	5.48	4.11	3.24	2.26	1.66	1.36	1.02	0.68	0.33	0
47.5	5.20	3.90	3.08	2.10	1.63	1.33	1.00	0.66	0.32	0
50.0	4.92	3.70	2.93	1.97	1.62	1.30	0.97	0.64	0.31	0
52.5	4.64	3.52	2.72	1.90	1.58	1.27	0.95	0.62	0.30	0
55.0	4.38	3.36	2.51	1.84	1.55	1.24	0.92	0.60	0.29	0
57.5	4.11	3.20	2.32	1.80	1.52	1.21	0.90	0.58	0.28	0
60.0	3.86	3.03	2.20	1.78	1.49	1.18	0.88	0.57	0.27	0
62.5	3.62	2.85	2.10	1.74	1.45	1.16	0.85	0.55	0.26	0

续表

太阳入射投影角/(°)	百叶角度									
	0°	10°	20°	30°	40°	50°	60°	70°	80°	90°
65.0	3.42	2.68	2.01	1.71	1.42	1.13	0.83	0.53	0.25	0
67.5	3.24	2.60	1.94	1.67	1.39	1.10	0.81	0.52	0.24	0
70.0	3.04	2.53	1.91	1.64	1.36	1.07	0.78	0.50	0.23	0
72.5	2.87	2.37	1.87	1.61	1.33	1.05	0.76	0.48	0.22	0
75.0	2.77	2.22	1.84	1.57	1.30	1.02	0.74	0.46	0.21	0
77.5	2.68	2.09	1.80	1.54	1.27	0.99	0.72	0.45	0.20	0
80.0	2.61	2.02	1.77	1.51	1.24	0.97	0.69	0.43	0.19	0
82.5	2.55	1.98	1.73	1.48	1.21	0.94	0.67	0.41	0.19	0
85.0	2.50	1.94	1.70	1.44	1.18	0.91	0.65	0.40	0.18	0
87.5	2.45	1.90	1.66	1.41	1.15	0.89	0.63	0.38	0.17	0
90.0	2.40	1.87	1.63	1.38	1.12	0.86	0.60	0.36	0.16	0

附表 B.2　太阳辐射透过率(散射比＝30%)　　(单位:%)

太阳入射投影角/(°)	百叶角度									
	0°	10°	20°	30°	40°	50°	60°	70°	80°	90°
0.0	27.94	24.69	21.39	18.13	13.64	9.57	6.23	3.51	1.44	0
2.5	27.17	23.92	20.65	17.18	12.83	8.91	5.70	3.14	1.26	0
5.0	26.34	23.10	19.86	16.19	11.99	8.20	5.15	2.76	0.91	0
7.5	25.50	22.27	19.06	15.21	11.15	7.50	4.59	2.38	0.90	0
10.0	24.64	21.42	18.24	14.22	10.29	6.78	4.03	1.69	0.90	0
12.5	23.76	20.55	17.40	13.23	9.32	6.05	3.46	1.66	0.89	0
15.0	22.85	19.65	16.55	12.22	8.44	5.31	2.40	1.64	0.88	0
17.5	21.92	18.73	15.41	11.20	7.55	4.55	2.35	1.63	0.87	0
20.0	20.96	17.79	14.26	10.17	6.63	3.09	2.31	1.63	0.86	0
22.5	19.96	16.82	13.08	9.11	5.70	3.02	2.28	1.61	0.85	0
25.0	18.93	15.81	11.89	8.02	3.80	2.95	2.25	1.60	0.84	0
27.5	17.87	14.77	10.67	6.91	3.69	2.89	2.24	1.58	0.83	0
30.0	16.76	13.69	9.41	4.55	3.59	2.83	2.23	1.56	0.82	0
32.5	15.60	12.31	8.13	4.41	3.50	2.78	2.21	1.55	0.82	0
35.0	14.40	10.89	5.04	4.27	3.41	2.75	2.19	1.54	0.81	0

续表

太阳入射投影角/(°)	百叶角度									
	0°	10°	20°	30°	40°	50°	60°	70°	80°	90°
37.5	13.14	9.42	4.93	4.14	3.32	2.74	2.17	1.52	0.80	0
40.0	11.83	5.63	4.82	4.02	3.25	2.73	2.16	1.51	0.79	0
42.5	10.47	5.46	4.72	3.90	3.19	2.71	2.14	1.49	0.78	0
45.0	6.30	5.31	4.62	3.78	3.16	2.69	2.12	1.48	0.78	0
47.5	6.10	5.16	4.51	3.67	3.14	2.66	2.10	1.47	0.77	0
50.0	5.90	5.03	4.40	3.59	3.13	2.64	2.08	1.46	0.76	0
52.5	5.71	4.90	4.25	3.53	3.11	2.62	2.07	1.44	0.76	0
55.0	5.53	4.78	4.10	3.49	3.09	2.60	2.05	1.43	0.75	0
57.5	5.34	4.67	3.97	3.46	3.06	2.58	2.03	1.42	0.74	0
60.0	5.17	4.56	3.89	3.45	3.04	2.56	2.02	1.41	0.73	0
62.5	5.00	4.43	3.82	3.42	3.02	2.54	2.00	1.39	0.73	0
65.0	4.86	4.31	3.75	3.40	3.00	2.53	1.99	1.38	0.72	0
67.5	4.73	4.26	3.71	3.38	2.97	2.51	1.97	1.37	0.71	0
70.0	4.59	4.21	3.68	3.35	2.95	2.49	1.95	1.36	0.71	0
72.5	4.47	4.10	3.66	3.33	2.93	2.47	1.94	1.35	0.70	0
75.0	4.40	3.99	3.63	3.31	2.91	2.45	1.92	1.33	0.69	0
77.5	4.34	3.90	3.61	3.28	2.89	2.43	1.91	1.32	0.69	0
80.0	4.29	3.85	3.58	3.26	2.87	2.41	1.89	1.31	0.68	0
82.5	4.25	3.82	3.56	3.24	2.85	2.39	1.87	1.30	0.68	0
85.0	4.21	3.79	3.54	3.21	2.83	2.37	1.86	1.29	0.67	0
87.5	4.18	3.77	3.51	3.19	2.81	2.36	1.84	1.27	0.66	0
90.0	4.14	3.74	3.49	3.17	2.79	2.34	1.83	1.26	0.66	0

附表 B.3　太阳辐射透过率(散射比＝60％)　(单位:％)

太阳入射投影角/(°)	百叶角度									
	0°	10°	20°	30°	40°	50°	60°	70°	80°	90°
0.0	19.48	17.59	15.58	13.51	10.65	7.95	5.57	3.44	1.60	0
2.5	19.04	17.15	15.15	12.97	10.19	7.57	5.27	3.24	1.50	0
5.0	18.57	16.68	14.70	12.40	9.71	7.17	4.95	3.02	1.30	0
7.5	18.09	16.20	14.24	11.84	9.23	6.76	4.63	2.80	1.29	0

续表

太阳入射投影角/(°)	百叶角度									
	0°	10°	20°	30°	40°	50°	60°	70°	80°	90°
10.0	17.60	15.72	13.78	11.28	8.74	6.35	4.31	2.40	1.29	0
12.5	17.10	15.22	13.30	10.71	8.18	5.93	3.98	2.39	1.29	0
15.0	16.58	14.71	12.81	10.13	7.68	5.51	3.38	2.38	1.28	0
17.5	16.05	14.18	12.16	9.55	7.17	5.08	3.35	2.37	1.28	0
20.0	15.50	13.64	11.50	8.96	6.65	4.24	3.33	2.37	1.27	0
22.5	14.93	13.09	10.83	8.35	6.11	4.20	3.31	2.36	1.27	0
25.0	14.34	12.51	10.15	7.73	5.03	4.16	3.29	2.35	1.26	0
27.5	13.73	11.92	9.45	7.10	4.97	4.13	3.28	2.34	1.26	0
30.0	13.09	11.30	8.73	5.75	4.91	4.10	3.28	2.33	1.25	0
32.5	12.43	10.51	8.00	5.67	4.86	4.07	3.27	2.33	1.25	0
35.0	11.75	9.70	6.24	5.59	4.80	4.05	3.26	2.32	1.24	0
37.5	11.03	8.86	6.17	5.52	4.76	4.04	3.25	2.31	1.24	0
40.0	10.28	6.69	6.11	5.45	4.71	4.04	3.24	2.30	1.23	0
42.5	9.50	6.60	6.05	5.38	4.68	4.02	3.23	2.29	1.23	0
45.0	7.12	6.51	5.99	5.31	4.66	4.01	3.22	2.29	1.22	0
47.5	7.00	6.43	5.93	5.25	4.65	4.00	3.21	2.28	1.22	0
50.0	6.89	6.35	5.87	5.20	4.65	3.99	3.20	2.27	1.22	0
52.5	6.78	6.28	5.78	5.17	4.63	3.98	3.19	2.26	1.21	0
55.0	6.68	6.21	5.70	5.15	4.62	3.97	3.18	2.26	1.21	0
57.5	6.57	6.15	5.62	5.13	4.61	3.95	3.17	2.25	1.20	0
60.0	6.47	6.08	5.58	5.12	4.60	3.94	3.16	2.24	1.20	0
62.5	6.37	6.01	5.54	5.11	4.58	3.93	3.15	2.24	1.20	0
65.0	6.30	5.94	5.50	5.09	4.57	3.92	3.14	2.23	1.19	0
67.5	6.22	5.91	5.47	5.08	4.56	3.91	3.13	2.22	1.19	0
70.0	6.14	5.88	5.46	5.06	4.55	3.90	3.12	2.22	1.18	0
72.5	6.07	5.82	5.45	5.05	4.53	3.89	3.11	2.21	1.18	0
75.0	6.03	5.76	5.43	5.04	4.52	3.88	3.10	2.20	1.18	0
77.5	6.00	5.70	5.42	5.03	4.51	3.87	3.10	2.20	1.17	0
80.0	5.97	5.68	5.40	5.01	4.50	3.86	3.09	2.19	1.17	0
82.5	5.95	5.66	5.39	5.00	4.49	3.85	3.08	2.18	1.17	0
85.0	5.93	5.65	5.38	4.99	4.47	3.83	3.07	2.18	1.16	0

续表

太阳入射投影角/(°)	百叶角度									
	0°	10°	20°	30°	40°	50°	60°	70°	80°	90°
87.5	5.90	5.63	5.36	4.97	4.46	3.82	3.06	2.17	1.16	0
90.0	5.89	5.62	5.35	4.96	4.45	3.81	3.05	2.16	1.15	0

附表 B.4 太阳辐射透过率(散射比=90%) (单位:%)

太阳入射投影角/(°)	百叶角度									
	0°	10°	20°	30°	40°	50°	60°	70°	80°	90°
0.0	11.03	10.48	9.77	8.89	7.66	6.32	4.90	3.38	1.76	0
2.5	10.92	10.37	9.66	8.75	7.55	6.23	4.83	3.33	1.74	0
5.0	10.80	10.26	9.55	8.61	7.43	6.13	4.75	3.28	1.69	0
7.5	10.68	10.14	9.43	8.47	7.31	6.03	4.67	3.22	1.69	0
10.0	10.56	10.02	9.32	8.33	7.19	5.92	4.59	3.12	1.69	0
12.5	10.43	9.89	9.20	8.19	7.05	5.82	4.51	3.12	1.69	0
15.0	10.30	9.76	9.08	8.05	6.92	5.71	4.36	3.12	1.68	0
17.5	10.17	9.63	8.91	7.90	6.79	5.61	4.35	3.11	1.68	0
20.0	10.03	9.50	8.75	7.75	6.66	5.40	4.34	3.11	1.68	0
22.5	9.89	9.36	8.58	7.60	6.53	5.39	4.34	3.11	1.68	0
25.0	9.74	9.21	8.41	7.45	6.26	5.38	4.33	3.11	1.68	0
27.5	9.59	9.07	8.23	7.29	6.24	5.37	4.33	3.11	1.68	0
30.0	9.43	8.91	8.06	6.95	6.23	5.36	4.33	3.10	1.68	0
32.5	9.27	8.71	7.87	6.93	6.22	5.35	4.33	3.10	1.68	0
35.0	9.09	8.51	7.43	6.91	6.20	5.35	4.33	3.10	1.67	0
37.5	8.92	8.30	7.41	6.89	6.19	5.35	4.32	3.10	1.67	0
40.0	8.73	7.76	7.40	6.87	6.18	5.35	4.32	3.10	1.67	0
42.5	8.53	7.74	7.38	6.86	6.17	5.34	4.32	3.09	1.67	0
45.0	7.94	7.71	7.37	6.84	6.17	5.34	4.32	3.09	1.67	0
47.5	7.91	7.69	7.35	6.82	6.16	5.34	4.31	3.09	1.67	0
50.0	7.88	7.67	7.34	6.81	6.16	5.33	4.31	3.09	1.67	0
52.5	7.85	7.66	7.32	6.80	6.16	5.33	4.31	3.09	1.67	0
55.0	7.83	7.64	7.30	6.80	6.16	5.33	4.31	3.09	1.67	0
57.5	7.80	7.62	7.28	6.79	6.15	5.33	4.30	3.08	1.66	0

续表

太阳入射投影角/(°)	百叶角度									
	0°	10°	20°	30°	40°	50°	60°	70°	80°	90°
60.0	7.78	7.61	7.27	6.79	6.15	5.32	4.30	3.08	1.66	0
62.5	7.75	7.59	7.26	6.79	6.15	5.32	4.30	3.08	1.66	0
65.0	7.73	7.57	7.25	6.78	6.14	5.32	4.30	3.08	1.66	0
67.5	7.71	7.56	7.24	6.78	6.14	5.31	4.29	3.08	1.66	0
70.0	7.69	7.56	7.24	6.78	6.14	5.31	4.29	3.07	1.66	0
72.5	7.68	7.54	7.23	6.77	6.13	5.31	4.29	3.07	1.66	0
75.0	7.67	7.53	7.23	6.77	6.13	5.31	4.29	3.07	1.66	0
77.5	7.66	7.51	7.23	6.77	6.13	5.30	4.29	3.07	1.66	0
80.0	7.65	7.51	7.22	6.76	6.13	5.30	4.28	3.07	1.66	0
82.5	7.64	7.50	7.22	6.76	6.12	5.30	4.28	3.07	1.66	0
85.0	7.64	7.50	7.22	6.76	6.12	5.30	4.28	3.06	1.65	0
87.5	7.63	7.49	7.21	6.75	6.12	5.29	4.28	3.06	1.65	0
90.0	7.63	7.49	7.21	6.75	6.11	5.29	4.27	3.06	1.65	0

附表 B.5　太阳辐射透过率(散射比=100%)　(单位:%)

太阳入射投影角/(°)	百叶角度									
	0°	10°	20°	30°	40°	50°	60°	70°	80°	90°
0.0	8.21	8.12	7.83	7.35	6.67	5.78	4.68	3.36	1.82	0
2.5	8.21	8.12	7.83	7.35	6.67	5.78	4.68	3.36	1.82	0
5.0	8.21	8.12	7.83	7.35	6.67	5.78	4.68	3.36	1.82	0
7.5	8.21	8.12	7.83	7.35	6.67	5.78	4.68	3.36	1.82	0
10.0	8.21	8.12	7.83	7.35	6.67	5.78	4.68	3.36	1.82	0
12.5	8.21	8.12	7.83	7.35	6.67	5.78	4.68	3.36	1.82	0
15.0	8.21	8.12	7.83	7.35	6.67	5.78	4.68	3.36	1.82	0
17.5	8.21	8.12	7.83	7.35	6.67	5.78	4.68	3.36	1.82	0
20.0	8.21	8.12	7.83	7.35	6.67	5.78	4.68	3.36	1.82	0
22.5	8.21	8.12	7.83	7.35	6.67	5.78	4.68	3.36	1.82	0
25.0	8.21	8.12	7.83	7.35	6.67	5.78	4.68	3.36	1.82	0
27.5	8.21	8.12	7.83	7.35	6.67	5.78	4.68	3.36	1.82	0
30.0	8.21	8.12	7.83	7.35	6.67	5.78	4.68	3.36	1.82	0

续表

太阳入射投影角/(°)	百叶角度									
	0°	10°	20°	30°	40°	50°	60°	70°	80°	90°
32.5	8.21	8.12	7.83	7.35	6.67	5.78	4.68	3.36	1.82	0
35.0	8.21	8.12	7.83	7.35	6.67	5.78	4.68	3.36	1.82	0
37.5	8.21	8.12	7.83	7.35	6.67	5.78	4.68	3.36	1.82	0
40.0	8.21	8.12	7.83	7.35	6.67	5.78	4.68	3.36	1.82	0
42.5	8.21	8.12	7.83	7.35	6.67	5.78	4.68	3.36	1.82	0
45.0	8.21	8.12	7.83	7.35	6.67	5.78	4.68	3.36	1.82	0
47.5	8.21	8.12	7.83	7.35	6.67	5.78	4.68	3.36	1.82	0
50.0	8.21	8.12	7.83	7.35	6.67	5.78	4.68	3.36	1.82	0
52.5	8.21	8.12	7.83	7.35	6.67	5.78	4.68	3.36	1.82	0
55.0	8.21	8.12	7.83	7.35	6.67	5.78	4.68	3.36	1.82	0
57.5	8.21	8.12	7.83	7.35	6.67	5.78	4.68	3.36	1.82	0
60.0	8.21	8.12	7.83	7.35	6.67	5.78	4.68	3.36	1.82	0
62.5	8.21	8.12	7.83	7.35	6.67	5.78	4.68	3.36	1.82	0
65.0	8.21	8.12	7.83	7.35	6.67	5.78	4.68	3.36	1.82	0
67.5	8.21	8.12	7.83	7.35	6.67	5.78	4.68	3.36	1.82	0
70.0	8.21	8.12	7.83	7.35	6.67	5.78	4.68	3.36	1.82	0
72.5	8.21	8.12	7.83	7.35	6.67	5.78	4.68	3.36	1.82	0
75.0	8.21	8.12	7.83	7.35	6.67	5.78	4.68	3.36	1.82	0
77.5	8.21	8.12	7.83	7.35	6.67	5.78	4.68	3.36	1.82	0
80.0	8.21	8.12	7.83	7.35	6.67	5.78	4.68	3.36	1.82	0
82.5	8.21	8.12	7.83	7.35	6.67	5.78	4.68	3.36	1.82	0
85.0	8.21	8.12	7.83	7.35	6.67	5.78	4.68	3.36	1.82	0
87.5	8.21	8.12	7.83	7.35	6.67	5.78	4.68	3.36	1.82	0
90.0	8.21	8.12	7.83	7.35	6.67	5.78	4.68	3.36	1.82	0

附录C　双层皮幕墙对流得热量参数表

（高度 H=4m；通风空腔宽度 D=0.3m）

附表 C.1　对流得热量（散射比=0%；室外空气温度=20℃）

辐射照度 0W/m²										
百叶角度/(°)	0	10	20	30	40	50	60	70	80	90
得热量/(W/m²)	−17.44	−17.42	−17.35	−17.23	−17.06	−16.82	−16.50	−16.09	−15.56	−14.87

附表 C.2　对流得热量（散射比=0%；室外空气温度=25℃）　　（单位：W/m²）

辐射照度 0W/m²										
百叶角度/(°)	0	10	20	30	40	50	60	70	80	90
得热量/(W/m²)	−3.75	−3.74	−3.70	−3.63	−3.48	−3.40	−3.29	−3.12	−2.90	−2.61

辐射照度 100W/m²										
太阳入射投影角/(°)	百叶角度									
	0°	10°	20°	30°	40°	50°	60°	70°	80°	90°
0.0	15.78	14.12	12.38	10.63	8.22	5.77	3.46	1.57	0.10	−1.29
2.5	15.40	13.72	11.99	10.08	7.80	5.34	3.10	1.32	−0.03	−1.29
5.0	15.00	13.31	11.57	9.53	7.37	4.88	2.73	1.06	−0.62	−1.29
7.5	14.61	12.90	11.16	9.00	6.95	4.41	2.36	0.79	−0.63	−1.29
10.0	14.21	12.48	10.74	8.47	6.51	3.95	1.98	−0.06	−0.65	−1.29
12.5	13.81	12.06	10.31	7.96	5.84	3.47	1.60	−0.11	−0.66	−1.29
15.0	13.39	11.63	9.88	7.44	5.29	2.98	0.47	−0.15	−0.68	−1.29
17.5	12.97	11.19	9.26	6.91	4.72	2.48	0.39	−0.18	−0.70	−1.29
20.0	12.54	10.73	8.64	6.36	4.12	1.05	0.32	−0.19	−0.71	−1.29
22.5	12.09	10.26	8.02	5.80	3.51	0.93	0.26	−0.22	−0.73	−1.29
25.0	11.61	9.76	7.38	5.22	1.72	0.82	0.20	−0.25	−0.75	−1.29
27.5	11.11	9.24	6.71	4.61	1.56	0.72	0.17	−0.27	−0.76	−1.29
30.0	10.58	8.68	6.02	2.53	1.40	0.62	0.14	−0.30	−0.78	−1.29

续表

辐射照度 100W/m²										
太阳入射投影角/(°)	百叶角度									
	0°	10°	20°	30°	40°	50°	60°	70°	80°	90°
32.5	10.01	7.91	5.29	2.32	1.26	0.53	0.11	−0.32	−0.79	−1.29
35.0	9.40	7.09	3.03	2.12	1.12	0.47	0.08	−0.35	−0.80	−1.29
37.5	8.74	6.23	2.86	1.92	0.99	0.44	0.05	−0.37	−0.82	−1.29
40.0	8.02	3.73	2.70	1.74	0.86	0.41	0.02	−0.39	−0.83	−1.29
42.5	7.23	3.50	2.55	1.56	0.77	0.37	−0.01	−0.42	−0.84	−1.29
45.0	4.63	3.28	2.40	1.39	0.70	0.34	−0.04	−0.44	−0.86	−1.29
47.5	4.35	3.07	2.25	1.22	0.65	0.30	−0.07	−0.46	−0.87	−1.29
50.0	4.08	2.87	2.09	1.08	0.61	0.27	−0.10	−0.48	−0.88	−1.29
52.5	3.81	2.68	1.87	0.98	0.58	0.24	−0.13	−0.50	−0.89	−1.29
55.0	3.55	2.52	1.66	0.90	0.54	0.20	−0.15	−0.52	−0.91	−1.29
57.5	3.29	2.36	1.46	0.84	0.50	0.17	−0.18	−0.55	−0.92	−1.29
60.0	3.03	2.19	1.33	0.78	0.47	0.14	−0.21	−0.57	−0.93	−1.29
62.5	2.79	2.01	1.20	0.74	0.43	0.11	−0.23	−0.59	−0.94	−1.29
65.0	2.59	1.84	1.09	0.71	0.40	0.08	−0.26	−0.61	−0.95	−1.29
67.5	2.41	1.76	1.00	0.67	0.36	0.04	−0.29	−0.63	−0.97	−1.29
70.0	2.21	1.69	0.92	0.63	0.33	0.01	−0.31	−0.65	−0.98	−1.29
72.5	2.04	1.52	0.88	0.59	0.29	−0.02	−0.34	−0.67	−0.99	−1.29
75.0	1.93	1.34	0.84	0.56	0.26	−0.05	−0.37	−0.69	−1.00	−1.29
77.5	1.84	1.18	0.80	0.52	0.23	−0.08	−0.39	−0.71	−1.01	−1.29
80.0	1.77	1.03	0.76	0.48	0.19	−0.11	−0.42	−0.73	−1.02	−1.29
82.5	1.71	0.99	0.73	0.45	0.16	−0.14	−0.44	−0.75	−1.03	−1.29
85.0	1.65	0.95	0.69	0.41	0.13	−0.17	−0.47	−0.77	−1.04	−1.29
87.5	1.59	0.91	0.65	0.38	0.09	−0.20	−0.50	−0.79	−1.06	−1.29
90.0	1.55	0.87	0.61	0.34	0.06	−0.23	−0.52	−0.81	−1.07	−1.29

辐射照度 200W/m²										
太阳入射投影角/(°)	百叶角度									
	0°	10°	20°	30°	40°	50°	60°	70°	80°	90°
0.0	33.78	30.41	26.89	23.35	18.49	13.56	8.96	5.18	2.24	−0.50
2.5	33.00	29.60	26.09	22.24	17.65	12.69	8.25	4.68	1.98	−0.50

续表

辐射照度 200W/m²										
太阳入射投影角/(°)	百叶角度									
	0°	10°	20°	30°	40°	50°	60°	70°	80°	90°
5.0	32.20	28.77	25.25	21.13	16.79	11.78	7.52	4.17	0.89	−0.50
7.5	31.39	27.93	24.42	20.06	15.92	10.87	6.78	3.65	0.85	−0.50
10.0	30.58	27.09	23.57	19.01	15.06	9.94	6.03	2.03	0.83	−0.50
12.5	29.76	26.24	22.72	17.97	13.70	8.99	5.27	1.95	0.80	−0.50
15.0	28.93	25.37	21.84	16.92	12.61	8.02	3.11	1.87	0.76	−0.50
17.5	28.08	24.48	20.60	15.86	11.47	7.03	2.96	1.81	0.73	−0.50
20.0	27.20	23.56	19.36	14.77	10.29	4.27	2.82	1.78	0.70	−0.50
22.5	26.28	22.60	18.10	13.65	9.07	4.04	2.70	1.73	0.67	−0.50
25.0	25.33	21.60	16.81	12.48	5.61	3.83	2.58	1.68	0.64	−0.50
27.5	24.32	20.55	15.48	11.25	5.29	3.63	2.53	1.63	0.61	−0.50
30.0	23.25	19.43	14.09	7.22	4.99	3.44	2.49	1.58	0.58	−0.50
32.5	22.10	17.87	12.62	6.81	4.70	3.27	2.43	1.53	0.55	−0.50
35.0	20.87	16.24	8.23	6.41	4.43	3.16	2.36	1.48	0.53	−0.50
37.5	19.54	14.52	7.89	6.03	4.18	3.09	2.30	1.44	0.50	−0.50
40.0	18.10	9.62	7.57	5.67	3.93	3.04	2.24	1.39	0.47	−0.50
42.5	16.52	9.17	7.28	5.31	3.75	2.97	2.19	1.35	0.45	−0.50
45.0	11.42	8.73	6.98	4.97	3.64	2.90	2.13	1.30	0.42	−0.50
47.5	10.86	8.31	6.68	4.64	3.54	2.83	2.07	1.26	0.40	−0.50
50.0	10.32	7.91	6.37	4.37	3.47	2.77	2.02	1.22	0.37	−0.50
52.5	9.78	7.54	5.94	4.19	3.40	2.70	1.96	1.17	0.35	−0.50
55.0	9.26	7.22	5.51	4.04	3.33	2.64	1.91	1.13	0.32	−0.50
57.5	8.74	6.90	5.12	3.92	3.26	2.58	1.86	1.09	0.30	−0.50
60.0	8.24	6.57	4.87	3.82	3.19	2.52	1.80	1.05	0.28	−0.50
62.5	7.75	6.21	4.63	3.75	3.12	2.45	1.75	1.01	0.26	−0.50
65.0	7.36	5.88	4.42	3.67	3.05	2.39	1.70	0.97	0.23	−0.50
67.5	7.00	5.72	4.24	3.60	2.98	2.33	1.65	0.93	0.21	−0.50
70.0	6.61	5.57	4.10	3.52	2.92	2.27	1.59	0.89	0.19	−0.50
72.5	6.27	5.24	4.03	3.45	2.85	2.21	1.54	0.86	0.17	−0.50
75.0	6.06	4.91	3.95	3.38	2.78	2.15	1.49	0.82	0.14	−0.50

续表

太阳入射投影角/(°)	百叶角度									
	0°	10°	20°	30°	40°	50°	60°	70°	80°	90°
辐射照度 200W/m²										
77.5	5.88	4.59	3.87	3.31	2.72	2.09	1.44	0.78	0.12	−0.50
80.0	5.74	4.33	3.80	3.24	2.65	2.03	1.39	0.74	0.10	−0.50
82.5	5.62	4.25	3.72	3.17	2.59	1.97	1.34	0.70	0.08	−0.50
85.0	5.50	4.17	3.65	3.10	2.52	1.91	1.29	0.66	0.05	−0.50
87.5	5.40	4.10	3.58	3.03	2.46	1.85	1.24	0.62	0.03	−0.50
90.0	5.30	4.02	3.51	2.96	2.39	1.80	1.19	0.58	0.01	−0.50
辐射照度 300W/m²										
0.0	52.39	47.27	41.94	36.57	29.20	21.73	14.78	9.03	4.49	0.24
2.5	51.21	46.05	40.73	34.89	27.94	20.44	13.73	8.29	4.11	0.24
5.0	49.99	44.79	39.47	33.23	26.64	19.09	12.64	7.52	2.55	0.24
7.5	48.77	43.53	38.21	31.62	25.35	17.72	11.53	6.75	2.49	0.24
10.0	47.54	42.26	36.94	30.04	24.05	16.33	10.42	4.42	2.46	0.24
12.5	46.30	40.97	35.65	28.47	22.01	14.92	9.29	4.29	2.41	0.24
15.0	45.04	39.66	34.34	26.90	20.38	13.48	6.15	4.17	2.36	0.24
17.5	43.75	38.32	32.47	25.31	18.68	11.99	5.93	4.09	2.31	0.24
20.0	42.42	36.93	30.60	23.68	16.93	7.96	5.73	4.05	2.27	0.24
22.5	41.04	35.49	28.70	21.99	15.09	7.63	5.54	3.97	2.22	0.24
25.0	39.60	33.99	26.77	20.24	10.02	7.31	5.37	3.90	2.18	0.24
27.5	38.07	32.40	24.77	18.40	9.55	7.02	5.29	3.82	2.13	0.24
30.0	36.46	30.72	22.68	12.47	9.11	6.74	5.24	3.75	2.09	0.24
32.5	34.74	28.38	20.48	11.86	8.68	6.49	5.15	3.68	2.05	0.24
35.0	32.89	25.93	14.00	11.27	8.28	6.33	5.06	3.61	2.01	0.24
37.5	30.89	23.34	13.50	10.70	7.90	6.24	4.97	3.54	1.97	0.24
40.0	28.72	16.10	13.03	10.16	7.54	6.16	4.88	3.48	1.93	0.24
42.5	26.35	15.42	12.59	9.64	7.28	6.06	4.80	3.41	1.89	0.24
45.0	18.80	14.77	12.16	9.14	7.11	5.96	4.71	3.35	1.86	0.24
47.5	17.96	14.15	11.70	8.65	6.99	5.86	4.63	3.28	1.82	0.24

续表

太阳入射投影角/(°)	辐射照度300W/m² 百叶角度									
	0°	10°	20°	30°	40°	50°	60°	70°	80°	90°
50.0	17.15	13.56	11.25	8.24	6.89	5.77	4.55	3.22	1.78	0.24
52.5	16.35	13.00	10.60	7.99	6.78	5.67	4.47	3.16	1.75	0.24
55.0	15.57	12.53	9.97	7.77	6.67	5.58	4.39	3.10	1.71	0.24
57.5	14.80	12.06	9.39	7.60	6.57	5.49	4.31	3.04	1.68	0.24
60.0	14.05	11.56	9.02	7.46	6.47	5.39	4.23	2.98	1.65	0.24
62.5	13.32	11.03	8.67	7.35	6.37	5.30	4.15	2.92	1.61	0.24
65.0	12.74	10.54	8.37	7.24	6.27	5.21	4.08	2.86	1.58	0.24
67.5	12.20	10.29	8.11	7.13	6.17	5.12	4.00	2.80	1.54	0.24
70.0	11.62	10.08	7.92	7.03	6.07	5.03	3.92	2.74	1.51	0.24
72.5	11.12	9.59	7.81	6.92	5.97	4.95	3.85	2.69	1.48	0.24
75.0	10.80	9.10	7.69	6.82	5.87	4.86	3.77	2.63	1.45	0.24
77.5	10.54	8.64	7.58	6.71	5.78	4.77	3.70	2.57	1.41	0.24
80.0	10.33	8.28	7.47	6.61	5.68	4.68	3.62	2.51	1.38	0.24
82.5	10.15	8.16	7.36	6.51	5.58	4.59	3.55	2.46	1.35	0.24
85.0	9.98	8.05	7.26	6.40	5.49	4.51	3.47	2.40	1.32	0.24
87.5	9.82	7.94	7.15	6.30	5.39	4.42	3.40	2.34	1.28	0.24
90.0	9.68	7.83	7.04	6.20	5.30	4.33	3.32	2.29	1.25	0.24

太阳入射投影角/(°)	辐射照度400W/m² 百叶角度									
	0°	10°	20°	30°	40°	50°	60°	70°	80°	90°
0.0	70.84	63.96	56.82	49.62	39.75	29.76	20.48	12.77	6.65	0.93
2.5	69.25	62.33	55.20	47.38	38.07	28.04	19.08	11.79	6.14	0.93
5.0	67.61	60.64	53.52	45.16	36.34	26.24	17.63	10.78	4.13	0.93
7.5	65.97	58.95	51.84	43.01	34.62	24.43	16.17	9.75	4.06	0.93
10.0	64.33	57.25	50.14	40.91	32.89	22.59	14.69	6.71	4.02	0.93
12.5	62.67	55.53	48.42	38.82	30.17	20.72	13.18	6.55	3.95	0.93
15.0	60.98	53.78	46.67	36.72	28.00	18.80	9.09	6.40	3.89	0.93
17.5	59.25	51.99	44.16	34.60	25.75	16.83	8.80	6.28	3.82	0.93
20.0	57.47	50.13	41.67	32.42	23.41	11.55	8.53	6.24	3.76	0.93

续表

辐射照度 400W/m²										
太阳入射投影角/(°)	百叶角度									
	0°	10°	20°	30°	40°	50°	60°	70°	80°	90°
22.5	55.62	48.21	39.15	30.18	20.98	11.11	8.29	6.14	3.70	0.93
25.0	53.69	46.20	36.56	27.84	14.32	10.69	8.07	6.04	3.64	0.93
27.5	51.66	44.08	33.90	25.39	13.70	10.30	7.97	5.94	3.59	0.93
30.0	49.50	41.85	31.11	17.59	13.11	9.94	7.90	5.84	3.53	0.93
32.5	47.20	38.72	28.18	16.78	12.55	9.61	7.78	5.75	3.48	0.93
35.0	44.73	35.46	19.65	16.00	12.03	9.41	7.66	5.66	3.42	0.93
37.5	42.07	32.01	18.98	15.26	11.52	9.28	7.55	5.57	3.37	0.93
40.0	39.17	22.45	18.36	14.54	11.05	9.19	7.43	5.48	3.32	0.93
42.5	36.01	21.55	17.78	13.85	10.71	9.06	7.32	5.39	3.27	0.93
45.0	26.03	20.69	17.20	13.19	10.49	8.93	7.21	5.31	3.22	0.93
47.5	24.93	19.86	16.60	12.54	10.33	8.80	7.10	5.23	3.17	0.93
50.0	23.85	19.08	16.00	12.01	10.20	8.67	6.99	5.14	3.13	0.93
52.5	22.79	18.34	15.15	11.68	10.06	8.55	6.88	5.06	3.08	0.93
55.0	21.75	17.71	14.30	11.40	9.92	8.42	6.78	4.98	3.03	0.93
57.5	20.72	17.09	13.54	11.17	9.79	8.30	6.68	4.90	2.99	0.93
60.0	19.72	16.43	13.05	11.01	9.65	8.18	6.57	4.82	2.94	0.93
62.5	18.76	15.72	12.60	10.86	9.52	8.06	6.47	4.75	2.90	0.93
65.0	17.99	15.07	12.20	10.71	9.39	7.94	6.37	4.67	2.85	0.93
67.5	17.28	14.75	11.87	10.57	9.25	7.82	6.27	4.59	2.81	0.93
70.0	16.51	14.47	11.64	10.43	9.13	7.71	6.17	4.52	2.77	0.93
72.5	15.84	13.82	11.49	10.29	9.00	7.59	6.07	4.44	2.72	0.93
75.0	15.43	13.18	11.34	10.15	8.87	7.47	5.97	4.36	2.68	0.93
77.5	15.07	12.57	11.19	10.01	8.74	7.36	5.87	4.29	2.64	0.93
80.0	14.80	12.13	11.04	9.88	8.61	7.24	5.77	4.21	2.59	0.93
82.5	14.56	11.97	10.90	9.74	8.49	7.13	5.67	4.14	2.55	0.93
85.0	14.34	11.82	10.76	9.61	8.36	7.01	5.57	4.06	2.51	0.93
87.5	14.13	11.67	10.62	9.47	8.23	6.90	5.48	3.99	2.46	0.93
90.0	13.95	11.53	10.48	9.34	8.11	6.79	5.38	3.91	2.42	0.93

续表

辐射照度500W/m²										
太阳入射投影角/(°)	百叶角度									
	0°	10°	20°	30°	40°	50°	60°	70°	80°	90°
0.0	89.16	80.53	71.58	62.55	50.18	37.67	26.08	16.44	8.74	1.57
2.5	87.16	78.49	69.56	59.76	48.09	35.54	24.35	15.22	8.12	1.57
5.0	85.10	76.37	67.45	56.98	45.93	33.30	22.54	13.95	5.66	1.57
7.5	83.05	74.26	65.34	54.29	43.77	31.04	20.71	12.68	5.58	1.57
10.0	80.99	72.13	63.22	51.66	41.61	28.75	18.87	8.95	5.53	1.57
12.5	78.91	69.98	61.07	49.05	38.22	26.42	17.00	8.75	5.45	1.57
15.0	76.79	67.78	58.87	46.43	35.51	24.03	11.97	8.56	5.36	1.57
17.5	74.63	65.53	55.74	43.77	32.71	21.57	11.61	8.43	5.29	1.57
20.0	72.40	63.22	52.62	41.05	29.80	15.07	11.28	8.37	5.21	1.57
22.5	70.08	60.81	49.47	38.25	26.76	14.52	10.97	8.24	5.13	1.57
25.0	67.66	58.29	46.25	35.33	18.54	14.00	10.70	8.12	5.06	1.57
27.5	65.11	55.65	42.91	32.28	17.77	13.52	10.59	8.00	4.99	1.57
30.0	62.42	52.85	39.43	22.63	17.04	13.08	10.51	7.88	4.92	1.57
32.5	59.54	48.95	35.77	21.63	16.35	12.66	10.36	7.77	4.85	1.57
35.0	56.45	44.87	25.21	20.66	15.69	12.42	10.21	7.65	4.79	1.57
37.5	53.12	40.56	24.38	19.73	15.08	12.27	10.06	7.54	4.72	1.57
40.0	49.50	28.70	23.61	18.84	14.49	12.16	9.92	7.43	4.66	1.57
42.5	45.56	27.58	22.89	17.99	14.06	11.99	9.78	7.33	4.60	1.57
45.0	33.17	26.51	22.17	17.16	13.80	11.83	9.65	7.22	4.54	1.57
47.5	31.79	25.48	21.42	16.36	13.60	11.67	9.51	7.12	4.48	1.57
50.0	30.45	24.51	20.67	15.70	13.46	11.51	9.38	7.01	4.42	1.57
52.5	29.13	23.59	19.61	15.29	13.28	11.36	9.24	6.91	4.36	1.57
55.0	27.83	22.80	18.56	14.95	13.11	11.21	9.11	6.81	4.30	1.57
57.5	26.56	22.04	17.62	14.68	12.94	11.06	8.99	6.72	4.25	1.57
60.0	25.31	21.21	17.01	14.48	12.77	10.91	8.86	6.62	4.19	1.57
62.5	24.12	20.33	16.45	14.30	12.61	10.76	8.73	6.52	4.14	1.57
65.0	23.16	19.52	15.97	14.12	12.44	10.61	8.61	6.43	4.08	1.57
67.5	22.27	19.12	15.56	13.94	12.28	10.47	8.48	6.33	4.03	1.57
70.0	21.32	18.78	15.28	13.77	12.12	10.32	8.36	6.24	3.97	1.57

续表

辐射照度500W/m²										
太阳入射投影角/(°)	百叶角度									
	0°	10°	20°	30°	40°	50°	60°	70°	80°	90°
72.5	20.48	17.97	15.10	13.59	11.96	10.18	8.24	6.14	3.92	1.57
75.0	19.97	17.18	14.91	13.42	11.80	10.03	8.11	6.05	3.87	1.57
77.5	19.53	16.44	14.73	13.25	11.64	9.89	7.99	5.96	3.81	1.57
80.0	19.19	15.90	14.55	13.08	11.49	9.75	7.87	5.86	3.76	1.57
82.5	18.89	15.71	14.37	12.92	11.33	9.60	7.75	5.77	3.71	1.57
85.0	18.62	15.52	14.19	12.75	11.17	9.46	7.62	5.68	3.65	1.57
87.5	18.37	15.34	14.02	12.58	11.02	9.32	7.50	5.58	3.60	1.57
90.0	18.13	15.16	13.85	12.42	10.86	9.18	7.38	5.49	3.55	1.57

辐射照度600W/m²										
太阳入射投影角/(°)	百叶角度									
	0°	10°	20°	30°	40°	50°	60°	70°	80°	90°
0.0	107.39	97.01	86.25	75.39	60.53	45.51	31.62	20.05	10.80	2.19
2.5	104.99	94.55	83.82	72.04	58.02	42.96	29.55	18.59	10.05	2.19
5.0	102.51	92.01	81.29	68.70	55.43	40.28	27.38	17.08	7.16	2.19
7.5	100.04	89.47	78.76	65.48	52.85	37.58	25.20	15.56	7.06	2.19
10.0	97.56	86.91	76.21	62.32	50.25	34.84	23.00	11.15	7.00	2.19
12.5	95.06	84.32	73.63	59.19	46.18	32.05	20.76	10.91	6.90	2.19
15.0	92.51	81.69	70.99	56.05	42.94	29.19	14.80	10.69	6.81	2.19
17.5	89.91	78.99	67.24	52.86	39.59	26.25	14.37	10.53	6.71	2.19
20.0	87.23	76.21	63.49	49.60	36.11	18.53	13.98	10.47	6.62	2.19
22.5	84.44	73.32	59.71	46.24	32.48	17.88	13.62	10.31	6.53	2.19
25.0	81.54	70.30	55.84	42.75	22.71	17.27	13.29	10.17	6.44	2.19
27.5	78.48	67.12	51.84	39.08	21.79	16.70	13.16	10.02	6.36	2.19
30.0	75.24	63.77	47.67	27.61	20.92	16.16	13.07	9.88	6.28	2.19
32.5	71.79	59.09	43.28	26.41	20.09	15.67	12.89	9.74	6.20	2.19
35.0	68.08	54.19	30.70	25.26	19.31	15.39	12.71	9.61	6.12	2.19
37.5	64.09	49.03	29.71	24.15	18.57	15.21	12.54	9.48	6.04	2.19
40.0	59.75	34.89	28.79	23.09	17.88	15.08	12.37	9.35	5.97	2.19
42.5	55.02	33.55	27.93	22.07	17.37	14.88	12.21	9.22	5.89	2.19

续表

辐射照度 600W/m²

太阳入射投影角/(°)	百叶角度									
	0°	10°	20°	30°	40°	50°	60°	70°	80°	90°
45.0	40.24	32.26	27.07	21.08	17.06	14.69	12.04	9.09	5.82	2.19
47.5	38.59	31.04	26.17	20.13	16.83	14.50	11.88	8.97	5.75	2.19
50.0	36.98	29.87	25.28	19.34	16.66	14.31	11.72	8.85	5.68	2.19
52.5	35.40	28.78	24.02	18.86	16.45	14.13	11.56	8.73	5.61	2.19
55.0	33.85	27.84	22.77	18.45	16.25	13.95	11.41	8.61	5.54	2.19
57.5	32.33	26.92	21.64	18.13	16.05	13.77	11.26	8.49	5.48	2.19
60.0	30.84	25.94	20.91	17.91	15.85	13.59	11.10	8.38	5.41	2.19
62.5	29.41	24.88	20.25	17.69	15.65	13.41	10.95	8.26	5.34	2.19
65.0	28.26	23.91	19.68	17.47	15.45	13.24	10.81	8.15	5.28	2.19
67.5	27.20	23.44	19.20	17.26	15.26	13.06	10.66	8.04	5.21	2.19
70.0	26.07	23.03	18.88	17.06	15.07	12.89	10.51	7.92	5.15	2.19
72.5	25.06	22.07	18.66	16.85	14.88	12.72	10.36	7.81	5.08	2.19
75.0	24.45	21.13	18.44	16.65	14.69	12.55	10.22	7.70	5.02	2.19
77.5	23.93	20.25	18.22	16.44	14.50	12.38	10.07	7.59	4.96	2.19
80.0	23.52	19.62	18.01	16.24	14.32	12.21	9.93	7.48	4.89	2.19
82.5	23.17	19.40	17.79	16.04	14.13	12.04	9.78	7.37	4.83	2.19
85.0	22.84	19.17	17.58	15.85	13.94	11.87	9.63	7.25	4.77	2.19
87.5	22.54	18.95	17.37	15.65	13.76	11.70	9.49	7.14	4.70	2.19
90.0	22.26	18.74	17.17	15.46	13.58	11.53	9.35	7.03	4.64	2.19

辐射照度 700W/m²

太阳入射投影角/(°)	百叶角度									
	0°	10°	20°	30°	40°	50°	60°	70°	80°	90°
0.0	125.55	113.41	100.84	88.16	70.81	53.29	37.11	23.61	12.81	2.78
2.5	122.74	110.55	98.00	84.25	67.88	50.32	34.69	21.92	11.94	2.78
5.0	119.84	107.57	95.05	80.36	64.86	47.20	32.17	20.16	8.63	2.78
7.5	116.95	104.60	92.10	76.60	61.85	44.06	29.64	18.39	8.51	2.78
10.0	114.05	101.62	89.12	72.91	58.83	40.87	27.08	13.32	8.45	2.78
12.5	111.13	98.60	86.11	69.26	54.09	37.62	24.48	13.04	8.33	2.78
15.0	108.16	95.52	83.04	65.60	50.31	34.30	17.59	12.78	8.22	2.78

续表

辐射照度700W/m²										
太阳入射投影角/(°)	百叶角度									
	0°	10°	20°	30°	40°	50°	60°	70°	80°	90°
17.5	105.11	92.37	78.66	61.89	46.41	30.88	17.10	12.60	8.11	2.78
20.0	101.98	89.12	74.29	58.09	42.36	21.96	16.64	12.53	8.00	2.78
22.5	98.73	85.75	69.88	54.17	38.13	21.20	16.23	12.35	7.90	2.78
25.0	95.34	82.23	65.37	50.10	26.83	20.49	15.85	12.18	7.80	2.78
27.5	91.77	78.53	60.71	45.83	25.76	19.83	15.70	12.01	7.70	2.78
30.0	87.99	74.61	55.85	32.55	24.75	19.22	15.60	11.85	7.61	2.78
32.5	83.96	69.15	50.73	31.15	23.79	18.64	15.39	11.69	7.52	2.78
35.0	79.64	63.45	36.15	29.81	22.89	18.32	15.19	11.53	7.42	2.78
37.5	74.98	57.43	34.99	28.52	22.03	18.11	14.99	11.38	7.34	2.78
40.0	69.92	41.03	33.92	27.29	21.22	17.97	14.79	11.23	7.25	2.78
42.5	64.41	39.46	32.92	26.10	20.64	17.74	14.60	11.08	7.16	2.78
45.0	47.25	37.97	31.93	24.96	20.29	17.52	14.41	10.94	7.08	2.78
47.5	45.33	36.54	30.88	23.86	20.02	17.30	14.22	10.80	7.00	2.78
50.0	43.46	35.19	29.84	22.95	19.83	17.08	14.04	10.65	6.91	2.78
52.5	41.62	33.92	28.38	22.38	19.59	16.87	13.85	10.52	6.83	2.78
55.0	39.82	32.83	26.92	21.92	19.35	16.66	13.67	10.38	6.76	2.78
57.5	38.04	31.76	25.62	21.55	19.12	16.45	13.50	10.24	6.68	2.78
60.0	36.31	30.62	24.78	21.30	18.89	16.24	13.32	10.11	6.60	2.78
62.5	34.66	29.39	24.01	21.04	18.66	16.04	13.15	9.98	6.52	2.78
65.0	33.32	28.26	23.35	20.80	18.43	15.83	12.97	9.84	6.45	2.78
67.5	32.09	27.71	22.81	20.55	18.21	15.63	12.80	9.71	6.37	2.78
70.0	30.76	27.23	22.44	20.31	17.99	15.43	12.63	9.58	6.30	2.78
72.5	29.60	26.12	22.18	20.07	17.77	15.23	12.46	9.45	6.22	2.78
75.0	28.88	25.03	21.92	19.84	17.55	15.04	12.29	9.32	6.15	2.78
77.5	28.28	24.02	21.67	19.60	17.33	14.84	12.12	9.19	6.08	2.78
80.0	27.81	23.31	21.43	19.37	17.11	14.64	11.95	9.06	6.00	2.78
82.5	27.40	23.05	21.18	19.14	16.90	14.44	11.78	8.94	5.93	2.78
85.0	27.02	22.79	20.94	18.91	16.68	14.25	11.62	8.81	5.86	2.78
87.5	26.67	22.53	20.69	18.68	16.46	14.05	11.45	8.68	5.78	2.78

续表

辐射照度 700W/m²										
太阳入射投影角/(°)	百叶角度									
	0°	10°	20°	30°	40°	50°	60°	70°	80°	90°
90.0	26.35	22.29	20.46	18.46	16.25	13.86	11.28	8.55	5.71	2.78

辐射照度 800W/m²										
太阳入射投影角/(°)	百叶角度									
	0°	10°	20°	30°	40°	50°	60°	70°	80°	90°
0.0	143.65	129.76	115.37	100.87	81.04	61.01	42.55	27.15	14.80	3.35
2.5	140.43	126.47	112.12	96.40	77.69	57.62	39.80	25.22	13.81	3.35
5.0	137.11	123.07	108.75	91.96	74.24	54.08	36.93	23.21	10.07	3.35
7.5	133.80	119.68	105.38	87.66	70.81	50.49	34.04	21.19	9.94	3.35
10.0	130.49	116.26	101.98	83.45	67.35	46.86	31.12	15.46	9.87	3.35
12.5	127.14	112.81	98.54	79.28	61.94	43.15	28.15	15.14	9.74	3.35
15.0	123.74	109.29	95.02	75.09	57.63	39.36	20.36	14.86	9.61	3.35
17.5	120.26	105.69	90.02	70.86	53.19	35.46	19.80	14.65	9.49	3.35
20.0	116.67	101.98	85.03	66.52	48.56	25.35	19.28	14.57	9.37	3.35
22.5	112.96	98.12	79.99	62.05	43.75	24.49	18.81	14.37	9.25	3.35
25.0	109.08	94.10	74.84	57.40	30.92	23.68	18.39	14.17	9.14	3.35
27.5	105.00	89.87	69.52	52.53	29.70	22.93	18.22	13.98	9.03	3.35
30.0	100.68	85.40	63.97	37.44	28.55	22.24	18.10	13.80	8.92	3.35
32.5	96.08	79.16	58.13	35.85	27.46	21.59	17.87	13.62	8.81	3.35
35.0	91.14	72.65	41.55	34.32	26.44	21.22	17.63	13.44	8.71	3.35
37.5	85.82	65.77	40.24	32.86	25.46	20.99	17.41	13.26	8.61	3.35
40.0	80.04	47.12	39.02	31.45	24.54	20.83	17.18	13.09	8.51	3.35
42.5	73.74	45.34	37.88	30.10	23.88	20.57	16.96	12.93	8.41	3.35
45.0	54.22	43.63	36.75	28.81	23.48	20.32	16.75	12.76	8.32	3.35
47.5	52.03	42.01	35.56	27.55	23.18	20.07	16.54	12.60	8.22	3.35
50.0	49.89	40.47	34.37	26.52	22.97	19.82	16.33	12.44	8.13	3.35
52.5	47.80	39.02	32.70	25.88	22.70	19.58	16.12	12.28	8.04	3.35
55.0	45.74	37.78	31.05	25.35	22.43	19.34	15.92	12.12	7.95	3.35
57.5	43.72	36.56	29.56	24.94	22.16	19.10	15.71	11.97	7.86	3.35
60.0	41.75	35.26	28.61	24.66	21.90	18.87	15.51	11.82	7.77	3.35

续表

辐射照度 800W/m²										
太阳入射投影角/(°)	百叶角度									
	0°	10°	20°	30°	40°	50°	60°	70°	80°	90°
62.5	39.86	33.86	27.74	24.37	21.64	18.64	15.32	11.67	7.68	3.35
65.0	38.34	32.57	26.99	24.09	21.38	18.40	15.12	11.52	7.60	3.35
67.5	36.93	31.95	26.38	23.81	21.13	18.18	14.92	11.37	7.51	3.35
70.0	35.43	31.40	25.97	23.54	20.88	17.95	14.73	11.22	7.43	3.35
72.5	34.10	30.14	25.67	23.27	20.63	17.72	14.54	11.07	7.34	3.35
75.0	33.28	28.91	25.39	23.00	20.38	17.50	14.34	10.92	7.26	3.35
77.5	32.59	27.75	25.10	22.73	20.13	17.27	14.15	10.78	7.18	3.35
80.0	32.06	26.97	24.82	22.47	19.89	17.05	13.96	10.63	7.09	3.35
82.5	31.60	26.67	24.54	22.21	19.64	16.83	13.77	10.48	7.01	3.35
85.0	31.17	26.37	24.26	21.94	19.39	16.60	13.58	10.34	6.93	3.35
87.5	30.76	26.08	23.99	21.68	19.15	16.38	13.38	10.19	6.84	3.35
90.0	30.40	25.80	23.72	21.43	18.91	16.16	13.20	10.05	6.76	3.35

附表 C.3　对流得热量(散射比=0%;室外空气温度=30℃)　(单位:W/m²)

辐射照度 0W/m²										
百叶角度/(°)	0	10	20	30	40	50	60	70	80	90
得热量/(W/m²)	10.37	10.36	10.34	10.31	10.26	10.20	10.12	10.01	9.87	9.68

辐射照度 100W/m²										
太阳入射投影角/(°)	百叶角度									
	0°	10°	20°	30°	40°	50°	60°	70°	80°	90°
0.0	30.23	28.69	26.97	25.17	22.69	20.10	17.50	15.23	13.28	10.89
2.5	29.90	28.31	26.58	24.63	22.28	19.65	17.13	14.97	13.15	10.89
5.0	29.54	27.91	26.18	24.10	21.86	19.19	16.76	14.71	12.29	10.89
7.5	29.17	27.52	25.78	23.58	21.44	18.72	16.38	14.44	12.26	10.89
10.0	28.80	27.12	25.37	23.07	21.01	18.24	15.99	13.36	12.24	10.89
12.5	28.42	26.71	24.96	22.56	20.35	17.76	15.60	13.31	12.22	10.89
15.0	28.03	26.30	24.53	22.05	19.79	17.27	14.28	13.25	12.20	10.89
17.5	27.62	25.87	23.93	21.53	19.21	16.76	14.19	13.21	12.18	10.89

续表

辐射照度 100W/m²										
太阳入射投影角/(°)	百叶角度									
	0°	10°	20°	30°	40°	50°	60°	70°	80°	90°
20.0	27.21	25.42	23.32	20.99	18.62	15.15	14.11	13.18	12.16	10.89
22.5	26.77	24.96	22.71	20.44	18.00	15.02	14.03	13.15	12.15	10.89
25.0	26.31	24.48	22.08	19.86	16.04	14.90	13.95	13.12	12.13	10.89
27.5	25.83	23.96	21.43	19.25	15.87	14.78	13.91	13.09	12.11	10.89
30.0	25.31	23.42	20.74	17.01	15.71	14.68	13.87	13.06	12.09	10.89
32.5	24.75	22.66	20.01	16.80	15.55	14.57	13.84	13.03	12.08	10.89
35.0	24.16	21.86	17.62	16.59	15.40	14.50	13.80	13.01	12.06	10.89
37.5	23.51	21.01	17.45	16.39	15.26	14.45	13.77	12.98	12.04	10.89
40.0	22.80	18.38	17.28	16.19	15.12	14.40	13.73	12.95	12.03	10.89
42.5	22.02	18.15	17.12	16.00	15.01	14.36	13.70	12.93	12.01	10.89
45.0	19.31	17.93	16.97	15.82	14.93	14.32	13.67	12.90	12.00	10.89
47.5	19.03	17.71	16.81	15.64	14.86	14.28	13.63	12.88	11.98	10.89
50.0	18.75	17.51	16.66	15.49	14.80	14.24	13.60	12.85	11.97	10.89
52.5	18.48	17.31	16.43	15.38	14.76	14.21	13.57	12.83	11.95	10.89
55.0	18.22	17.14	16.20	15.28	14.72	14.17	13.54	12.80	11.94	10.89
57.5	17.95	16.98	16.00	15.20	14.68	14.14	13.51	12.78	11.92	10.89
60.0	17.69	16.81	15.85	15.11	14.64	14.10	13.48	12.76	11.91	10.89
62.5	17.44	16.63	15.72	15.07	14.60	14.06	13.45	12.73	11.90	10.89
65.0	17.23	16.46	15.59	15.03	14.56	14.03	13.42	12.71	11.88	10.89
67.5	17.05	16.37	15.47	14.99	14.52	13.99	13.39	12.68	11.87	10.89
70.0	16.85	16.29	15.35	14.95	14.49	13.96	13.36	12.66	11.86	10.89
72.5	16.68	16.11	15.31	14.91	14.45	13.93	13.33	12.64	11.84	10.89
75.0	16.57	15.92	15.27	14.87	14.41	13.89	13.30	12.62	11.83	10.89
77.5	16.47	15.72	15.22	14.83	14.37	13.86	13.27	12.59	11.81	10.89
80.0	16.40	15.53	15.18	14.79	14.34	13.82	13.24	12.57	11.80	10.89
82.5	16.33	15.48	15.14	14.75	14.30	13.79	13.21	12.55	11.79	10.89
85.0	16.27	15.44	15.10	14.71	14.26	13.75	13.18	12.52	11.77	10.89
87.5	16.21	15.39	15.06	14.67	14.22	13.72	13.15	12.50	11.76	10.89
90.0	16.16	15.35	15.02	14.63	14.19	13.69	13.12	12.48	11.75	10.89

续表

辐射照度 200W/m²										
太阳入射投影角/(°)	百叶角度									
	0°	10°	20°	30°	40°	50°	60°	70°	80°	90°
0.0	48.64	45.31	41.80	38.21	33.31	28.32	23.47	19.35	15.97	12.40
2.5	47.88	44.52	41.01	37.12	32.49	27.45	22.76	18.85	15.71	12.40
5.0	47.09	43.70	40.18	36.03	31.65	26.54	22.02	18.33	14.41	12.40
7.5	46.30	42.88	39.36	34.97	30.81	25.62	21.27	17.81	14.36	12.40
10.0	45.51	42.05	38.52	33.94	29.96	24.69	20.52	16.01	14.34	12.40
12.5	44.71	41.21	37.68	32.92	28.62	23.74	19.75	15.91	14.30	12.40
15.0	43.89	40.35	36.82	31.90	27.53	22.76	17.44	15.82	14.27	12.40
17.5	43.05	39.47	35.59	30.86	26.40	21.76	17.28	15.76	14.23	12.40
20.0	42.18	38.56	34.37	29.79	25.22	18.86	17.13	15.72	14.20	12.40
22.5	41.28	37.62	33.13	28.69	23.99	18.63	16.99	15.66	14.16	12.40
25.0	40.34	36.63	31.87	27.53	20.40	18.40	16.87	15.61	14.13	12.40
27.5	39.34	35.59	30.57	26.31	20.08	18.19	16.80	15.56	14.10	12.40
30.0	38.29	34.49	29.20	22.16	19.77	18.00	16.75	15.50	14.07	12.40
32.5	37.16	32.96	27.75	21.74	19.47	17.81	16.69	15.45	14.04	12.40
35.0	35.94	31.36	23.26	21.34	19.19	17.69	16.62	15.40	14.01	12.40
37.5	34.63	29.67	22.92	20.95	18.93	17.61	16.56	15.36	13.98	12.40
40.0	33.20	24.71	22.60	20.58	18.67	17.54	16.50	15.31	13.95	12.40
42.5	31.65	24.25	22.30	20.22	18.48	17.47	16.43	15.26	13.93	12.40
45.0	26.52	23.81	22.00	19.87	18.35	17.40	16.37	15.21	13.90	12.40
47.5	25.96	23.39	21.69	19.53	18.25	17.33	16.31	15.17	13.87	12.40
50.0	25.42	22.99	21.38	19.25	18.16	17.26	16.26	15.12	13.85	12.40
52.5	24.89	22.61	20.95	19.06	18.08	17.19	16.20	15.08	13.82	12.40
55.0	24.36	22.29	20.51	18.90	18.01	17.13	16.14	15.04	13.80	12.40
57.5	23.84	21.97	20.11	18.76	17.93	17.06	16.08	14.99	13.77	12.40
60.0	23.33	21.63	19.85	18.64	17.86	17.00	16.03	14.95	13.75	12.40
62.5	22.84	21.27	19.60	18.56	17.79	16.93	15.97	14.91	13.72	12.40
65.0	22.44	20.94	19.38	18.48	17.72	16.87	15.92	14.86	13.70	12.40
67.5	22.08	20.77	19.18	18.41	17.65	16.80	15.86	14.82	13.67	12.40
70.0	21.69	20.63	19.01	18.33	17.58	16.74	15.81	14.78	13.65	12.40

续表

辐射照度 200W/m²										
太阳入射投影角/(°)	百叶角度									
	0°	10°	20°	30°	40°	50°	60°	70°	80°	90°
72.5	21.35	20.29	18.93	18.26	17.51	16.68	15.76	14.74	13.63	12.40
75.0	21.14	19.94	18.85	18.18	17.44	16.61	15.70	14.70	13.60	12.40
77.5	20.95	19.60	18.77	18.11	17.37	16.55	15.65	14.66	13.58	12.40
80.0	20.81	19.30	18.70	18.03	17.30	16.49	15.59	14.62	13.56	12.40
82.5	20.69	19.21	18.62	17.96	17.23	16.43	15.54	14.57	13.53	12.40
85.0	20.57	19.13	18.54	17.89	17.16	16.36	15.49	14.53	13.51	12.40
87.5	20.46	19.05	18.47	17.82	17.09	16.30	15.43	14.49	13.48	12.40
90.0	20.36	18.98	18.39	17.75	17.03	16.24	15.38	14.45	13.46	12.40

辐射照度 300W/m²										
太阳入射投影角/(°)	百叶角度									
	0°	10°	20°	30°	40°	50°	60°	70°	80°	90°
0.0	67.63	62.53	57.19	51.76	44.31	36.71	29.52	23.49	18.52	13.48
2.5	66.46	61.32	55.99	50.09	43.06	35.41	28.48	22.75	18.14	13.48
5.0	65.24	60.07	54.73	48.44	41.76	34.05	27.39	21.97	16.39	13.48
7.5	64.03	58.82	53.48	46.83	40.48	32.68	26.29	21.20	16.33	13.48
10.0	62.82	57.55	52.22	45.26	39.18	31.29	25.17	18.70	16.30	13.48
12.5	61.59	56.28	50.93	43.70	37.15	29.88	24.04	18.57	16.25	13.48
15.0	60.34	54.97	49.62	42.14	35.51	28.44	20.77	18.44	16.19	13.48
17.5	59.06	53.64	47.76	40.55	33.82	26.97	20.54	18.35	16.14	13.48
20.0	57.74	52.26	45.90	38.92	32.06	22.83	20.33	18.31	16.09	13.48
22.5	56.37	50.83	44.02	37.25	30.23	22.49	20.13	18.23	16.05	13.48
25.0	54.94	49.33	42.09	35.50	25.07	22.17	19.95	18.15	16.00	13.48
27.5	53.42	47.75	40.10	33.66	24.60	21.86	19.87	18.07	15.96	13.48
30.0	51.82	46.08	38.01	27.62	24.15	21.58	19.81	18.00	15.91	13.48
32.5	50.11	43.75	35.82	27.01	23.72	21.31	19.71	17.92	15.87	13.48
35.0	48.27	41.31	29.24	26.42	23.31	21.15	19.62	17.85	15.83	13.48
37.5	46.28	38.73	28.73	25.86	22.93	21.04	19.53	17.78	15.79	13.48
40.0	44.11	31.39	28.26	25.32	22.56	20.96	19.44	17.71	15.75	13.48
42.5	41.75	30.71	27.82	24.80	22.29	20.85	19.35	17.64	15.71	13.48

续表

辐射照度 300W/m²										
太阳入射投影角/(°)	百叶角度									
	0°	10°	20°	30°	40°	50°	60°	70°	80°	90°
45.0	34.10	30.06	27.38	24.29	22.11	20.75	19.26	17.58	15.67	13.48
47.5	33.27	29.43	26.93	23.80	21.97	20.65	19.18	17.51	15.63	13.48
50.0	32.46	28.84	26.48	23.39	21.85	20.55	19.09	17.45	15.59	13.48
52.5	31.66	28.28	25.84	23.12	21.74	20.45	19.01	17.38	15.55	13.48
55.0	30.87	27.80	25.21	22.89	21.64	20.36	18.93	17.32	15.52	13.48
57.5	30.10	27.34	24.63	22.70	21.53	20.26	18.84	17.26	15.48	13.48
60.0	29.34	26.84	24.25	22.55	21.42	20.17	18.76	17.20	15.45	13.48
62.5	28.61	26.31	23.90	22.44	21.32	20.07	18.68	17.13	15.41	13.48
65.0	28.03	25.82	23.58	22.33	21.22	19.98	18.60	17.07	15.38	13.48
67.5	27.49	25.58	23.31	22.22	21.12	19.89	18.53	17.01	15.34	13.48
70.0	26.92	25.37	23.10	22.11	21.01	19.80	18.45	16.95	15.31	13.48
72.5	26.42	24.88	22.98	22.00	20.91	19.71	18.37	16.89	15.27	13.48
75.0	26.10	24.38	22.87	21.89	20.81	19.62	18.29	16.83	15.24	13.48
77.5	25.84	23.90	22.75	21.79	20.72	19.53	18.21	16.78	15.20	13.48
80.0	25.63	23.51	22.64	21.68	20.62	19.44	18.14	16.72	15.17	13.48
82.5	25.45	23.39	22.53	21.57	20.52	19.35	18.06	16.66	15.14	13.48
85.0	25.29	23.27	22.42	21.47	20.42	19.26	17.98	16.60	15.10	13.48
87.5	25.13	23.15	22.31	21.36	20.32	19.17	17.90	16.54	15.07	13.48
90.0	24.98	23.04	22.20	21.26	20.22	19.08	17.83	16.48	15.03	13.48
辐射照度 400W/m²										
太阳入射投影角/(°)	百叶角度									
	0°	10°	20°	30°	40°	50°	60°	70°	80°	90°
0.0	86.35	79.50	72.34	65.07	55.12	44.97	35.42	27.40	20.89	14.39
2.5	84.77	77.88	70.73	62.85	53.44	43.25	34.02	26.43	20.38	14.39
5.0	83.14	76.19	69.05	60.63	51.72	41.44	32.55	25.41	18.19	14.39
7.5	81.52	74.51	67.37	58.49	50.00	39.61	31.09	24.39	18.11	14.39
10.0	79.88	72.82	65.68	56.39	48.27	37.77	29.60	21.20	18.07	14.39
12.5	78.23	71.11	63.96	54.30	45.55	35.88	28.10	21.03	18.00	14.39
15.0	76.55	69.36	62.21	52.21	43.37	33.96	23.89	20.87	17.93	14.39

续表

辐射照度 400W/m²										
太阳入射投影角/(°)	百叶角度									
	0°	10°	20°	30°	40°	50°	60°	70°	80°	90°
17.5	74.83	67.57	59.72	50.09	41.11	31.98	23.60	20.76	17.87	14.39
20.0	73.06	65.73	57.23	47.92	38.77	26.57	23.32	20.70	17.80	14.39
22.5	71.22	63.81	54.71	45.68	36.33	26.12	23.07	20.60	17.74	14.39
25.0	69.30	61.80	52.14	43.34	29.53	25.70	22.84	20.49	17.68	14.39
27.5	67.27	59.69	49.47	40.89	28.90	25.31	22.74	20.39	17.62	14.39
30.0	65.13	57.46	46.69	32.96	28.31	24.94	22.66	20.30	17.57	14.39
32.5	62.83	54.35	43.76	32.14	27.74	24.60	22.54	20.20	17.51	14.39
35.0	60.37	51.09	35.11	31.35	27.21	24.39	22.42	20.11	17.46	14.39
37.5	57.71	47.64	34.44	30.60	26.70	24.26	22.30	20.02	17.40	14.39
40.0	54.82	37.98	33.81	29.87	26.22	24.16	22.18	19.93	17.35	14.39
42.5	51.66	37.07	33.22	29.18	25.86	24.02	22.07	19.84	17.30	14.39
45.0	41.59	36.20	32.64	28.50	25.64	23.89	21.95	19.75	17.25	14.39
47.5	40.48	35.37	32.03	27.85	25.46	23.76	21.84	19.66	17.20	14.39
50.0	39.39	34.58	31.43	27.31	25.32	23.63	21.73	19.58	17.15	14.39
52.5	38.33	33.84	30.57	26.96	25.18	23.51	21.63	19.50	17.10	14.39
55.0	37.29	33.20	29.72	26.67	25.04	23.38	21.52	19.41	17.05	14.39
57.5	36.26	32.58	28.95	26.43	24.90	23.26	21.41	19.33	17.01	14.39
60.0	35.25	31.91	28.45	26.24	24.76	23.14	21.31	19.25	16.96	14.39
62.5	34.28	31.20	27.98	26.09	24.63	23.02	21.20	19.17	16.91	14.39
65.0	33.50	30.54	27.57	25.95	24.49	22.90	21.10	19.09	16.87	14.39
67.5	32.78	30.22	27.22	25.80	24.36	22.78	21.00	19.01	16.82	14.39
70.0	32.02	29.94	26.96	25.66	24.23	22.66	20.90	18.94	16.78	14.39
72.5	31.34	29.28	26.81	25.52	24.10	22.54	20.79	18.86	16.73	14.39
75.0	30.92	28.62	26.66	25.38	23.97	22.42	20.69	18.78	16.69	14.39
77.5	30.56	27.99	26.51	25.24	23.84	22.31	20.59	18.70	16.64	14.39
80.0	30.29	27.50	26.36	25.10	23.71	22.19	20.49	18.63	16.60	14.39
82.5	30.05	27.35	26.21	24.96	23.59	22.07	20.39	18.55	16.56	14.39
85.0	29.82	27.19	26.07	24.82	23.46	21.95	20.29	18.47	16.51	14.39
87.5	29.61	27.04	25.92	24.69	23.33	21.84	20.19	18.39	16.47	14.39

续表

辐射照度 400W/m²										
太阳入射投影角/(°)	百叶角度									
	0°	10°	20°	30°	40°	50°	60°	70°	80°	90°
90.0	29.42	26.89	25.78	24.56	23.21	21.72	20.09	18.32	16.42	14.39
辐射照度 500W/m²										
太阳入射投影角/(°)	百叶角度									
	0°	10°	20°	30°	40°	50°	60°	70°	80°	90°
0.0	104.92	96.31	87.33	78.24	65.78	53.11	41.22	31.22	23.15	15.20
2.5	102.93	94.27	85.31	75.45	63.68	50.96	39.48	30.00	22.52	15.20
5.0	100.88	92.16	83.21	72.67	61.52	48.71	37.65	28.73	19.89	15.20
7.5	98.83	90.05	81.11	69.99	59.37	46.44	35.82	27.45	19.79	15.20
10.0	96.78	87.93	78.99	67.36	57.21	44.13	33.97	23.59	19.75	15.20
12.5	94.71	85.78	76.84	64.75	53.82	41.79	32.09	23.38	19.66	15.20
15.0	92.60	83.59	74.65	62.14	51.10	39.39	26.90	23.19	19.58	15.20
17.5	90.44	81.35	71.52	59.48	48.29	36.92	26.54	23.05	19.49	15.20
20.0	88.22	79.04	68.41	56.77	45.37	30.27	26.20	22.98	19.42	15.20
22.5	85.91	76.64	65.26	53.97	42.32	29.71	25.89	22.86	19.34	15.20
25.0	83.50	74.13	62.04	51.05	33.95	29.18	25.61	22.73	19.27	15.20
27.5	80.96	71.49	58.71	47.99	33.17	28.69	25.48	22.61	19.19	15.20
30.0	78.27	68.69	55.23	38.20	32.43	28.24	25.39	22.49	19.12	15.20
32.5	75.40	64.79	51.57	37.19	31.73	27.81	25.24	22.37	19.05	15.20
35.0	72.32	60.72	40.88	36.21	31.06	27.56	25.09	22.26	18.99	15.20
37.5	68.99	56.41	40.04	35.27	30.43	27.39	24.94	22.14	18.92	15.20
40.0	65.38	44.45	39.26	34.37	29.83	27.27	24.80	22.03	18.86	15.20
42.5	61.44	43.32	38.54	33.51	29.40	27.10	24.66	21.92	18.79	15.20
45.0	48.95	42.24	37.81	32.67	29.12	26.94	24.52	21.82	18.73	15.20
47.5	47.57	41.20	37.06	31.86	28.91	26.78	24.38	21.71	18.67	15.20
50.0	46.21	40.22	36.30	31.19	28.75	26.62	24.25	21.61	18.61	15.20
52.5	44.89	39.30	35.24	30.77	28.57	26.46	24.11	21.51	18.55	15.20
55.0	43.59	38.50	34.18	30.41	28.39	26.30	23.98	21.41	18.49	15.20
57.5	42.30	37.73	33.22	30.12	28.22	26.15	23.85	21.31	18.43	15.20
60.0	41.05	36.90	32.60	29.90	28.05	26.00	23.72	21.21	18.38	15.20

续表

辐射照度 500W/m²

太阳入射投影角/(°)	百叶角度									
	0°	10°	20°	30°	40°	50°	60°	70°	80°	90°
62.5	39.85	36.01	32.03	29.71	27.88	25.85	23.59	21.11	18.32	15.20
65.0	38.88	35.20	31.53	29.53	27.71	25.70	23.47	21.01	18.26	15.20
67.5	37.98	34.79	31.10	29.35	27.55	25.55	23.34	20.91	18.21	15.20
70.0	37.03	34.44	30.79	29.17	27.38	25.40	23.22	20.82	18.15	15.20
72.5	36.18	33.63	30.60	29.00	27.22	25.25	23.09	20.72	18.10	15.20
75.0	35.66	32.82	30.42	28.82	27.06	25.11	22.97	20.63	18.04	15.20
77.5	35.22	32.05	30.23	28.65	26.90	24.96	22.85	20.53	17.99	15.20
80.0	34.88	31.47	30.05	28.48	26.74	24.82	22.73	20.44	17.93	15.20
82.5	34.58	31.27	29.87	28.31	26.58	24.67	22.60	20.34	17.88	15.20
85.0	34.30	31.08	29.69	28.14	26.42	24.53	22.48	20.25	17.82	15.20
87.5	34.04	30.89	29.51	27.97	26.26	24.38	22.35	20.15	17.77	15.20
90.0	33.80	30.71	29.34	27.80	26.11	24.24	22.24	20.06	17.71	15.20

辐射照度 600W/m²

太阳入射投影角/(°)	百叶角度									
	0°	10°	20°	30°	40°	50°	60°	70°	80°	90°
0.0	123.37	113.00	102.21	91.29	76.33	61.14	46.94	35.00	25.32	15.94
2.5	120.97	110.55	99.78	87.94	73.81	58.57	44.85	33.53	24.57	15.94
5.0	118.50	108.01	97.26	84.60	71.23	55.88	42.68	32.01	21.52	15.94
7.5	116.04	105.47	94.73	81.38	68.65	53.16	40.49	30.48	21.41	15.94
10.0	113.57	102.92	92.18	78.23	66.05	50.41	38.27	25.91	21.35	15.94
12.5	111.07	100.34	89.60	75.10	61.98	47.60	36.02	25.66	21.25	15.94
15.0	108.53	97.71	86.97	71.96	58.73	44.73	29.89	25.43	21.15	15.94
17.5	105.94	95.01	83.22	68.78	55.36	41.78	29.46	25.26	21.06	15.94
20.0	103.26	92.24	79.48	65.52	51.87	33.90	29.05	25.19	20.96	15.94
22.5	100.49	89.35	75.70	62.16	48.23	33.24	28.68	25.04	20.87	15.94
25.0	97.59	86.34	71.83	58.66	38.30	32.62	28.35	24.89	20.78	15.94
27.5	94.54	83.17	67.84	55.00	37.37	32.03	28.21	24.74	20.70	15.94
30.0	91.31	79.81	63.67	43.37	36.48	31.49	28.11	24.60	20.61	15.94
32.5	87.86	75.14	59.28	42.16	35.65	30.99	27.92	24.46	20.53	15.94

续表

辐射照度 600W/m²										
太阳入射投影角/(°)	百叶角度									
	0°	10°	20°	30°	40°	50°	60°	70°	80°	90°
35.0	84.16	70.25	46.57	40.99	34.86	30.69	27.74	24.32	20.45	15.94
37.5	80.17	65.08	45.57	39.87	34.11	30.50	27.57	24.19	20.37	15.94
40.0	75.83	50.83	44.64	38.80	33.39	30.36	27.39	24.06	20.30	15.94
42.5	71.10	49.48	43.77	37.77	32.88	30.16	27.23	23.93	20.22	15.94
45.0	56.22	48.19	42.91	36.77	32.56	29.96	27.06	23.80	20.15	15.94
47.5	54.56	46.95	42.00	35.81	32.31	29.77	26.89	23.68	20.08	15.94
50.0	52.94	45.78	41.10	35.01	32.12	29.58	26.73	23.55	20.01	15.94
52.5	51.36	44.68	39.83	34.51	31.91	29.39	26.57	23.43	19.93	15.94
55.0	49.80	43.73	38.56	34.09	31.70	29.20	26.42	23.31	19.87	15.94
57.5	48.27	42.80	37.42	33.75	31.50	29.02	26.26	23.20	19.80	15.94
60.0	46.77	41.81	36.69	33.50	31.29	28.84	26.11	23.08	19.73	15.94
62.5	45.33	40.75	36.01	33.28	31.09	28.66	25.95	22.96	19.66	15.94
65.0	44.17	39.77	35.42	33.06	30.89	28.48	25.80	22.85	19.59	15.94
67.5	43.11	39.30	34.92	32.85	30.70	28.31	25.65	22.74	19.53	15.94
70.0	41.96	38.88	34.57	32.64	30.50	28.13	25.50	22.62	19.46	15.94
72.5	40.95	37.91	34.34	32.43	30.31	27.96	25.35	22.51	19.40	15.94
75.0	40.33	36.95	34.12	32.22	30.12	27.78	25.20	22.40	19.33	15.94
77.5	39.80	36.04	33.90	32.02	29.93	27.61	25.05	22.29	19.27	15.94
80.0	39.39	35.37	33.68	31.81	29.73	27.43	24.91	22.17	19.20	15.94
82.5	39.04	35.14	33.46	31.61	29.54	27.26	24.76	22.06	19.14	15.94
85.0	38.71	34.91	33.25	31.40	29.35	27.09	24.61	21.95	19.07	15.94
87.5	38.40	34.69	33.04	31.20	29.16	26.91	24.46	21.84	19.01	15.94
90.0	38.12	34.47	32.84	31.01	28.98	26.75	24.32	21.73	18.95	15.94

辐射照度 700W/m²										
太阳入射投影角/(°)	百叶角度									
	0°	10°	20°	30°	40°	50°	60°	70°	80°	90°
0.0	141.73	129.60	117.00	104.25	86.80	69.09	52.60	38.72	27.45	16.65
2.5	138.93	126.74	114.16	100.34	83.86	66.11	50.17	37.01	26.58	16.65
5.0	136.03	123.77	111.21	96.45	80.85	62.98	47.63	35.24	23.09	16.65

续表

辐射照度 700W/m²										
太阳入射投影角/(°)	百叶角度									
	0°	10°	20°	30°	40°	50°	60°	70°	80°	90°
7.5	133.15	120.80	108.26	92.69	77.84	59.82	45.09	33.46	22.97	16.65
10.0	130.26	117.82	105.29	89.01	74.81	56.62	42.51	28.21	22.91	16.65
12.5	127.34	114.81	102.28	85.36	70.07	53.35	39.89	27.92	22.79	16.65
15.0	124.38	111.74	99.21	81.70	66.28	50.01	32.84	27.66	22.67	16.65
17.5	121.34	108.59	94.83	77.98	62.37	46.58	32.33	27.46	22.56	16.65
20.0	118.22	105.35	90.46	74.19	58.30	37.49	31.87	27.38	22.46	16.65
22.5	114.97	101.98	86.05	70.27	54.06	36.72	31.44	27.20	22.35	16.65
25.0	111.59	98.46	81.55	66.19	42.59	36.00	31.06	27.03	22.25	16.65
27.5	108.02	94.76	76.89	61.92	41.51	35.33	30.90	26.86	22.15	16.65
30.0	104.25	90.85	72.03	48.48	40.48	34.70	30.78	26.69	22.06	16.65
32.5	100.23	85.39	66.91	47.07	39.52	34.12	30.57	26.53	21.96	16.65
35.0	95.91	79.69	52.19	45.72	38.60	33.78	30.36	26.37	21.87	16.65
37.5	91.25	73.67	51.03	44.42	37.73	33.56	30.16	26.22	21.78	16.65
40.0	86.20	57.15	49.95	43.17	36.91	33.40	29.96	26.06	21.69	16.65
42.5	80.68	55.58	48.94	41.97	36.31	33.17	29.76	25.91	21.61	16.65
45.0	63.42	54.07	47.94	40.82	35.94	32.94	29.57	25.77	21.52	16.65
47.5	61.49	52.64	46.88	39.70	35.66	32.72	29.38	25.62	21.44	16.65
50.0	59.61	51.27	45.83	38.78	35.45	32.50	29.19	25.48	21.35	16.65
52.5	57.76	49.99	44.36	38.20	35.21	32.28	29.01	25.34	21.27	16.65
55.0	55.95	48.89	42.89	37.72	34.97	32.07	28.82	25.20	21.19	16.65
57.5	54.16	47.82	41.57	37.33	34.73	31.85	28.64	25.06	21.11	16.65
60.0	52.42	46.66	40.72	37.06	34.49	31.64	28.46	24.92	21.03	16.65
62.5	50.75	45.43	39.93	36.80	34.26	31.44	28.29	24.79	20.96	16.65
65.0	49.41	44.30	39.26	36.55	34.03	31.23	28.11	24.65	20.88	16.65
67.5	48.17	43.74	38.69	36.30	33.80	31.03	27.94	24.52	20.80	16.65
70.0	46.83	43.25	38.29	36.06	33.58	30.82	27.76	24.39	20.73	16.65
72.5	45.66	42.13	38.03	35.81	33.35	30.62	27.59	24.26	20.65	16.65
75.0	44.94	41.02	37.77	35.57	33.13	30.42	27.42	24.13	20.58	16.65
77.5	44.33	39.98	37.52	35.34	32.91	30.22	27.24	24.00	20.50	16.65

续表

辐射照度 700W/m²										
太阳入射投影角/(°)	百叶角度									
	0°	10°	20°	30°	40°	50°	60°	70°	80°	90°
80.0	43.85	39.23	37.27	35.10	32.69	30.02	27.07	23.87	20.43	16.65
82.5	43.44	38.96	37.02	34.86	32.47	29.82	26.90	23.73	20.35	16.65
85.0	43.06	38.69	36.77	34.63	32.25	29.62	26.73	23.60	20.28	16.65
87.5	42.70	38.43	36.52	34.39	32.03	29.41	26.56	23.47	20.20	16.65
90.0	42.37	38.19	36.29	34.17	31.82	29.22	26.39	23.34	20.13	16.65

辐射照度 800W/m²										
太阳入射投影角/(°)	百叶角度									
	0°	10°	20°	30°	40°	50°	60°	70°	80°	90°
0.0	160.02	146.13	131.71	117.14	97.20	76.99	58.20	42.39	29.56	17.32
2.5	156.81	142.85	128.47	112.67	93.85	73.58	55.43	40.45	28.56	17.32
5.0	153.49	139.45	125.10	108.23	90.40	70.02	52.54	38.43	24.63	17.32
7.5	150.19	136.06	121.72	103.93	86.96	66.42	49.64	36.40	24.49	17.32
10.0	146.88	132.65	118.33	99.72	83.51	62.76	46.70	30.48	24.42	17.32
12.5	143.54	129.20	114.88	95.55	78.09	59.04	43.72	30.15	24.29	17.32
15.0	140.14	125.69	111.38	91.37	73.77	55.24	35.75	29.86	24.16	17.32
17.5	136.67	122.09	106.37	87.13	69.31	51.32	35.18	29.64	24.03	17.32
20.0	133.09	118.38	101.38	82.79	64.67	41.04	34.65	29.55	23.91	17.32
22.5	129.39	114.53	96.34	78.32	59.83	40.16	34.17	29.35	23.79	17.32
25.0	125.51	110.51	91.19	73.66	46.84	39.35	33.73	29.15	23.68	17.32
27.5	121.44	106.29	85.87	68.79	45.61	38.58	33.55	28.96	23.57	17.32
30.0	117.12	101.81	80.32	53.54	44.44	37.87	33.43	28.77	23.46	17.32
32.5	112.52	95.58	74.48	51.93	43.34	37.21	33.19	28.58	23.35	17.32
35.0	107.59	89.07	57.76	50.39	42.30	36.83	32.95	28.40	23.25	17.32
37.5	102.27	82.19	56.44	48.92	41.31	36.59	32.72	28.23	23.14	17.32
40.0	96.49	63.41	55.21	47.50	40.38	36.41	32.49	28.05	23.04	17.32
42.5	90.19	61.62	54.06	46.14	39.71	36.15	32.27	27.88	22.95	17.32
45.0	70.57	59.91	52.92	44.82	39.29	35.89	32.05	27.71	22.85	17.32
47.5	68.36	58.27	51.72	43.55	38.98	35.64	31.83	27.55	22.76	17.32
50.0	66.21	56.72	50.53	42.50	38.75	35.39	31.62	27.39	22.66	17.32

续表

辐射照度 800W/m²										
太阳入射投影角/(°)	百叶角度									
	0°	10°	20°	30°	40°	50°	60°	70°	80°	90°
52.5	64.11	55.26	48.85	41.85	38.47	35.14	31.41	27.22	22.57	17.32
55.0	62.04	54.01	47.18	41.31	38.19	34.90	31.20	27.07	22.48	17.32
57.5	60.01	52.79	45.67	40.88	37.92	34.65	31.00	26.91	22.39	17.32
60.0	58.03	51.47	44.71	40.57	37.66	34.42	30.79	26.75	22.30	17.32
62.5	56.12	50.07	43.82	40.28	37.39	34.18	30.59	26.60	22.21	17.32
65.0	54.59	48.77	43.06	40.00	37.13	33.95	30.39	26.45	22.13	17.32
67.5	53.18	48.14	42.42	39.71	36.87	33.71	30.19	26.30	22.04	17.32
70.0	51.66	47.59	41.98	39.44	36.62	33.48	30.00	26.15	21.96	17.32
72.5	50.33	46.31	41.68	39.16	36.37	33.25	29.80	26.00	21.87	17.32
75.0	49.50	45.06	41.39	38.89	36.11	33.02	29.60	25.85	21.79	17.32
77.5	48.81	43.88	41.10	38.62	35.86	32.80	29.41	25.70	21.70	17.32
80.0	48.27	43.04	40.81	38.35	35.61	32.57	29.21	25.55	21.62	17.32
82.5	47.80	42.74	40.53	38.08	35.36	32.34	29.02	25.40	21.53	17.32
85.0	47.37	42.44	40.25	37.82	35.11	32.11	28.82	25.25	21.45	17.32
87.5	46.96	42.14	39.97	37.55	34.86	31.88	28.63	25.10	21.36	17.32
90.0	46.59	41.86	39.70	37.30	34.62	31.66	28.44	24.96	21.28	17.32

附表 C.4 对流得热量(散射比＝0%;室外空气温度＝35℃) (单位:W/m²)

辐射照度 0W/m²										
百叶角度/(°)	0	10	20	30	40	50	60	70	80	90
得热量/(W/m²)	25.25	25.23	25.17	25.06	24.90	24.68	24.38	24.00	23.51	22.86

辐射照度 100W/m²										
太阳入射投影角/(°)	百叶角度									
	0°	10°	20°	30°	40°	50°	60°	70°	80°	90°
0.0	44.36	42.72	41.09	39.06	36.14	33.58	30.33	27.98	25.87	23.85
2.5	43.99	42.32	40.68	38.43	35.83	33.11	29.97	27.73	25.74	23.85
5.0	43.61	41.91	40.23	37.79	35.50	32.62	29.59	27.46	25.47	23.85
7.5	43.24	41.70	39.78	37.15	35.13	32.14	29.20	27.19	25.45	23.85

续表

太阳入射投影角/(°)	辐射照度 100W/m²									
	百叶角度									
	0°	10°	20°	30°	40°	50°	60°	70°	80°	90°
10.0	42.84	41.28	39.31	36.76	34.76	31.65	28.82	26.72	25.45	23.85
12.5	42.44	40.84	38.83	36.38	34.19	31.16	28.42	26.68	25.43	23.85
15.0	42.04	40.37	38.33	35.94	33.62	30.66	27.75	26.65	25.41	23.85
17.5	41.82	39.88	37.64	35.48	33.05	30.15	27.69	26.63	25.40	23.85
20.0	41.37	39.36	37.22	34.99	32.45	28.69	27.63	26.62	25.38	23.85
22.5	40.89	38.81	36.71	34.48	31.84	28.59	27.58	26.60	25.37	23.85
25.0	40.36	38.25	36.16	33.94	29.61	28.49	27.53	26.58	25.35	23.85
27.5	39.79	37.90	35.56	33.36	29.46	28.40	27.52	26.55	25.34	23.85
30.0	39.17	37.45	34.92	30.60	29.32	28.32	27.52	26.53	25.33	23.85
32.5	38.62	36.79	34.24	30.40	29.19	28.25	27.49	26.51	25.31	23.85
35.0	38.18	36.06	31.23	30.20	29.06	28.22	27.46	26.48	25.30	23.85
37.5	37.62	35.27	31.06	30.01	28.95	28.20	27.43	26.46	25.29	23.85
40.0	36.98	32.05	30.91	29.84	28.84	28.20	27.40	26.44	25.27	23.85
42.5	36.25	31.80	30.76	29.67	28.77	28.17	27.37	26.42	25.26	23.85
45.0	33.07	31.57	30.61	29.51	28.74	28.14	27.35	26.40	25.25	23.85
47.5	32.75	31.35	30.45	29.36	28.72	28.10	27.32	26.38	25.24	23.85
50.0	32.45	31.15	30.29	29.24	28.72	28.07	27.30	26.36	25.23	23.85
52.5	32.16	30.96	30.08	29.18	28.69	28.04	27.27	26.34	25.21	23.85
55.0	31.88	30.80	29.87	29.14	28.65	28.01	27.24	26.32	25.20	23.85
57.5	31.62	30.63	29.69	29.12	28.62	27.99	27.22	26.30	25.19	23.85
60.0	31.35	30.46	29.58	29.11	28.59	27.96	27.19	26.28	25.18	23.85
62.5	31.09	30.26	29.50	29.08	28.56	27.93	27.17	26.26	25.17	23.85
65.0	30.88	30.09	29.44	29.05	28.53	27.90	27.15	26.24	25.16	23.85
67.5	30.69	30.02	29.40	29.01	28.50	27.87	27.12	26.22	25.15	23.85
70.0	30.49	29.95	29.40	28.98	28.46	27.84	27.10	26.20	25.14	23.85
72.5	30.31	29.81	29.36	28.95	28.43	27.81	27.07	26.19	25.13	23.85
75.0	30.20	29.69	29.33	28.91	28.40	27.79	27.05	26.17	25.12	23.85
77.5	30.11	29.60	29.30	28.88	28.37	27.76	27.02	26.15	25.11	23.85
80.0	30.04	29.59	29.26	28.85	28.34	27.73	27.00	26.13	25.10	23.85

续表

辐射照度 100W/m²

太阳入射投影角/(°)	百叶角度									
	0°	10°	20°	30°	40°	50°	60°	70°	80°	90°
82.5	29.99	29.56	29.23	28.82	28.31	27.70	26.98	26.11	25.09	23.85
85.0	29.94	29.52	29.19	28.78	28.28	27.68	26.95	26.09	25.07	23.85
87.5	29.90	29.49	29.16	28.75	28.25	27.65	26.93	26.08	25.06	23.85
90.0	29.86	29.45	29.13	28.72	28.22	27.62	26.90	26.06	25.05	23.85

辐射照度 200W/m²

太阳入射投影角/(°)	百叶角度									
	0°	10°	20°	30°	40°	50°	60°	70°	80°	90°
0.0	63.43	60.33	56.87	53.23	48.23	42.99	37.75	33.14	29.11	23.64
2.5	62.77	59.57	56.09	52.15	47.40	42.10	37.03	32.63	28.84	23.64
5.0	62.05	58.78	55.28	51.08	46.56	41.18	36.27	32.10	26.92	23.64
7.5	61.31	57.98	54.47	50.03	45.71	40.24	35.52	31.56	26.86	23.64
10.0	60.56	57.18	53.65	49.01	44.85	39.29	34.75	29.33	26.81	23.64
12.5	59.79	56.36	52.82	47.99	43.52	38.33	33.97	29.21	26.76	23.64
15.0	59.00	55.52	51.96	46.96	42.41	37.35	31.31	29.09	26.72	23.64
17.5	58.19	54.66	50.75	45.92	41.27	36.34	31.13	29.00	26.67	23.64
20.0	57.35	53.77	49.54	44.84	40.08	33.13	30.96	28.93	26.63	23.64
22.5	56.48	52.84	48.31	43.73	38.84	32.88	30.80	28.87	26.59	23.64
25.0	55.55	51.86	47.04	42.58	34.97	32.64	30.64	28.80	26.55	23.64
27.5	54.58	50.83	45.73	41.36	34.63	32.41	30.55	28.74	26.51	23.64
30.0	53.54	49.74	44.36	36.95	34.30	32.19	30.47	28.68	26.47	23.64
32.5	52.42	48.21	42.90	36.52	33.99	31.98	30.39	28.62	26.44	23.64
35.0	51.22	46.60	38.19	36.10	33.69	31.83	30.32	28.56	26.40	23.64
37.5	49.91	44.90	37.83	35.70	33.41	31.72	30.25	28.51	26.36	23.64
40.0	48.49	39.72	37.50	35.31	33.13	31.61	30.18	28.45	26.33	23.64
42.5	46.93	39.25	37.19	34.94	32.92	31.53	30.11	28.39	26.30	23.64
45.0	41.57	38.81	36.89	34.57	32.76	31.45	30.04	28.34	26.26	23.64
47.5	41.01	38.38	36.57	34.22	32.62	31.38	29.97	28.28	26.23	23.64
50.0	40.46	37.97	36.26	33.91	32.49	31.30	29.91	28.23	26.19	23.64
52.5	39.92	37.58	35.81	33.70	32.40	31.23	29.84	28.18	26.16	23.64

续表

辐射照度 200W/m²										
太阳入射投影角/(°)	百叶角度									
	0°	10°	20°	30°	40°	50°	60°	70°	80°	90°
55.0	39.39	37.24	35.36	33.50	32.32	31.15	29.77	28.13	26.13	23.64
57.5	38.86	36.92	34.94	33.32	32.24	31.08	29.71	28.08	26.10	23.64
60.0	38.34	36.58	34.66	33.16	32.16	31.00	29.65	28.02	26.07	23.64
62.5	37.84	36.21	34.39	33.07	32.08	30.93	29.58	27.97	26.03	23.64
65.0	37.43	35.87	34.13	32.99	32.00	30.86	29.52	27.92	26.00	23.64
67.5	37.06	35.70	33.89	32.90	31.93	30.79	29.46	27.87	25.97	23.64
70.0	36.67	35.55	33.66	32.82	31.85	30.72	29.39	27.82	25.94	23.64
72.5	36.32	35.19	33.57	32.74	31.77	30.65	29.33	27.77	25.91	23.64
75.0	36.10	34.81	33.49	32.66	31.69	30.58	29.27	27.72	25.88	23.64
77.5	35.91	34.42	33.40	32.58	31.62	30.51	29.21	27.67	25.85	23.64
80.0	35.76	34.02	33.32	32.49	31.54	30.43	29.15	27.62	25.82	23.64
82.5	35.63	33.94	33.23	32.41	31.46	30.36	29.08	27.57	25.79	23.64
85.0	35.51	33.85	33.15	32.33	31.39	30.29	29.02	27.53	25.76	23.64
87.5	35.39	33.76	33.07	32.25	31.31	30.22	28.96	27.48	25.73	23.64
90.0	35.29	33.68	32.99	32.18	31.24	30.15	28.90	27.43	25.70	23.64

辐射照度 300W/m²										
太阳入射投影角/(°)	百叶角度									
	0°	10°	20°	30°	40°	50°	60°	70°	80°	90°
0.0	82.98	78.02	72.73	67.25	59.72	51.94	44.37	37.82	32.25	26.00
2.5	81.84	76.84	71.54	65.60	58.48	50.63	43.30	37.06	31.86	26.00
5.0	80.66	75.61	70.30	63.96	57.19	49.25	42.18	36.28	29.76	26.00
7.5	79.49	74.38	69.06	62.37	55.91	47.86	41.06	35.49	29.70	26.00
10.0	78.32	73.14	67.80	60.81	54.61	46.46	39.92	32.69	29.65	26.00
12.5	77.13	71.88	66.53	59.26	52.59	45.03	38.77	32.55	29.59	26.00
15.0	75.91	70.60	65.23	57.70	50.94	43.56	35.23	32.41	29.54	26.00
17.5	74.66	69.28	63.38	56.12	49.23	42.06	34.98	32.30	29.48	26.00
20.0	73.36	67.91	61.54	54.50	47.46	37.65	34.76	32.24	29.43	26.00
22.5	72.01	66.49	59.67	52.82	45.61	37.29	34.54	32.16	29.38	26.00
25.0	70.59	65.01	57.75	51.08	40.18	36.96	34.35	32.07	29.33	26.00

续表

辐射照度 300W/m²										
太阳入射投影角/(°)	百叶角度									
	0°	10°	20°	30°	40°	50°	60°	70°	80°	90°
27.5	69.10	63.44	55.76	49.24	39.69	36.64	34.25	31.99	29.28	26.00
30.0	67.51	61.78	53.69	42.98	39.22	36.33	34.16	31.91	29.24	26.00
32.5	65.81	59.46	51.50	42.35	38.78	36.05	34.06	31.83	29.19	26.00
35.0	63.99	57.03	44.74	41.74	38.35	35.87	33.96	31.76	29.14	26.00
37.5	62.01	54.46	44.22	41.16	37.95	35.74	33.87	31.68	29.10	26.00
40.0	59.85	46.98	43.74	40.59	37.56	35.63	33.77	31.61	29.06	26.00
42.5	57.50	46.29	43.28	40.05	37.27	35.52	33.68	31.53	29.01	26.00
45.0	49.73	45.63	42.84	39.52	37.07	35.41	33.59	31.46	28.97	26.00
47.5	48.89	44.99	42.37	39.01	36.90	35.31	33.50	31.39	28.93	26.00
50.0	48.07	44.39	41.91	38.58	36.76	35.20	33.41	31.32	28.89	26.00
52.5	47.27	43.81	41.24	38.29	36.65	35.10	33.32	31.26	28.85	26.00
55.0	46.47	43.32	40.59	38.04	36.53	35.00	33.23	31.19	28.81	26.00
57.5	45.69	42.85	39.99	37.82	36.42	34.90	33.14	31.12	28.77	26.00
60.0	44.92	42.34	39.58	37.64	36.31	34.80	33.06	31.06	28.73	26.00
62.5	44.18	41.79	39.21	37.52	36.20	34.70	32.97	30.99	28.70	26.00
65.0	43.58	41.29	38.87	37.40	36.09	34.60	32.89	30.93	28.66	26.00
67.5	43.03	41.04	38.56	37.28	35.98	34.50	32.81	30.86	28.62	26.00
70.0	42.45	40.82	38.30	37.17	35.88	34.41	32.72	30.80	28.58	26.00
72.5	41.93	40.30	38.18	37.05	35.77	34.31	32.64	30.73	28.55	26.00
75.0	41.61	39.78	38.06	36.94	35.67	34.21	32.56	30.67	28.51	26.00
77.5	41.33	39.25	37.94	36.83	35.56	34.12	32.48	30.61	28.47	26.00
80.0	41.11	38.79	37.82	36.71	35.46	34.02	32.39	30.54	28.44	26.00
82.5	40.93	38.66	37.70	36.60	35.35	33.93	32.31	30.48	28.40	26.00
85.0	40.75	38.54	37.58	36.49	35.25	33.83	32.23	30.42	28.36	26.00
87.5	40.58	38.42	37.47	36.38	35.14	33.74	32.15	30.35	28.33	26.00
90.0	40.43	38.30	37.36	36.28	35.04	33.64	32.07	30.29	28.29	26.00
辐射照度 400W/m²										
太阳入射投影角/(°)	百叶角度									
	0°	10°	20°	30°	40°	50°	60°	70°	80°	90°
0.0	102.04	95.23	88.06	80.75	70.78	60.50	50.62	42.12	34.98	27.35

续表

辐射照度 400W/m²										
太阳入射投影角/(°)	百叶角度									
	0°	10°	20°	30°	40°	50°	60°	70°	80°	90°
2.5	100.48	93.62	86.46	78.54	69.12	58.76	49.20	41.12	34.46	27.35
5.0	98.86	91.95	84.79	76.34	67.40	56.95	47.73	40.09	31.96	27.35
7.5	97.25	90.28	83.13	74.22	65.69	55.11	46.24	39.04	31.88	27.35
10.0	95.63	88.60	81.45	72.15	63.97	53.25	44.74	35.58	31.83	27.35
12.5	94.00	86.90	79.74	70.10	61.28	51.36	43.22	35.39	31.76	27.35
15.0	92.33	85.17	78.00	68.02	59.09	49.42	38.74	35.22	31.68	27.35
17.5	90.63	83.39	75.53	65.92	56.82	47.43	38.43	35.09	31.61	27.35
20.0	88.87	81.56	73.07	63.76	54.47	41.81	38.14	35.03	31.55	27.35
22.5	87.05	79.65	70.59	61.53	52.02	41.34	37.87	34.92	31.48	27.35
25.0	85.14	77.67	68.04	59.20	45.04	40.90	37.63	34.81	31.42	27.35
27.5	83.13	75.57	65.40	56.76	44.40	40.49	37.51	34.70	31.36	27.35
30.0	81.00	73.36	62.63	48.66	43.78	40.10	37.41	34.60	31.30	27.35
32.5	78.72	70.29	59.71	47.83	43.20	39.74	37.28	34.50	31.24	27.35
35.0	76.28	67.06	50.93	47.03	42.65	39.52	37.15	34.40	31.18	27.35
37.5	73.64	63.64	50.25	46.26	42.13	39.36	37.03	34.31	31.12	27.35
40.0	70.78	53.86	49.61	45.52	41.63	39.24	36.91	34.21	31.07	27.35
42.5	67.66	52.95	49.02	44.81	41.26	39.10	36.79	34.12	31.01	27.35
45.0	57.51	52.08	48.43	44.13	41.01	38.96	36.67	34.03	30.96	27.35
47.5	56.39	51.24	47.81	43.46	40.81	38.82	36.55	33.94	30.91	27.35
50.0	55.31	50.44	47.20	42.90	40.65	38.68	36.44	33.85	30.86	27.35
52.5	54.24	49.69	46.33	42.53	40.50	38.55	36.32	33.76	30.81	27.35
55.0	53.19	49.04	45.47	42.22	40.35	38.42	36.21	33.68	30.76	27.35
57.5	52.15	48.42	44.68	41.96	40.21	38.29	36.10	33.59	30.71	27.35
60.0	51.14	47.75	44.17	41.74	40.07	38.16	35.99	33.51	30.66	27.35
62.5	50.16	47.03	43.68	41.59	39.92	38.03	35.88	33.42	30.61	27.35
65.0	49.37	46.36	43.25	41.44	39.78	37.91	35.77	33.34	30.56	27.35
67.5	48.65	46.04	42.88	41.28	39.65	37.78	35.66	33.26	30.51	27.35
70.0	47.88	45.75	42.58	41.14	39.51	37.66	35.56	33.17	30.47	27.35
72.5	47.19	45.07	42.42	40.99	39.37	37.53	35.45	33.09	30.42	27.35

续表

辐射照度 400W/m²										
太阳入射投影角/(°)	百叶角度									
	0°	10°	20°	30°	40°	50°	60°	70°	80°	90°
75.0	46.77	44.40	42.26	40.84	39.24	37.41	35.35	33.01	30.37	27.35
77.5	46.41	43.74	42.11	40.70	39.10	37.29	35.24	32.93	30.33	27.35
80.0	46.12	43.19	41.95	40.55	38.97	37.16	35.13	32.85	30.28	27.35
82.5	45.88	43.03	41.80	40.41	38.83	37.04	35.03	32.77	30.23	27.35
85.0	45.65	42.87	41.65	40.27	38.70	36.92	34.92	32.69	30.19	27.35
87.5	45.43	42.71	41.50	40.12	38.56	36.80	34.82	32.61	30.14	27.35
90.0	45.24	42.56	41.36	39.99	38.43	36.68	34.71	32.53	30.09	27.35
辐射照度 500W/m²										
太阳入射投影角/(°)	百叶角度									
	0°	10°	20°	30°	40°	50°	60°	70°	80°	90°
0.0	120.89	112.30	103.31	94.15	81.61	68.82	56.66	46.23	37.51	28.45
2.5	118.91	110.28	101.30	91.37	79.52	66.67	54.90	44.99	36.87	28.45
5.0	116.87	108.17	99.20	88.61	77.37	64.42	53.07	43.70	33.95	28.45
7.5	114.84	106.07	97.11	85.93	75.23	62.15	51.22	42.41	33.85	28.45
10.0	112.80	103.96	95.00	83.31	73.07	59.84	49.36	38.27	33.79	28.45
12.5	110.74	101.82	92.85	80.72	69.71	57.49	47.46	38.05	33.70	28.45
15.0	108.64	99.65	90.67	78.11	67.00	55.08	42.07	37.84	33.61	28.45
17.5	106.50	97.41	87.56	75.47	64.19	52.60	41.69	37.69	33.53	28.45
20.0	104.29	95.11	84.45	72.76	61.28	45.76	41.33	37.61	33.45	28.45
22.5	101.99	92.72	81.32	69.98	58.23	45.19	41.01	37.48	33.37	28.45
25.0	99.59	90.22	78.11	67.08	49.70	44.66	40.71	37.35	33.29	28.45
27.5	97.07	87.59	74.79	64.05	48.90	44.15	40.57	37.22	33.21	28.45
30.0	94.39	84.80	71.33	54.13	48.15	43.68	40.47	37.09	33.14	28.45
32.5	91.53	80.92	67.69	53.10	47.44	43.24	40.31	36.97	33.07	28.45
35.0	88.46	76.85	56.92	52.12	46.76	42.97	40.15	36.85	33.00	28.45
37.5	85.14	72.56	56.07	51.17	46.12	42.79	40.00	36.73	32.93	28.45
40.0	81.53	60.53	55.29	50.26	45.50	42.65	39.85	36.62	32.86	28.45
42.5	77.60	59.41	54.55	49.38	45.05	42.48	39.70	36.50	32.80	28.45
45.0	65.03	58.32	53.83	48.53	44.76	42.31	39.56	36.39	32.73	28.45

续表

辐射照度500W/m²										
太阳入射投影角/(°)	百叶角度									
	0°	10°	20°	30°	40°	50°	60°	70°	80°	90°
47.5	63.65	57.29	53.06	47.71	44.53	42.14	39.42	36.28	32.67	28.45
50.0	62.31	56.30	52.30	47.02	44.35	41.98	39.28	36.18	32.60	28.45
52.5	60.99	55.37	51.23	46.59	44.16	41.82	39.14	36.07	32.54	28.45
55.0	59.69	54.57	50.16	46.21	43.98	41.65	39.00	35.96	32.48	28.45
57.5	58.41	53.80	49.19	45.90	43.81	41.50	38.86	35.86	32.42	28.45
60.0	57.15	52.96	48.56	45.66	43.63	41.34	38.73	35.76	32.36	28.45
62.5	55.94	52.07	47.97	45.47	43.46	41.18	38.60	35.65	32.30	28.45
65.0	54.97	51.25	47.45	45.28	43.29	41.03	38.46	35.55	32.24	28.45
67.5	54.07	50.84	47.00	45.10	43.12	40.88	38.33	35.45	32.18	28.45
70.0	53.11	50.49	46.66	44.91	42.95	40.72	38.20	35.35	32.13	28.45
72.5	52.26	49.66	46.46	44.73	42.78	40.57	38.07	35.25	32.07	28.45
75.0	51.74	48.83	46.27	44.56	42.62	40.42	37.94	35.15	32.01	28.45
77.5	51.29	48.03	46.08	44.38	42.45	40.27	37.81	35.05	31.96	28.45
80.0	50.94	47.40	45.90	44.20	42.29	40.12	37.68	34.95	31.90	28.45
82.5	50.64	47.20	45.71	44.03	42.12	39.97	37.55	34.85	31.84	28.45
85.0	50.36	47.01	45.53	43.85	41.96	39.82	37.43	34.75	31.78	28.45
87.5	50.10	46.81	45.34	43.68	41.79	39.67	37.30	34.65	31.73	28.45
90.0	49.86	46.63	45.17	43.51	41.63	39.52	37.17	34.56	31.67	28.45
辐射照度600W/m²										
太阳入射投影角/(°)	百叶角度									
	0°	10°	20°	30°	40°	50°	60°	70°	80°	90°
0.0	139.58	129.23	118.42	107.43	92.37	77.01	62.55	50.20	39.93	29.41
2.5	137.20	126.79	115.99	104.08	89.86	74.43	60.46	48.73	39.16	29.41
5.0	134.73	124.26	113.48	100.76	87.28	71.73	58.27	47.19	35.81	29.41
7.5	132.28	121.73	110.96	97.54	84.70	69.01	56.07	45.64	35.70	29.41
10.0	129.82	119.18	108.41	94.39	82.11	66.26	53.85	40.84	35.63	29.41
12.5	127.33	116.61	105.84	91.27	78.05	63.47	51.59	40.58	35.52	29.41
15.0	124.81	113.99	103.21	88.14	74.79	60.60	45.27	40.34	35.42	29.41
17.5	122.22	111.30	99.47	84.96	71.41	57.64	44.82	40.16	35.32	29.41

续表

辐射照度 600W/m²										
太阳入射投影角/(°)	百叶角度									
	0°	10°	20°	30°	40°	50°	60°	70°	80°	90°
20.0	119.56	108.53	95.74	81.71	67.92	49.60	44.41	40.08	35.23	29.41
22.5	116.80	105.66	91.97	78.35	64.28	48.92	44.02	39.92	35.13	29.41
25.0	113.91	102.65	88.11	74.86	54.23	48.29	43.68	39.77	35.04	29.41
27.5	110.87	99.49	84.12	71.20	53.29	47.70	43.52	39.62	34.95	29.41
30.0	107.64	96.14	79.96	59.46	52.40	47.14	43.40	39.47	34.86	29.41
32.5	104.20	91.47	75.58	58.24	51.55	46.62	43.22	39.32	34.78	29.41
35.0	100.51	86.58	62.74	57.07	50.75	46.31	43.03	39.18	34.70	29.41
37.5	96.53	81.43	61.74	55.95	49.99	46.10	42.85	39.04	34.62	29.41
40.0	92.20	67.06	60.80	54.87	49.26	45.95	42.68	38.91	34.54	29.41
42.5	87.47	65.71	59.94	53.83	48.73	45.74	42.50	38.77	34.46	29.41
45.0	72.49	64.41	59.08	52.82	48.39	45.54	42.33	38.64	34.38	29.41
47.5	70.82	63.17	58.17	51.85	48.13	45.35	42.16	38.51	34.31	29.41
50.0	69.20	62.00	57.27	51.04	47.92	45.15	42.00	38.38	34.23	29.41
52.5	67.61	60.89	55.99	50.52	47.71	44.96	41.83	38.26	34.16	29.41
55.0	66.05	59.94	54.73	50.08	47.49	44.77	41.67	38.13	34.09	29.41
57.5	64.51	59.03	53.58	49.73	47.28	44.58	41.51	38.01	34.01	29.41
60.0	63.01	58.04	52.83	49.45	47.08	44.40	41.35	37.89	33.94	29.41
62.5	61.57	56.98	52.14	49.23	46.87	44.21	41.19	37.77	33.87	29.41
65.0	60.41	56.00	51.53	49.01	46.67	44.03	41.04	37.65	33.80	29.41
67.5	59.35	55.52	51.01	48.79	46.47	43.85	40.88	37.53	33.74	29.41
70.0	58.21	55.10	50.63	48.58	46.27	43.67	40.73	37.41	33.67	29.41
72.5	57.20	54.12	50.40	48.36	46.07	43.49	40.57	37.29	33.60	29.41
75.0	56.58	53.14	50.17	48.15	45.88	43.31	40.42	37.17	33.53	29.41
77.5	56.05	52.21	49.94	47.94	45.68	43.13	40.27	37.06	33.47	29.41
80.0	55.63	51.49	49.72	47.73	45.49	42.96	40.12	36.94	33.40	29.41
82.5	55.28	51.26	49.50	47.53	45.29	42.78	39.96	36.82	33.33	29.41
85.0	54.94	51.03	49.29	47.32	45.10	42.60	39.81	36.71	33.26	29.41
87.5	54.63	50.80	49.07	47.11	44.90	42.42	39.66	36.59	33.20	29.41
90.0	54.35	50.58	48.86	46.92	44.72	42.25	39.51	36.47	33.13	29.41

续表

辐射照度 700W/m²										
太阳入射投影角/(°)	百叶角度									
	0°	10°	20°	30°	40°	50°	60°	70°	80°	90°
0.0	158.16	146.05	133.42	120.59	103.04	85.15	68.33	54.09	42.25	30.30
2.5	155.36	143.19	130.58	116.69	100.11	82.15	65.90	52.38	41.36	30.30
5.0	152.48	140.23	127.64	112.81	97.09	79.00	63.37	50.59	37.59	30.30
7.5	149.61	137.27	124.69	109.05	94.09	75.83	60.83	48.80	37.46	30.30
10.0	146.73	134.29	121.73	105.37	91.06	72.62	58.25	43.33	37.39	30.30
12.5	143.82	131.29	118.72	101.73	86.32	69.35	55.62	43.03	37.27	30.30
15.0	140.86	128.22	115.65	98.07	82.52	66.00	48.39	42.76	37.15	30.30
17.5	137.84	125.08	111.28	94.36	78.59	62.57	47.87	42.55	37.03	30.30
20.0	134.72	121.85	106.92	90.57	74.52	53.35	47.40	42.46	36.92	30.30
22.5	131.49	118.49	102.52	86.65	70.27	52.57	46.96	42.28	36.81	30.30
25.0	128.11	114.98	98.02	82.58	58.65	51.84	46.56	42.10	36.71	30.30
27.5	124.56	111.28	93.36	78.31	57.57	51.16	46.39	41.93	36.61	30.30
30.0	120.79	107.37	88.51	64.70	56.54	50.52	46.26	41.76	36.51	30.30
32.5	116.78	101.92	83.39	63.28	55.57	49.92	46.04	41.59	36.41	30.30
35.0	112.47	96.22	68.53	61.92	54.64	49.57	45.83	41.43	36.31	30.30
37.5	107.81	90.21	67.36	60.62	53.77	49.34	45.62	41.27	36.22	30.30
40.0	102.76	73.56	66.27	59.37	52.93	49.16	45.42	41.11	36.13	30.30
42.5	97.25	71.98	65.26	58.16	52.33	48.93	45.22	40.96	36.04	30.30
45.0	79.88	70.47	64.25	57.01	51.94	48.70	45.02	40.81	35.95	30.30
47.5	77.94	69.03	63.19	55.89	51.64	48.47	44.83	40.66	35.86	30.30
50.0	76.05	67.66	62.14	54.95	51.42	48.24	44.63	40.51	35.78	30.30
52.5	74.20	66.37	60.65	54.36	51.17	48.02	44.45	40.36	35.69	30.30
55.0	72.38	65.26	59.18	53.87	50.92	47.80	44.26	40.22	35.61	30.30
57.5	70.58	64.18	57.85	53.46	50.68	47.59	44.07	40.08	35.53	30.30
60.0	68.83	63.03	56.99	53.16	50.44	47.37	43.89	39.94	35.45	30.30
62.5	67.15	61.79	56.20	52.91	50.21	47.16	43.71	39.80	35.37	30.30
65.0	65.80	60.65	55.51	52.65	49.98	46.95	43.53	39.66	35.29	30.30
67.5	64.55	60.09	54.92	52.40	49.74	46.74	43.35	39.52	35.21	30.30
70.0	63.22	59.60	54.50	52.15	49.52	46.54	43.17	39.39	35.13	30.30

续表

辐射照度 700W/m²										
太阳入射投影角/(°)	百叶角度									
	0°	10°	20°	30°	40°	50°	60°	70°	80°	90°
72.5	62.04	58.47	54.23	51.91	49.29	46.33	43.00	39.25	35.05	30.30
75.0	61.32	57.35	53.97	51.66	49.06	46.12	42.82	39.12	34.97	30.30
77.5	60.70	56.28	53.72	51.42	48.84	45.92	42.64	38.98	34.90	30.30
80.0	60.22	55.48	53.46	51.18	48.61	45.72	42.47	38.85	34.82	30.30
82.5	59.81	55.21	53.21	50.95	48.39	45.51	42.29	38.71	34.74	30.30
85.0	59.42	54.95	52.96	50.71	48.16	45.31	42.12	38.58	34.66	30.30
87.5	59.06	54.69	52.71	50.47	47.94	45.10	41.94	38.44	34.59	30.30
90.0	58.73	54.44	52.47	50.24	47.72	44.90	41.77	38.31	34.51	30.30

辐射照度 800W/m²										
太阳入射投影角/(°)	百叶角度									
	0°	10°	20°	30°	40°	50°	60°	70°	80°	90°
0.0	176.65	162.77	148.33	133.68	113.62	93.22	74.08	57.91	44.52	31.12
2.5	173.45	159.50	145.08	129.21	110.27	89.80	71.30	55.96	43.51	31.12
5.0	170.14	156.11	141.72	124.77	106.83	86.21	68.40	53.93	39.31	31.12
7.5	166.85	152.72	138.35	120.48	103.39	82.60	65.49	51.89	39.17	31.12
10.0	163.54	149.32	134.95	116.27	99.94	78.93	62.56	45.76	39.09	31.12
12.5	160.21	145.87	131.52	112.10	94.52	75.20	59.58	45.42	38.95	31.12
15.0	156.83	142.37	128.01	107.92	90.19	71.38	51.45	45.12	38.82	31.12
17.5	153.36	138.78	123.01	103.69	85.71	67.45	50.86	44.89	38.69	31.12
20.0	149.80	135.08	118.03	99.35	81.06	57.02	50.33	44.79	38.56	31.12
22.5	146.10	131.23	112.99	94.88	76.21	56.14	49.83	44.58	38.44	31.12
25.0	142.23	127.22	107.85	90.23	63.04	55.32	49.39	44.38	38.32	31.12
27.5	138.17	123.00	102.53	85.35	61.80	54.55	49.19	44.18	38.20	31.12
30.0	133.86	118.53	96.98	69.93	60.62	53.83	49.05	43.99	38.09	31.12
32.5	129.27	112.30	91.14	68.31	59.51	53.15	48.81	43.80	37.98	31.12
35.0	124.34	105.79	74.28	66.76	58.46	52.76	48.57	43.62	37.87	31.12
37.5	119.02	98.91	72.94	65.27	57.47	52.50	48.33	43.44	37.77	31.12
40.0	113.25	80.01	71.70	63.84	56.52	52.32	48.10	43.26	37.66	31.12
42.5	106.95	78.21	70.55	62.47	55.84	52.05	47.88	43.08	37.56	31.12

续表

辐射照度 800W/m²										
太阳入射投影角/(°)	百叶角度									
	0°	10°	20°	30°	40°	50°	60°	70°	80°	90°
45.0	87.21	76.48	69.40	61.14	55.41	51.79	47.65	42.91	37.46	31.12
47.5	85.00	74.84	68.19	59.86	55.08	51.53	47.43	42.74	37.36	31.12
50.0	82.84	73.28	66.99	58.80	54.83	51.27	47.22	42.58	37.27	31.12
52.5	80.73	71.81	65.30	58.13	54.55	51.02	47.00	42.41	37.17	31.12
55.0	78.65	70.54	63.62	57.57	54.28	50.78	46.79	42.25	37.08	31.12
57.5	76.61	69.32	62.10	57.12	54.01	50.53	46.58	42.09	36.98	31.12
60.0	74.61	67.99	61.12	56.79	53.74	50.29	46.38	41.93	36.89	31.12
62.5	72.70	66.58	60.22	56.50	53.47	50.05	46.17	41.77	36.80	31.12
65.0	71.16	65.28	59.43	56.21	53.21	49.81	45.97	41.62	36.71	31.12
67.5	69.73	64.65	58.77	55.93	52.95	49.58	45.76	41.46	36.62	31.12
70.0	68.21	64.09	58.30	55.65	52.69	49.34	45.56	41.31	36.53	31.12
72.5	66.87	62.80	58.00	55.37	52.43	49.11	45.36	41.15	36.44	31.12
75.0	66.04	61.52	57.70	55.10	52.18	48.88	45.16	41.00	36.36	31.12
77.5	65.34	60.31	57.41	54.82	51.93	48.65	44.96	40.85	36.27	31.12
80.0	64.79	59.42	57.12	54.55	51.67	48.42	44.76	40.70	36.18	31.12
82.5	64.32	59.12	56.84	54.28	51.42	48.18	44.57	40.54	36.09	31.12
85.0	63.88	58.81	56.55	54.02	51.17	47.95	44.37	40.39	36.01	31.12
87.5	63.47	58.52	56.27	53.75	50.91	47.72	44.17	40.24	35.92	31.12
90.0	63.09	58.23	56.00	53.49	50.67	47.50	43.97	40.09	35.83	31.12

附表 C.5 对流得热量(散射比＝0%;室外空气温度＝40℃) (单位:W/m²)

辐射照度 0W/m²										
百叶角度/(°)	0	10	20	30	40	50	60	70	80	90
得热量/(W/m²)	40.72	40.68	40.57	40.38	40.10	39.72	39.21	38.55	37.69	36.57

辐射照度 100W/m²										
太阳入射投影角/(°)	百叶角度									
	0°	10°	20°	30°	40°	50°	60°	70°	80°	90°
0.0	59.64	57.93	56.04	54.00	51.46	48.37	45.41	42.69	40.15	37.13

续表

太阳入射投影角/(°)	辐射照度 100W/m²									
	百叶角度									
	0°	10°	20°	30°	40°	50°	60°	70°	80°	90°
2.5	59.25	57.54	55.63	53.43	51.02	47.93	45.05	42.44	40.02	37.13
5.0	58.86	57.13	55.21	53.17	50.56	47.46	44.68	42.18	39.27	37.13
7.5	58.46	56.71	54.78	52.62	50.11	46.99	44.30	41.91	39.25	37.13
10.0	58.07	56.28	54.36	52.08	49.64	46.51	43.91	41.29	39.24	37.13
12.5	57.67	55.85	53.92	51.53	48.89	46.02	43.52	41.25	39.22	37.13
15.0	57.21	55.41	53.50	50.97	48.32	45.51	42.65	41.21	39.20	37.13
17.5	56.84	54.96	53.14	50.40	47.73	45.00	42.58	41.19	39.19	37.13
20.0	56.39	54.49	52.49	49.82	47.11	43.85	42.51	40.91	39.17	37.13
22.5	55.92	54.01	51.83	49.21	46.46	43.74	42.45	40.86	39.15	37.13
25.0	55.44	53.80	51.14	48.57	44.99	43.64	42.40	40.81	39.14	37.13
27.5	54.93	53.25	50.42	47.90	44.83	43.54	42.38	40.77	39.12	37.13
30.0	54.39	52.67	49.66	46.14	44.68	43.45	42.37	40.74	39.11	37.13
32.5	54.10	51.84	48.85	45.93	44.54	43.37	42.34	40.71	39.10	37.13
35.0	53.47	50.96	46.89	45.73	44.41	43.33	42.31	40.68	39.08	37.13
37.5	52.77	50.02	46.71	45.54	44.29	43.30	42.28	40.65	39.07	37.13
40.0	52.00	47.75	46.55	45.36	44.17	43.29	42.25	40.63	39.06	37.13
42.5	51.16	47.51	46.41	45.19	44.09	43.25	42.22	40.60	39.04	37.13
45.0	48.73	47.28	46.26	45.02	44.04	43.22	42.20	40.58	39.03	37.13
47.5	48.44	47.07	46.10	44.86	44.01	43.19	42.17	40.55	39.02	37.13
50.0	48.16	46.86	45.94	44.73	43.99	43.16	42.14	40.53	39.01	37.13
52.5	47.88	46.67	45.72	44.65	43.95	43.13	42.12	40.51	38.99	37.13
55.0	47.60	46.51	45.51	44.59	43.92	43.10	41.94	40.49	38.98	37.13
57.5	47.33	46.35	45.32	44.54	43.88	43.06	41.82	40.47	38.97	37.13
60.0	47.07	46.18	45.20	44.52	43.85	43.03	41.75	40.45	38.96	37.13
62.5	46.82	45.99	45.09	44.48	43.82	43.00	41.69	40.43	38.95	37.13
65.0	46.62	45.82	45.00	44.44	43.78	42.98	41.65	40.41	38.94	37.13
67.5	46.43	45.74	44.94	44.41	43.75	42.95	41.62	40.39	38.92	37.13
70.0	46.23	45.67	44.90	44.37	43.72	42.92	41.58	40.37	38.91	37.13
72.5	46.05	45.51	44.86	44.34	43.69	42.89	41.55	40.35	38.90	37.13

续表

辐射照度 100W/m²										
太阳入射投影角/(°)	百叶角度									
	0°	10°	20°	30°	40°	50°	60°	70°	80°	90°
75.0	45.95	45.36	44.82	44.30	43.66	42.86	41.52	40.33	38.89	37.13
77.5	45.86	45.22	44.78	44.27	43.62	42.83	41.49	40.31	38.88	37.13
80.0	45.79	45.15	44.75	44.24	43.59	42.80	41.47	40.30	38.87	37.13
82.5	45.73	45.11	44.71	44.20	43.56	42.65	41.45	40.28	38.86	37.13
85.0	45.68	45.07	44.68	44.17	43.53	42.49	41.42	40.26	38.85	37.13
87.5	45.63	45.03	44.64	44.13	43.50	42.41	41.40	40.24	38.84	37.13
90.0	45.58	45.00	44.61	44.10	43.47	42.36	41.37	40.22	38.83	37.13

辐射照度 200W/m²										
太阳入射投影角/(°)	百叶角度									
	0°	10°	20°	30°	40°	50°	60°	70°	80°	90°
0.0	78.13	75.02	71.07	67.75	62.82	57.44	51.64	46.17	40.90	37.54
2.5	77.39	74.17	70.50	66.76	62.03	56.54	50.90	45.63	40.64	37.54
5.0	76.61	73.24	69.82	65.76	61.21	55.59	50.13	45.08	40.40	37.54
7.5	76.05	72.26	69.10	64.77	60.39	54.64	49.35	44.52	40.38	37.54
10.0	75.25	71.59	68.35	63.80	59.56	53.68	48.57	42.58	40.37	37.54
12.5	74.38	70.93	67.57	62.82	58.28	52.71	47.78	42.52	40.34	37.54
15.0	73.43	70.21	66.77	61.82	57.16	51.71	44.38	42.47	40.31	37.54
17.5	72.49	69.43	65.63	60.81	56.01	50.69	44.27	42.44	40.28	37.54
20.0	71.91	68.61	64.47	59.77	54.81	46.49	44.16	42.45	40.25	37.54
22.5	71.17	67.73	63.28	58.68	53.57	46.14	44.07	42.40	40.22	37.54
25.0	70.35	66.81	62.06	57.54	49.03	45.81	44.00	42.35	40.20	37.54
27.5	69.45	65.82	60.78	56.34	48.65	45.52	44.00	42.31	40.17	37.54
30.0	68.48	64.77	59.44	51.42	48.27	45.36	44.00	42.26	40.14	37.54
32.5	67.42	63.29	58.01	50.97	47.90	45.22	43.95	42.22	40.12	37.54
35.0	66.27	61.73	52.88	50.52	47.53	45.18	43.90	42.18	40.09	37.54
37.5	65.00	60.06	52.51	50.09	47.16	45.18	43.85	42.14	40.07	37.54
40.0	63.62	54.52	52.16	49.67	46.79	45.20	43.80	42.10	40.04	37.54
42.5	62.09	54.05	51.83	49.25	46.44	45.14	43.74	42.06	40.02	37.54
45.0	56.39	53.60	51.52	48.84	46.14	45.08	43.69	42.02	40.00	37.54

续表

辐射照度 200W/m²										
太阳入射投影角/(°)	百叶角度									
	0°	10°	20°	30°	40°	50°	60°	70°	80°	90°
47.5	55.84	53.16	51.19	48.43	46.08	45.03	43.65	41.98	39.98	37.54
50.0	55.29	52.74	50.87	48.05	46.11	44.97	43.60	41.94	39.95	37.54
52.5	54.76	52.32	50.39	47.73	46.05	44.91	43.55	41.91	39.93	37.54
55.0	54.22	51.98	49.91	47.39	45.99	44.86	43.50	41.87	39.91	37.54
57.5	53.69	51.65	49.46	47.00	45.93	44.80	43.45	41.83	39.89	37.54
60.0	53.16	51.30	49.12	46.80	45.87	44.75	43.41	41.80	39.87	37.54
62.5	52.64	50.93	48.77	46.73	45.81	44.70	43.36	41.76	39.85	37.54
65.0	52.21	50.58	48.40	46.67	45.75	44.64	43.31	41.72	39.83	37.54
67.5	51.84	50.40	47.96	46.60	45.69	44.59	43.27	41.69	39.81	37.54
70.0	51.44	50.23	47.38	46.54	45.64	44.54	43.22	41.65	39.79	37.54
72.5	51.09	49.82	47.27	46.48	45.58	44.49	43.18	41.62	39.77	37.54
75.0	50.86	49.37	47.18	46.42	45.52	44.44	43.13	41.58	39.74	37.54
77.5	50.66	48.83	47.11	46.36	45.47	44.39	43.09	41.55	39.72	37.54
80.0	50.50	47.96	47.04	46.30	45.41	44.33	43.04	41.51	39.70	37.54
82.5	50.35	47.84	46.97	46.24	45.36	44.28	43.00	41.48	39.68	37.54
85.0	50.21	47.72	46.91	46.19	45.30	44.23	42.95	41.44	39.66	37.54
87.5	50.09	47.61	46.85	46.13	45.24	44.18	42.91	41.41	39.64	37.54
90.0	49.97	47.50	46.79	46.07	45.19	44.13	42.86	41.37	39.62	37.54

辐射照度 300W/m²										
太阳入射投影角/(°)	百叶角度									
	0°	10°	20°	30°	40°	50°	60°	70°	80°	90°
0.0	98.31	93.49	88.20	82.67	75.05	67.08	59.09	51.97	45.64	37.02
2.5	97.24	92.33	87.03	81.04	73.82	65.75	58.00	51.20	45.23	37.02
5.0	96.12	91.12	85.81	79.42	72.54	64.36	56.87	50.41	42.23	37.02
7.5	94.98	89.92	84.58	77.84	71.27	62.96	55.74	49.60	42.13	37.02
10.0	93.83	88.70	83.34	76.30	69.98	61.54	54.59	46.24	42.04	37.02
12.5	92.66	87.46	82.09	74.76	67.98	60.10	53.43	46.06	41.97	37.02
15.0	91.47	86.19	80.81	73.22	66.32	58.63	49.46	45.89	41.90	37.02
17.5	90.24	84.89	78.98	71.65	64.60	57.11	49.19	45.74	41.83	37.02

续表

辐射照度 300W/m^2										
太阳入射投影角/(°)	百叶角度									
	0°	10°	20°	30°	40°	50°	60°	70°	80°	90°
20.0	88.97	83.54	77.15	70.04	62.82	52.36	48.93	45.64	41.76	37.02
22.5	87.64	82.14	75.30	68.38	60.96	51.98	48.69	45.54	41.70	37.02
25.0	86.24	80.67	73.39	66.64	55.24	51.62	48.46	45.45	41.63	37.02
27.5	84.77	79.12	71.42	64.81	54.73	51.28	48.32	45.35	41.57	37.02
30.0	83.20	77.47	69.36	58.28	54.24	50.95	48.19	45.26	41.51	37.02
32.5	81.52	75.18	67.18	57.63	53.77	50.63	48.08	45.17	41.45	37.02
35.0	79.71	72.76	60.19	57.01	53.33	50.42	47.97	45.08	41.39	37.02
37.5	77.75	70.21	59.66	56.41	52.90	50.25	47.86	45.00	41.34	37.02
40.0	75.61	62.51	59.16	55.83	52.49	50.09	47.75	44.91	41.28	37.02
42.5	73.26	61.82	58.70	55.27	52.17	49.97	47.65	44.83	41.23	37.02
45.0	65.31	61.15	58.25	54.73	51.93	49.86	47.54	44.74	41.17	37.02
47.5	64.46	60.51	57.77	54.20	51.73	49.74	47.44	44.66	41.12	37.02
50.0	63.64	59.89	57.30	53.74	51.54	49.63	47.34	44.58	41.07	37.02
52.5	62.83	59.31	56.63	53.42	51.41	49.51	47.24	44.50	41.01	37.02
55.0	62.03	58.81	55.96	53.13	51.29	49.40	47.14	44.42	40.96	37.02
57.5	61.24	58.33	55.34	52.87	51.17	49.29	47.05	44.34	40.91	37.02
60.0	60.46	57.81	54.91	52.63	51.05	49.18	46.95	44.27	40.86	37.02
62.5	59.71	57.27	54.51	52.50	50.93	49.07	46.85	44.19	40.81	37.02
65.0	59.10	56.76	54.13	52.37	50.81	48.96	46.76	44.11	40.76	37.02
67.5	58.55	56.50	53.78	52.25	50.69	48.86	46.66	44.04	40.71	37.02
70.0	57.96	56.27	53.44	52.13	50.58	48.75	46.57	43.96	40.66	37.02
72.5	57.43	55.73	53.31	52.00	50.46	48.64	46.47	43.88	40.61	37.02
75.0	57.11	55.18	53.18	51.88	50.35	48.54	46.38	43.81	40.57	37.02
77.5	56.82	54.60	53.06	51.76	50.23	48.43	46.29	43.73	40.52	37.02
80.0	56.60	54.02	52.93	51.64	50.12	48.32	46.19	43.66	40.47	37.02
82.5	56.41	53.89	52.81	51.52	50.01	48.22	46.10	43.58	40.42	37.02
85.0	56.22	53.76	52.68	51.40	49.89	48.11	46.01	43.51	40.37	37.02
87.5	56.05	53.63	52.56	51.28	49.78	48.00	45.91	43.43	40.32	37.02
90.0	55.89	53.51	52.44	51.17	49.67	47.90	45.82	43.36	40.28	37.02

续表

辐射照度 400W/m²										
太阳入射投影角/(°)	百叶角度									
	0°	10°	20°	30°	40°	50°	60°	70°	80°	90°
0.0	118.01	111.28	104.12	96.73	86.58	76.06	65.76	56.73	48.90	39.65
2.5	116.48	109.69	102.53	94.53	84.92	74.31	64.32	55.72	48.37	39.65
5.0	114.89	108.04	100.87	92.34	83.21	72.47	62.83	54.67	45.39	39.65
7.5	113.30	106.39	99.22	90.21	81.50	70.62	61.33	53.61	45.29	39.65
10.0	111.71	104.72	97.54	88.13	79.77	68.74	59.82	49.78	45.23	39.65
12.5	110.10	103.04	95.85	86.07	77.08	66.83	58.28	49.58	45.15	39.65
15.0	108.46	101.32	94.11	83.99	74.87	64.88	53.50	49.39	45.07	39.65
17.5	106.77	99.56	91.64	81.88	72.59	62.87	53.17	49.24	45.00	39.65
20.0	105.04	97.73	89.18	79.72	70.23	56.97	52.86	49.15	44.93	39.65
22.5	103.23	95.84	86.68	77.49	67.77	56.49	52.57	49.03	44.86	39.65
25.0	101.34	93.86	84.13	75.16	60.52	56.03	52.30	48.92	44.79	39.65
27.5	99.34	91.77	81.48	72.72	59.86	55.60	52.16	48.81	44.72	39.65
30.0	97.22	89.55	78.72	64.37	59.23	55.20	52.04	48.70	44.66	39.65
32.5	94.95	86.46	75.80	63.52	58.63	54.82	51.91	48.59	44.59	39.65
35.0	92.51	83.22	66.79	62.71	58.06	54.57	51.77	48.49	44.53	39.65
37.5	89.87	79.79	66.10	61.93	57.52	54.39	51.64	48.38	44.47	39.65
40.0	87.00	69.82	65.45	61.18	57.00	54.23	51.51	48.28	44.41	39.65
42.5	83.86	68.90	64.84	60.45	56.61	54.09	51.38	48.18	44.35	39.65
45.0	73.52	68.02	64.25	59.75	56.34	53.94	51.26	48.09	44.29	39.65
47.5	72.39	67.17	63.63	59.06	56.11	53.80	51.14	47.99	44.24	39.65
50.0	71.30	66.36	63.01	58.48	55.91	53.66	51.01	47.90	44.18	39.65
52.5	70.22	65.59	62.12	58.09	55.76	53.52	50.89	47.80	44.13	39.65
55.0	69.16	64.94	61.24	57.75	55.61	53.38	50.78	47.71	44.07	39.65
57.5	68.12	64.31	60.44	57.46	55.45	53.24	50.66	47.62	44.02	39.65
60.0	67.09	63.63	59.90	57.20	55.31	53.11	50.54	47.53	43.97	39.65
62.5	66.10	62.90	59.40	57.04	55.16	52.97	50.43	47.44	43.91	39.65
65.0	65.30	62.23	58.94	56.88	55.01	52.84	50.31	47.35	43.86	39.65
67.5	64.57	61.90	58.52	56.73	54.87	52.71	50.20	47.26	43.81	39.65
70.0	63.79	61.60	58.17	56.57	54.72	52.58	50.09	47.18	43.76	39.65

续表

辐射照度 400W/m²										
太阳入射投影角/(°)	百叶角度									
	0°	10°	20°	30°	40°	50°	60°	70°	80°	90°
72.5	63.10	60.91	58.01	56.42	54.58	52.45	49.97	47.09	43.71	39.65
75.0	62.67	60.20	57.84	56.27	54.44	52.32	49.86	47.00	43.66	39.65
77.5	62.30	59.50	57.68	56.11	54.30	52.19	49.75	46.91	43.61	39.65
80.0	62.01	58.87	57.52	55.96	54.16	52.06	49.64	46.83	43.56	39.65
82.5	61.76	58.70	57.37	55.82	54.01	51.93	49.53	46.74	43.51	39.65
85.0	61.52	58.53	57.21	55.67	53.87	51.80	49.41	46.65	43.45	39.65
87.5	61.30	58.37	57.05	55.52	53.73	51.67	49.30	46.57	43.40	39.65
90.0	61.10	58.22	56.91	55.37	53.60	51.55	49.19	46.48	43.35	39.65

辐射照度 500W/m²										
太阳入射投影角/(°)	百叶角度									
	0°	10°	20°	30°	40°	50°	60°	70°	80°	90°
0.0	137.05	128.53	119.60	110.42	97.78	84.74	72.12	61.15	51.77	41.32
2.5	135.10	126.52	117.61	107.66	95.70	82.56	70.34	59.90	51.12	41.32
5.0	133.08	124.45	115.54	104.91	93.55	80.28	68.49	58.60	47.81	41.32
7.5	131.07	122.38	113.46	102.24	91.41	77.98	66.63	57.29	47.70	41.32
10.0	129.05	120.30	111.37	99.63	89.25	75.65	64.75	52.84	47.63	41.32
12.5	127.02	118.20	109.24	97.04	85.88	73.28	62.84	52.60	47.53	41.32
15.0	124.95	116.05	107.07	94.44	83.13	70.85	57.16	52.38	47.44	41.32
17.5	122.83	113.84	103.97	91.80	80.30	68.36	56.76	52.21	47.35	41.32
20.0	120.65	111.55	100.88	89.10	77.36	61.26	56.39	52.12	47.27	41.32
22.5	118.40	109.18	97.75	86.31	74.29	60.67	56.05	51.98	47.18	41.32
25.0	116.03	106.69	94.55	83.40	65.50	60.12	55.74	51.84	47.10	41.32
27.5	113.53	104.07	91.24	80.34	64.69	59.60	55.58	51.71	47.02	41.32
30.0	110.87	101.30	87.77	70.17	63.92	59.11	55.45	51.58	46.94	41.32
32.5	108.03	97.43	84.12	69.13	63.19	58.65	55.29	51.45	46.87	41.32
35.0	104.98	93.37	73.11	68.13	62.50	58.36	55.13	51.32	46.80	41.32
37.5	101.67	89.08	72.26	67.16	61.83	58.15	54.97	51.20	46.72	41.32
40.0	98.08	76.84	71.46	66.24	61.20	57.99	54.81	51.08	46.65	41.32
42.5	94.15	75.70	70.71	65.34	60.73	57.81	54.66	50.96	46.58	41.32

续表

辐射照度 500W/m^2

太阳入射投影角/(°)	百叶角度									
	0°	10°	20°	30°	40°	50°	60°	70°	80°	90°
45.0	81.43	74.60	69.97	64.48	60.41	57.63	54.51	50.85	46.51	41.32
47.5	80.03	73.55	69.20	63.64	60.16	57.46	54.36	50.73	46.45	41.32
50.0	78.67	72.55	68.43	62.93	59.94	57.29	54.21	50.62	46.38	41.32
52.5	77.33	71.60	67.34	62.47	59.76	57.12	54.07	50.51	46.31	41.32
55.0	76.01	70.79	66.25	62.07	59.57	56.96	53.93	50.40	46.25	41.32
57.5	74.71	70.01	65.27	61.73	59.39	56.79	53.79	50.29	46.19	41.32
60.0	73.44	69.16	64.61	61.45	59.21	56.63	53.65	50.18	46.12	41.32
62.5	72.21	68.26	64.00	61.25	59.03	56.47	53.51	50.07	46.06	41.32
65.0	71.22	67.43	63.46	61.06	58.85	56.31	53.37	49.97	46.00	41.32
67.5	70.32	67.02	62.97	60.87	58.67	56.15	53.23	49.86	45.94	41.32
70.0	69.34	66.66	62.58	60.68	58.50	55.99	53.10	49.76	45.88	41.32
72.5	68.49	65.81	62.38	60.49	58.33	55.83	52.96	49.65	45.82	41.32
75.0	67.96	64.96	62.18	60.31	58.16	55.68	52.83	49.55	45.76	41.32
77.5	67.50	64.11	61.99	60.13	57.98	55.52	52.69	49.45	45.70	41.32
80.0	67.14	63.40	61.80	59.95	57.81	55.37	52.56	49.34	45.64	41.32
82.5	66.84	63.20	61.60	59.76	57.64	55.21	52.42	49.24	45.58	41.32
85.0	66.55	63.00	61.42	59.58	57.47	55.05	52.29	49.14	45.52	41.32
87.5	66.28	62.80	61.23	59.40	57.30	54.90	52.15	49.03	45.46	41.32
90.0	66.03	62.61	61.05	59.23	57.14	54.75	52.02	48.93	45.40	41.32

辐射照度 600W/m^2

太阳入射投影角/(°)	百叶角度									
	0°	10°	20°	30°	40°	50°	60°	70°	80°	90°
0.0	156.02	145.71	134.89	123.84	108.76	93.22	78.30	65.39	54.44	42.62
2.5	153.65	143.27	132.47	120.52	106.26	90.62	76.18	63.90	53.66	42.62
5.0	151.20	140.76	129.96	117.22	103.69	87.90	73.97	62.35	49.97	42.62
7.5	148.76	138.24	127.45	114.04	101.12	85.15	71.75	60.79	49.84	42.62
10.0	146.32	135.71	124.93	110.91	98.53	82.37	69.50	55.69	49.77	42.62
12.5	143.85	133.15	122.37	107.81	94.48	79.54	67.22	55.41	49.66	42.62
15.0	141.34	130.54	119.76	104.69	91.20	76.64	60.64	55.16	49.55	42.62

续表

太阳入射投影角/(°)	辐射照度 600W/m²									
	百叶角度									
	0°	10°	20°	30°	40°	50°	60°	70°	80°	90°
17.5	138.77	127.87	116.04	101.53	87.81	73.66	60.17	54.96	49.45	42.62
20.0	136.13	125.12	112.35	98.28	84.30	65.37	59.74	54.87	49.34	42.62
22.5	133.38	122.26	108.61	94.93	80.63	64.68	59.34	54.70	49.25	42.62
25.0	130.51	119.27	104.77	91.44	70.31	64.02	58.97	54.54	49.15	42.62
27.5	127.48	116.13	100.80	87.78	69.35	63.41	58.80	54.38	49.06	42.62
30.0	124.28	112.81	96.64	75.80	68.44	62.84	58.66	54.23	48.97	42.62
32.5	120.86	108.18	92.26	74.56	67.58	62.30	58.47	54.08	48.88	42.62
35.0	117.19	103.32	79.25	73.37	66.76	61.97	58.28	53.94	48.79	42.62
37.5	113.23	98.18	78.23	72.22	65.97	61.74	58.09	53.79	48.71	42.62
40.0	108.93	83.68	77.28	71.12	65.23	61.56	57.91	53.65	48.63	42.62
42.5	104.23	82.31	76.39	70.06	64.68	61.35	57.73	53.51	48.55	42.62
45.0	89.15	81.00	75.52	69.04	64.32	61.14	57.56	53.38	48.47	42.62
47.5	87.48	79.75	74.60	68.04	64.03	60.94	57.38	53.24	48.39	42.62
50.0	85.85	78.56	73.68	67.21	63.80	60.74	57.21	53.11	48.31	42.62
52.5	84.25	77.43	72.38	66.67	63.58	60.54	57.04	52.98	48.23	42.62
55.0	82.67	76.47	71.09	66.21	63.36	60.35	56.87	52.85	48.16	42.62
57.5	81.12	75.53	69.92	65.83	63.14	60.15	56.71	52.72	48.09	42.62
60.0	79.61	74.53	69.15	65.52	62.93	59.96	56.54	52.60	48.01	42.62
62.5	78.14	73.45	68.44	65.29	62.72	59.77	56.38	52.47	47.94	42.62
65.0	76.97	72.46	67.81	65.06	62.51	59.58	56.22	52.35	47.87	42.62
67.5	75.89	71.97	67.26	64.84	62.31	59.40	56.06	52.22	47.80	42.62
70.0	74.73	71.54	66.83	64.62	62.10	59.21	55.90	52.10	47.73	42.62
72.5	73.70	70.54	66.59	64.40	61.90	59.03	55.74	51.98	47.66	42.62
75.0	73.07	69.54	66.36	64.18	61.70	58.84	55.58	51.86	47.58	42.62
77.5	72.53	68.56	66.13	63.97	61.49	58.66	55.43	51.74	47.51	42.62
80.0	72.11	67.77	65.90	63.75	61.29	58.48	55.27	51.62	47.45	42.62
82.5	71.75	67.53	65.67	63.54	61.09	58.30	55.11	51.50	47.38	42.62
85.0	71.41	67.30	65.45	63.33	60.89	58.11	54.95	51.37	47.31	42.62
87.5	71.09	67.06	65.23	63.12	60.69	57.93	54.80	51.25	47.23	42.62
90.0	70.79	66.84	65.02	62.91	60.50	57.75	54.64	51.13	47.17	42.62

续表

辐射照度 700W/m²										
太阳入射投影角/(°)	百叶角度									
	0°	10°	20°	30°	40°	50°	60°	70°	80°	90°
0.0	174.84	162.75	150.10	137.21	119.56	101.55	84.34	69.51	56.98	43.73
2.5	172.05	159.90	147.28	133.31	116.64	98.54	81.88	67.78	56.09	43.73
5.0	169.18	156.95	144.34	129.44	113.64	95.38	79.31	65.97	51.98	43.73
7.5	166.33	154.01	141.41	125.70	110.66	92.20	76.74	64.16	51.84	43.73
10.0	163.46	151.04	138.45	122.03	107.66	88.96	74.13	58.41	51.76	43.73
12.5	160.56	148.05	135.45	118.40	102.94	85.67	71.48	58.09	51.63	43.73
15.0	157.62	144.99	132.39	114.76	99.13	82.30	63.99	57.81	51.51	43.73
17.5	154.61	141.87	128.03	111.07	95.20	78.84	63.46	57.59	51.39	43.73
20.0	151.51	138.64	123.69	107.31	91.11	69.36	62.97	57.48	51.28	43.73
22.5	148.29	135.29	119.30	103.41	86.85	68.56	62.51	57.30	51.16	43.73
25.0	144.93	131.79	114.81	99.35	75.00	67.81	62.09	57.11	51.05	43.73
27.5	141.39	128.11	110.18	95.09	73.89	67.11	61.90	56.93	50.95	43.73
30.0	137.63	124.21	105.36	81.30	72.84	66.45	61.76	56.76	50.85	43.73
32.5	133.63	118.77	100.27	79.86	71.84	65.83	61.53	56.58	50.74	43.73
35.0	129.33	113.10	85.27	78.48	70.90	65.46	61.32	56.42	50.65	43.73
37.5	124.69	107.11	84.09	77.16	70.00	65.21	61.10	56.25	50.55	43.73
40.0	119.65	90.39	82.99	75.89	69.14	65.02	60.89	56.09	50.45	43.73
42.5	114.15	88.80	81.96	74.66	68.51	64.77	60.69	55.93	50.36	43.73
45.0	96.73	87.28	80.94	73.48	68.11	64.54	60.48	55.77	50.27	43.73
47.5	94.79	85.83	79.87	72.33	67.79	64.30	60.28	55.62	50.18	43.73
50.0	92.90	84.45	78.81	71.37	67.54	64.07	60.09	55.47	50.09	43.73
52.5	91.04	83.14	77.31	70.76	67.28	63.84	59.89	55.32	50.00	43.73
55.0	89.21	82.02	75.82	70.24	67.03	63.62	59.70	55.17	49.92	43.73
57.5	87.41	80.94	74.46	69.81	66.78	63.40	59.51	55.02	49.83	43.73
60.0	85.65	79.77	73.58	69.48	66.54	63.18	59.32	54.88	49.75	43.73
62.5	83.96	78.52	72.76	69.21	66.29	62.96	59.14	54.74	49.67	43.73
65.0	82.59	77.37	72.04	68.95	66.06	62.75	58.95	54.59	49.58	43.73
67.5	81.34	76.81	71.42	68.69	65.82	62.53	58.77	54.45	49.50	43.73
70.0	79.99	76.31	70.95	68.44	65.58	62.32	58.58	54.31	49.42	43.73

续表

辐射照度 700W/m²										
太阳入射投影角/(°)	百叶角度									
	0°	10°	20°	30°	40°	50°	60°	70°	80°	90°
72.5	78.81	75.15	70.68	68.19	65.35	62.11	58.40	54.17	49.34	43.73
75.0	78.07	74.00	70.41	67.94	65.12	61.90	58.22	54.03	49.26	43.73
77.5	77.45	72.89	70.15	67.69	64.89	61.69	58.04	53.89	49.18	43.73
80.0	76.96	72.02	69.89	67.45	64.66	61.48	57.86	53.76	49.10	43.73
82.5	76.54	71.75	69.63	67.20	64.43	61.26	57.68	53.62	49.02	43.73
85.0	76.15	71.48	69.37	66.96	64.20	61.05	57.49	53.48	48.94	43.73
87.5	75.78	71.21	69.12	66.71	63.97	60.84	57.31	53.34	48.86	43.73
90.0	75.44	70.95	68.87	66.48	63.75	60.64	57.14	53.20	48.78	43.73

辐射照度 800W/m²										
太阳入射投影角/(°)	百叶角度									
	0°	10°	20°	30°	40°	50°	60°	70°	80°	90°
0.0	193.54	179.69	165.22	150.49	130.33	109.76	90.28	73.53	59.44	44.76
2.5	190.35	176.43	161.98	146.03	126.99	106.34	87.49	71.56	58.42	44.76
5.0	187.06	173.05	158.62	141.60	123.55	102.76	84.57	69.51	53.90	44.76
7.5	183.78	169.67	155.26	137.32	120.12	99.13	81.63	67.45	53.74	44.76
10.0	180.49	166.27	151.87	133.12	116.67	95.46	78.66	61.04	53.65	44.76
12.5	177.17	162.84	148.44	128.96	111.27	91.71	75.65	60.69	53.51	44.76
15.0	173.80	159.34	144.94	124.79	106.94	87.87	67.26	60.37	53.37	44.76
17.5	170.35	155.76	139.95	120.56	102.47	83.93	66.66	60.13	53.24	44.76
20.0	166.79	152.07	134.98	116.23	97.82	73.26	66.10	60.01	53.11	44.76
22.5	163.10	148.24	129.95	111.77	92.97	72.36	65.59	59.80	52.98	44.76
25.0	159.25	144.23	124.82	107.13	79.60	71.51	65.13	59.59	52.86	44.76
27.5	155.20	140.01	119.51	102.28	78.34	70.72	64.92	59.39	52.74	44.76
30.0	150.90	135.55	113.97	86.71	77.15	69.98	64.76	59.19	52.63	44.76
32.5	146.32	129.33	108.15	85.08	76.02	69.28	64.51	59.00	52.51	44.76
35.0	141.40	122.83	91.19	83.52	74.95	68.87	64.26	58.81	52.40	44.76
37.5	136.09	115.97	89.85	82.01	73.93	68.59	64.02	58.62	52.29	44.76
40.0	130.32	96.98	88.60	80.57	72.97	68.38	63.79	58.44	52.18	44.76
42.5	124.03	95.18	87.44	79.18	72.26	68.11	63.55	58.26	52.08	44.76

续表

辐射照度 800W/m²										
太阳入射投影角/(°)	百叶角度									
	0°	10°	20°	30°	40°	50°	60°	70°	80°	90°
45.0	104.19	93.46	86.28	77.84	71.81	67.84	63.32	58.09	51.98	44.76
47.5	101.98	91.81	85.07	76.53	71.46	67.58	63.10	57.91	51.88	44.76
50.0	99.82	90.24	83.86	75.45	71.19	67.32	62.88	57.74	51.78	44.76
52.5	97.71	88.76	82.15	74.77	70.90	67.06	62.66	57.57	51.68	44.76
55.0	95.64	87.49	80.45	74.18	70.61	66.81	62.44	57.40	51.58	44.76
57.5	93.60	86.26	78.92	73.71	70.33	66.56	62.23	57.24	51.48	44.76
60.0	91.60	84.93	77.92	73.35	70.06	66.31	62.01	57.08	51.39	44.76
62.5	89.68	83.51	77.00	73.05	69.78	66.06	61.80	56.91	51.30	44.76
65.0	88.13	82.20	76.19	72.75	69.51	65.82	61.59	56.75	51.20	44.76
67.5	86.70	81.56	75.50	72.46	69.25	65.58	61.39	56.59	51.11	44.76
70.0	85.17	80.99	74.99	72.18	68.98	65.34	61.18	56.44	51.02	44.76
72.5	83.82	79.69	74.69	71.89	68.72	65.10	60.97	56.28	50.93	44.76
75.0	82.99	78.39	74.38	71.61	68.46	64.86	60.77	56.12	50.84	44.76
77.5	82.28	77.14	74.08	71.33	68.20	64.62	60.57	55.96	50.75	44.76
80.0	81.73	76.19	73.79	71.05	67.94	64.39	60.36	55.81	50.66	44.76
82.5	81.25	75.88	73.50	70.78	67.68	64.15	60.16	55.65	50.57	44.76
85.0	80.81	75.57	73.21	70.50	67.42	63.91	59.95	55.49	50.48	44.76
87.5	80.39	75.27	72.92	70.23	67.16	63.67	59.75	55.34	50.39	44.76
90.0	80.01	74.98	72.64	69.96	66.91	63.45	59.55	55.18	50.30	44.76

附表 C.6 对流得热量(散射比＝30%;室外空气温度＝25℃) (单位:W/m²)

辐射照度 100W/m²										
太阳入射投影角/(°)	百叶角度									
	0°	10°	20°	30°	40°	50°	60°	70°	80°	90°
0.0	13.22	12.03	10.73	9.37	7.49	5.52	3.57	1.84	0.31	－1.29
2.5	12.95	11.75	10.45	8.98	7.20	5.21	3.32	1.66	0.22	－1.29
5.0	12.67	11.46	10.16	8.60	6.90	4.89	3.06	1.48	－0.19	－1.29
7.5	12.39	11.17	9.87	8.23	6.60	4.57	2.80	1.30	－0.20	－1.29
10.0	12.11	10.88	9.58	7.86	6.29	4.24	2.54	0.70	－0.21	－1.29

续表

辐射照度 100W/m²										
太阳入射投影角/(°)	百叶角度									
	0°	10°	20°	30°	40°	50°	60°	70°	80°	90°
12.5	11.83	10.58	9.28	7.50	5.82	3.91	2.27	0.67	−0.22	−1.29
15.0	11.54	10.28	8.98	7.13	5.43	3.56	1.48	0.64	−0.24	−1.29
17.5	11.25	9.97	8.54	6.76	5.04	3.21	1.43	0.62	−0.25	−1.29
20.0	10.95	9.65	8.11	6.38	4.62	2.21	1.38	0.61	−0.26	−1.29
22.5	10.63	9.32	7.67	5.99	4.19	2.13	1.33	0.59	−0.27	−1.29
25.0	10.30	8.97	7.23	5.58	2.94	2.05	1.29	0.57	−0.28	−1.29
27.5	9.95	8.61	6.76	5.15	2.82	1.98	1.27	0.55	−0.29	−1.29
30.0	9.58	8.22	6.27	3.70	2.72	1.91	1.25	0.53	−0.30	−1.29
32.5	9.18	7.68	5.76	3.55	2.61	1.85	1.23	0.52	−0.31	−1.29
35.0	8.75	7.11	4.18	3.41	2.52	1.81	1.21	0.50	−0.32	−1.29
37.5	8.29	6.50	4.06	3.27	2.42	1.78	1.18	0.48	−0.33	−1.29
40.0	7.78	4.75	3.95	3.14	2.34	1.76	1.16	0.47	−0.34	−1.29
42.5	7.23	4.59	3.85	3.02	2.27	1.74	1.14	0.45	−0.35	−1.29
45.0	5.41	4.44	3.74	2.90	2.23	1.71	1.12	0.44	−0.36	−1.29
47.5	5.21	4.29	3.63	2.78	2.19	1.69	1.10	0.42	−0.37	−1.29
50.0	5.02	4.15	3.53	2.68	2.16	1.67	1.08	0.40	−0.38	−1.29
52.5	4.84	4.02	3.37	2.62	2.14	1.64	1.06	0.39	−0.38	−1.29
55.0	4.65	3.90	3.22	2.56	2.11	1.62	1.04	0.37	−0.39	−1.29
57.5	4.47	3.79	3.08	2.51	2.09	1.60	1.02	0.36	−0.40	−1.29
60.0	4.29	3.67	2.99	2.48	2.06	1.58	1.01	0.35	−0.41	−1.29
62.5	4.12	3.55	2.90	2.45	2.04	1.55	0.99	0.33	−0.42	−1.29
65.0	3.98	3.43	2.83	2.42	2.01	1.53	0.97	0.32	−0.43	−1.29
67.5	3.85	3.37	2.76	2.40	1.99	1.51	0.95	0.30	−0.43	−1.29
70.0	3.71	3.32	2.71	2.37	1.97	1.49	0.93	0.29	−0.44	−1.29
72.5	3.59	3.20	2.68	2.34	1.94	1.47	0.91	0.28	−0.45	−1.29
75.0	3.52	3.08	2.65	2.32	1.92	1.45	0.89	0.26	−0.46	−1.29
77.5	3.45	2.96	2.62	2.29	1.89	1.42	0.88	0.25	−0.47	−1.29
80.0	3.40	2.86	2.60	2.27	1.87	1.40	0.86	0.23	−0.47	−1.29
82.5	3.36	2.84	2.57	2.24	1.85	1.38	0.84	0.22	−0.48	−1.29

续表

辐射照度 100W/m²

太阳入射投影角/(°)	百叶角度									
	0°	10°	20°	30°	40°	50°	60°	70°	80°	90°
85.0	3.32	2.81	2.54	2.22	1.82	1.36	0.82	0.21	−0.49	−1.29
87.5	3.28	2.78	2.52	2.19	1.80	1.34	0.80	0.19	−0.50	−1.29
90.0	3.25	2.75	2.49	2.17	1.78	1.32	0.79	0.18	−0.50	−1.29

辐射照度 200W/m²

太阳入射投影角/(°)	百叶角度									
	0°	10°	20°	30°	40°	50°	60°	70°	80°	90°
0.0	28.63	26.21	23.59	20.84	17.05	13.09	9.20	5.74	2.68	−0.50
2.5	28.08	25.65	23.03	20.06	16.46	12.48	8.71	5.39	2.50	−0.50
5.0	27.52	25.06	22.45	19.29	15.86	11.84	8.19	5.03	1.73	−0.50
7.5	26.95	24.48	21.86	18.54	15.26	11.20	7.68	4.67	1.71	−0.50
10.0	26.39	23.89	21.27	17.80	14.65	10.55	7.15	3.54	1.69	−0.50
12.5	25.82	23.29	20.67	17.08	13.70	9.88	6.62	3.48	1.67	−0.50
15.0	25.23	22.69	20.06	16.34	12.93	9.21	5.11	3.42	1.65	−0.50
17.5	24.64	22.06	19.19	15.60	12.14	8.51	5.01	3.38	1.62	−0.50
20.0	24.02	21.42	18.32	14.84	11.31	6.58	4.91	3.36	1.60	−0.50
22.5	23.38	20.75	17.44	14.05	10.45	6.42	4.82	3.32	1.58	−0.50
25.0	22.71	20.05	16.53	13.23	8.03	6.27	4.74	3.29	1.56	−0.50
27.5	22.00	19.31	15.60	12.37	7.81	6.13	4.70	3.25	1.54	−0.50
30.0	21.25	18.53	14.63	9.55	7.60	6.00	4.68	3.22	1.52	−0.50
32.5	20.45	17.44	13.60	9.26	7.40	5.88	4.63	3.19	1.50	−0.50
35.0	19.59	16.30	10.52	8.98	7.21	5.81	4.59	3.15	1.48	−0.50
37.5	18.66	15.09	10.29	8.72	7.03	5.76	4.55	3.12	1.46	−0.50
40.0	17.65	11.66	10.06	8.46	6.86	5.72	4.51	3.09	1.44	−0.50
42.5	16.54	11.34	9.86	8.21	6.73	5.67	4.47	3.06	1.42	−0.50
45.0	12.97	11.03	9.65	7.98	6.65	5.63	4.43	3.03	1.41	−0.50
47.5	12.58	10.74	9.44	7.74	6.59	5.58	4.39	3.00	1.39	−0.50
50.0	12.20	10.46	9.22	7.55	6.54	5.53	4.35	2.97	1.37	−0.50
52.5	11.83	10.20	8.92	7.43	6.49	5.49	4.31	2.94	1.36	−0.50
55.0	11.46	9.97	8.62	7.33	6.44	5.44	4.27	2.91	1.34	−0.50

续表

辐射照度 200W/m²										
太阳入射投影角/(°)	百叶角度									
	0°	10°	20°	30°	40°	50°	60°	70°	80°	90°
57.5	11.10	9.76	8.35	7.24	6.39	5.40	4.24	2.88	1.32	−0.50
60.0	10.74	9.52	8.17	7.17	6.34	5.36	4.20	2.85	1.31	−0.50
62.5	10.40	9.27	8.01	7.12	6.29	5.31	4.16	2.83	1.29	−0.50
65.0	10.12	9.04	7.86	7.07	6.25	5.27	4.13	2.80	1.27	−0.50
67.5	9.87	8.92	7.74	7.02	6.20	5.23	4.09	2.77	1.26	−0.50
70.0	9.60	8.82	7.64	6.97	6.15	5.19	4.05	2.74	1.24	−0.50
72.5	9.36	8.59	7.59	6.92	6.11	5.15	4.02	2.72	1.23	−0.50
75.0	9.21	8.36	7.53	6.87	6.06	5.10	3.98	2.69	1.21	−0.50
77.5	9.09	8.14	7.48	6.82	6.02	5.06	3.95	2.66	1.20	−0.50
80.0	8.99	7.96	7.43	6.77	5.97	5.02	3.91	2.63	1.18	−0.50
82.5	8.91	7.91	7.38	6.72	5.92	4.98	3.88	2.61	1.17	−0.50
85.0	8.83	7.85	7.33	6.67	5.88	4.94	3.84	2.58	1.15	−0.50
87.5	8.75	7.80	7.28	6.62	5.83	4.90	3.81	2.55	1.13	−0.50
90.0	8.68	7.75	7.23	6.58	5.79	4.86	3.77	2.53	1.12	−0.50

辐射照度 300W/m²										
太阳入射投影角/(°)	百叶角度									
	0°	10°	20°	30°	40°	50°	60°	70°	80°	90°
0.0	44.64	40.98	37.01	32.83	27.07	21.05	15.17	9.88	5.16	0.24
2.5	43.81	40.12	36.16	31.66	26.19	20.15	14.44	9.37	4.89	0.24
5.0	42.96	39.24	35.28	30.49	25.28	19.20	13.67	8.83	3.80	0.24
7.5	42.10	38.36	34.40	29.36	24.38	18.24	12.89	8.29	3.76	0.24
10.0	41.25	37.47	33.51	28.26	23.47	17.27	12.11	6.66	3.74	0.24
12.5	40.38	36.57	32.60	27.16	22.04	16.28	11.32	6.57	3.71	0.24
15.0	39.50	35.65	31.68	26.06	20.89	15.26	9.13	6.49	3.67	0.24
17.5	38.60	34.71	30.37	24.94	19.70	14.22	8.98	6.43	3.64	0.24
20.0	37.67	33.74	29.06	23.80	18.47	11.41	8.83	6.40	3.61	0.24
22.5	36.70	32.73	27.74	22.62	17.19	11.18	8.70	6.35	3.57	0.24
25.0	35.69	31.68	26.38	21.39	13.64	10.96	8.59	6.30	3.54	0.24
27.5	34.62	30.57	24.98	20.10	13.31	10.75	8.54	6.24	3.51	0.24

续表

辐射照度 300W/m²										
太阳入射投影角/(°)	百叶角度									
	0°	10°	20°	30°	40°	50°	60°	70°	80°	90°
30.0	33.49	29.39	23.51	15.95	13.00	10.56	8.50	6.19	3.48	0.24
32.5	32.29	27.75	21.97	15.52	12.71	10.38	8.43	6.14	3.45	0.24
35.0	30.99	26.04	17.44	15.11	12.43	10.27	8.37	6.10	3.43	0.24
37.5	29.59	24.22	17.09	14.72	12.16	10.21	8.31	6.05	3.40	0.24
40.0	28.07	19.16	16.76	14.34	11.91	10.16	8.25	6.00	3.37	0.24
42.5	26.41	18.68	16.45	13.97	11.73	10.09	8.19	5.96	3.35	0.24
45.0	21.12	18.22	16.15	13.62	11.61	10.02	8.13	5.91	3.32	0.24
47.5	20.54	17.79	15.83	13.28	11.52	9.95	8.07	5.87	3.29	0.24
50.0	19.97	17.37	15.51	13.00	11.46	9.88	8.01	5.82	3.27	0.24
52.5	19.41	16.98	15.06	12.82	11.38	9.81	7.96	5.78	3.24	0.24
55.0	18.86	16.65	14.61	12.67	11.31	9.75	7.90	5.74	3.22	0.24
57.5	18.32	16.32	14.21	12.55	11.24	9.68	7.85	5.70	3.20	0.24
60.0	17.79	15.97	13.95	12.46	11.16	9.62	7.79	5.65	3.17	0.24
62.5	17.29	15.60	13.71	12.38	11.09	9.56	7.74	5.61	3.15	0.24
65.0	16.88	15.25	13.50	12.30	11.02	9.49	7.69	5.57	3.12	0.24
67.5	16.50	15.09	13.32	12.23	10.95	9.43	7.63	5.53	3.10	0.24
70.0	16.10	14.94	13.19	12.15	10.89	9.37	7.58	5.49	3.08	0.24
72.5	15.74	14.59	13.11	12.08	10.82	9.31	7.53	5.45	3.06	0.24
75.0	15.52	14.25	13.03	12.01	10.75	9.25	7.47	5.41	3.03	0.24
77.5	15.34	13.93	12.96	11.93	10.68	9.19	7.42	5.37	3.01	0.24
80.0	15.19	13.69	12.88	11.86	10.62	9.12	7.37	5.33	2.99	0.24
82.5	15.06	13.61	12.80	11.79	10.55	9.06	7.32	5.29	2.96	0.24
85.0	14.95	13.53	12.73	11.72	10.48	9.00	7.26	5.25	2.94	0.24
87.5	14.84	13.45	12.65	11.65	10.41	8.94	7.21	5.21	2.92	0.24
90.0	14.74	13.37	12.58	11.58	10.35	8.88	7.16	5.17	2.90	0.24
辐射照度 400W/m²										
太阳入射投影角/(°)	百叶角度									
	0°	10°	20°	30°	40°	50°	60°	70°	80°	90°
0.0	60.48	55.57	50.25	44.65	36.94	28.87	21.01	13.92	7.55	0.93

续表

太阳入射投影角/(°)	辐射照度 400W/m² 百叶角度									
	0°	10°	20°	30°	40°	50°	60°	70°	80°	90°
2.5	59.37	54.43	49.12	43.09	35.76	27.67	20.04	13.23	7.20	0.93
5.0	58.23	53.25	47.94	41.53	34.55	26.41	19.02	12.52	5.79	0.93
7.5	57.09	52.07	46.76	40.03	33.34	25.14	17.99	11.80	5.74	0.93
10.0	55.94	50.88	45.58	38.55	32.13	23.85	16.95	9.68	5.72	0.93
12.5	54.78	49.68	44.37	37.09	30.23	22.54	15.90	9.57	5.67	0.93
15.0	53.60	48.45	43.14	35.62	28.70	21.19	13.04	9.46	5.62	0.93
17.5	52.39	47.20	41.39	34.13	27.12	19.81	12.84	9.39	5.58	0.93
20.0	51.14	45.90	39.64	32.60	25.49	16.13	12.66	9.35	5.53	0.93
22.5	49.85	44.55	37.87	31.03	23.78	15.82	12.48	9.28	5.49	0.93
25.0	48.50	43.15	36.06	29.39	19.13	15.53	12.33	9.21	5.45	0.93
27.5	47.07	41.66	34.19	27.67	18.70	15.26	12.27	9.14	5.41	0.93
30.0	45.57	40.09	32.24	22.22	18.28	15.00	12.22	9.08	5.37	0.93
32.5	43.95	37.91	30.18	21.65	17.89	14.77	12.13	9.01	5.34	0.93
35.0	42.23	35.62	24.22	21.11	17.53	14.63	12.05	8.95	5.30	0.93
37.5	40.36	33.20	23.75	20.59	17.18	14.55	11.97	8.89	5.26	0.93
40.0	38.33	26.51	23.32	20.09	16.84	14.48	11.89	8.82	5.23	0.93
42.5	36.11	25.88	22.91	19.60	16.61	14.39	11.81	8.76	5.19	0.93
45.0	29.13	25.27	22.51	19.14	16.46	14.30	11.73	8.71	5.16	0.93
47.5	28.35	24.70	22.08	18.69	16.34	14.21	11.66	8.65	5.12	0.93
50.0	27.60	24.15	21.66	18.32	16.26	14.12	11.58	8.59	5.09	0.93
52.5	26.86	23.63	21.07	18.08	16.16	14.03	11.51	8.53	5.06	0.93
55.0	26.13	23.19	20.48	17.89	16.07	13.95	11.43	8.48	5.02	0.93
57.5	25.41	22.76	19.94	17.74	15.97	13.86	11.36	8.42	4.99	0.93
60.0	24.71	22.29	19.60	17.62	15.88	13.78	11.29	8.37	4.96	0.93
62.5	24.04	21.80	19.28	17.52	15.78	13.70	11.22	8.31	4.93	0.93
65.0	23.49	21.34	19.01	17.42	15.69	13.61	11.15	8.26	4.90	0.93
67.5	23.00	21.12	18.78	17.32	15.60	13.53	11.08	8.20	4.87	0.93
70.0	22.46	20.92	18.62	17.22	15.51	13.45	11.01	8.15	4.84	0.93
72.5	21.99	20.47	18.52	17.13	15.42	13.37	10.94	8.10	4.81	0.93

续表

辐射照度 400W/m²										
太阳入射投影角/(°)	百叶角度									
	0°	10°	20°	30°	40°	50°	60°	70°	80°	90°
75.0	21.70	20.02	18.42	17.03	15.33	13.29	10.87	8.05	4.78	0.93
77.5	21.45	19.60	18.31	16.93	15.24	13.21	10.80	7.99	4.75	0.93
80.0	21.26	19.30	18.21	16.84	15.15	13.13	10.73	7.94	4.72	0.93
82.5	21.09	19.19	18.11	16.74	15.06	13.05	10.66	7.89	4.69	0.93
85.0	20.94	19.08	18.01	16.65	14.98	12.97	10.60	7.84	4.66	0.93
87.5	20.79	18.98	17.91	16.56	14.89	12.89	10.53	7.78	4.63	0.93
90.0	20.66	18.88	17.82	16.47	14.80	12.81	10.46	7.73	4.60	0.93

辐射照度 500W/m²										
太阳入射投影角/(°)	百叶角度									
	0°	10°	20°	30°	40°	50°	60°	70°	80°	90°
0.0	76.21	70.06	63.38	56.36	46.70	36.59	26.77	17.88	9.88	1.57
2.5	74.82	68.63	61.97	54.41	45.23	35.10	25.55	17.03	9.44	1.57
5.0	73.38	67.15	60.49	52.46	43.71	33.53	24.28	16.14	7.73	1.57
7.5	71.95	65.67	59.02	50.58	42.21	31.94	23.00	15.25	7.67	1.57
10.0	70.51	64.18	57.53	48.73	40.69	30.34	21.71	12.65	7.64	1.57
12.5	69.06	62.67	56.03	46.90	38.31	28.70	20.40	12.51	7.58	1.57
15.0	67.58	61.14	54.49	45.07	36.41	27.02	16.89	12.38	7.52	1.57
17.5	66.07	59.57	52.30	43.20	34.44	25.30	16.64	12.28	7.46	1.57
20.0	64.50	57.94	50.11	41.30	32.40	20.77	16.41	12.25	7.41	1.57
22.5	62.88	56.26	47.90	39.33	30.28	20.38	16.20	12.16	7.36	1.57
25.0	61.19	54.50	45.64	37.29	24.54	20.02	16.01	12.07	7.31	1.57
27.5	59.41	52.64	43.30	35.14	24.00	19.69	15.93	11.99	7.26	1.57
30.0	57.52	50.68	40.86	28.40	23.48	19.38	15.88	11.90	7.21	1.57
32.5	55.51	47.95	38.29	27.70	23.00	19.09	15.77	11.82	7.16	1.57
35.0	53.34	45.08	30.91	27.02	22.54	18.92	15.67	11.74	7.12	1.57
37.5	51.01	42.06	30.33	26.37	22.11	18.82	15.57	11.67	7.07	1.57
40.0	48.47	33.77	29.78	25.75	21.70	18.74	15.47	11.59	7.03	1.57
42.5	45.71	32.98	29.28	25.15	21.41	18.63	15.37	11.51	6.99	1.57
45.0	37.04	32.23	28.78	24.58	21.23	18.51	15.27	11.44	6.94	1.57

续表

辐射照度 500W/m²										
太阳入射投影角/(°)	百叶角度									
	0°	10°	20°	30°	40°	50°	60°	70°	80°	90°
47.5	36.07	31.51	28.25	24.02	21.09	18.40	15.18	11.37	6.90	1.57
50.0	35.13	30.83	27.73	23.56	20.99	18.29	15.09	11.30	6.86	1.57
52.5	34.20	30.19	26.99	23.27	20.87	18.19	14.99	11.23	6.82	1.57
55.0	33.29	29.64	26.25	23.03	20.75	18.08	14.90	11.16	6.78	1.57
57.5	32.40	29.10	25.59	22.85	20.63	17.97	14.81	11.09	6.74	1.57
60.0	31.53	28.52	25.17	22.71	20.51	17.87	14.72	11.02	6.70	1.57
62.5	30.69	27.90	24.78	22.59	20.40	17.77	14.64	10.95	6.66	1.57
65.0	30.02	27.33	24.44	22.46	20.28	17.66	14.55	10.89	6.62	1.57
67.5	29.40	27.06	24.17	22.34	20.17	17.56	14.46	10.82	6.59	1.57
70.0	28.73	26.81	23.98	22.22	20.06	17.46	14.38	10.76	6.55	1.57
72.5	28.14	26.25	23.85	22.10	19.95	17.36	14.29	10.69	6.51	1.57
75.0	27.78	25.70	23.72	21.98	19.84	17.26	14.20	10.63	6.47	1.57
77.5	27.48	25.18	23.59	21.86	19.73	17.16	14.12	10.56	6.44	1.57
80.0	27.24	24.82	23.47	21.74	19.62	17.06	14.03	10.49	6.40	1.57
82.5	27.03	24.69	23.34	21.63	19.51	16.96	13.95	10.43	6.36	1.57
85.0	26.84	24.56	23.22	21.51	19.40	16.86	13.86	10.36	6.32	1.57
87.5	26.66	24.43	23.10	21.39	19.29	16.76	13.78	10.30	6.29	1.57
90.0	26.50	24.31	22.98	21.28	19.19	16.67	13.69	10.24	6.25	1.57

辐射照度 600W/m²										
太阳入射投影角/(°)	百叶角度									
	0°	10°	20°	30°	40°	50°	60°	70°	80°	90°
0.0	91.85	84.45	76.43	67.99	56.37	44.24	32.45	21.79	12.17	2.19
2.5	90.18	82.73	74.73	65.64	54.61	42.45	31.00	20.77	11.64	2.19
5.0	88.45	80.96	72.96	63.30	52.79	40.57	29.48	19.70	9.63	2.19
7.5	86.73	79.18	71.19	61.05	50.99	38.68	27.95	18.64	9.55	2.19
10.0	85.00	77.39	69.40	58.83	49.17	36.75	26.41	15.57	9.52	2.19
12.5	83.25	75.58	67.59	56.64	46.31	34.80	24.84	15.40	9.45	2.19
15.0	81.47	73.74	65.75	54.43	44.04	32.79	20.68	15.25	9.38	2.19
17.5	79.65	71.85	63.12	52.20	41.69	30.73	20.38	15.14	9.31	2.19

续表

太阳入射投影角/(°)	辐射照度600W/m² 百叶角度									
	0°	10°	20°	30°	40°	50°	60°	70°	80°	90°
20.0	77.78	69.90	60.49	49.92	39.24	25.35	20.11	15.09	9.25	2.19
22.5	75.83	67.87	57.84	47.56	36.70	24.89	19.86	14.99	9.19	2.19
25.0	73.80	65.76	55.13	45.10	29.88	24.46	19.64	14.88	9.13	2.19
27.5	71.65	63.54	52.32	42.53	29.24	24.07	19.54	14.78	9.07	2.19
30.0	69.39	61.18	49.40	34.52	28.63	23.70	19.48	14.68	9.01	2.19
32.5	66.97	57.90	46.32	33.68	28.05	23.35	19.36	14.59	8.96	2.19
35.0	64.37	54.47	37.53	32.87	27.50	23.16	19.23	14.49	8.90	2.19
37.5	61.57	50.84	36.83	32.10	26.99	23.03	19.11	14.40	8.85	2.19
40.0	58.53	40.96	36.18	31.35	26.50	22.95	19.00	14.31	8.79	2.19
42.5	55.21	40.02	35.58	30.64	26.15	22.81	18.88	14.22	8.74	2.19
45.0	44.87	39.12	34.98	29.95	25.94	22.68	18.76	14.14	8.69	2.19
47.5	43.71	38.26	34.35	29.29	25.78	22.54	18.65	14.05	8.64	2.19
50.0	42.59	37.44	33.72	28.74	25.67	22.41	18.54	13.96	8.59	2.19
52.5	41.48	36.68	32.84	28.40	25.52	22.29	18.43	13.88	8.55	2.19
55.0	40.39	36.02	31.97	28.12	25.38	22.16	18.32	13.80	8.50	2.19
57.5	39.32	35.38	31.18	27.90	25.24	22.03	18.22	13.72	8.45	2.19
60.0	38.28	34.68	30.67	27.75	25.10	21.91	18.11	13.64	8.40	2.19
62.5	37.28	33.95	30.21	27.60	24.96	21.79	18.01	13.56	8.36	2.19
65.0	36.48	33.26	29.82	27.45	24.83	21.66	17.90	13.48	8.31	2.19
67.5	35.73	32.93	29.49	27.30	24.69	21.54	17.80	13.40	8.27	2.19
70.0	34.94	32.64	29.27	27.16	24.56	21.42	17.70	13.32	8.22	2.19
72.5	34.23	31.98	29.12	27.01	24.43	21.30	17.59	13.24	8.18	2.19
75.0	33.80	31.32	28.96	26.87	24.29	21.18	17.49	13.16	8.13	2.19
77.5	33.44	30.71	28.81	26.73	24.16	21.07	17.39	13.09	8.09	2.19
80.0	33.15	30.29	28.66	26.59	24.03	20.95	17.29	13.01	8.04	2.19
82.5	32.91	30.13	28.52	26.45	23.90	20.83	17.19	12.93	8.00	2.19
85.0	32.68	29.97	28.37	26.31	23.77	20.71	17.09	12.85	7.96	2.19
87.5	32.47	29.82	28.22	26.17	23.64	20.59	16.98	12.77	7.91	2.19
90.0	32.27	29.67	28.08	26.04	23.52	20.48	16.89	12.70	7.87	2.19

续表

辐射照度 700W/m²										
太阳入射投影角/(°)	百叶角度									
	0°	10°	20°	30°	40°	50°	60°	70°	80°	90°
0.0	107.42	98.77	89.40	79.55	65.98	51.82	38.09	25.65	14.42	2.78
2.5	105.47	96.77	87.42	76.81	63.93	49.74	36.39	24.46	13.81	2.78
5.0	103.45	94.69	85.35	74.08	61.81	47.55	34.63	23.23	11.49	2.78
7.5	101.43	92.62	83.29	71.45	59.70	45.35	32.85	21.99	11.41	2.78
10.0	99.41	90.53	81.20	68.86	57.58	43.11	31.05	18.45	11.37	2.78
12.5	97.37	88.41	79.09	66.30	54.25	40.84	29.23	18.26	11.29	2.78
15.0	95.29	86.26	76.94	63.73	51.61	38.50	24.43	18.08	11.21	2.78
17.5	93.17	84.06	73.87	61.13	48.87	36.10	24.09	17.95	11.13	2.78
20.0	90.98	81.78	70.81	58.47	46.03	29.89	23.77	17.91	11.06	2.78
22.5	88.70	79.42	67.71	55.72	43.06	29.36	23.48	17.78	10.99	2.78
25.0	86.33	76.95	64.55	52.86	35.18	28.86	23.23	17.66	10.92	2.78
27.5	83.83	74.36	61.28	49.87	34.43	28.40	23.12	17.55	10.85	2.78
30.0	81.18	71.61	57.87	40.59	33.72	27.97	23.05	17.43	10.78	2.78
32.5	78.36	67.79	54.28	39.61	33.05	27.58	22.91	17.32	10.72	2.78
35.0	75.33	63.79	44.09	38.67	32.42	27.35	22.76	17.21	10.66	2.78
37.5	72.07	59.56	43.28	37.77	31.82	27.21	22.62	17.10	10.59	2.78
40.0	68.52	48.09	42.53	36.91	31.26	27.12	22.49	17.00	10.53	2.78
42.5	64.65	47.00	41.84	36.08	30.85	26.96	22.35	16.90	10.47	2.78
45.0	52.65	45.95	41.14	35.28	30.61	26.80	22.22	16.80	10.41	2.78
47.5	51.30	44.95	40.40	34.51	30.43	26.65	22.09	16.70	10.36	2.78
50.0	49.99	44.00	39.67	33.87	30.30	26.50	21.96	16.60	10.30	2.78
52.5	48.70	43.11	38.65	33.48	30.13	26.35	21.83	16.50	10.24	2.78
55.0	47.43	42.35	37.63	33.16	29.97	26.20	21.71	16.40	10.19	2.78
57.5	46.19	41.60	36.72	32.91	29.80	26.05	21.59	16.31	10.13	2.78
60.0	44.98	40.80	36.13	32.74	29.64	25.91	21.46	16.22	10.08	2.78
62.5	43.82	39.94	35.60	32.56	29.48	25.77	21.34	16.12	10.03	2.78
65.0	42.88	39.14	35.14	32.39	29.33	25.63	21.22	16.03	9.97	2.78
67.5	42.02	38.76	34.77	32.22	29.17	25.49	21.10	15.94	9.92	2.78
70.0	41.09	38.42	34.52	32.05	29.02	25.35	20.98	15.85	9.87	2.78

续表

辐射照度 700W/m²										
太阳入射投影角/(°)	百叶角度									
	0°	10°	20°	30°	40°	50°	60°	70°	80°	90°
72.5	40.27	37.65	34.34	31.89	28.86	25.21	20.86	15.76	9.82	2.78
75.0	39.77	36.89	34.16	31.72	28.71	25.07	20.75	15.67	9.77	2.78
77.5	39.35	36.19	33.99	31.56	28.56	24.93	20.63	15.58	9.71	2.78
80.0	39.02	35.71	33.82	31.40	28.41	24.80	20.51	15.49	9.66	2.78
82.5	38.73	35.53	33.65	31.24	28.26	24.66	20.39	15.40	9.61	2.78
85.0	38.47	35.35	33.48	31.08	28.10	24.52	20.27	15.31	9.56	2.78
87.5	38.22	35.17	33.31	30.92	27.95	24.38	20.16	15.22	9.51	2.78
90.0	38.00	35.00	33.15	30.76	27.81	24.25	20.04	15.13	9.46	2.78

辐射照度 800W/m²										
太阳入射投影角/(°)	百叶角度									
	0°	10°	20°	30°	40°	50°	60°	70°	80°	90°
0.0	122.94	113.04	102.32	91.05	75.54	59.36	43.68	29.48	16.64	3.35
2.5	120.70	110.74	100.05	87.92	73.19	56.98	41.75	28.12	15.94	3.35
5.0	118.39	108.37	97.69	84.80	70.78	54.49	39.74	26.72	13.34	3.35
7.5	116.08	106.00	95.33	81.79	68.37	51.98	37.71	25.30	13.25	3.35
10.0	113.77	103.61	92.95	78.84	65.95	49.43	35.66	21.31	13.20	3.35
12.5	111.43	101.19	90.54	75.92	62.14	46.83	33.58	21.09	13.11	3.35
15.0	109.05	98.73	88.08	72.98	59.13	44.17	28.16	20.89	13.02	3.35
17.5	106.62	96.21	84.57	70.01	56.00	41.44	27.77	20.75	12.93	3.35
20.0	104.12	93.61	81.07	66.97	52.76	34.39	27.41	20.69	12.85	3.35
22.5	101.52	90.91	77.53	63.83	49.38	33.79	27.08	20.55	12.77	3.35
25.0	98.80	88.09	73.92	60.56	40.43	33.23	26.79	20.42	12.69	3.35
27.5	95.95	85.13	70.19	57.15	39.58	32.70	26.67	20.28	12.61	3.35
30.0	92.92	81.99	66.29	46.61	38.78	32.22	26.59	20.15	12.53	3.35
32.5	89.70	77.62	62.19	45.50	38.02	31.77	26.43	20.03	12.46	3.35
35.0	86.24	73.05	50.61	44.43	37.30	31.51	26.26	19.90	12.39	3.35
37.5	82.50	68.22	49.69	43.40	36.62	31.36	26.11	19.78	12.32	3.35
40.0	78.45	55.18	48.84	42.42	35.98	31.25	25.95	19.66	12.25	3.35
42.5	74.04	53.93	48.04	41.48	35.52	31.07	25.80	19.55	12.18	3.35

续表

辐射照度 800W/m²										
太阳入射投影角/(°)	百叶角度									
	0°	10°	20°	30°	40°	50°	60°	70°	80°	90°
45.0	60.38	52.74	47.25	40.57	35.25	30.89	25.65	19.43	12.11	3.35
47.5	58.84	51.60	46.41	39.69	35.04	30.72	25.50	19.32	12.05	3.35
50.0	57.34	50.52	45.58	38.97	34.90	30.55	25.35	19.21	11.98	3.35
52.5	55.87	49.51	44.42	38.53	34.71	30.38	25.21	19.10	11.92	3.35
55.0	54.43	48.63	43.26	38.16	34.52	30.21	25.07	18.99	11.86	3.35
57.5	53.01	47.78	42.22	37.88	34.33	30.04	24.93	18.88	11.79	3.35
60.0	51.63	46.87	41.55	37.69	34.15	29.88	24.79	18.77	11.73	3.35
62.5	50.31	45.89	40.95	37.49	33.97	29.72	24.65	18.67	11.67	3.35
65.0	49.25	44.98	40.43	37.30	33.79	29.56	24.51	18.56	11.61	3.35
67.5	48.26	44.55	40.01	37.11	33.62	29.40	24.38	18.46	11.55	3.35
70.0	47.20	44.16	39.74	36.91	33.44	29.24	24.24	18.35	11.49	3.35
72.5	46.27	43.29	39.53	36.73	33.27	29.08	24.11	18.25	11.43	3.35
75.0	45.70	42.42	39.33	36.54	33.09	28.93	23.97	18.15	11.37	3.35
77.5	45.22	41.63	39.13	36.35	32.92	28.77	23.84	18.05	11.32	3.35
80.0	44.84	41.10	38.94	36.17	32.75	28.61	23.70	17.94	11.26	3.35
82.5	44.52	40.89	38.74	35.99	32.58	28.46	23.57	17.84	11.20	3.35
85.0	44.22	40.68	38.55	35.80	32.41	28.30	23.44	17.74	11.14	3.35
87.5	43.94	40.48	38.36	35.62	32.23	28.15	23.30	17.64	11.08	3.35
90.0	43.68	40.29	38.17	35.45	32.07	27.99	23.17	17.54	11.02	3.35

附表 C.7 对流得热量(散射比=30%;室外空气温度=30℃) (单位:W/m²)

辐射照度 100W/m²										
太阳入射投影角/(°)	百叶角度									
	0°	10°	20°	30°	40°	50°	60°	70°	80°	90°
0.0	27.76	26.62	25.31	23.89	21.92	19.80	17.56	15.46	13.44	10.89
2.5	27.51	26.35	25.04	23.52	21.64	19.48	17.31	15.28	13.35	10.89
5.0	27.25	26.07	24.76	23.14	21.34	19.16	17.04	15.09	12.74	10.89
7.5	26.99	25.79	24.48	22.78	21.05	18.83	16.78	14.90	12.72	10.89
10.0	26.72	25.51	24.19	22.42	20.75	18.49	16.51	14.14	12.71	10.89

续表

辐射照度100W/m²										
太阳入射投影角/(°)	百叶角度									
	0°	10°	20°	30°	40°	50°	60°	70°	80°	90°
12.5	26.46	25.23	23.90	22.07	20.29	18.16	16.24	14.10	12.69	10.89
15.0	26.18	24.94	23.61	21.71	19.90	17.81	15.30	14.07	12.68	10.89
17.5	25.90	24.64	23.19	21.35	19.49	17.46	15.24	14.04	12.66	10.89
20.0	25.61	24.33	22.76	20.97	19.07	16.32	15.18	14.02	12.65	10.89
22.5	25.30	24.01	22.34	20.58	18.64	16.23	15.13	14.00	12.64	10.89
25.0	24.98	23.67	21.90	20.18	17.26	16.15	15.08	13.98	12.62	10.89
27.5	24.64	23.31	21.44	19.75	17.14	16.07	15.05	13.96	12.61	10.89
30.0	24.28	22.93	20.96	18.18	17.03	15.99	15.02	13.94	12.60	10.89
32.5	23.89	22.39	20.45	18.03	16.92	15.92	15.00	13.92	12.59	10.89
35.0	23.47	21.84	18.77	17.88	16.81	15.87	14.97	13.90	12.58	10.89
37.5	23.02	21.24	18.64	17.74	16.71	15.83	14.95	13.88	12.57	10.89
40.0	22.52	19.40	18.53	17.60	16.62	15.80	14.92	13.86	12.55	10.89
42.5	21.98	19.23	18.42	17.47	16.54	15.77	14.90	13.84	12.54	10.89
45.0	20.08	19.08	18.31	17.34	16.49	15.74	14.88	13.82	12.53	10.89
47.5	19.88	18.93	18.20	17.22	16.44	15.72	14.86	13.81	12.52	10.89
50.0	19.69	18.78	18.09	17.11	16.40	15.69	14.83	13.79	12.51	10.89
52.5	19.50	18.64	17.93	17.04	16.37	15.67	14.81	13.77	12.50	10.89
55.0	19.31	18.53	17.77	16.97	16.34	15.64	14.79	13.76	12.49	10.89
57.5	19.13	18.42	17.63	16.91	16.31	15.62	14.77	13.74	12.48	10.89
60.0	18.95	18.29	17.53	16.85	16.29	15.59	14.75	13.72	12.47	10.89
62.5	18.77	18.17	17.43	16.82	16.26	15.57	14.73	13.71	12.46	10.89
65.0	18.62	18.05	17.34	16.79	16.23	15.54	14.70	13.69	12.45	10.89
67.5	18.49	17.99	17.26	16.76	16.21	15.52	14.68	13.67	12.44	10.89
70.0	18.36	17.93	17.18	16.74	16.18	15.49	14.66	13.66	12.44	10.89
72.5	18.23	17.80	17.15	16.71	16.15	15.47	14.64	13.64	12.43	10.89
75.0	18.16	17.67	17.12	16.68	16.13	15.45	14.62	13.63	12.42	10.89
77.5	18.09	17.54	17.09	16.65	16.10	15.42	14.60	13.61	12.41	10.89
80.0	18.04	17.40	17.06	16.62	16.07	15.40	14.58	13.59	12.40	10.89
82.5	17.99	17.37	17.03	16.60	16.05	15.38	14.56	13.58	12.39	10.89

续表

辐射照度 100W/m²										
太阳入射投影角/(°)	百叶角度									
	0°	10°	20°	30°	40°	50°	60°	70°	80°	90°
85.0	17.95	17.34	17.00	16.57	16.02	15.35	14.54	13.56	12.38	10.89
87.5	17.91	17.31	16.98	16.54	16.00	15.33	14.52	13.55	12.37	10.89
90.0	17.87	17.28	16.95	16.52	15.97	15.31	14.50	13.53	12.36	10.89

辐射照度 200W/m²										
太阳入射投影角/(°)	百叶角度									
	0°	10°	20°	30°	40°	50°	60°	70°	80°	90°
0.0	43.53	41.14	38.51	35.70	31.86	27.81	23.68	19.88	16.37	12.40
2.5	42.99	40.58	37.95	34.94	31.29	27.20	23.19	19.53	16.19	12.40
5.0	42.44	40.01	37.37	34.18	30.70	26.56	22.67	19.16	15.27	12.40
7.5	41.89	39.43	36.80	33.44	30.11	25.92	22.14	18.80	15.24	12.40
10.0	41.33	38.85	36.21	32.72	29.52	25.26	21.62	17.54	15.22	12.40
12.5	40.77	38.26	35.62	32.01	28.59	24.60	21.08	17.47	15.20	12.40
15.0	40.20	37.67	35.02	31.29	27.82	23.92	19.46	17.41	15.17	12.40
17.5	39.61	37.05	34.16	30.57	27.03	23.22	19.35	17.37	15.15	12.40
20.0	39.01	36.42	33.31	29.82	26.20	21.19	19.25	17.34	15.13	12.40
22.5	38.37	35.76	32.44	29.05	25.34	21.02	19.15	17.30	15.10	12.40
25.0	37.71	35.06	31.56	28.24	22.83	20.87	19.06	17.26	15.08	12.40
27.5	37.02	34.34	30.65	27.39	22.61	20.72	19.02	17.23	15.06	12.40
30.0	36.28	33.57	29.70	24.49	22.39	20.58	18.99	17.19	15.04	12.40
32.5	35.49	32.49	28.68	24.19	22.18	20.45	18.94	17.16	15.02	12.40
35.0	34.64	31.37	25.55	23.91	21.99	20.37	18.90	17.12	15.00	12.40
37.5	33.72	30.20	25.31	23.64	21.80	20.32	18.85	17.09	14.98	12.40
40.0	32.72	26.73	25.09	23.38	21.62	20.27	18.81	17.05	14.96	12.40
42.5	31.63	26.41	24.88	23.13	21.49	20.22	18.77	17.02	14.94	12.40
45.0	28.05	26.11	24.67	22.89	21.40	20.17	18.72	16.99	14.92	12.40
47.5	27.66	25.81	24.45	22.65	21.33	20.12	18.68	16.96	14.90	12.40
50.0	27.28	25.53	24.24	22.45	21.27	20.08	18.64	16.93	14.88	12.40
52.5	26.91	25.27	23.93	22.32	21.22	20.03	18.60	16.89	14.86	12.40
55.0	26.55	25.04	23.63	22.21	21.17	19.98	18.56	16.86	14.85	12.40

续表

辐射照度 200W/m²

太阳入射投影角/(°)	百叶角度									
	0°	10°	20°	30°	40°	50°	60°	70°	80°	90°
57.5	26.19	24.82	23.35	22.11	21.12	19.94	18.52	16.83	14.83	12.40
60.0	25.83	24.59	23.17	22.03	21.07	19.89	18.48	16.80	14.81	12.40
62.5	25.49	24.33	22.99	21.98	21.02	19.85	18.45	16.77	14.79	12.40
65.0	25.21	24.10	22.84	21.93	20.97	19.80	18.41	16.75	14.78	12.40
67.5	24.96	23.99	22.70	21.87	20.92	19.76	18.37	16.72	14.76	12.40
70.0	24.68	23.88	22.59	21.82	20.87	19.71	18.33	16.69	14.74	12.40
72.5	24.45	23.64	22.53	21.77	20.82	19.67	18.29	16.66	14.73	12.40
75.0	24.30	23.40	22.48	21.72	20.77	19.63	18.26	16.63	14.71	12.40
77.5	24.17	23.17	22.42	21.67	20.73	19.58	18.22	16.60	14.69	12.40
80.0	24.07	22.96	22.37	21.61	20.68	19.54	18.18	16.57	14.68	12.40
82.5	23.98	22.90	22.32	21.56	20.63	19.50	18.14	16.54	14.66	12.40
85.0	23.90	22.85	22.26	21.51	20.58	19.45	18.11	16.52	14.65	12.40
87.5	23.82	22.79	22.21	21.46	20.54	19.41	18.07	16.49	14.63	12.40
90.0	23.75	22.74	22.16	21.41	20.49	19.37	18.03	16.46	14.61	12.40

辐射照度 300W/m²

太阳入射投影角/(°)	百叶角度									
	0°	10°	20°	30°	40°	50°	60°	70°	80°	90°
0.0	59.89	56.25	52.25	48.01	42.16	35.99	29.87	24.31	19.16	13.48
2.5	59.07	55.40	51.41	46.84	41.28	35.08	29.13	23.79	18.89	13.48
5.0	58.23	54.52	50.53	45.68	40.38	34.12	28.37	23.25	17.67	13.48
7.5	57.38	53.65	49.65	44.56	39.47	33.16	27.61	22.71	17.63	13.48
10.0	56.53	52.76	48.77	43.46	38.57	32.19	26.83	20.96	17.60	13.48
12.5	55.68	51.87	47.87	42.37	37.15	31.19	26.04	20.87	17.57	13.48
15.0	54.80	50.96	46.95	41.27	35.99	30.18	23.76	20.79	17.53	13.48
17.5	53.91	50.03	45.65	40.16	34.80	29.14	23.60	20.72	17.50	13.48
20.0	52.98	49.06	44.35	39.02	33.57	26.26	23.45	20.69	17.46	13.48
22.5	52.02	48.06	43.03	37.84	32.28	26.03	23.32	20.64	17.43	13.48
25.0	51.02	47.01	41.68	36.62	28.65	25.80	23.20	20.58	17.40	13.48
27.5	49.96	45.90	40.28	35.33	28.32	25.59	23.14	20.53	17.36	13.48

续表

辐射照度 300W/m²										
太阳入射投影角/(°)	百叶角度									
	0°	10°	20°	30°	40°	50°	60°	70°	80°	90°
30.0	48.84	44.73	38.82	31.09	28.00	25.40	23.10	20.47	17.33	13.48
32.5	47.64	43.10	37.28	30.66	27.70	25.22	23.03	20.42	17.30	13.48
35.0	46.35	41.39	32.67	30.24	27.42	25.10	22.96	20.37	17.27	13.48
37.5	44.96	39.58	32.31	29.84	27.15	25.03	22.90	20.32	17.25	13.48
40.0	43.44	34.44	31.98	29.46	26.90	24.97	22.84	20.28	17.22	13.48
42.5	41.78	33.96	31.67	29.09	26.71	24.90	22.78	20.23	17.19	13.48
45.0	36.43	33.50	31.36	28.73	26.59	24.83	22.72	20.18	17.16	13.48
47.5	35.84	33.06	31.04	28.39	26.50	24.76	22.66	20.14	17.14	13.48
50.0	35.27	32.65	30.72	28.10	26.42	24.69	22.60	20.09	17.11	13.48
52.5	34.71	32.25	30.27	27.92	26.35	24.62	22.54	20.05	17.08	13.48
55.0	34.16	31.91	29.82	27.76	26.27	24.56	22.48	20.00	17.06	13.48
57.5	33.62	31.59	29.41	27.63	26.20	24.49	22.43	19.96	17.03	13.48
60.0	33.09	31.24	29.14	27.53	26.13	24.43	22.37	19.92	17.01	13.48
62.5	32.57	30.86	28.89	27.45	26.06	24.36	22.32	19.88	16.98	13.48
65.0	32.16	30.51	28.68	27.37	25.99	24.30	22.26	19.83	16.96	13.48
67.5	31.78	30.34	28.49	27.29	25.92	24.23	22.21	19.79	16.94	13.48
70.0	31.38	30.19	28.34	27.22	25.85	24.17	22.15	19.75	16.91	13.48
72.5	31.02	29.84	28.26	27.14	25.78	24.11	22.10	19.71	16.89	13.48
75.0	30.80	29.49	28.18	27.07	25.71	24.05	22.04	19.67	16.86	13.48
77.5	30.61	29.16	28.10	27.00	25.64	23.98	21.99	19.63	16.84	13.48
80.0	30.46	28.89	28.02	26.92	25.57	23.92	21.94	19.58	16.82	13.48
82.5	30.34	28.80	27.94	26.85	25.51	23.86	21.88	19.54	16.79	13.48
85.0	30.22	28.72	27.87	26.78	25.44	23.80	21.83	19.50	16.77	13.48
87.5	30.11	28.64	27.79	26.71	25.37	23.73	21.78	19.46	16.75	13.48
90.0	30.00	28.56	27.72	26.64	25.30	23.67	21.72	19.42	16.72	13.48
辐射照度 400W/m²										
太阳入射投影角/(°)	百叶角度									
	0°	10°	20°	30°	40°	50°	60°	70°	80°	90°
0.0	76.02	71.12	65.77	60.10	52.28	44.06	35.92	28.50	21.76	14.39

续表

辐射照度 400W/m²										
太阳入射投影角/(°)	百叶角度									
	0°	10°	20°	30°	40°	50°	60°	70°	80°	90°
2.5	74.92	69.98	64.64	58.54	51.11	42.85	34.94	27.82	21.40	14.39
5.0	73.78	68.81	63.47	56.99	49.90	41.58	33.91	27.11	19.87	14.39
7.5	72.64	67.63	62.29	55.48	48.70	40.30	32.88	26.40	19.82	14.39
10.0	71.50	66.45	61.11	54.01	47.48	39.00	31.84	24.18	19.79	14.39
12.5	70.35	65.25	59.90	52.55	45.58	37.68	30.78	24.06	19.74	14.39
15.0	69.17	64.03	58.68	51.09	44.05	36.33	27.82	23.96	19.69	14.39
17.5	67.97	62.78	56.93	49.60	42.47	34.94	27.62	23.87	19.65	14.39
20.0	66.73	61.48	55.19	48.08	40.83	31.16	27.43	23.84	19.60	14.39
22.5	65.45	60.14	53.42	46.51	39.11	30.84	27.25	23.76	19.56	14.39
25.0	64.10	58.74	51.62	44.87	34.36	30.54	27.09	23.69	19.52	14.39
27.5	62.68	57.26	49.75	43.15	33.92	30.27	27.02	23.62	19.48	14.39
30.0	61.18	55.69	47.80	37.60	33.50	30.01	26.97	23.56	19.44	14.39
32.5	59.57	53.51	45.75	37.02	33.10	29.77	26.88	23.49	19.40	14.39
35.0	57.85	51.23	39.69	36.47	32.73	29.62	26.80	23.43	19.36	14.39
37.5	55.98	48.81	39.22	35.94	32.37	29.53	26.71	23.36	19.32	14.39
40.0	53.96	42.05	38.78	35.44	32.03	29.46	26.63	23.30	19.29	14.39
42.5	51.75	41.41	38.37	34.95	31.78	29.36	26.55	23.24	19.25	14.39
45.0	44.69	40.80	37.96	34.48	31.63	29.27	26.47	23.18	19.21	14.39
47.5	43.91	40.22	37.54	34.02	31.50	29.18	26.40	23.12	19.18	14.39
50.0	43.15	39.66	37.11	33.64	31.41	29.09	26.32	23.06	19.15	14.39
52.5	42.41	39.14	36.51	33.40	31.31	29.00	26.25	23.00	19.11	14.39
55.0	41.67	38.70	35.91	33.19	31.21	28.91	26.17	22.94	19.08	14.39
57.5	40.95	38.26	35.37	33.03	31.11	28.82	26.10	22.89	19.05	14.39
60.0	40.25	37.79	35.02	32.90	31.02	28.74	26.03	22.83	19.01	14.39
62.5	39.57	37.29	34.70	32.80	30.92	28.65	25.95	22.78	18.98	14.39
65.0	39.02	36.83	34.41	32.70	30.83	28.57	25.88	22.72	18.95	14.39
67.5	38.52	36.61	34.17	32.59	30.73	28.48	25.81	22.67	18.92	14.39
70.0	37.98	36.41	33.99	32.49	30.64	28.40	25.74	22.61	18.89	14.39
72.5	37.51	35.95	33.89	32.39	30.55	28.32	25.67	22.56	18.86	14.39

续表

辐射照度 400W/m²										
太阳入射投影角/(°)	百叶角度									
	0°	10°	20°	30°	40°	50°	60°	70°	80°	90°
75.0	37.21	35.49	33.78	32.30	30.46	28.24	25.60	22.51	18.82	14.39
77.5	36.96	35.05	33.68	32.20	30.37	28.15	25.53	22.45	18.79	14.39
80.0	36.77	34.72	33.57	32.10	30.28	28.07	25.46	22.40	18.76	14.39
82.5	36.60	34.61	33.47	32.00	30.19	27.99	25.39	22.34	18.73	14.39
85.0	36.44	34.50	33.37	31.91	30.10	27.91	25.32	22.29	18.70	14.39
87.5	36.30	34.39	33.27	31.81	30.01	27.83	25.25	22.24	18.67	14.39
90.0	36.16	34.29	33.17	31.72	29.92	27.75	25.19	22.18	18.64	14.39

辐射照度 500W/m²										
太阳入射投影角/(°)	百叶角度									
	0°	10°	20°	30°	40°	50°	60°	70°	80°	90°
0.0	91.99	85.84	79.13	72.04	62.27	51.99	41.88	32.64	24.25	15.20
2.5	90.60	84.41	77.72	70.09	60.80	50.49	40.65	31.78	23.80	15.20
5.0	89.17	82.94	76.25	68.14	59.29	48.91	39.38	30.89	21.97	15.20
7.5	87.74	81.46	74.78	66.26	57.78	47.32	38.09	29.99	21.91	15.20
10.0	86.31	79.98	73.29	64.42	56.26	45.70	36.79	27.28	21.87	15.20
12.5	84.86	78.48	71.79	62.59	53.89	44.06	35.47	27.13	21.81	15.20
15.0	83.39	76.95	70.25	60.76	51.98	42.37	31.85	27.00	21.75	15.20
17.5	81.88	75.38	68.07	58.90	50.01	40.64	31.59	26.90	21.70	15.20
20.0	80.33	73.76	65.88	57.00	47.96	35.99	31.36	26.85	21.64	15.20
22.5	78.71	72.08	63.68	55.03	45.82	35.60	31.14	26.76	21.59	15.20
25.0	77.03	70.32	61.42	52.99	39.97	35.24	30.94	26.68	21.54	15.20
27.5	75.25	68.47	59.08	50.84	39.42	34.90	30.86	26.59	21.49	15.20
30.0	73.37	66.51	56.65	44.00	38.91	34.58	30.80	26.51	21.44	15.20
32.5	71.36	63.78	54.08	43.28	38.41	34.28	30.69	26.42	21.39	15.20
35.0	69.20	60.92	46.60	42.60	37.95	34.11	30.58	26.34	21.34	15.20
37.5	66.86	57.90	46.01	41.94	37.51	33.99	30.48	26.27	21.30	15.20
40.0	64.33	49.53	45.47	41.31	37.09	33.91	30.38	26.19	21.25	15.20
42.5	61.57	48.74	44.96	40.71	36.79	33.79	30.28	26.11	21.21	15.20
45.0	52.83	47.98	44.45	40.12	36.60	33.68	30.18	26.04	21.16	15.20

续表

辐射照度 500W/m²

太阳入射投影角/(°)	百叶角度									
	0°	10°	20°	30°	40°	50°	60°	70°	80°	90°
47.5	51.86	47.25	43.92	39.56	36.45	33.56	30.09	25.97	21.12	15.20
50.0	50.91	46.56	43.39	39.09	36.34	33.45	29.99	25.89	21.08	15.20
52.5	49.98	45.92	42.64	38.79	36.22	33.34	29.90	25.82	21.04	15.20
55.0	49.07	45.36	41.90	38.54	36.09	33.23	29.80	25.75	21.00	15.20
57.5	48.17	44.82	41.23	38.35	35.97	33.12	29.71	25.68	20.96	15.20
60.0	47.29	44.24	40.80	38.20	35.86	33.02	29.62	25.61	20.92	15.20
62.5	46.44	43.62	40.40	38.07	35.74	32.91	29.53	25.55	20.88	15.20
65.0	45.77	43.04	40.06	37.94	35.62	32.81	29.44	25.48	20.84	15.20
67.5	45.14	42.76	39.76	37.82	35.51	32.70	29.36	25.41	20.80	15.20
70.0	44.47	42.52	39.56	37.69	35.39	32.60	29.27	25.34	20.76	15.20
72.5	43.88	41.95	39.42	37.57	35.28	32.50	29.18	25.28	20.72	15.20
75.0	43.51	41.38	39.29	37.45	35.17	32.40	29.09	25.21	20.68	15.20
77.5	43.20	40.85	39.16	37.33	35.05	32.30	29.01	25.15	20.65	15.20
80.0	42.96	40.46	39.03	37.21	34.94	32.19	28.92	25.08	20.61	15.20
82.5	42.75	40.32	38.91	37.09	34.83	32.09	28.83	25.02	20.57	15.20
85.0	42.56	40.19	38.78	36.97	34.72	31.99	28.74	24.95	20.53	15.20
87.5	42.38	40.05	38.66	36.85	34.61	31.89	28.66	24.88	20.49	15.20
90.0	42.21	39.93	38.54	36.74	34.50	31.79	28.57	24.82	20.46	15.20

辐射照度 600W/m²

太阳入射投影角/(°)	百叶角度									
	0°	10°	20°	30°	40°	50°	60°	70°	80°	90°
0.0	107.84	100.44	92.39	83.87	72.15	59.83	47.75	36.71	26.65	15.94
2.5	106.18	98.73	90.69	81.53	70.38	58.03	46.29	35.68	26.12	15.94
5.0	104.45	96.96	88.92	79.19	68.57	56.15	44.76	34.62	23.99	15.94
7.5	102.74	95.18	87.15	76.94	66.76	54.24	43.22	33.54	23.92	15.94
10.0	101.01	93.40	85.37	74.73	64.94	52.31	41.67	30.35	23.88	15.94
12.5	99.27	91.59	83.57	72.53	62.09	50.34	40.09	30.17	23.81	15.94
15.0	97.50	89.75	81.72	70.33	59.81	48.33	35.82	30.02	23.74	15.94
17.5	95.68	87.87	79.09	68.10	57.45	46.26	35.51	29.90	23.67	15.94

续表

辐射照度 600W/m²										
太阳入射投影角/(°)	百叶角度									
	0°	10°	20°	30°	40°	50°	60°	70°	80°	90°
20.0	93.81	85.92	76.47	65.82	54.99	40.76	35.23	29.85	23.61	15.94
22.5	91.87	83.90	73.82	63.46	52.44	40.30	34.97	29.74	23.54	15.94
25.0	89.84	81.79	71.11	61.01	45.51	39.86	34.74	29.64	23.48	15.94
27.5	87.71	79.57	68.31	58.43	44.85	39.46	34.64	29.53	23.42	15.94
30.0	85.44	77.22	65.39	50.31	44.24	39.08	34.57	29.43	23.37	15.94
32.5	83.03	73.94	62.31	49.46	43.65	38.73	34.45	29.34	23.31	15.94
35.0	80.44	70.51	53.42	48.64	43.10	38.52	34.32	29.24	23.25	15.94
37.5	77.64	66.89	52.72	47.86	42.57	38.39	34.20	29.15	23.20	15.94
40.0	74.60	56.92	52.06	47.11	42.08	38.30	34.08	29.05	23.15	15.94
42.5	71.28	55.97	51.46	46.38	41.72	38.16	33.96	28.96	23.09	15.94
45.0	60.87	55.06	50.85	45.69	41.50	38.02	33.84	28.87	23.04	15.94
47.5	59.70	54.20	50.22	45.01	41.33	37.88	33.73	28.79	22.99	15.94
50.0	58.57	53.38	49.58	44.46	41.20	37.75	33.62	28.70	22.94	15.94
52.5	57.46	52.60	48.69	44.11	41.05	37.62	33.50	28.62	22.89	15.94
55.0	56.36	51.94	47.81	43.82	40.91	37.49	33.39	28.53	22.84	15.94
57.5	55.29	51.29	47.01	43.59	40.77	37.36	33.29	28.45	22.80	15.94
60.0	54.24	50.60	46.50	43.42	40.62	37.24	33.18	28.37	22.75	15.94
62.5	53.23	49.85	46.03	43.27	40.48	37.11	33.07	28.28	22.70	15.94
65.0	52.42	49.17	45.62	43.12	40.35	36.99	32.96	28.20	22.66	15.94
67.5	51.67	48.83	45.28	42.97	40.21	36.86	32.86	28.12	22.61	15.94
70.0	50.87	48.54	45.04	42.82	40.07	36.74	32.75	28.04	22.57	15.94
72.5	50.16	47.86	44.88	42.67	39.94	36.62	32.65	27.96	22.52	15.94
75.0	49.73	47.20	44.73	42.53	39.81	36.50	32.55	27.88	22.47	15.94
77.5	49.36	46.57	44.57	42.39	39.67	36.38	32.44	27.81	22.43	15.94
80.0	49.07	46.11	44.42	42.24	39.54	36.26	32.34	27.73	22.38	15.94
82.5	48.82	45.95	44.27	42.10	39.41	36.14	32.24	27.65	22.34	15.94
85.0	48.59	45.79	44.12	41.96	39.27	36.01	32.13	27.57	22.29	15.94
87.5	48.38	45.64	43.97	41.82	39.14	35.89	32.03	27.49	22.25	15.94
90.0	48.18	45.49	43.83	41.69	39.01	35.78	31.93	27.41	22.21	15.95

续表

辐射照度 700W/m²										
太阳入射投影角/(°)	百叶角度									
	0°	10°	20°	30°	40°	50°	60°	70°	80°	90°
0.0	123.62	114.96	105.56	95.62	81.95	67.60	53.56	40.73	29.02	16.65
2.5	121.67	112.96	103.57	92.89	79.89	65.50	51.85	39.54	28.40	16.65
5.0	119.65	110.89	101.51	90.16	77.77	63.31	50.08	38.29	25.96	16.65
7.5	117.64	108.82	99.45	87.53	75.67	61.09	48.29	37.04	25.87	16.65
10.0	115.62	106.73	97.37	84.95	73.55	58.85	46.48	33.38	25.83	16.65
12.5	113.59	104.62	95.26	82.39	70.21	56.56	44.65	33.18	25.75	16.65
15.0	111.51	102.48	93.11	79.82	67.56	54.21	39.73	33.00	25.67	16.65
17.5	109.39	100.27	90.04	77.22	64.81	51.80	39.38	32.86	25.59	16.65
20.0	107.21	98.00	86.98	74.55	61.96	45.47	39.06	32.81	25.51	16.65
22.5	104.94	95.64	83.89	71.81	58.98	44.93	38.76	32.68	25.44	16.65
25.0	102.57	93.18	80.73	68.95	50.98	44.43	38.49	32.56	25.37	16.65
27.5	100.08	90.59	77.46	65.95	50.22	43.96	38.38	32.44	25.30	16.65
30.0	97.43	87.84	74.05	56.56	49.50	43.52	38.30	32.33	25.23	16.65
32.5	94.62	84.02	70.46	55.57	48.83	43.12	38.15	32.21	25.17	16.65
35.0	91.59	80.02	60.17	54.62	48.19	42.88	38.01	32.10	25.11	16.65
37.5	88.33	75.79	59.35	53.71	47.58	42.73	37.87	31.99	25.04	16.65
40.0	84.78	64.24	58.60	52.84	47.01	42.63	37.73	31.89	24.98	16.65
42.5	80.91	63.14	57.89	52.00	46.59	42.47	37.59	31.78	24.92	16.65
45.0	68.84	62.08	57.19	51.19	46.34	42.31	37.46	31.68	24.86	16.65
47.5	67.48	61.08	56.45	50.41	46.15	42.15	37.32	31.58	24.80	16.65
50.0	66.16	60.12	55.71	49.77	46.01	42.00	37.19	31.48	24.75	16.65
52.5	64.87	59.22	54.68	49.37	45.84	41.85	37.06	31.38	24.69	16.65
55.0	63.59	58.45	53.65	49.03	45.67	41.70	36.94	31.28	24.63	16.65
57.5	62.34	57.70	52.73	48.77	45.50	41.55	36.81	31.18	24.58	16.65
60.0	61.12	56.89	52.13	48.59	45.34	41.40	36.69	31.09	24.52	16.65
62.5	59.95	56.03	51.59	48.41	45.18	41.26	36.56	30.99	24.47	16.65
65.0	59.01	55.23	51.12	48.23	45.02	41.11	36.44	30.90	24.42	16.65
67.5	58.14	54.84	50.73	48.06	44.86	40.97	36.32	30.81	24.36	16.65
70.0	57.21	54.50	50.47	47.89	44.70	40.83	36.20	30.71	24.31	16.65

续表

太阳入射投影角/(°)	百叶角度									
辐射照度 700W/m²	0°	10°	20°	30°	40°	50°	60°	70°	80°	90°
72.5	56.38	53.72	50.28	47.72	44.55	40.69	36.08	30.62	24.26	16.65
75.0	55.88	52.95	50.10	47.55	44.39	40.55	35.96	30.53	24.21	16.65
77.5	55.45	52.22	49.93	47.39	44.24	40.41	35.84	30.44	24.16	16.65
80.0	55.12	51.71	49.75	47.22	44.08	40.27	35.72	30.35	24.10	16.65
82.5	54.83	51.53	49.58	47.06	43.93	40.13	35.60	30.26	24.05	16.65
85.0	54.56	51.34	49.41	46.90	43.78	39.99	35.48	30.16	24.00	16.65
87.5	54.31	51.16	49.23	46.73	43.62	39.85	35.35	30.07	23.95	16.65
90.0	54.08	50.99	49.07	46.58	43.47	39.71	35.24	29.98	23.90	16.65

太阳入射投影角/(°)	百叶角度									
辐射照度 800W/m²	0°	10°	20°	30°	40°	50°	60°	70°	80°	90°
0.0	139.32	129.42	118.66	107.31	91.68	75.30	59.31	44.70	31.36	17.32
2.5	137.09	127.13	116.39	104.18	89.33	72.92	57.37	43.34	30.66	17.32
5.0	134.78	124.76	114.03	101.06	86.92	70.42	55.34	41.92	27.91	17.32
7.5	132.48	122.38	111.67	98.05	84.51	67.89	53.31	40.50	27.82	17.32
10.0	130.17	120.00	109.29	95.10	82.08	65.33	51.25	36.38	27.77	17.32
12.5	127.84	117.59	106.88	92.18	78.28	62.72	49.15	36.15	27.67	17.32
15.0	125.46	115.13	104.43	89.25	75.25	60.05	43.60	35.94	27.58	17.32
17.5	123.04	112.61	100.92	86.27	72.12	57.30	43.21	35.79	27.49	17.32
20.0	120.54	110.01	97.42	83.23	68.86	50.13	42.84	35.73	27.41	17.32
22.5	117.94	107.32	93.89	80.09	65.47	49.52	42.50	35.59	27.33	17.32
25.0	115.23	104.50	90.27	76.83	56.40	48.95	42.20	35.45	27.25	17.32
27.5	112.38	101.54	86.54	73.40	55.54	48.42	42.08	35.32	27.17	17.32
30.0	109.36	98.40	82.65	62.75	54.73	47.92	41.99	35.19	27.09	17.32
32.5	106.14	94.03	78.55	61.63	53.96	47.46	41.82	35.06	27.01	17.32
35.0	102.68	89.46	66.87	60.55	53.23	47.20	41.66	34.93	26.94	17.32
37.5	98.95	84.63	65.94	59.51	52.54	47.03	41.50	34.81	26.87	17.32
40.0	94.90	71.50	65.08	58.52	51.89	46.92	41.34	34.69	26.80	17.32
42.5	90.48	70.25	64.27	57.57	51.42	46.74	41.18	34.57	26.73	17.32

续表

辐射照度 800W/m²										
太阳入射投影角/(°)	百叶角度									
	0°	10°	20°	30°	40°	50°	60°	70°	80°	90°
45.0	76.75	69.05	63.47	56.65	51.14	46.55	41.03	34.45	26.66	17.32
47.5	75.20	67.90	62.63	55.76	50.92	46.38	40.88	34.33	26.60	17.32
50.0	73.70	66.81	61.79	55.03	50.77	46.20	40.73	34.22	26.53	17.32
52.5	72.22	65.79	60.62	54.58	50.57	46.03	40.59	34.11	26.47	17.32
55.0	70.77	64.91	59.45	54.20	50.38	45.86	40.44	34.00	26.40	17.32
57.5	69.34	64.06	58.40	53.91	50.19	45.69	40.30	33.89	26.34	17.32
60.0	67.95	63.13	57.72	53.71	50.01	45.53	40.16	33.78	26.28	17.32
62.5	66.62	62.15	57.11	53.50	49.83	45.36	40.02	33.67	26.22	17.32
65.0	65.55	61.24	56.58	53.31	49.64	45.20	39.88	33.57	26.15	17.32
67.5	64.55	60.80	56.14	53.11	49.46	45.04	39.74	33.46	26.09	17.32
70.0	63.49	60.41	55.85	52.92	49.29	44.88	39.60	33.35	26.03	17.32
72.5	62.55	59.52	55.64	52.72	49.11	44.72	39.46	33.25	25.97	17.32
75.0	61.98	58.65	55.44	52.54	48.93	44.56	39.33	33.15	25.91	17.32
77.5	61.49	57.83	55.23	52.35	48.76	44.40	39.19	33.04	25.86	17.32
80.0	61.11	57.27	55.04	52.16	48.58	44.24	39.05	32.94	25.80	17.32
82.5	60.79	57.06	54.84	51.97	48.41	44.08	38.92	32.83	25.74	17.32
85.0	60.48	56.85	54.64	51.79	48.24	43.92	38.78	32.73	25.68	17.32
87.5	60.20	56.64	54.45	51.60	48.06	43.76	38.64	32.62	25.62	17.32
90.0	59.94	56.45	54.26	51.43	47.89	43.61	38.51	32.52	25.56	17.32

附表 C.8　对流得热量(散射比=30%;室外空气温度=35℃)　(单位:W/m²)

辐射照度 100W/m²										
太阳入射投影角/(°)	百叶角度									
	0°	10°	20°	30°	40°	50°	60°	70°	80°	90°
0.0	41.85	40.84	39.43	37.81	35.48	32.98	30.66	28.41	26.20	23.85
2.5	41.58	40.57	39.13	37.38	35.15	32.66	30.40	28.24	26.11	23.85
5.0	41.30	40.28	38.82	36.94	34.80	32.34	30.13	28.05	25.90	23.85
7.5	41.02	39.98	38.50	36.51	34.45	32.00	29.86	27.86	25.89	23.85
10.0	40.96	39.67	38.18	36.08	34.15	31.66	29.59	27.50	25.89	23.85

续表

太阳入射投影角/(°)	辐射照度 100W/m²									
	百叶角度									
	0°	10°	20°	30°	40°	50°	60°	70°	80°	90°
12.5	40.69	39.36	37.84	35.65	33.82	31.32	29.32	27.48	25.87	23.85
15.0	40.40	39.03	37.50	35.29	33.43	30.96	28.81	27.45	25.86	23.85
17.5	40.09	38.68	36.99	35.01	33.04	30.59	28.77	27.44	25.85	23.85
20.0	39.77	38.32	36.47	34.73	32.63	29.93	28.72	27.44	25.84	23.85
22.5	39.42	37.94	36.05	34.40	32.21	29.86	28.69	27.42	25.83	23.85
25.0	39.05	37.54	35.74	34.04	30.94	29.79	28.65	27.40	25.82	23.85
27.5	38.66	37.11	35.36	33.65	30.84	29.73	28.64	27.38	25.81	23.85
30.0	38.23	36.67	34.95	31.91	30.73	29.67	28.64	27.37	25.80	23.85
32.5	37.77	36.30	34.49	31.76	30.64	29.62	28.62	27.35	25.79	23.85
35.0	37.26	35.84	32.54	31.63	30.55	29.60	28.60	27.34	25.78	23.85
37.5	36.87	35.32	32.42	31.49	30.47	29.58	28.58	27.32	25.77	23.85
40.0	36.50	33.22	32.31	31.37	30.39	29.58	28.56	27.31	25.77	23.85
42.5	36.02	33.05	32.21	31.25	30.35	29.56	28.54	27.29	25.76	23.85
45.0	33.97	32.89	32.10	31.14	30.32	29.54	28.52	27.28	25.75	23.85
47.5	33.75	32.74	31.99	31.03	30.31	29.51	28.50	27.26	25.74	23.85
50.0	33.54	32.59	31.88	30.94	30.31	29.49	28.49	27.25	25.73	23.85
52.5	33.34	32.46	31.73	30.90	30.28	29.47	28.47	27.23	25.72	23.85
55.0	33.14	32.35	31.58	30.87	30.26	29.45	28.45	27.22	25.72	23.85
57.5	32.94	32.23	31.45	30.85	30.24	29.43	28.43	27.21	25.71	23.85
60.0	32.76	32.11	31.38	30.85	30.21	29.41	28.42	27.19	25.70	23.85
62.5	32.58	31.98	31.31	30.82	30.19	29.39	28.40	27.18	25.69	23.85
65.0	32.44	31.85	31.27	30.80	30.17	29.37	28.38	27.17	25.69	23.85
67.5	32.31	31.80	31.24	30.78	30.15	29.35	28.36	27.15	25.68	23.85
70.0	32.16	31.75	31.24	30.75	30.13	29.33	28.35	27.14	25.67	23.85
72.5	32.04	31.65	31.21	30.73	30.10	29.31	28.33	27.13	25.66	23.85
75.0	31.96	31.56	31.19	30.71	30.08	29.29	28.31	27.11	25.66	23.85
77.5	31.90	31.49	31.16	30.68	30.06	29.27	28.30	27.10	25.65	23.85
80.0	31.86	31.48	31.14	30.66	30.04	29.25	28.28	27.09	25.64	23.85
82.5	31.82	31.45	31.11	30.64	30.02	29.23	28.26	27.08	25.63	23.85

续表

辐射照度 100W/m²										
太阳入射投影角/(°)	百叶角度									
	0°	10°	20°	30°	40°	50°	60°	70°	80°	90°
85.0	31.78	31.43	31.09	30.62	30.00	29.21	28.25	27.06	25.63	23.85
87.5	31.75	31.40	31.07	30.59	29.98	29.19	28.23	27.05	25.62	23.85
90.0	31.72	31.38	31.04	30.57	29.96	29.18	28.21	27.04	25.61	23.85

辐射照度 200W/m²										
太阳入射投影角/(°)	百叶角度									
	0°	10°	20°	30°	40°	50°	60°	70°	80°	90°
0.0	58.50	56.19	53.56	50.69	46.71	42.41	37.90	33.59	29.41	23.64
2.5	57.99	55.65	53.02	49.93	46.14	41.78	37.39	33.23	29.22	23.64
5.0	57.47	55.10	52.45	49.18	45.54	41.13	36.86	32.86	27.83	23.64
7.5	56.94	54.54	51.88	48.45	44.95	40.48	36.33	32.48	27.79	23.64
10.0	56.41	53.97	51.31	47.73	44.35	39.81	35.79	30.90	27.75	23.64
12.5	55.87	53.40	50.73	47.02	43.42	39.14	35.24	30.82	27.72	23.64
15.0	55.32	52.81	50.13	46.30	42.65	38.45	33.36	30.74	27.69	23.64
17.5	54.75	52.21	49.29	45.57	41.84	37.74	33.24	30.67	27.66	23.64
20.0	54.16	51.59	48.44	44.83	41.01	35.48	33.12	30.63	27.63	23.64
22.5	53.55	50.94	47.58	44.05	40.14	35.30	33.00	30.58	27.61	23.64
25.0	52.90	50.26	46.69	43.24	37.41	35.13	32.90	30.54	27.58	23.64
27.5	52.22	49.54	45.78	42.39	37.17	34.97	32.84	30.50	27.55	23.64
30.0	51.49	48.77	44.82	39.28	36.95	34.82	32.78	30.46	27.53	23.64
32.5	50.72	47.70	43.80	38.98	36.73	34.67	32.73	30.41	27.50	23.64
35.0	49.87	46.58	40.48	38.69	36.52	34.57	32.68	30.37	27.48	23.64
37.5	48.96	45.39	40.23	38.41	36.32	34.50	32.63	30.34	27.45	23.64
40.0	47.97	41.75	40.00	38.13	36.13	34.43	32.58	30.30	27.43	23.64
42.5	46.87	41.42	39.78	37.87	35.98	34.37	32.53	30.26	27.40	23.64
45.0	43.11	41.11	39.57	37.62	35.87	34.32	32.49	30.22	27.38	23.64
47.5	42.72	40.81	39.35	37.37	35.77	34.26	32.44	30.18	27.36	23.64
50.0	42.33	40.52	39.13	37.15	35.69	34.21	32.39	30.15	27.34	23.64
52.5	41.96	40.25	38.81	37.00	35.63	34.16	32.35	30.11	27.31	23.64
55.0	41.58	40.01	38.50	36.87	35.57	34.11	32.31	30.08	27.29	23.64

续表

辐射照度 200W/m²										
太阳入射投影角/(°)	百叶角度									
	0°	10°	20°	30°	40°	50°	60°	70°	80°	90°
57.5	41.21	39.79	38.21	36.75	35.52	34.06	32.26	30.04	27.27	23.64
60.0	40.85	39.55	38.01	36.64	35.46	34.01	32.22	30.01	27.25	23.64
62.5	40.49	39.29	37.82	36.58	35.41	33.96	32.17	29.97	27.23	23.64
65.0	40.21	39.06	37.64	36.52	35.35	33.91	32.13	29.94	27.21	23.64
67.5	39.95	38.93	37.48	36.46	35.30	33.86	32.09	29.90	27.19	23.64
70.0	39.68	38.83	37.32	36.40	35.25	33.81	32.05	29.87	27.16	23.64
72.5	39.43	38.57	37.26	36.35	35.19	33.76	32.00	29.84	27.14	23.64
75.0	39.28	38.31	37.20	36.29	35.14	33.71	31.96	29.80	27.12	23.64
77.5	39.15	38.04	37.14	36.24	35.09	33.66	31.92	29.77	27.10	23.64
80.0	39.04	37.77	37.08	36.18	35.04	33.62	31.88	29.74	27.08	23.64
82.5	38.95	37.71	37.03	36.12	34.98	33.57	31.83	29.70	27.06	23.64
85.0	38.86	37.65	36.97	36.07	34.93	33.52	31.79	29.67	27.04	23.64
87.5	38.78	37.59	36.91	36.01	34.88	33.47	31.75	29.64	27.02	23.64
90.0	38.71	37.53	36.86	35.96	34.83	33.43	31.71	29.60	27.00	23.64

辐射照度 300W/m²										
太阳入射投影角/(°)	百叶角度									
	0°	10°	20°	30°	40°	50°	60°	70°	80°	90°
0.0	75.39	71.80	67.80	63.49	57.54	51.18	44.69	38.60	32.83	26.00
2.5	74.59	70.96	66.96	62.33	56.66	50.25	43.93	38.07	32.55	26.00
5.0	73.76	70.10	66.09	61.18	55.76	49.29	43.15	37.52	31.08	26.00
7.5	72.94	69.24	65.22	60.07	54.87	48.32	42.36	36.96	31.03	26.00
10.0	72.10	68.37	64.35	58.98	53.96	47.33	41.56	35.00	31.00	26.00
12.5	71.26	67.48	63.46	57.89	52.55	46.32	40.76	34.90	30.96	26.00
15.0	70.40	66.58	62.55	56.80	51.39	45.30	38.28	34.81	30.92	26.00
17.5	69.52	65.66	61.25	55.69	50.19	44.24	38.11	34.73	30.88	26.00
20.0	68.61	64.70	59.96	54.56	48.94	41.16	37.95	34.69	30.84	26.00
22.5	67.67	63.71	58.65	53.39	47.65	40.91	37.80	34.63	30.81	26.00
25.0	66.67	62.67	57.31	52.16	43.85	40.67	37.66	34.57	30.77	26.00
27.5	65.63	61.57	55.92	50.88	43.50	40.45	37.59	34.52	30.74	26.00

续表

辐射照度300W/m²

太阳入射投影角/(°)	百叶角度									
	0°	10°	20°	30°	40°	50°	60°	70°	80°	90°
30.0	64.52	60.41	54.46	46.49	43.17	40.24	37.54	34.46	30.71	26.00
32.5	63.33	58.79	52.93	46.05	42.86	40.04	37.47	34.41	30.68	26.00
35.0	62.05	57.09	48.19	45.62	42.56	39.91	37.40	34.35	30.64	26.00
37.5	60.66	55.28	47.83	45.21	42.28	39.82	37.33	34.30	30.61	26.00
40.0	59.15	50.04	47.49	44.82	42.01	39.75	37.27	34.25	30.58	26.00
42.5	57.50	49.56	47.17	44.44	41.81	39.67	37.20	34.20	30.55	26.00
45.0	52.06	49.09	46.86	44.07	41.67	39.60	37.14	34.15	30.52	26.00
47.5	51.47	48.65	46.54	43.71	41.56	39.53	37.07	34.10	30.50	26.00
50.0	50.90	48.22	46.21	43.41	41.46	39.45	37.01	34.05	30.47	26.00
52.5	50.34	47.82	45.75	43.21	41.38	39.38	36.95	34.01	30.44	26.00
55.0	49.78	47.48	45.29	43.04	41.30	39.31	36.89	33.96	30.41	26.00
57.5	49.23	47.15	44.87	42.89	41.23	39.24	36.83	33.91	30.39	26.00
60.0	48.69	46.79	44.59	42.76	41.15	39.17	36.77	33.87	30.36	26.00
62.5	48.17	46.41	44.32	42.68	41.07	39.10	36.71	33.82	30.33	26.00
65.0	47.75	46.06	44.09	42.60	41.00	39.04	36.65	33.78	30.31	26.00
67.5	47.37	45.88	43.88	42.52	40.92	38.97	36.60	33.73	30.28	26.00
70.0	46.96	45.73	43.70	42.44	40.85	38.90	36.54	33.69	30.25	26.00
72.5	46.60	45.37	43.62	42.36	40.78	38.83	36.48	33.64	30.23	26.00
75.0	46.37	45.00	43.53	42.28	40.70	38.77	36.42	33.60	30.20	26.00
77.5	46.18	44.64	43.45	42.20	40.63	38.70	36.37	33.56	30.18	26.00
80.0	46.03	44.32	43.37	42.12	40.56	38.64	36.31	33.51	30.15	26.00
82.5	45.89	44.23	43.29	42.05	40.48	38.57	36.25	33.47	30.13	26.00
85.0	45.77	44.15	43.20	41.97	40.41	38.50	36.20	33.43	30.10	26.00
87.5	45.66	44.06	43.12	41.89	40.34	38.44	36.14	33.38	30.08	26.00
90.0	45.55	43.98	43.05	41.82	40.27	38.37	36.08	33.34	30.05	26.00

辐射照度400W/m²

太阳入射投影角/(°)	百叶角度									
	0°	10°	20°	30°	40°	50°	60°	70°	80°	90°
0.0	91.74	86.86	81.50	75.77	67.92	59.54	51.09	43.21	35.80	27.35

续表

辐射照度 400W/m²										
太阳入射投影角/(°)	百叶角度									
	0°	10°	20°	30°	40°	50°	60°	70°	80°	90°
2.5	90.65	85.74	80.37	74.23	66.76	58.33	50.10	42.51	35.44	27.35
5.0	89.52	84.57	79.21	72.69	65.56	57.05	49.06	41.78	33.68	27.35
7.5	88.40	83.41	78.04	71.22	64.36	55.76	48.02	41.05	33.63	27.35
10.0	87.27	82.23	76.87	69.77	63.16	54.46	46.97	38.63	33.59	27.35
12.5	86.12	81.04	75.68	68.32	61.27	53.13	45.90	38.50	33.54	27.35
15.0	84.96	79.83	74.46	66.87	59.73	51.77	42.78	38.38	33.49	27.35
17.5	83.77	78.59	72.74	65.40	58.15	50.38	42.56	38.29	33.44	27.35
20.0	82.54	77.31	71.01	63.89	56.50	46.45	42.36	38.25	33.40	27.35
22.5	81.27	75.98	69.28	62.32	54.78	46.12	42.17	38.17	33.35	27.35
25.0	79.93	74.59	67.50	60.69	49.90	45.82	42.00	38.09	33.31	27.35
27.5	78.53	73.12	65.65	58.98	49.45	45.53	41.92	38.02	33.26	27.35
30.0	77.04	71.57	63.71	53.31	49.02	45.26	41.85	37.95	33.22	27.35
32.5	75.45	69.42	61.67	52.73	48.61	45.01	41.76	37.88	33.18	27.35
35.0	73.73	67.17	55.52	52.17	48.23	44.86	41.68	37.81	33.14	27.35
37.5	71.89	64.77	55.04	51.64	47.86	44.75	41.59	37.74	33.10	27.35
40.0	69.88	57.94	54.60	51.12	47.52	44.67	41.50	37.68	33.06	27.35
42.5	67.70	57.30	54.18	50.63	47.26	44.57	41.42	37.61	33.02	27.35
45.0	60.60	56.69	53.77	50.15	47.09	44.47	41.34	37.55	32.99	27.35
47.5	59.82	56.10	53.34	49.68	46.95	44.38	41.26	37.49	32.95	27.35
50.0	59.06	55.54	52.91	49.29	46.85	44.28	41.18	37.43	32.91	27.35
52.5	58.32	55.01	52.30	49.04	46.74	44.19	41.10	37.37	32.88	27.35
55.0	57.58	54.56	51.70	48.82	46.64	44.10	41.02	37.31	32.84	27.35
57.5	56.86	54.12	51.15	48.64	46.54	44.01	40.94	37.25	32.81	27.35
60.0	56.15	53.65	50.79	48.50	46.44	43.92	40.87	37.19	32.78	27.35
62.5	55.46	53.15	50.45	48.39	46.34	43.83	40.79	37.13	32.74	27.35
65.0	54.91	52.69	50.16	48.29	46.25	43.74	40.71	37.07	32.71	27.35
67.5	54.40	52.46	49.90	48.18	46.15	43.66	40.64	37.01	32.67	27.35
70.0	53.86	52.26	49.70	48.08	46.05	43.57	40.57	36.96	32.64	27.35
72.5	53.38	51.79	49.59	47.98	45.96	43.48	40.49	36.90	32.61	27.35

续表

辐射照度 400W/m²

太阳入射投影角/(°)	百叶角度									
	0°	10°	20°	30°	40°	50°	60°	70°	80°	90°
75.0	53.09	51.32	49.48	47.88	45.87	43.40	40.42	36.84	32.58	27.35
77.5	52.84	50.86	49.37	47.77	45.77	43.31	40.34	36.79	32.54	27.35
80.0	52.64	50.49	49.27	47.67	45.68	43.23	40.27	36.73	32.51	27.35
82.5	52.47	50.38	49.16	47.58	45.58	43.14	40.20	36.68	32.48	27.35
85.0	52.31	50.26	49.06	47.48	45.49	43.06	40.12	36.62	32.45	27.35
87.5	52.16	50.16	48.95	47.38	45.40	42.97	40.05	36.56	32.41	27.35
90.0	52.02	50.05	48.85	47.28	45.31	42.89	39.98	36.51	32.38	27.35

辐射照度 500W/m²

太阳入射投影角/(°)	百叶角度									
	0°	10°	20°	30°	40°	50°	60°	70°	80°	90°
0.0	107.98	101.84	95.11	87.94	78.07	67.66	57.28	47.62	38.58	28.45
2.5	106.61	100.43	93.70	86.00	76.61	66.16	56.05	46.75	38.13	28.45
5.0	105.18	98.96	92.24	84.06	75.10	64.58	54.76	45.85	36.08	28.45
7.5	103.76	97.49	90.77	82.19	73.60	62.99	53.47	44.94	36.01	28.45
10.0	102.34	96.02	89.29	80.36	72.09	61.37	52.16	42.05	35.97	28.45
12.5	100.90	94.52	87.80	78.53	69.73	59.73	50.84	41.90	35.91	28.45
15.0	99.44	93.00	86.27	76.71	67.82	58.04	47.07	41.76	35.85	28.45
17.5	97.94	91.44	84.09	74.86	65.86	56.30	46.81	41.65	35.79	28.45
20.0	96.39	89.82	81.91	72.96	63.82	51.53	46.56	41.60	35.73	28.45
22.5	94.79	88.15	79.71	71.00	61.69	51.13	46.34	41.50	35.67	28.45
25.0	93.11	86.40	77.46	68.97	55.74	50.76	46.13	41.41	35.62	28.45
27.5	91.34	84.55	75.14	66.84	55.18	50.41	46.04	41.32	35.57	28.45
30.0	89.47	82.60	72.71	59.92	54.66	50.08	45.97	41.24	35.52	28.45
32.5	87.46	79.88	70.15	59.20	54.16	49.78	45.86	41.15	35.47	28.45
35.0	85.31	77.03	62.61	58.52	53.69	49.59	45.75	41.07	35.42	28.45
37.5	82.99	74.02	62.02	57.85	53.24	49.47	45.64	40.99	35.37	28.45
40.0	80.46	65.58	61.48	57.22	52.81	49.37	45.54	40.91	35.32	28.45
42.5	77.70	64.78	60.97	56.61	52.50	49.25	45.43	40.83	35.28	28.45
45.0	68.89	64.03	60.46	56.02	52.30	49.14	45.33	40.75	35.23	28.45

续表

辐射照度 500W/m²										
太阳入射投影角/(°)	百叶角度									
	0°	10°	20°	30°	40°	50°	60°	70°	80°	90°
47.5	67.92	63.31	59.93	55.44	52.14	49.02	45.23	40.67	35.19	28.45
50.0	66.97	62.62	59.40	54.97	52.02	48.90	45.14	40.60	35.14	28.45
52.5	66.04	61.98	58.65	54.66	51.89	48.79	45.04	40.52	35.10	28.45
55.0	65.13	61.42	57.90	54.40	51.77	48.68	44.95	40.45	35.06	28.45
57.5	64.23	60.88	57.23	54.19	51.64	48.57	44.85	40.38	35.01	28.45
60.0	63.36	60.30	56.79	54.03	51.52	48.46	44.76	40.31	34.97	28.45
62.5	62.52	59.68	56.38	53.90	51.40	48.35	44.67	40.23	34.93	28.45
65.0	61.84	59.10	56.02	53.77	51.28	48.25	44.57	40.16	34.89	28.45
67.5	61.22	58.82	55.71	53.64	51.17	48.14	44.48	40.09	34.85	28.45
70.0	60.55	58.57	55.49	53.51	51.05	48.03	44.39	40.02	34.81	28.45
72.5	59.96	58.00	55.35	53.39	50.93	47.93	44.30	39.95	34.77	28.45
75.0	59.59	57.42	55.22	53.26	50.82	47.82	44.21	39.89	34.73	28.45
77.5	59.28	56.87	55.09	53.14	50.70	47.72	44.12	39.82	34.69	28.45
80.0	59.04	56.45	54.96	53.02	50.59	47.62	44.03	39.75	34.65	28.45
82.5	58.83	56.31	54.83	52.90	50.48	47.51	43.94	39.68	34.61	28.45
85.0	58.63	56.17	54.70	52.78	50.36	47.41	43.85	39.61	34.57	28.45
87.5	58.45	56.04	54.57	52.66	50.25	47.30	43.76	39.54	34.53	28.45
90.0	58.28	55.91	54.45	52.54	50.14	47.20	43.67	39.47	34.49	28.45
辐射照度 600W/m²										
太阳入射投影角/(°)	百叶角度									
	0°	10°	20°	30°	40°	50°	60°	70°	80°	90°
0.0	124.08	116.69	108.60	100.00	88.16	75.67	63.32	51.89	41.23	29.41
2.5	122.42	114.98	106.90	97.66	86.40	73.86	61.86	50.86	40.69	29.41
5.0	120.70	113.21	105.14	95.33	84.59	71.96	60.33	49.78	38.35	29.41
7.5	118.99	111.44	103.38	93.08	82.79	70.05	58.79	48.70	38.27	29.41
10.0	117.27	109.67	101.60	90.87	80.97	68.12	57.23	45.35	38.22	29.41
12.5	115.54	107.87	99.80	88.69	78.12	66.15	55.64	45.17	38.15	29.41
15.0	113.78	106.03	97.96	86.49	75.83	64.14	51.24	45.00	38.08	29.41
17.5	111.97	104.15	95.33	84.26	73.47	62.08	50.93	44.88	38.01	29.41

续表

辐射照度 600W/m²										
太阳入射投影角/(°)	百叶角度									
	0°	10°	20°	30°	40°	50°	60°	70°	80°	90°
20.0	110.11	102.21	92.72	81.98	71.01	56.48	50.64	44.82	37.94	29.41
22.5	108.17	100.20	90.07	79.63	68.45	56.01	50.37	44.71	37.88	29.41
25.0	106.15	98.09	87.37	77.18	61.42	55.57	50.13	44.60	37.81	29.41
27.5	104.02	95.88	84.57	74.61	60.77	55.16	50.03	44.50	37.75	29.41
30.0	101.77	93.53	81.65	66.37	60.15	54.77	49.95	44.40	37.69	29.41
32.5	99.36	90.26	78.58	65.51	59.56	54.41	49.82	44.29	37.63	29.41
35.0	96.77	86.83	69.59	64.69	59.00	54.20	49.69	44.20	37.57	29.41
37.5	93.98	83.21	68.88	63.91	58.48	54.06	49.56	44.10	37.52	29.41
40.0	90.94	73.16	68.22	63.15	57.97	53.95	49.44	44.00	37.46	29.41
42.5	87.63	72.21	67.61	62.42	57.61	53.81	49.32	43.91	37.41	29.41
45.0	77.14	71.30	67.00	61.72	57.38	53.67	49.20	43.82	37.35	29.41
47.5	75.97	70.42	66.37	61.05	57.20	53.53	49.08	43.73	37.30	29.41
50.0	74.83	69.60	65.73	60.48	57.06	53.40	48.97	43.64	37.25	29.41
52.5	73.72	68.82	64.84	60.13	56.91	53.27	48.86	43.55	37.20	29.41
55.0	72.62	68.15	63.95	59.83	56.76	53.13	48.74	43.47	37.15	29.41
57.5	71.54	67.50	63.14	59.59	56.62	53.00	48.63	43.38	37.10	29.41
60.0	70.48	66.80	62.62	59.41	56.47	52.88	48.52	43.30	37.05	29.41
62.5	69.47	66.06	62.14	59.25	56.33	52.75	48.41	43.21	37.00	29.41
65.0	68.65	65.37	61.72	59.10	56.19	52.62	48.30	43.13	36.95	29.41
67.5	67.90	65.03	61.37	58.95	56.05	52.50	48.20	43.05	36.90	29.41
70.0	67.10	64.73	61.11	58.80	55.92	52.37	48.09	42.96	36.85	29.41
72.5	66.39	64.05	60.95	58.66	55.78	52.25	47.98	42.88	36.81	29.41
75.0	65.95	63.37	60.79	58.51	55.64	52.12	47.88	42.80	36.76	29.41
77.5	65.58	62.72	60.64	58.37	55.51	52.00	47.77	42.72	36.71	29.41
80.0	65.29	62.24	60.48	58.22	55.37	51.88	47.66	42.64	36.67	29.41
82.5	65.04	62.08	60.33	58.08	55.24	51.75	47.56	42.56	36.62	29.41
85.0	64.80	61.91	60.18	57.94	55.10	51.63	47.45	42.48	36.57	29.41
87.5	64.58	61.76	60.03	57.79	54.97	51.51	47.34	42.39	36.53	29.41
90.0	64.38	61.61	59.89	57.66	54.84	51.39	47.24	42.31	36.48	29.41

续表

辐射照度 700W/m²										
太阳入射投影角/(°)	百叶角度									
	0°	10°	20°	30°	40°	50°	60°	70°	80°	90°
0.0	140.07	131.42	121.98	111.96	98.16	83.62	69.26	56.08	43.79	30.30
2.5	138.12	129.42	120.00	109.23	96.11	81.51	67.55	54.88	43.17	30.30
5.0	136.11	127.36	117.94	106.51	93.99	79.31	65.77	53.62	40.53	30.30
7.5	134.11	125.29	115.88	103.88	91.89	77.08	63.98	52.37	40.44	30.30
10.0	132.10	123.21	113.80	101.30	89.77	74.83	62.18	48.56	40.39	30.30
12.5	130.07	121.11	111.69	98.74	86.44	72.53	60.35	48.35	40.31	30.30
15.0	128.01	118.96	109.55	96.18	83.77	70.18	55.32	48.16	40.23	30.30
17.5	125.89	116.77	106.48	93.58	81.02	67.76	54.96	48.02	40.15	30.30
20.0	123.72	114.50	103.43	90.92	78.16	61.32	54.63	47.96	40.07	30.30
22.5	121.46	112.15	100.34	88.17	75.17	60.77	54.32	47.83	39.99	30.30
25.0	119.09	109.69	97.18	85.31	67.04	60.27	54.05	47.71	39.92	30.30
27.5	116.60	107.10	93.92	82.32	66.28	59.79	53.93	47.59	39.85	30.30
30.0	113.97	104.36	90.51	72.80	65.56	59.35	53.84	47.47	39.78	30.30
32.5	111.16	100.54	86.92	71.80	64.87	58.94	53.69	47.35	39.71	30.30
35.0	108.14	96.54	76.53	70.85	64.22	58.70	53.55	47.24	39.64	30.30
37.5	104.87	92.32	75.71	69.93	63.61	58.54	53.40	47.13	39.58	30.30
40.0	101.33	80.67	74.94	69.05	63.03	58.43	53.26	47.02	39.51	30.30
42.5	97.46	79.57	74.23	68.20	62.60	58.26	53.12	46.91	39.45	30.30
45.0	85.31	78.51	73.52	67.39	62.34	58.10	52.98	46.80	39.39	30.30
47.5	83.95	77.49	72.78	66.60	62.14	57.95	52.85	46.70	39.33	30.30
50.0	82.62	76.53	72.04	65.94	61.98	57.79	52.72	46.60	39.27	30.30
52.5	81.32	75.63	71.00	65.53	61.81	57.64	52.58	46.50	39.21	30.30
55.0	80.04	74.85	69.96	65.19	61.64	57.49	52.45	46.40	39.15	30.30
57.5	78.79	74.09	69.03	64.91	61.47	57.34	52.33	46.30	39.09	30.30
60.0	77.56	73.28	68.43	64.71	61.31	57.19	52.20	46.20	39.04	30.30
62.5	76.38	72.41	67.87	64.53	61.14	57.04	52.07	46.10	38.98	30.30
65.0	75.43	71.61	67.39	64.35	60.98	56.90	51.95	46.01	38.93	30.30
67.5	74.56	71.22	66.98	64.18	60.82	56.75	51.82	45.91	38.87	30.30
70.0	73.62	70.87	66.70	64.00	60.66	56.61	51.70	45.82	38.82	30.30

续表

辐射照度 700W/m^2

太阳入射投影角/(°)	百叶角度									
	0°	10°	20°	30°	40°	50°	60°	70°	80°	90°
72.5	72.79	70.08	66.51	63.83	60.50	56.47	51.58	45.72	38.76	30.30
75.0	72.28	69.29	66.33	63.66	60.35	56.33	51.46	45.63	38.71	30.30
77.5	71.85	68.55	66.15	63.50	60.19	56.18	51.33	45.54	38.65	30.30
80.0	71.51	68.01	65.97	63.33	60.04	56.04	51.21	45.44	38.60	30.30
82.5	71.22	67.82	65.79	63.16	59.88	55.90	51.09	45.35	38.55	30.30
85.0	70.95	67.63	65.62	63.00	59.73	55.76	50.97	45.25	38.49	30.30
87.5	70.70	67.45	65.44	62.83	59.57	55.62	50.84	45.16	38.44	30.30
90.0	70.47	67.27	65.28	62.67	59.42	55.48	50.73	45.07	38.38	30.30

辐射照度 800W/m^2

太阳入射投影角/(°)	百叶角度									
	0°	10°	20°	30°	40°	50°	60°	70°	80°	90°
0.0	155.97	146.07	135.28	123.84	108.08	91.50	75.17	60.18	46.29	31.12
2.5	153.74	143.79	133.01	120.71	105.74	89.10	73.21	58.82	45.58	31.12
5.0	151.44	141.42	130.65	117.60	103.32	86.59	71.18	57.40	42.66	31.12
7.5	149.15	139.05	128.30	114.59	100.91	84.05	69.13	55.97	42.56	31.12
10.0	146.84	136.67	125.92	111.64	98.49	81.48	67.07	51.71	42.50	31.12
12.5	144.52	134.26	123.51	108.72	94.69	78.86	64.97	51.47	42.40	31.12
15.0	142.15	131.81	121.06	105.79	91.65	76.18	59.31	51.26	42.31	31.12
17.5	139.74	129.30	117.55	102.82	88.50	73.42	58.90	51.10	42.22	31.12
20.0	137.24	126.71	114.06	99.78	85.24	66.13	58.53	51.04	42.13	31.12
22.5	134.65	124.01	110.53	96.64	81.84	65.51	58.19	50.89	42.05	31.12
25.0	131.95	121.20	106.92	93.38	72.64	64.93	57.88	50.75	41.96	31.12
27.5	129.10	118.24	103.19	89.95	71.77	64.39	57.75	50.61	41.88	31.12
30.0	126.09	115.11	99.30	79.17	70.94	63.88	57.66	50.48	41.80	31.12
32.5	122.87	110.74	95.20	78.04	70.16	63.41	57.49	50.35	41.73	31.12
35.0	119.42	106.17	83.41	76.95	69.43	63.14	57.32	50.22	41.65	31.12
37.5	115.69	101.35	82.47	75.91	68.73	62.97	57.16	50.09	41.58	31.12
40.0	111.64	88.13	81.60	74.91	68.07	62.84	57.00	49.97	41.51	31.12
42.5	107.22	86.86	80.79	73.94	67.59	62.65	56.84	49.85	41.43	31.12

续表

辐射照度 800W/m²										
太阳入射投影角/(°)	百叶角度									
	0°	10°	20°	30°	40°	50°	60°	70°	80°	90°
45.0	93.41	85.65	79.99	73.02	67.29	62.47	56.69	49.73	41.36	31.12
47.5	91.86	84.50	79.14	72.12	67.07	62.29	56.54	49.61	41.30	31.12
50.0	90.35	83.40	78.30	71.38	66.90	62.11	56.39	49.49	41.23	31.12
52.5	88.86	82.38	77.11	70.91	66.70	61.94	56.24	49.38	41.16	31.12
55.0	87.40	81.49	75.93	70.52	66.51	61.77	56.09	49.27	41.10	31.12
57.5	85.97	80.63	74.87	70.22	66.32	61.60	55.95	49.16	41.03	31.12
60.0	84.57	79.70	74.19	70.00	66.13	61.43	55.81	49.05	40.97	31.12
62.5	83.23	78.71	73.56	69.79	65.94	61.26	55.66	48.94	40.90	31.12
65.0	82.15	77.80	73.02	69.59	65.76	61.10	55.52	48.83	40.84	31.12
67.5	81.15	77.35	72.56	69.39	65.58	60.93	55.38	48.72	40.78	31.12
70.0	80.08	76.96	72.25	69.19	65.40	60.77	55.24	48.61	40.72	31.12
72.5	79.14	76.06	72.04	69.00	65.22	60.61	55.10	48.51	40.66	31.12
75.0	78.56	75.17	71.83	68.81	65.04	60.45	54.97	48.40	40.59	31.12
77.5	78.07	74.33	71.62	68.62	64.86	60.29	54.83	48.29	40.53	31.12
80.0	77.68	73.73	71.42	68.43	64.68	60.13	54.69	48.19	40.47	31.12
82.5	77.35	73.52	71.22	68.24	64.51	59.96	54.55	48.08	40.41	31.12
85.0	77.05	73.31	71.02	68.05	64.33	59.80	54.41	47.97	40.35	31.12
87.5	76.76	73.10	70.83	67.86	64.15	59.64	54.28	47.87	40.29	31.12
90.0	76.50	72.90	70.64	67.68	63.98	59.49	54.14	47.76	40.23	31.12

附表 C.9　对流得热量(散射比＝30%;室外空气温度＝40℃)　(单位:W/m²)

辐射照度 100W/m²										
太阳入射投影角/(°)	百叶角度									
	0°	10°	20°	30°	40°	50°	60°	70°	80°	90°
0.0	57.09	55.87	54.39	52.75	50.78	48.23	45.63	43.05	40.43	37.13
2.5	56.83	55.58	54.10	52.35	50.47	47.92	45.38	42.87	40.34	37.13
5.0	56.56	55.28	53.81	51.96	50.16	47.59	45.11	42.69	39.69	37.13
7.5	56.27	54.98	53.51	51.89	49.85	47.27	44.85	42.51	39.67	37.13
10.0	56.00	54.68	53.21	51.51	49.53	46.93	44.58	42.05	39.66	37.13

续表

辐射照度 100W/m²										
太阳入射投影角/(°)	百叶角度									
	0°	10°	20°	30°	40°	50°	60°	70°	80°	90°
12.5	55.71	54.38	52.91	51.14	49.02	46.59	44.31	42.02	39.65	37.13
15.0	55.41	54.07	52.60	50.75	48.62	46.24	43.67	41.73	39.64	37.13
17.5	55.11	53.76	52.47	50.36	48.21	45.88	43.62	41.64	39.63	37.13
20.0	54.80	53.43	52.02	49.96	47.78	45.05	43.58	41.61	39.62	37.13
22.5	54.47	53.10	51.56	49.54	47.33	44.97	43.54	41.59	39.61	37.13
25.0	54.13	53.05	51.09	49.11	46.25	44.90	43.50	41.57	39.60	37.13
27.5	53.78	52.67	50.59	48.65	46.14	44.83	43.49	41.55	39.59	37.13
30.0	53.40	52.27	50.07	47.37	46.04	44.77	43.48	41.54	39.58	37.13
32.5	53.30	51.70	49.52	47.22	45.94	44.71	43.26	41.52	39.57	37.13
35.0	52.86	51.10	48.10	47.08	45.85	44.68	43.18	41.50	39.56	37.13
37.5	52.38	50.45	47.98	46.95	45.76	44.66	43.12	41.49	39.55	37.13
40.0	51.86	48.83	47.87	46.82	45.68	44.65	43.08	41.47	39.54	37.13
42.5	51.27	48.66	47.77	46.70	45.62	44.62	43.05	41.46	39.53	37.13
45.0	49.55	48.50	47.66	46.58	45.59	44.60	43.02	41.44	39.52	37.13
47.5	49.35	48.35	47.55	46.47	45.56	44.58	42.99	41.43	39.51	37.13
50.0	49.15	48.21	47.44	46.38	45.54	44.55	42.96	41.41	39.50	37.13
52.5	48.96	48.08	47.29	46.32	45.52	44.53	42.94	41.40	39.49	37.13
55.0	48.77	47.97	47.14	46.27	45.50	44.51	42.92	41.38	39.49	37.13
57.5	48.58	47.85	47.00	46.24	45.47	44.49	42.90	41.37	39.48	37.13
60.0	48.40	47.73	46.92	46.22	45.45	44.47	42.87	41.35	39.47	37.13
62.5	48.22	47.60	46.84	46.19	45.42	44.27	42.86	41.34	39.46	37.13
65.0	48.08	47.48	46.78	46.17	45.40	44.17	42.84	41.32	39.45	37.13
67.5	47.95	47.43	46.73	46.14	45.38	44.11	42.83	41.31	39.45	37.13
70.0	47.81	47.38	46.70	46.12	45.36	44.07	42.81	41.30	39.44	37.13
72.5	47.69	47.26	46.67	46.09	45.33	44.03	42.79	41.28	39.43	37.13
75.0	47.62	47.16	46.64	46.07	45.31	44.00	42.77	41.27	39.42	37.13
77.5	47.55	47.06	46.62	46.04	45.29	43.97	42.75	41.26	39.42	37.13
80.0	47.50	47.00	46.59	46.02	45.27	43.94	42.73	41.24	39.41	37.13
82.5	47.46	46.97	46.57	46.00	45.24	43.92	42.72	41.23	39.40	37.13

续表

辐射照度 100W/m²										
太阳入射投影角/(°)	百叶角度									
	0°	10°	20°	30°	40°	50°	60°	70°	80°	90°
85.0	47.42	46.94	46.54	45.97	45.22	43.90	42.70	41.22	39.39	37.13
87.5	47.39	46.91	46.52	45.95	44.97	43.88	42.68	41.20	39.39	37.13
90.0	47.36	46.89	46.49	45.93	44.89	43.86	42.66	41.19	39.38	37.13

辐射照度 200W/m²										
太阳入射投影角/(°)	百叶角度									
	0°	10°	20°	30°	40°	50°	60°	70°	80°	90°
0.0	73.32	70.70	67.83	65.11	61.16	56.68	51.54	46.15	41.66	37.54
2.5	72.77	70.05	67.41	64.44	60.61	56.03	51.02	45.76	41.47	37.54
5.0	72.18	69.36	66.94	63.75	60.05	55.37	50.47	45.36	41.28	37.54
7.5	71.57	68.79	66.44	63.07	59.48	54.70	49.93	44.96	41.26	37.54
10.0	70.93	68.41	65.93	62.40	58.91	54.02	49.37	44.17	41.26	37.54
12.5	70.26	67.95	65.40	61.73	58.03	53.34	48.82	44.13	41.23	37.54
15.0	69.56	67.45	64.85	61.04	57.25	52.64	46.54	44.09	41.21	37.54
17.5	69.15	66.91	64.06	60.34	56.44	51.93	46.46	44.07	41.19	37.54
20.0	68.71	66.35	63.26	59.62	55.60	48.76	46.38	44.08	41.17	37.54
22.5	68.20	65.75	62.44	58.87	54.73	48.52	46.32	44.04	41.15	37.54
25.0	67.63	65.11	61.60	58.08	51.40	48.33	46.26	44.01	41.13	37.54
27.5	67.02	64.43	60.71	57.24	51.12	48.20	46.26	43.98	41.11	37.54
30.0	66.35	63.70	59.78	53.68	50.85	48.09	46.27	43.95	41.10	37.54
32.5	65.62	62.68	58.79	53.36	50.59	48.00	46.23	43.92	41.08	37.54
35.0	64.82	61.60	55.10	53.05	50.32	47.97	46.20	43.89	41.06	37.54
37.5	63.95	60.44	54.85	52.74	50.06	47.97	46.16	43.86	41.04	37.54
40.0	62.99	56.49	54.60	52.44	49.79	47.97	46.12	43.83	41.03	37.54
42.5	61.92	56.16	54.36	52.14	49.55	47.94	46.09	43.80	41.01	37.54
45.0	57.87	55.84	54.14	51.85	49.34	47.90	46.05	43.78	40.99	37.54
47.5	57.48	55.53	53.92	51.56	49.28	47.86	46.02	43.75	40.98	37.54
50.0	57.10	55.23	53.69	51.29	49.30	47.82	45.98	43.72	40.96	37.54
52.5	56.73	54.94	53.35	51.05	49.25	47.78	45.95	43.70	40.95	37.54
55.0	56.35	54.70	53.01	50.81	49.21	47.74	45.92	43.67	40.93	37.54

续表

辐射照度 200W/m²										
太阳入射投影角/(°)	百叶角度									
	0°	10°	20°	30°	40°	50°	60°	70°	80°	90°
57.5	55.98	54.47	52.69	50.55	49.17	47.70	45.88	43.65	40.92	37.54
60.0	55.61	54.22	52.45	50.30	49.13	47.67	45.85	43.62	40.90	37.54
62.5	55.24	53.96	52.20	50.25	49.09	47.63	45.82	43.60	40.89	37.54
65.0	54.94	53.72	51.94	50.20	49.04	47.59	45.79	43.57	40.87	37.54
67.5	54.68	53.59	51.63	50.15	49.00	47.55	45.75	43.55	40.86	37.54
70.0	54.40	53.47	51.23	50.11	48.96	47.52	45.72	43.52	40.85	37.54
72.5	54.15	53.18	51.15	50.07	48.92	47.48	45.69	43.50	40.83	37.54
75.0	53.99	52.86	51.07	50.02	48.89	47.44	45.66	43.47	40.82	37.54
77.5	53.85	52.47	50.99	49.98	48.85	47.41	45.63	43.45	40.80	37.54
80.0	53.73	51.87	50.91	49.94	48.81	47.37	45.60	43.42	40.79	37.54
82.5	53.63	51.79	50.83	49.90	48.77	47.34	45.56	43.40	40.77	37.54
85.0	53.53	51.71	50.76	49.86	48.73	47.30	45.53	43.37	40.76	37.54
87.5	53.44	51.63	50.70	49.82	48.69	47.26	45.50	43.35	40.75	37.54
90.0	53.36	51.55	50.65	49.78	48.65	47.23	45.47	43.32	40.73	37.54

辐射照度 300W/m²										
太阳入射投影角/(°)	百叶角度									
	0°	10°	20°	30°	40°	50°	60°	70°	80°	90°
0.0	90.78	87.26	83.25	78.87	72.80	66.23	59.32	52.66	46.07	37.02
2.5	90.01	86.45	82.43	77.73	71.94	65.30	58.56	52.12	45.79	37.02
5.0	89.21	85.60	81.58	76.60	71.05	64.32	57.76	51.55	43.62	37.02
7.5	88.41	84.75	80.72	75.50	70.16	63.34	56.97	50.99	43.54	37.02
10.0	87.60	83.90	79.86	74.42	69.26	62.34	56.16	48.60	43.48	37.02
12.5	86.78	83.04	78.98	73.34	67.86	61.33	55.34	48.47	43.43	37.02
15.0	85.94	82.15	78.08	72.27	66.69	60.30	52.54	48.36	43.39	37.02
17.5	85.08	81.24	76.80	71.17	65.49	59.23	52.35	48.26	43.34	37.02
20.0	84.19	80.30	75.53	70.04	64.24	55.89	52.17	48.19	43.29	37.02
22.5	83.26	79.32	74.23	68.88	62.94	55.62	52.01	48.12	43.25	37.02
25.0	82.29	78.29	72.90	67.66	58.90	55.37	51.85	48.06	43.21	37.02
27.5	81.26	77.21	71.52	66.38	58.55	55.13	51.75	47.99	43.17	37.02

续表

辐射照度 300W/m²										
太阳入射投影角/(°)	百叶角度									
	0°	10°	20°	30°	40°	50°	60°	70°	80°	90°
30.0	80.16	76.06	70.08	61.78	58.21	54.90	51.67	47.93	43.12	37.02
32.5	78.99	74.45	68.55	61.33	57.88	54.68	51.59	47.87	43.08	37.02
35.0	77.72	72.76	63.63	60.89	57.57	54.53	51.52	47.81	43.04	37.02
37.5	76.35	70.97	63.27	60.47	57.27	54.42	51.44	47.75	43.01	37.02
40.0	74.85	65.57	62.92	60.07	56.98	54.32	51.37	47.69	42.97	37.02
42.5	73.21	65.08	62.59	59.68	56.76	54.23	51.30	47.63	42.93	37.02
45.0	67.62	64.61	62.28	59.30	56.60	54.15	51.23	47.58	42.89	37.02
47.5	67.03	64.16	61.94	58.92	56.46	54.07	51.16	47.52	42.86	37.02
50.0	66.46	63.73	61.61	58.60	56.33	53.99	51.09	47.47	42.82	37.02
52.5	65.89	63.32	61.14	58.39	56.25	53.92	51.02	47.41	42.79	37.02
55.0	65.33	62.97	60.67	58.19	56.16	53.84	50.95	47.36	42.75	37.02
57.5	64.78	62.63	60.24	58.01	56.08	53.76	50.89	47.31	42.72	37.02
60.0	64.23	62.27	59.94	57.85	56.00	53.69	50.82	47.25	42.68	37.02
62.5	63.70	61.89	59.66	57.76	55.92	53.61	50.76	47.20	42.65	37.02
65.0	63.27	61.53	59.40	57.67	55.83	53.54	50.69	47.15	42.62	37.02
67.5	62.89	61.35	59.16	57.58	55.75	53.47	50.63	47.10	42.58	37.02
70.0	62.47	61.19	58.93	57.50	55.68	53.39	50.56	47.05	42.55	37.02
72.5	62.11	60.82	58.84	57.42	55.60	53.32	50.50	47.00	42.52	37.02
75.0	61.88	60.43	58.75	57.33	55.52	53.25	50.43	46.95	42.49	37.02
77.5	61.68	60.03	58.66	57.25	55.44	53.18	50.37	46.90	42.45	37.02
80.0	61.52	59.64	58.58	57.17	55.36	53.10	50.31	46.84	42.42	37.02
82.5	61.39	59.55	58.49	57.08	55.28	53.03	50.24	46.79	42.39	37.02
85.0	61.26	59.46	58.41	57.00	55.20	52.96	50.18	46.74	42.36	37.02
87.5	61.14	59.37	58.32	56.92	55.13	52.89	50.12	46.69	42.32	37.02
90.0	61.03	59.28	58.24	56.84	55.05	52.82	50.05	46.64	42.29	37.02
辐射照度 400W/m²										
太阳入射投影角/(°)	百叶角度									
	0°	10°	20°	30°	40°	50°	60°	70°	80°	90°
0.0	107.78	102.94	97.55	91.72	83.67	75.04	66.17	57.76	49.63	39.65

续表

辐射照度 400W/m²										
太阳入射投影角/(°)	百叶角度									
	0°	10°	20°	30°	40°	50°	60°	70°	80°	90°
2.5	106.70	101.83	96.43	90.18	82.51	73.81	65.16	57.05	49.26	39.65
5.0	105.59	100.67	95.27	88.64	81.31	72.52	64.12	56.31	47.15	39.65
7.5	104.48	99.52	94.11	87.16	80.11	71.22	63.06	55.57	47.09	39.65
10.0	103.37	98.35	92.94	85.70	78.91	69.90	62.00	52.88	47.04	39.65
12.5	102.24	97.17	91.76	84.26	77.02	68.56	60.92	52.74	46.99	39.65
15.0	101.09	95.97	90.54	82.80	75.47	67.19	57.57	52.61	46.93	39.65
17.5	99.92	94.74	88.82	81.33	73.87	65.79	57.34	52.50	46.88	39.65
20.0	98.70	93.46	87.09	79.81	72.21	61.65	57.13	52.44	46.83	39.65
22.5	97.44	92.14	85.34	78.25	70.49	61.31	56.93	52.36	46.78	39.65
25.0	96.11	90.75	83.55	76.62	65.40	60.99	56.74	52.28	46.73	39.65
27.5	94.72	89.29	81.70	74.91	64.94	60.69	56.64	52.20	46.69	39.65
30.0	93.23	87.74	79.76	69.05	64.50	60.41	56.57	52.13	46.64	39.65
32.5	91.65	85.57	77.71	68.46	64.08	60.15	56.47	52.05	46.60	39.65
35.0	89.94	83.30	71.40	67.89	63.69	59.98	56.38	51.98	46.56	39.65
37.5	88.09	80.90	70.91	67.34	63.31	59.85	56.29	51.91	46.51	39.65
40.0	86.08	73.91	70.46	66.81	62.95	59.75	56.20	51.84	46.47	39.65
42.5	83.88	73.26	70.04	66.30	62.67	59.65	56.11	51.77	46.43	39.65
45.0	76.63	72.65	69.62	65.81	62.49	59.55	56.02	51.71	46.39	39.65
47.5	75.84	72.05	69.18	65.33	62.33	59.45	55.94	51.64	46.35	39.65
50.0	75.07	71.48	68.75	64.93	62.20	59.35	55.85	51.57	46.31	39.65
52.5	74.32	70.95	68.13	64.66	62.09	59.25	55.77	51.51	46.28	39.65
55.0	73.58	70.49	67.51	64.42	61.99	59.16	55.69	51.45	46.24	39.65
57.5	72.84	70.04	66.95	64.22	61.88	59.06	55.61	51.38	46.20	39.65
60.0	72.12	69.57	66.58	64.05	61.78	58.97	55.53	51.32	46.16	39.65
62.5	71.43	69.06	66.23	63.94	61.68	58.88	55.45	51.26	46.13	39.65
65.0	70.87	68.59	65.91	63.83	61.58	58.79	55.37	51.20	46.09	39.65
67.5	70.35	68.36	65.62	63.72	61.48	58.69	55.29	51.14	46.06	39.65
70.0	69.81	68.15	65.39	63.61	61.38	58.60	55.21	51.08	46.02	39.65
72.5	69.32	67.66	65.27	63.51	61.28	58.51	55.13	51.02	45.99	39.65

续表

辐射照度 400W/m²

太阳入射投影角/(°)	百叶角度									
	0°	10°	20°	30°	40°	50°	60°	70°	80°	90°
75.0	69.02	67.17	65.16	63.40	61.18	58.42	55.06	50.95	45.95	39.65
77.5	68.76	66.69	65.05	63.30	61.08	58.34	54.98	50.90	45.92	39.65
80.0	68.56	66.26	64.94	63.19	60.98	58.25	54.90	50.84	45.88	39.65
82.5	68.38	66.14	64.83	63.09	60.89	58.16	54.82	50.78	45.85	39.65
85.0	68.22	66.03	64.72	62.99	60.79	58.07	54.75	50.72	45.81	39.65
87.5	68.07	65.91	64.61	62.89	60.69	57.98	54.67	50.66	45.77	39.65
90.0	67.92	65.81	64.51	62.79	60.60	57.89	54.59	50.60	45.74	39.65

辐射照度 500W/m²

太阳入射投影角/(°)	百叶角度									
	0°	10°	20°	30°	40°	50°	60°	70°	80°	90°
0.0	124.21	118.14	111.44	104.21	94.21	83.54	72.70	62.50	52.77	41.32
2.5	122.85	116.75	110.04	102.27	92.75	82.01	71.45	61.62	52.31	41.32
5.0	121.45	115.31	108.59	100.35	91.25	80.41	70.15	60.70	49.98	41.32
7.5	120.05	113.86	107.13	98.48	89.74	78.80	68.85	59.79	49.90	41.32
10.0	118.65	112.40	105.66	96.65	88.23	77.16	67.53	56.67	49.85	41.32
12.5	117.24	110.92	104.17	94.84	85.87	75.50	66.19	56.51	49.79	41.32
15.0	115.81	109.41	102.65	93.01	83.94	73.79	62.22	56.35	49.72	41.32
17.5	114.33	107.86	100.48	91.17	81.96	72.04	61.94	56.24	49.66	41.32
20.0	112.81	106.26	98.32	89.27	79.89	67.08	61.68	56.17	49.60	41.32
22.5	111.22	104.60	96.13	87.31	77.74	66.67	61.45	56.08	49.54	41.32
25.0	109.56	102.86	93.88	85.27	71.59	66.28	61.23	55.98	49.49	41.32
27.5	107.81	101.02	91.56	83.13	71.03	65.92	61.12	55.89	49.43	41.32
30.0	105.94	99.08	89.13	76.01	70.49	65.58	61.04	55.80	49.38	41.32
32.5	103.95	96.37	86.57	75.28	69.98	65.26	60.92	55.71	49.33	41.32
35.0	101.81	93.52	78.87	74.58	69.49	65.06	60.81	55.62	49.27	41.32
37.5	99.50	90.52	78.27	73.91	69.03	64.92	60.70	55.54	49.22	41.32
40.0	96.98	81.95	77.71	73.26	68.59	64.81	60.59	55.45	49.18	41.32
42.5	94.22	81.15	77.18	72.63	68.26	64.69	60.48	55.37	49.13	41.32
45.0	85.32	80.38	76.67	72.03	68.04	64.56	60.38	55.29	49.08	41.32

续表

辐射照度 500W/m²										
太阳入射投影角/(°)	百叶角度									
	0°	10°	20°	30°	40°	50°	60°	70°	80°	90°
47.5	84.34	79.64	76.13	71.44	67.87	64.44	60.28	55.21	49.03	41.32
50.0	83.38	78.94	75.59	70.95	67.73	64.32	60.18	55.13	48.99	41.32
52.5	82.44	78.28	74.82	70.63	67.60	64.21	60.08	55.05	48.94	41.32
55.0	81.52	77.71	74.07	70.35	67.47	64.09	59.98	54.98	48.90	41.32
57.5	80.61	77.16	73.38	70.12	67.34	63.98	59.88	54.90	48.85	41.32
60.0	79.72	76.57	72.92	69.93	67.21	63.87	59.78	54.83	48.81	41.32
62.5	78.86	75.94	72.50	69.80	67.09	63.75	59.69	54.75	48.76	41.32
65.0	78.16	75.36	72.12	69.66	66.97	63.64	59.59	54.68	48.72	41.32
67.5	77.53	75.07	71.79	69.53	66.85	63.53	59.50	54.61	48.68	41.32
70.0	76.85	74.81	71.53	69.40	66.72	63.42	59.40	54.53	48.64	41.32
72.5	76.25	74.22	71.39	69.27	66.60	63.31	59.31	54.46	48.59	41.32
75.0	75.88	73.63	71.25	69.14	66.49	63.21	59.21	54.39	48.55	41.32
77.5	75.56	73.05	71.11	69.02	66.37	63.10	59.12	54.32	48.51	41.32
80.0	75.31	72.57	70.98	68.89	66.25	62.99	59.03	54.25	48.47	41.32
82.5	75.09	72.43	70.85	68.77	66.13	62.88	58.93	54.17	48.43	41.32
85.0	74.89	72.29	70.72	68.64	66.01	62.77	58.84	54.10	48.39	41.32
87.5	74.70	72.15	70.59	68.52	65.89	62.67	58.75	54.03	48.34	41.32
90.0	74.53	72.02	70.46	68.40	65.78	62.56	58.66	53.96	48.30	41.32

辐射照度 600W/m²										
太阳入射投影角/(°)	百叶角度									
	0°	10°	20°	30°	40°	50°	60°	70°	80°	90°
0.0	140.55	133.18	125.07	116.42	104.53	91.83	79.04	67.05	55.68	42.62
2.5	138.90	131.49	123.39	114.10	102.78	90.01	77.55	66.00	55.14	42.62
5.0	137.20	129.73	121.64	111.80	100.97	88.10	76.00	64.91	52.54	42.62
7.5	135.50	127.97	119.88	109.57	99.17	86.17	74.44	63.82	52.46	42.62
10.0	133.80	126.20	118.11	107.38	97.36	84.22	72.87	60.25	52.41	42.62
12.5	132.07	124.42	116.32	105.21	94.52	82.24	71.27	60.06	52.33	42.62
15.0	130.32	122.59	114.50	103.02	92.22	80.20	66.67	59.89	52.26	42.62
17.5	128.53	120.73	111.90	100.80	89.84	78.11	66.35	59.75	52.18	42.62

续表

太阳入射投影角/(°)	辐射照度 600W/m²									
	百叶角度									
	0°	10°	20°	30°	40°	50°	60°	70°	80°	90°
20.0	126.68	118.80	109.32	98.53	87.38	72.32	66.05	59.68	52.11	42.62
22.5	124.76	116.80	106.69	96.18	84.80	71.84	65.77	59.57	52.04	42.62
25.0	122.75	114.71	104.01	93.73	77.59	71.38	65.52	59.46	51.98	42.62
27.5	120.63	112.51	101.22	91.17	76.92	70.96	65.40	59.35	51.91	42.62
30.0	118.39	110.18	98.31	82.78	76.29	70.56	65.31	59.24	51.85	42.62
32.5	116.00	106.94	95.24	81.92	75.68	70.18	65.17	59.14	51.79	42.62
35.0	113.43	103.54	86.14	81.08	75.11	69.96	65.04	59.04	51.73	42.62
37.5	110.66	99.93	85.43	80.28	74.56	69.80	64.91	58.94	51.67	42.62
40.0	107.65	89.79	84.76	79.51	74.05	69.68	64.79	58.84	51.61	42.62
42.5	104.36	88.84	84.14	78.77	73.67	69.54	64.66	58.74	51.56	42.62
45.0	93.81	87.92	83.53	78.06	73.42	69.39	64.54	58.65	51.50	42.62
47.5	92.64	87.04	82.88	77.36	73.22	69.25	64.42	58.55	51.45	42.62
50.0	91.50	86.21	82.24	76.78	73.07	69.11	64.30	58.46	51.39	42.62
52.5	90.37	85.42	81.33	76.41	72.91	68.97	64.18	58.37	51.34	42.62
55.0	89.27	84.74	80.43	76.09	72.76	68.84	64.06	58.28	51.29	42.62
57.5	88.18	84.09	79.61	75.83	72.61	68.70	63.95	58.19	51.24	42.62
60.0	87.12	83.38	79.08	75.63	72.46	68.57	63.83	58.11	51.18	42.62
62.5	86.10	82.63	78.58	75.47	72.32	68.44	63.72	58.02	51.13	42.62
65.0	85.27	81.94	78.14	75.31	72.17	68.31	63.61	57.93	51.08	42.62
67.5	84.52	81.59	77.77	75.16	72.03	68.18	63.50	57.85	51.03	42.62
70.0	83.70	81.29	77.48	75.00	71.89	68.05	63.39	57.76	50.98	42.62
72.5	82.99	80.59	77.32	74.85	71.75	67.92	63.28	57.68	50.94	42.62
75.0	82.54	79.90	77.15	74.70	71.61	67.80	63.17	57.59	50.89	42.62
77.5	82.17	79.22	76.99	74.55	71.47	67.67	63.06	57.51	50.84	42.62
80.0	81.87	78.69	76.84	74.40	71.33	67.54	62.95	57.42	50.79	42.62
82.5	81.62	78.53	76.68	74.25	71.19	67.42	62.84	57.34	50.74	42.62
85.0	81.38	78.36	76.53	74.11	71.05	67.29	62.73	57.26	50.69	42.62
87.5	81.16	78.20	76.37	73.96	70.91	67.16	62.62	57.17	50.64	42.62
90.0	80.95	78.05	76.23	73.82	70.78	67.04	62.51	57.09	50.60	42.62

续表

辐射照度 700W/m²										
太阳入射投影角/(°)	百叶角度									
	0°	10°	20°	30°	40°	50°	60°	70°	80°	90°
0.0	156.78	148.15	138.67	128.57	114.66	99.98	85.24	71.47	58.47	43.73
2.5	154.84	146.16	136.69	125.84	112.62	97.87	83.51	70.25	57.84	43.73
5.0	152.84	144.10	134.64	123.13	110.52	95.65	81.72	68.99	54.96	43.73
7.5	150.85	142.04	132.59	120.51	108.43	93.42	79.91	67.72	54.87	43.73
10.0	148.85	139.97	130.52	117.94	106.32	91.15	78.08	63.70	54.81	43.73
12.5	146.83	137.87	128.42	115.40	103.02	88.84	76.22	63.49	54.72	43.73
15.0	144.78	135.74	126.28	112.84	100.35	86.48	71.00	63.29	54.64	43.73
17.5	142.67	133.55	123.22	110.26	97.59	84.05	70.63	63.14	54.56	43.73
20.0	140.51	131.29	120.18	107.61	94.73	77.44	70.29	63.07	54.48	43.73
22.5	138.26	128.95	117.10	104.89	91.74	76.88	69.97	62.93	54.40	43.73
25.0	135.90	126.49	113.96	102.05	83.47	76.36	69.68	62.81	54.32	43.73
27.5	133.42	123.91	110.71	99.06	82.69	75.87	69.55	62.68	54.25	43.73
30.0	130.80	121.18	107.32	89.43	81.96	75.41	69.45	62.56	54.18	43.73
32.5	127.99	117.37	103.75	88.42	81.26	74.98	69.30	62.44	54.10	43.73
35.0	124.98	113.39	93.28	87.46	80.60	74.73	69.15	62.32	54.04	43.73
37.5	121.73	109.18	92.45	86.53	79.97	74.56	69.00	62.21	53.97	43.73
40.0	118.20	97.49	91.68	85.64	79.38	74.43	68.85	62.09	53.90	43.73
42.5	114.34	96.38	90.97	84.79	78.94	74.26	68.71	61.98	53.84	43.73
45.0	102.13	95.32	90.26	83.96	78.66	74.09	68.57	61.87	53.77	43.73
47.5	100.77	94.31	89.51	83.16	78.44	73.93	68.43	61.77	53.71	43.73
50.0	99.45	93.34	88.76	82.49	78.28	73.77	68.29	61.66	53.65	43.73
52.5	98.16	92.43	87.71	82.07	78.10	73.61	68.16	61.56	53.59	43.73
55.0	96.88	91.65	86.67	81.71	77.92	73.46	68.02	61.45	53.53	43.73
57.5	95.62	90.89	85.72	81.42	77.75	73.30	67.89	61.35	53.47	43.73
60.0	94.39	90.07	85.11	81.20	77.58	73.15	67.76	61.25	53.41	43.73
62.5	93.21	89.20	84.54	81.01	77.42	73.00	67.63	61.15	53.35	43.73
65.0	92.25	88.39	84.04	80.83	77.25	72.85	67.50	61.05	53.30	43.73
67.5	91.37	87.99	83.62	80.65	77.09	72.70	67.38	60.96	53.24	43.73
70.0	90.43	87.65	83.31	80.47	76.92	72.55	67.25	60.86	53.18	43.73

续表

辐射照度 700W/m²										
太阳入射投影角/(°)	百叶角度									
	0°	10°	20°	30°	40°	50°	60°	70°	80°	90°
72.5	89.60	86.84	83.12	80.30	76.76	72.41	67.12	60.76	53.13	43.73
75.0	89.09	86.04	82.93	80.13	76.60	72.26	67.00	60.66	53.07	43.73
77.5	88.65	85.28	82.75	79.96	76.44	72.11	66.87	60.57	53.01	43.73
80.0	88.31	84.69	82.57	79.79	76.28	71.97	66.75	60.47	52.96	43.73
82.5	88.02	84.50	82.39	79.62	76.12	71.82	66.62	60.37	52.90	43.73
85.0	87.74	84.31	82.21	79.45	75.96	71.68	66.49	60.28	52.85	43.73
87.5	87.49	84.12	82.03	79.28	75.80	71.53	66.37	60.18	52.79	43.73
90.0	87.25	83.95	81.86	79.12	75.65	71.39	66.25	60.09	52.74	43.73
辐射照度 800W/m²										
太阳入射投影角/(°)	百叶角度									
	0°	10°	20°	30°	40°	50°	60°	70°	80°	90°
0.0	172.90	163.01	152.18	140.65	124.77	108.00	91.34	75.79	61.17	44.76
2.5	170.68	160.73	149.91	137.53	122.42	105.60	89.38	74.41	60.45	44.76
5.0	168.38	158.37	147.56	134.42	120.01	103.09	87.33	72.97	57.29	44.76
7.5	166.10	156.01	145.21	131.42	117.61	100.55	85.27	71.53	57.18	44.76
10.0	163.81	153.64	142.84	128.48	115.19	97.98	83.19	67.06	57.12	44.76
12.5	161.49	151.24	140.44	125.56	111.40	95.35	81.08	66.82	57.02	44.76
15.0	159.13	148.79	137.99	122.64	108.35	92.66	75.23	66.60	56.92	44.76
17.5	156.72	146.28	134.49	119.67	105.21	89.90	74.81	66.43	56.83	44.76
20.0	154.24	143.70	131.00	116.64	101.96	82.46	74.43	66.35	56.74	44.76
22.5	151.66	141.01	127.48	113.50	98.56	81.83	74.07	66.20	56.65	44.76
25.0	148.97	138.21	123.88	110.24	89.24	81.24	73.75	66.06	56.57	44.76
27.5	146.13	135.25	120.15	106.83	88.37	80.69	73.61	65.92	56.48	44.76
30.0	143.12	132.13	116.27	95.96	87.53	80.17	73.50	65.78	56.40	44.76
32.5	139.91	127.77	112.17	94.82	86.75	79.69	73.33	65.65	56.32	44.76
35.0	136.46	123.20	100.29	93.73	86.00	79.40	73.16	65.51	56.25	44.76
37.5	132.74	118.38	99.36	92.68	85.29	79.22	72.99	65.38	56.17	44.76
40.0	128.70	105.08	98.48	91.67	84.62	79.08	72.83	65.26	56.10	44.76
42.5	124.28	103.81	97.67	90.70	84.13	78.89	72.66	65.13	56.02	44.76

续表

辐射照度 800W/m²										
太阳入射投影角/(°)	百叶角度									
	0°	10°	20°	30°	40°	50°	60°	70°	80°	90°
45.0	110.39	102.60	96.87	89.77	83.82	78.70	72.51	65.01	55.95	44.76
47.5	108.84	101.44	96.02	88.86	83.58	78.52	72.35	64.89	55.88	44.76
50.0	107.32	100.34	95.18	88.11	83.40	78.34	72.19	64.77	55.81	44.76
52.5	105.84	99.31	93.99	87.63	83.20	78.16	72.04	64.65	55.74	44.76
55.0	104.37	98.43	92.81	87.23	83.00	77.98	71.89	64.54	55.67	44.76
57.5	102.94	97.56	91.74	86.91	82.81	77.81	71.74	64.42	55.61	44.76
60.0	101.53	96.64	91.05	86.67	82.61	77.64	71.60	64.31	55.54	44.76
62.5	100.19	95.65	90.41	86.46	82.42	77.47	71.45	64.20	55.48	44.76
65.0	99.10	94.74	89.85	86.26	82.24	77.30	71.30	64.08	55.41	44.76
67.5	98.11	94.29	89.38	86.06	82.05	77.13	71.16	63.97	55.35	44.76
70.0	97.04	93.90	89.04	85.86	81.87	76.96	71.02	63.86	55.28	44.76
72.5	96.10	92.99	88.83	85.66	81.68	76.80	70.87	63.75	55.22	44.76
75.0	95.52	92.09	88.62	85.47	81.50	76.63	70.73	63.64	55.16	44.76
77.5	95.03	91.23	88.41	85.27	81.32	76.47	70.59	63.54	55.09	44.76
80.0	94.64	90.59	88.21	85.08	81.14	76.30	70.45	63.43	55.03	44.76
82.5	94.31	90.38	88.00	84.89	80.96	76.14	70.31	63.32	54.97	44.76
85.0	94.00	90.16	87.80	84.70	80.78	75.97	70.16	63.21	54.91	44.76
87.5	93.71	89.95	87.60	84.51	80.60	75.81	70.02	63.10	54.84	44.76
90.0	93.45	89.75	87.41	84.32	80.43	75.65	69.89	62.99	54.78	44.76

附表 C.10　对流得热量(散射比=60%;室外空气温度=25℃)　(单位:W/m²)

辐射照度 100W/m²										
太阳入射投影角/(°)	百叶角度									
	0°	10°	20°	30°	40°	50°	60°	70°	80°	90°
0.0	10.65	9.93	9.08	8.11	6.76	5.27	3.68	2.11	0.52	−1.29
2.5	10.49	9.77	8.92	7.89	6.59	5.09	3.54	2.01	0.47	−1.29
5.0	10.34	9.61	8.75	7.67	6.42	4.91	3.39	1.90	0.24	−1.29
7.5	10.18	9.44	8.59	7.45	6.25	4.72	3.24	1.80	0.23	−1.29
10.0	10.02	9.27	8.42	7.24	6.07	4.53	3.09	1.46	0.23	−1.29

续表

太阳入射投影角/(°)	辐射照度 100W/m²									
	百叶角度									
	0°	10°	20°	30°	40°	50°	60°	70°	80°	90°
12.5	9.86	9.11	8.25	7.04	5.80	4.34	2.94	1.44	0.22	−1.29
15.0	9.69	8.93	8.08	6.83	5.58	4.15	2.49	1.42	0.21	−1.29
17.5	9.52	8.76	7.83	6.62	5.35	3.95	2.46	1.41	0.20	−1.29
20.0	9.35	8.57	7.58	6.40	5.12	3.37	2.43	1.41	0.20	−1.29
22.5	9.17	8.38	7.33	6.18	4.87	3.33	2.40	1.39	0.19	−1.29
25.0	8.98	8.19	7.07	5.94	4.15	3.28	2.38	1.38	0.19	−1.29
27.5	8.78	7.98	6.81	5.70	4.09	3.24	2.37	1.37	0.18	−1.29
30.0	8.57	7.75	6.53	4.86	4.03	3.20	2.36	1.36	0.17	−1.29
32.5	8.34	7.44	6.24	4.78	3.97	3.17	2.34	1.35	0.17	−1.29
35.0	8.10	7.12	5.33	4.70	3.91	3.14	2.33	1.34	0.16	−1.29
37.5	7.83	6.78	5.27	4.62	3.86	3.13	2.32	1.34	0.16	−1.29
40.0	7.54	5.77	5.20	4.55	3.81	3.12	2.31	1.33	0.15	−1.29
42.5	7.23	5.68	5.14	4.48	3.77	3.10	2.30	1.32	0.15	−1.29
45.0	6.19	5.59	5.08	4.41	3.75	3.09	2.28	1.31	0.14	−1.29
47.5	6.08	5.51	5.02	4.34	3.73	3.08	2.27	1.30	0.14	−1.29
50.0	5.97	5.43	4.96	4.28	3.71	3.06	2.26	1.29	0.13	−1.29
52.5	5.86	5.35	4.87	4.25	3.70	3.05	2.25	1.28	0.13	−1.29
55.0	5.75	5.29	4.78	4.22	3.68	3.04	2.24	1.27	0.12	−1.29
57.5	5.65	5.22	4.70	4.19	3.67	3.02	2.23	1.27	0.12	−1.29
60.0	5.55	5.16	4.65	4.17	3.66	3.01	2.22	1.26	0.11	−1.29
62.5	5.45	5.08	4.60	4.15	3.64	3.00	2.21	1.25	0.11	−1.29
65.0	5.37	5.02	4.56	4.14	3.63	2.99	2.20	1.24	0.10	−1.29
67.5	5.29	4.98	4.52	4.12	3.61	2.97	2.19	1.23	0.10	−1.29
70.0	5.22	4.95	4.49	4.11	3.60	2.96	2.17	1.22	0.09	−1.29
72.5	5.15	4.89	4.48	4.09	3.59	2.95	2.16	1.22	0.09	−1.29
75.0	5.11	4.82	4.46	4.08	3.57	2.94	2.15	1.21	0.08	−1.29
77.5	5.07	4.75	4.44	4.06	3.56	2.92	2.14	1.20	0.08	−1.29
80.0	5.04	4.70	4.43	4.05	3.55	2.91	2.13	1.19	0.08	−1.29

续表

辐射照度 100W/m²

太阳入射投影角/(°)	百叶角度									
	0°	10°	20°	30°	40°	50°	60°	70°	80°	90°
82.5	5.02	4.68	4.41	4.04	3.53	2.90	2.12	1.19	0.07	-1.29
85.0	4.99	4.66	4.40	4.02	3.52	2.89	2.11	1.18	0.07	-1.29
87.5	4.97	4.65	4.38	4.01	3.51	2.88	2.10	1.17	0.06	-1.29
90.0	4.95	4.63	4.37	3.99	3.49	2.86	2.09	1.16	0.06	-1.29

辐射照度 200W/m²

太阳入射投影角/(°)	百叶角度									
	0°	10°	20°	30°	40°	50°	60°	70°	80°	90°
0.0	23.47	22.02	20.29	18.33	15.61	12.61	9.45	6.30	3.12	-0.50
2.5	23.16	21.69	19.97	17.89	15.28	12.26	9.17	6.10	3.01	-0.50
5.0	22.84	21.36	19.64	17.45	14.93	11.90	8.87	5.89	2.58	-0.50
7.5	22.52	21.03	19.30	17.02	14.59	11.53	8.58	5.69	2.56	-0.50
10.0	22.19	20.69	18.97	16.60	14.24	11.16	8.28	5.04	2.55	-0.50
12.5	21.87	20.35	18.62	16.18	13.70	10.78	7.97	5.01	2.54	-0.50
15.0	21.53	20.00	18.27	15.76	13.26	10.39	7.11	4.98	2.53	-0.50
17.5	21.19	19.65	17.78	15.34	12.80	9.99	7.05	4.95	2.51	-0.50
20.0	20.84	19.28	17.28	14.90	12.33	8.89	7.00	4.94	2.50	-0.50
22.5	20.47	18.90	16.77	14.45	11.84	8.80	6.95	4.92	2.49	-0.50
25.0	20.09	18.50	16.26	13.98	10.46	8.72	6.90	4.90	2.48	-0.50
27.5	19.69	18.07	15.72	13.49	10.33	8.64	6.88	4.88	2.46	-0.50
30.0	19.26	17.63	15.17	11.88	10.21	8.56	6.87	4.86	2.45	-0.50
32.5	18.80	17.00	14.58	11.71	10.10	8.49	6.84	4.84	2.44	-0.50
35.0	18.31	16.35	12.82	11.55	9.99	8.45	6.82	4.82	2.43	-0.50
37.5	17.78	15.66	12.69	11.40	9.89	8.42	6.79	4.80	2.42	-0.50
40.0	17.20	13.70	12.56	11.26	9.79	8.40	6.77	4.79	2.41	-0.50
42.5	16.57	13.52	12.44	11.12	9.72	8.38	6.75	4.77	2.40	-0.50
45.0	14.52	13.34	12.32	10.98	9.67	8.35	6.72	4.75	2.39	-0.50
47.5	14.30	13.17	12.20	10.85	9.64	8.32	6.70	4.73	2.38	-0.50
50.0	14.08	13.02	12.08	10.74	9.61	8.30	6.68	4.72	2.37	-0.50

续表

辐射照度 200W/m²										
太阳入射投影角/(°)	百叶角度									
	0°	10°	20°	30°	40°	50°	60°	70°	80°	90°
52.5	13.87	12.87	11.91	10.67	9.58	8.27	6.66	4.70	2.36	−0.50
55.0	13.66	12.74	11.73	10.61	9.55	8.25	6.64	4.68	2.35	−0.50
57.5	13.45	12.61	11.58	10.56	9.52	8.22	6.61	4.67	2.34	−0.50
60.0	13.25	12.48	11.48	10.53	9.50	8.20	6.59	4.65	2.33	−0.50
62.5	13.05	12.33	11.38	10.50	9.47	8.17	6.57	4.64	2.32	−0.50
65.0	12.90	12.20	11.30	10.47	9.44	8.15	6.55	4.62	2.31	−0.50
67.5	12.75	12.14	11.23	10.44	9.42	8.12	6.53	4.60	2.31	−0.50
70.0	12.60	12.08	11.18	10.41	9.39	8.10	6.51	4.59	2.30	−0.50
72.5	12.46	11.95	11.15	10.38	9.36	8.07	6.49	4.57	2.29	−0.50
75.0	12.38	11.81	11.12	10.35	9.34	8.05	6.47	4.56	2.28	−0.50
77.5	12.31	11.69	11.09	10.32	9.31	8.03	6.45	4.54	2.27	−0.50
80.0	12.25	11.59	11.06	10.29	9.28	8.00	6.43	4.53	2.26	−0.50
82.5	12.20	11.56	11.03	10.27	9.26	7.98	6.41	4.51	2.25	−0.50
85.0	12.16	11.53	11.00	10.24	9.23	7.96	6.39	4.50	2.24	−0.50
87.5	12.11	11.50	10.97	10.21	9.21	7.93	6.37	4.48	2.23	−0.50
90.0	12.07	11.47	10.94	10.19	9.18	7.91	6.35	4.47	2.23	−0.50

辐射照度 300W/m²										
太阳入射投影角/(°)	百叶角度									
	0°	10°	20°	30°	40°	50°	60°	70°	80°	90°
0.0	36.89	34.68	32.07	29.09	24.95	20.37	15.56	10.74	5.83	0.24
2.5	36.42	34.20	31.58	28.42	24.44	19.85	15.14	10.44	5.68	0.24
5.0	35.93	33.69	31.08	27.75	23.92	19.31	14.70	10.14	5.06	0.24
7.5	35.44	33.19	30.57	27.11	23.41	18.76	14.26	9.83	5.03	0.24
10.0	34.95	32.68	30.07	26.47	22.88	18.21	13.81	8.90	5.02	0.24
12.5	34.46	32.17	29.55	25.85	22.07	17.64	13.36	8.85	5.00	0.24
15.0	33.96	31.64	29.02	25.22	21.41	17.06	12.11	8.80	4.98	0.24
17.5	33.44	31.11	28.27	24.58	20.73	16.46	12.02	8.77	4.96	0.24
20.0	32.91	30.55	27.52	23.92	20.03	14.86	11.94	8.75	4.94	0.24

续表

辐射照度 300W/m²										
太阳入射投影角/(°)	百叶角度									
	0°	10°	20°	30°	40°	50°	60°	70°	80°	90°
22.5	32.36	29.98	26.77	23.25	19.29	14.73	11.87	8.72	4.93	0.24
25.0	31.78	29.37	25.99	22.54	17.27	14.60	11.80	8.69	4.91	0.24
27.5	31.17	28.74	25.19	21.80	17.08	14.48	11.77	8.66	4.89	0.24
30.0	30.53	28.06	24.35	19.44	16.90	14.37	11.75	8.63	4.87	0.24
32.5	29.84	27.13	23.47	19.19	16.73	14.27	11.72	8.61	4.86	0.24
35.0	29.10	26.14	20.88	18.96	16.57	14.21	11.68	8.58	4.84	0.24
37.5	28.29	25.11	20.68	18.73	16.42	14.17	11.65	8.55	4.83	0.24
40.0	27.42	22.21	20.49	18.51	16.28	14.15	11.61	8.52	4.81	0.24
42.5	26.47	21.94	20.32	18.31	16.18	14.11	11.58	8.50	4.80	0.24
45.0	23.45	21.68	20.14	18.11	16.11	14.07	11.54	8.47	4.78	0.24
47.5	23.12	21.43	19.96	17.91	16.06	14.03	11.51	8.45	4.77	0.24
50.0	22.79	21.19	19.78	17.75	16.02	13.99	11.48	8.42	4.75	0.24
52.5	22.47	20.97	19.52	17.65	15.98	13.95	11.45	8.40	4.74	0.24
55.0	22.16	20.78	19.27	17.56	15.94	13.92	11.41	8.37	4.72	0.24
57.5	21.85	20.59	19.04	17.50	15.90	13.88	11.38	8.35	4.71	0.24
60.0	21.55	20.39	18.89	17.45	15.86	13.84	11.35	8.33	4.70	0.24
62.5	21.26	20.18	18.75	17.40	15.82	13.81	11.32	8.30	4.68	0.24
65.0	21.02	19.98	18.63	17.36	15.78	13.77	11.29	8.28	4.67	0.24
67.5	20.81	19.88	18.53	17.32	15.74	13.73	11.26	8.26	4.66	0.24
70.0	20.58	19.80	18.46	17.27	15.70	13.70	11.23	8.23	4.64	0.24
72.5	20.37	19.60	18.41	17.23	15.66	13.66	11.20	8.21	4.63	0.24
75.0	20.25	19.41	18.37	17.19	15.62	13.63	11.17	8.19	4.62	0.24
77.5	20.14	19.23	18.33	17.15	15.58	13.59	11.14	8.17	4.60	0.24
80.0	20.06	19.09	18.28	17.11	15.54	13.56	11.11	8.14	4.59	0.24
82.5	19.99	19.05	18.24	17.07	15.51	13.53	11.08	8.12	4.58	0.24
85.0	19.92	19.00	18.20	17.03	15.47	13.49	11.05	8.10	4.56	0.24
87.5	19.86	18.96	18.15	16.99	15.43	13.46	11.02	8.07	4.55	0.24
90.0	19.80	18.91	18.11	16.95	15.39	13.42	10.99	8.05	4.54	0.24

续表

太阳入射投影角/(°)	辐射照度 400W/m²									
	百叶角度									
	0°	10°	20°	30°	40°	50°	60°	70°	80°	90°
0.0	50.14	47.19	43.68	39.68	34.13	27.99	21.55	15.07	8.46	0.93
2.5	49.51	46.54	43.03	38.79	33.46	27.30	20.99	14.68	8.25	0.93
5.0	48.86	45.87	42.36	37.90	32.76	26.58	20.41	14.27	7.45	0.93
7.5	48.21	45.19	41.69	37.04	32.07	25.86	19.82	13.86	7.42	0.93
10.0	47.55	44.51	41.01	36.19	31.38	25.12	19.23	12.65	7.41	0.93
12.5	46.89	43.83	40.32	35.36	30.29	24.37	18.63	12.59	7.38	0.93
15.0	46.22	43.12	39.62	34.52	29.42	23.60	17.00	12.53	7.36	0.93
17.5	45.53	42.41	38.62	33.66	28.51	22.80	16.89	12.49	7.33	0.93
20.0	44.82	41.67	37.62	32.79	27.58	20.71	16.78	12.47	7.31	0.93
22.5	44.08	40.90	36.60	31.89	26.60	20.53	16.68	12.43	7.28	0.93
25.0	43.31	40.09	35.57	30.95	23.95	20.37	16.59	12.39	7.26	0.93
27.5	42.49	39.24	34.50	29.97	23.70	20.21	16.56	12.35	7.24	0.93
30.0	41.63	38.34	33.38	26.86	23.46	20.07	16.53	12.31	7.21	0.93
32.5	40.71	37.09	32.20	26.53	23.24	19.93	16.48	12.27	7.19	0.93
35.0	39.72	35.78	28.80	26.22	23.03	19.86	16.44	12.24	7.17	0.93
37.5	38.65	34.40	28.53	25.92	22.83	19.81	16.39	12.20	7.15	0.93
40.0	37.49	30.58	28.28	25.64	22.64	19.77	16.34	12.17	7.13	0.93
42.5	36.22	30.22	28.05	25.36	22.51	19.72	16.30	12.13	7.11	0.93
45.0	32.23	29.87	27.82	25.10	22.42	19.67	16.26	12.10	7.09	0.93
47.5	31.79	29.54	27.58	24.84	22.36	19.62	16.21	12.06	7.07	0.93
50.0	31.36	29.23	27.33	24.63	22.31	19.57	16.17	12.03	7.05	0.93
52.5	30.93	28.93	27.00	24.50	22.26	19.52	16.13	12.00	7.03	0.93
55.0	30.51	28.68	26.66	24.39	22.20	19.47	16.09	11.97	7.02	0.93
57.5	30.10	28.43	26.35	24.30	22.15	19.42	16.04	11.94	7.00	0.93
60.0	29.70	28.17	26.16	24.24	22.10	19.37	16.00	11.91	6.98	0.93
62.5	29.32	27.88	25.98	24.18	22.04	19.33	15.96	11.87	6.96	0.93
65.0	29.01	27.62	25.83	24.12	21.99	19.28	15.92	11.84	6.94	0.93
67.5	28.72	27.49	25.70	24.07	21.94	19.23	15.88	11.81	6.93	0.93
70.0	28.42	27.38	25.61	24.01	21.89	19.19	15.84	11.78	6.91	0.93

续表

辐射照度 400W/m²										
太阳入射投影角/(°)	百叶角度									
	0°	10°	20°	30°	40°	50°	60°	70°	80°	90°
72.5	28.15	27.12	25.55	23.96	21.84	19.14	15.80	11.75	6.89	0.93
75.0	27.98	26.87	25.49	23.90	21.79	19.09	15.76	11.72	6.87	0.93
77.5	27.84	26.63	25.43	23.85	21.73	19.05	15.73	11.69	6.86	0.93
80.0	27.73	26.46	25.37	23.79	21.68	19.00	15.69	11.66	6.84	0.93
82.5	27.64	26.40	25.32	23.74	21.63	18.96	15.65	11.63	6.82	0.93
85.0	27.55	26.34	25.26	23.69	21.58	18.91	15.61	11.60	6.81	0.93
87.5	27.47	26.28	25.20	23.63	21.53	18.86	15.57	11.57	6.79	0.93
90.0	27.39	26.23	25.15	23.58	21.49	18.82	15.53	11.54	6.77	0.93

辐射照度 500W/m²										
太阳入射投影角/(°)	百叶角度									
	0°	10°	20°	30°	40°	50°	60°	70°	80°	90°
0.0	63.29	59.58	55.19	50.17	43.21	35.52	27.45	19.33	11.02	1.57
2.5	62.50	58.77	54.38	49.05	42.37	34.66	26.76	18.84	10.77	1.57
5.0	61.68	57.93	53.54	47.94	41.50	33.76	26.03	18.33	9.79	1.57
7.5	60.86	57.08	52.69	46.87	40.64	32.86	25.30	17.82	9.76	1.57
10.0	60.04	56.23	51.84	45.81	39.77	31.94	24.56	16.35	9.74	1.57
12.5	59.21	55.37	50.98	44.76	38.41	31.00	23.81	16.26	9.71	1.57
15.0	58.37	54.49	50.10	43.71	37.32	30.04	21.81	16.19	9.68	1.57
17.5	57.50	53.60	48.85	42.65	36.20	29.05	21.67	16.14	9.64	1.57
20.0	56.61	52.67	47.60	41.56	35.03	26.47	21.54	16.12	9.61	1.57
22.5	55.69	51.70	46.33	40.43	33.81	26.25	21.42	16.07	9.58	1.57
25.0	54.72	50.70	45.04	39.26	30.54	26.05	21.31	16.02	9.55	1.57
27.5	53.70	49.64	43.70	38.03	30.23	25.86	21.27	15.97	9.53	1.57
30.0	52.62	48.51	42.30	34.19	29.94	25.68	21.24	15.92	9.50	1.57
32.5	51.47	46.95	40.83	33.78	29.66	25.52	21.18	15.88	9.47	1.57
35.0	50.23	45.31	36.62	33.40	29.40	25.42	21.12	15.83	9.45	1.57
37.5	48.90	43.58	36.29	33.03	29.16	25.36	21.06	15.79	9.42	1.57
40.0	47.45	38.85	35.98	32.67	28.92	25.32	21.01	15.74	9.40	1.57

续表

辐射照度 500W/m²										
太阳入射投影角/(°)	百叶角度									
	0°	10°	20°	30°	40°	50°	60°	70°	80°	90°
42.5	45.86	38.40	35.69	32.33	28.75	25.26	20.95	15.70	9.37	1.57
45.0	40.91	37.96	35.40	32.00	28.65	25.19	20.90	15.66	9.35	1.57
47.5	40.36	37.55	35.10	31.68	28.58	25.13	20.84	15.62	9.32	1.57
50.0	39.82	37.16	34.80	31.42	28.52	25.07	20.79	15.58	9.30	1.57
52.5	39.29	36.80	34.38	31.26	28.45	25.01	20.74	15.54	9.28	1.57
55.0	38.77	36.48	33.96	31.12	28.38	24.94	20.69	15.50	9.25	1.57
57.5	38.26	36.17	33.58	31.02	28.32	24.88	20.63	15.46	9.23	1.57
60.0	37.76	35.84	33.34	30.95	28.25	24.83	20.58	15.42	9.21	1.57
62.5	37.28	35.49	33.12	30.87	28.19	24.77	20.53	15.38	9.19	1.57
65.0	36.90	35.16	32.93	30.80	28.12	24.71	20.48	15.34	9.16	1.57
67.5	36.54	35.01	32.77	30.73	28.06	24.65	20.43	15.31	9.14	1.57
70.0	36.16	34.87	32.67	30.66	27.99	24.59	20.39	15.27	9.12	1.57
72.5	35.82	34.55	32.59	30.59	27.93	24.54	20.34	15.23	9.10	1.57
75.0	35.62	34.23	32.52	30.53	27.87	24.48	20.29	15.19	9.08	1.57
77.5	35.44	33.94	32.45	30.46	27.80	24.42	20.24	15.16	9.06	1.57
80.0	35.30	33.74	32.38	30.39	27.74	24.37	20.19	15.12	9.04	1.57
82.5	35.19	33.67	32.31	30.33	27.68	24.31	20.14	15.08	9.01	1.57
85.0	35.08	33.59	32.24	30.26	27.62	24.25	20.09	15.05	8.99	1.57
87.5	34.98	33.52	32.17	30.19	27.56	24.20	20.05	15.01	8.97	1.57
90.0	34.88	33.45	32.10	30.13	27.50	24.14	20.00	14.97	8.95	1.57

辐射照度 600W/m²										
太阳入射投影角/(°)	百叶角度									
	0°	10°	20°	30°	40°	50°	60°	70°	80°	90°
0.0	76.35	71.90	66.61	60.58	52.21	42.97	33.29	23.53	13.54	2.19
2.5	75.40	70.92	65.64	59.24	51.20	41.94	32.46	22.95	13.24	2.19
5.0	74.41	69.90	64.63	57.90	50.16	40.87	31.59	22.34	12.09	2.19
7.5	73.43	68.89	63.61	56.61	49.13	39.79	30.72	21.73	12.05	2.19
10.0	72.44	67.87	62.59	55.35	48.09	38.69	29.83	19.99	12.03	2.19

续表

辐射照度 600W/m²										
太阳入射投影角/(°)	百叶角度									
	0°	10°	20°	30°	40°	50°	60°	70°	80°	90°
12.5	71.45	66.83	61.56	54.09	46.45	37.56	28.93	19.89	11.99	2.19
15.0	70.43	65.78	60.51	52.83	45.15	36.42	26.57	19.80	11.95	2.19
17.5	69.39	64.70	59.00	51.55	43.80	35.24	26.40	19.74	11.92	2.19
20.0	68.32	63.59	57.50	50.24	42.41	32.18	26.25	19.72	11.88	2.19
22.5	67.21	62.43	55.98	48.89	40.95	31.91	26.10	19.66	11.84	2.19
25.0	66.05	61.22	54.43	47.49	37.06	31.67	25.98	19.60	11.81	2.19
27.5	64.83	59.95	52.82	46.01	36.70	31.44	25.93	19.54	11.78	2.19
30.0	63.53	58.60	51.15	41.44	36.35	31.23	25.89	19.49	11.74	2.19
32.5	62.15	56.72	49.38	40.96	36.02	31.04	25.82	19.43	11.71	2.19
35.0	60.66	54.76	44.37	40.50	35.71	30.93	25.75	19.38	11.68	2.19
37.5	59.06	52.68	43.97	40.06	35.41	30.86	25.68	19.32	11.65	2.19
40.0	57.32	47.04	43.60	39.63	35.14	30.81	25.61	19.27	11.62	2.19
42.5	55.42	46.50	43.26	39.23	34.94	30.73	25.55	19.22	11.59	2.19
45.0	49.51	45.99	42.91	38.83	34.82	30.66	25.48	19.17	11.56	2.19
47.5	48.85	45.49	42.55	38.45	34.73	30.58	25.42	19.12	11.53	2.19
50.0	48.21	45.03	42.19	38.14	34.67	30.51	25.36	19.07	11.51	2.19
52.5	47.57	44.59	41.69	37.95	34.58	30.43	25.29	19.03	11.48	2.19
55.0	46.95	44.21	41.19	37.79	34.50	30.36	25.23	18.98	11.45	2.19
57.5	46.34	43.85	40.74	37.67	34.42	30.29	25.17	18.93	11.42	2.19
60.0	45.74	43.45	40.45	37.59	34.34	30.22	25.11	18.89	11.40	2.19
62.5	45.17	43.03	40.19	37.50	34.27	30.15	25.05	18.84	11.37	2.19
65.0	44.71	42.64	39.96	37.42	34.19	30.08	24.99	18.80	11.35	2.19
67.5	44.28	42.45	39.78	37.33	34.11	30.01	24.93	18.75	11.32	2.19
70.0	43.83	42.28	39.66	37.25	34.04	29.94	24.88	18.71	11.29	2.19
72.5	43.43	41.90	39.57	37.17	33.96	29.88	24.82	18.66	11.27	2.19
75.0	43.18	41.53	39.49	37.09	33.89	29.81	24.76	18.62	11.24	2.19
77.5	42.97	41.19	39.40	37.01	33.81	29.74	24.70	18.57	11.22	2.19
80.0	42.81	40.95	39.32	36.93	33.74	29.67	24.64	18.53	11.19	2.19

续表

辐射照度 600W/m²										
太阳入射投影角/(°)	百叶角度									
	0°	10°	20°	30°	40°	50°	60°	70°	80°	90°
82.5	42.67	40.86	39.23	36.85	33.66	29.61	24.59	18.49	11.17	2.19
85.0	42.54	40.77	39.15	36.77	33.59	29.54	24.53	18.44	11.14	2.19
87.5	42.42	40.69	39.07	36.69	33.52	29.47	24.47	18.40	11.12	2.19
90.0	42.31	40.60	38.99	36.62	33.45	29.41	24.41	18.35	11.09	2.19
辐射照度 700W/m²										
太阳入射投影角/(°)	百叶角度									
	0°	10°	20°	30°	40°	50°	60°	70°	80°	90°
0.0	89.34	84.14	77.96	70.93	61.15	50.36	39.08	27.69	16.03	2.78
2.5	88.23	83.00	76.83	69.36	59.98	49.17	38.11	27.02	15.68	2.78
5.0	87.08	81.81	75.65	67.80	58.77	47.92	37.10	26.31	14.36	2.78
7.5	85.93	80.63	74.47	66.30	57.56	46.66	36.08	25.60	14.32	2.78
10.0	84.78	79.44	73.28	64.82	56.35	45.38	35.05	23.59	14.29	2.78
12.5	83.62	78.23	72.07	63.35	54.44	44.08	34.01	23.48	14.25	2.78
15.0	82.43	77.00	70.84	61.88	52.92	42.74	31.29	23.38	14.20	2.78
17.5	81.22	75.74	69.09	60.39	51.35	41.37	31.09	23.31	14.16	2.78
20.0	79.97	74.44	67.33	58.87	49.73	37.83	30.91	23.28	14.12	2.78
22.5	78.67	73.09	65.56	57.29	48.03	37.53	30.75	23.21	14.07	2.78
25.0	77.31	71.68	63.75	55.65	43.54	37.25	30.60	23.14	14.03	2.78
27.5	75.89	70.20	61.88	53.94	43.11	36.98	30.54	23.08	14.00	2.78
30.0	74.37	68.62	59.93	48.65	42.71	36.74	30.50	23.01	13.96	2.78
32.5	72.76	66.43	57.87	48.09	42.33	36.51	30.42	22.95	13.92	2.78
35.0	71.03	64.14	52.06	47.55	41.96	36.39	30.34	22.89	13.88	2.78
37.5	69.16	61.72	51.60	47.04	41.62	36.31	30.26	22.82	13.85	2.78
40.0	67.13	55.17	51.17	46.54	41.30	36.26	30.18	22.76	13.81	2.78
42.5	64.91	54.55	50.77	46.07	41.07	36.17	30.10	22.71	13.78	2.78
45.0	58.06	53.95	50.37	45.62	40.94	36.08	30.03	22.65	13.75	2.78
47.5	57.29	53.38	49.95	45.18	40.83	35.99	29.95	22.59	13.71	2.78
50.0	56.53	52.83	49.53	44.81	40.76	35.90	29.88	22.54	13.68	2.78

续表

辐射照度 700W/m²										
太阳入射投影角/(°)	百叶角度									
	0°	10°	20°	30°	40°	50°	60°	70°	80°	90°
52.5	55.80	52.33	48.95	44.59	40.67	35.82	29.81	22.48	13.65	2.78
55.0	55.07	51.89	48.36	44.41	40.57	35.74	29.74	22.43	13.62	2.78
57.5	54.36	51.46	47.84	44.27	40.48	35.65	29.67	22.37	13.59	2.78
60.0	53.67	51.00	47.51	44.18	40.39	35.57	29.60	22.32	13.56	2.78
62.5	53.00	50.51	47.21	44.08	40.30	35.49	29.53	22.27	13.53	2.78
65.0	52.47	50.06	46.95	43.98	40.21	35.41	29.46	22.21	13.50	2.78
67.5	51.97	49.84	46.74	43.88	40.12	35.33	29.39	22.16	13.47	2.78
70.0	51.44	49.64	46.60	43.79	40.03	35.25	29.32	22.11	13.44	2.78
72.5	50.97	49.20	46.50	43.69	39.95	35.17	29.26	22.06	13.41	2.78
75.0	50.69	48.77	46.40	43.60	39.86	35.09	29.19	22.01	13.38	2.78
77.5	50.45	48.37	46.30	43.51	39.77	35.02	29.12	21.96	13.35	2.78
80.0	50.26	48.11	46.20	43.42	39.69	34.94	29.05	21.90	13.32	2.78
82.5	50.10	48.01	46.11	43.32	39.60	34.86	28.99	21.85	13.29	2.78
85.0	49.95	47.91	46.01	43.23	39.52	34.78	28.92	21.80	13.26	2.78
87.5	49.80	47.80	45.91	43.14	39.43	34.70	28.85	21.75	13.23	2.78
90.0	49.68	47.71	45.82	43.05	39.35	34.63	28.79	21.70	13.20	2.78
辐射照度 800W/m²										
太阳入射投影角/(°)	百叶角度									
	0°	10°	20°	30°	40°	50°	60°	70°	80°	90°
0.0	102.28	96.33	89.27	81.22	70.05	57.71	44.83	31.82	18.49	3.35
2.5	101.01	95.03	87.97	79.43	68.70	56.35	43.72	31.05	18.09	3.35
5.0	99.69	93.67	86.62	77.65	67.32	54.93	42.57	30.24	16.61	3.35
7.5	98.38	92.32	85.28	75.93	65.94	53.49	41.41	29.43	16.55	3.35
10.0	97.06	90.95	83.91	74.24	64.55	52.03	40.24	27.16	16.53	3.35
12.5	95.73	89.57	82.54	72.56	62.37	50.54	39.05	27.04	16.47	3.35
15.0	94.38	88.17	81.13	70.88	60.65	49.02	35.96	26.93	16.42	3.35
17.5	92.99	86.73	79.12	69.18	58.86	47.45	35.74	26.84	16.37	3.35
20.0	91.56	85.24	77.12	67.44	57.00	43.45	35.54	26.81	16.33	3.35

续表

辐射照度 800W/m²										
太阳入射投影角/(°)	百叶角度									
	0°	10°	20°	30°	40°	50°	60°	70°	80°	90°
22.5	90.08	83.70	75.09	65.64	55.06	43.10	35.35	26.73	16.28	3.35
25.0	88.52	82.09	73.03	63.77	49.97	42.78	35.19	26.66	16.23	3.35
27.5	86.89	80.39	70.89	61.81	49.48	42.49	35.12	26.58	16.19	3.35
30.0	85.16	78.59	68.65	55.81	49.03	42.21	35.08	26.51	16.15	3.35
32.5	83.32	76.09	66.31	55.17	48.59	41.95	34.98	26.44	16.10	3.35
35.0	81.34	73.47	59.70	54.56	48.18	41.81	34.89	26.36	16.06	3.35
37.5	79.20	70.71	59.18	53.97	47.79	41.72	34.80	26.30	16.02	3.35
40.0	76.88	63.26	58.69	53.41	47.43	41.66	34.71	26.23	15.98	3.35
42.5	74.35	62.55	58.24	52.87	47.17	41.56	34.63	26.16	15.94	3.35
45.0	66.56	61.87	57.78	52.36	47.02	41.46	34.54	26.10	15.91	3.35
47.5	65.67	61.21	57.30	51.86	46.90	41.36	34.46	26.03	15.87	3.35
50.0	64.82	60.60	56.83	51.44	46.82	41.26	34.37	25.97	15.83	3.35
52.5	63.98	60.02	56.16	51.20	46.72	41.17	34.29	25.90	15.80	3.35
55.0	63.15	59.52	55.50	50.99	46.61	41.07	34.21	25.84	15.76	3.35
57.5	62.34	59.03	54.90	50.83	46.50	40.98	34.13	25.78	15.72	3.35
60.0	61.55	58.51	54.52	50.73	46.40	40.89	34.05	25.72	15.69	3.35
62.5	60.79	57.95	54.18	50.62	46.30	40.79	33.97	25.66	15.66	3.35
65.0	60.18	57.43	53.89	50.51	46.19	40.70	33.89	25.60	15.62	3.35
67.5	59.62	57.18	53.65	50.40	46.09	40.61	33.82	25.54	15.59	3.35
70.0	59.01	56.96	53.51	50.29	45.99	40.52	33.74	25.48	15.55	3.35
72.5	58.48	56.46	53.39	50.18	45.90	40.43	33.66	25.42	15.52	3.35
75.0	58.15	55.97	53.27	50.07	45.80	40.34	33.59	25.37	15.49	3.35
77.5	57.88	55.52	53.16	49.97	45.70	40.25	33.51	25.31	15.45	3.35
80.0	57.66	55.23	53.05	49.86	45.60	40.17	33.43	25.25	15.42	3.35
82.5	57.48	55.11	52.94	49.76	45.50	40.08	33.36	25.19	15.39	3.35
85.0	57.31	55.00	52.83	49.66	45.41	39.99	33.28	25.13	15.35	3.35
87.5	57.15	54.88	52.72	49.55	45.31	39.90	33.20	25.07	15.32	3.35
90.0	57.00	54.77	52.62	49.45	45.21	39.81	33.13	25.02	15.29	3.35

附表 C.11 对流得热量(散射比＝60％;室外空气温度＝30℃) (单位:W/m²)

辐射照度 100W/m²										
太阳入射投影角/(°)	百叶角度									
	0°	10°	20°	30°	40°	50°	60°	70°	80°	90°
0.0	25.24	24.54	23.66	22.61	21.15	19.49	17.63	15.68	13.59	10.89
2.5	25.10	24.39	23.50	22.40	20.99	19.31	17.48	15.58	13.54	10.89
5.0	24.95	24.23	23.34	22.18	20.82	19.12	17.33	15.47	13.18	10.89
7.5	24.80	24.07	23.18	21.98	20.65	18.93	17.18	15.36	13.17	10.89
10.0	24.65	23.91	23.02	21.77	20.48	18.74	17.02	14.92	13.17	10.89
12.5	24.49	23.75	22.85	21.57	20.22	18.55	16.87	14.90	13.16	10.89
15.0	24.33	23.58	22.68	21.37	19.99	18.35	16.33	14.88	13.15	10.89
17.5	24.17	23.41	22.44	21.16	19.76	18.15	16.29	14.86	13.14	10.89
20.0	24.01	23.23	22.20	20.95	19.53	17.49	16.26	14.85	13.13	10.89
22.5	23.83	23.05	21.96	20.72	19.28	17.44	16.23	14.84	13.13	10.89
25.0	23.65	22.85	21.71	20.49	18.48	17.39	16.20	14.83	13.12	10.89
27.5	23.46	22.65	21.45	20.25	18.41	17.35	16.18	14.82	13.11	10.89
30.0	23.25	22.43	21.17	19.34	18.35	17.30	16.17	14.81	13.11	10.89
32.5	23.03	22.13	20.88	19.26	18.29	17.26	16.15	14.79	13.10	10.89
35.0	22.79	21.81	19.92	19.17	18.23	17.24	16.14	14.78	13.09	10.89
37.5	22.53	21.47	19.84	19.09	18.17	17.21	16.13	14.77	13.09	10.89
40.0	22.25	20.41	19.78	19.02	18.11	17.20	16.11	14.76	13.08	10.89
42.5	21.94	20.32	19.71	18.94	18.07	17.18	16.10	14.75	13.07	10.89
45.0	20.85	20.23	19.65	18.87	18.04	17.17	16.09	14.74	13.07	10.89
47.5	20.73	20.14	19.59	18.80	18.02	17.15	16.07	14.73	13.06	10.89
50.0	20.62	20.06	19.53	18.73	17.99	17.14	16.06	14.72	13.06	10.89
52.5	20.52	19.98	19.44	18.69	17.98	17.12	16.05	14.71	13.05	10.89
55.0	20.41	19.91	19.35	18.65	17.96	17.11	16.04	14.70	13.05	10.89
57.5	20.30	19.85	19.26	18.62	17.94	17.09	16.02	14.69	13.04	10.89
60.0	20.20	19.78	19.21	18.59	17.93	17.08	16.01	14.69	13.03	10.89
62.5	20.10	19.71	19.15	18.57	17.91	17.07	16.00	14.68	13.03	10.89
65.0	20.01	19.64	19.10	18.55	17.90	17.05	15.99	14.67	13.02	10.89
67.5	19.94	19.60	19.05	18.54	17.88	17.04	15.98	14.66	13.02	10.89
70.0	19.86	19.57	19.01	18.52	17.87	17.02	15.97	14.65	13.01	10.89

续表

辐射照度 100W/m²										
太阳入射投影角/(°)	百叶角度									
	0°	10°	20°	30°	40°	50°	60°	70°	80°	90°
72.5	19.79	19.50	18.99	18.51	17.85	17.01	15.95	14.64	13.01	10.89
75.0	19.75	19.43	18.98	18.49	17.84	17.00	15.94	14.63	13.00	10.89
77.5	19.71	19.35	18.96	18.47	17.82	16.98	15.93	14.62	13.00	10.89
80.0	19.68	19.27	18.94	18.46	17.81	16.97	15.92	14.61	12.99	10.89
82.5	19.65	19.25	18.93	18.44	17.79	16.96	15.91	14.60	12.99	10.89
85.0	19.63	19.24	18.91	18.43	17.78	16.94	15.90	14.60	12.98	10.89
87.5	19.60	19.22	18.89	18.41	17.76	16.93	15.88	14.59	12.98	10.89
90.0	19.58	19.20	18.88	18.40	17.75	16.92	15.87	14.58	12.97	10.89
辐射照度 200W/m²										
太阳入射投影角/(°)	百叶角度									
	0°	10°	20°	30°	40°	50°	60°	70°	80°	90°
0.0	38.41	36.96	35.21	33.19	30.42	27.29	23.90	20.41	16.77	12.40
2.5	38.10	36.64	34.89	32.76	30.09	26.94	23.61	20.21	16.66	12.40
5.0	37.79	36.32	34.57	32.32	29.75	26.58	23.31	20.00	16.14	12.40
7.5	37.47	35.99	34.24	31.90	29.41	26.21	23.01	19.79	16.12	12.40
10.0	37.15	35.66	33.90	31.49	29.07	25.84	22.71	19.07	16.11	12.40
12.5	36.83	35.32	33.57	31.09	28.54	25.46	22.40	19.03	16.10	12.40
15.0	36.51	34.98	33.22	30.68	28.10	25.07	21.48	19.00	16.08	12.40
17.5	36.17	34.63	32.73	30.27	27.65	24.67	21.42	18.97	16.07	12.40
20.0	35.83	34.27	32.25	29.84	27.18	23.51	21.36	18.96	16.05	12.40
22.5	35.47	33.89	31.75	29.40	26.69	23.42	21.31	18.94	16.04	12.40
25.0	35.09	33.50	31.25	28.94	25.26	23.33	21.26	18.91	16.03	12.40
27.5	34.69	33.08	30.73	28.46	25.13	23.24	21.23	18.89	16.02	12.40
30.0	34.27	32.64	30.18	26.81	25.01	23.17	21.21	18.87	16.00	12.40
32.5	33.82	32.03	29.61	26.64	24.89	23.09	21.19	18.85	15.99	12.40
35.0	33.34	31.39	27.83	26.48	24.78	23.05	21.16	18.83	15.98	12.40
37.5	32.81	30.71	27.69	26.33	24.67	23.02	21.14	18.81	15.97	12.40
40.0	32.24	28.74	27.56	26.18	24.57	22.99	21.11	18.79	15.96	12.40

续表

辐射照度 200W/m²										
太阳入射投影角/(°)	百叶角度									
	0°	10°	20°	30°	40°	50°	60°	70°	80°	90°
42.5	31.62	28.56	27.45	26.03	24.50	22.96	21.09	18.78	15.95	12.40
45.0	29.56	28.39	27.33	25.90	24.45	22.93	21.06	18.76	15.94	12.40
47.5	29.35	28.22	27.21	25.76	24.41	22.91	21.04	18.74	15.93	12.40
50.0	29.13	28.06	27.08	25.65	24.37	22.88	21.02	18.72	15.92	12.40
52.5	28.93	27.91	26.91	25.58	24.34	22.85	21.00	18.70	15.91	12.40
55.0	28.72	27.79	26.74	25.51	24.31	22.83	20.97	18.69	15.90	12.40
57.5	28.51	27.66	26.58	25.46	24.29	22.80	20.95	18.67	15.89	12.40
60.0	28.31	27.53	26.48	25.41	24.26	22.78	20.93	18.65	15.88	12.40
62.5	28.12	27.38	26.38	25.38	24.23	22.75	20.91	18.64	15.87	12.40
65.0	27.96	27.25	26.29	25.35	24.20	22.73	20.89	18.62	15.86	12.40
67.5	27.82	27.19	26.21	25.32	24.17	22.70	20.86	18.60	15.85	12.40
70.0	27.66	27.13	26.15	25.29	24.15	22.68	20.84	18.59	15.84	12.40
72.5	27.53	26.99	26.12	25.26	24.12	22.65	20.82	18.57	15.83	12.40
75.0	27.44	26.86	26.09	25.24	24.09	22.63	20.80	18.55	15.82	12.40
77.5	27.37	26.72	26.06	25.21	24.06	22.60	20.78	18.54	15.81	12.40
80.0	27.32	26.61	26.03	25.18	24.04	22.58	20.76	18.52	15.80	12.40
82.5	27.27	26.58	26.00	25.15	24.01	22.55	20.74	18.51	15.79	12.40
85.0	27.22	26.55	25.97	25.12	23.98	22.53	20.72	18.49	15.78	12.40
87.5	27.18	26.52	25.94	25.09	23.96	22.50	20.69	18.47	15.77	12.40
90.0	27.14	26.49	25.91	25.06	23.93	22.48	20.67	18.46	15.76	12.40

辐射照度 300W/m²										
太阳入射投影角/(°)	百叶角度									
	0°	10°	20°	30°	40°	50°	60°	70°	80°	90°
0.0	52.17	49.96	47.31	44.25	40.00	35.27	30.22	25.13	19.80	13.48
2.5	51.70	49.48	46.83	43.59	39.50	34.75	29.80	24.83	19.64	13.48
5.0	51.22	48.98	46.33	42.93	38.99	34.20	29.36	24.53	18.94	13.48
7.5	50.73	48.48	45.83	42.28	38.47	33.65	28.92	24.22	18.92	13.48
10.0	50.25	47.97	45.32	41.65	37.95	33.09	28.47	23.22	18.91	13.48

续表

太阳入射投影角/(°)	辐射照度 300W/m²									
	百叶角度									
	0°	10°	20°	30°	40°	50°	60°	70°	80°	90°
12.5	49.76	47.46	44.81	41.03	37.14	32.52	28.02	23.17	18.89	13.48
15.0	49.26	46.94	44.28	40.40	36.48	31.94	26.73	23.12	18.86	13.48
17.5	48.75	46.41	43.54	39.77	35.80	31.34	26.64	23.09	18.84	13.48
20.0	48.22	45.86	42.79	39.12	35.09	29.68	26.56	23.07	18.83	13.48
22.5	47.68	45.29	42.04	38.44	34.35	29.55	26.48	23.04	18.81	13.48
25.0	47.10	44.69	41.27	37.74	32.27	29.42	26.42	23.01	18.79	13.48
27.5	46.50	44.05	40.47	37.00	32.08	29.30	26.38	22.98	18.77	13.48
30.0	45.86	43.38	39.63	34.58	31.90	29.19	26.36	22.95	18.75	13.48
32.5	45.17	42.45	38.75	34.33	31.73	29.08	26.32	22.92	18.74	13.48
35.0	44.43	41.47	36.11	34.09	31.56	29.02	26.29	22.89	18.72	13.48
37.5	43.64	40.44	35.91	33.86	31.41	28.98	26.25	22.86	18.70	13.48
40.0	42.77	37.50	35.72	33.64	31.26	28.94	26.22	22.83	18.69	13.48
42.5	41.82	37.22	35.54	33.43	31.15	28.90	26.18	22.81	18.67	13.48
45.0	38.76	36.96	35.36	33.23	31.08	28.86	26.15	22.78	18.66	13.48
47.5	38.43	36.71	35.18	33.03	31.03	28.82	26.11	22.75	18.64	13.48
50.0	38.10	36.47	35.00	32.86	30.99	28.78	26.08	22.73	18.63	13.48
52.5	37.78	36.25	34.74	32.76	30.94	28.74	26.05	22.70	18.61	13.48
55.0	37.46	36.05	34.48	32.67	30.90	28.71	26.02	22.68	18.60	13.48
57.5	37.15	35.86	34.24	32.59	30.86	28.67	25.98	22.65	18.58	13.48
60.0	36.85	35.66	34.09	32.54	30.82	28.63	25.95	22.63	18.57	13.48
62.5	36.55	35.45	33.95	32.49	30.78	28.60	25.92	22.61	18.55	13.48
65.0	36.32	35.25	33.83	32.45	30.73	28.56	25.89	22.58	18.54	13.48
67.5	36.10	35.15	33.72	32.40	30.69	28.52	25.86	22.56	18.53	13.48
70.0	35.87	35.06	33.64	32.36	30.65	28.49	25.83	22.53	18.51	13.48
72.5	35.66	34.86	33.59	32.32	30.61	28.45	25.80	22.51	18.50	13.48
75.0	35.54	34.67	33.54	32.27	30.58	28.42	25.77	22.49	18.49	13.48
77.5	35.43	34.47	33.50	32.23	30.54	28.38	25.74	22.46	18.47	13.48
80.0	35.34	34.32	33.45	32.19	30.50	28.35	25.71	22.44	18.46	13.48

续表

辐射照度 300W/m²										
太阳入射投影角/(°)	百叶角度									
	0°	10°	20°	30°	40°	50°	60°	70°	80°	90°
82.5	35.27	34.27	33.41	32.15	30.46	28.31	25.68	22.42	18.45	13.48
85.0	35.20	34.23	33.37	32.11	30.42	28.28	25.65	22.39	18.43	13.48
87.5	35.14	34.18	33.32	32.06	30.38	28.24	25.62	22.37	18.42	13.48
90.0	35.08	34.14	33.28	32.02	30.34	28.21	25.59	22.35	18.40	13.48
辐射照度 400W/m²										
太阳入射投影角/(°)	百叶角度									
	0°	10°	20°	30°	40°	50°	60°	70°	80°	90°
0.0	65.70	62.74	59.19	55.12	49.45	43.14	36.43	29.62	22.63	14.39
2.5	65.07	62.09	58.55	54.23	48.78	42.45	35.87	29.22	22.42	14.39
5.0	64.42	61.42	57.88	53.34	48.09	41.72	35.28	28.82	21.55	14.39
7.5	63.77	60.75	57.21	52.48	47.40	40.99	34.69	28.40	21.52	14.39
10.0	63.12	60.08	56.53	51.64	46.70	40.24	34.09	27.14	21.50	14.39
12.5	62.46	59.39	55.84	50.80	45.61	39.49	33.49	27.07	21.48	14.39
15.0	61.79	58.69	55.14	49.96	44.74	38.71	31.80	27.01	21.45	14.39
17.5	61.11	57.98	54.14	49.11	43.83	37.92	31.68	26.96	21.42	14.39
20.0	60.40	57.24	53.15	48.24	42.89	35.76	31.57	26.94	21.40	14.39
22.5	59.67	56.47	52.14	47.34	41.91	35.58	31.47	26.90	21.37	14.39
25.0	58.90	55.67	51.10	46.41	39.20	35.41	31.38	26.86	21.35	14.39
27.5	58.09	54.83	50.04	45.42	38.94	35.25	31.34	26.82	21.33	14.39
30.0	57.23	53.93	48.92	42.25	38.70	35.10	31.31	26.78	21.30	14.39
32.5	56.31	52.68	47.74	41.92	38.48	34.97	31.26	26.75	21.28	14.39
35.0	55.32	51.37	44.29	41.61	38.26	34.89	31.21	26.71	21.26	14.39
37.5	54.26	49.99	44.02	41.31	38.06	34.83	31.16	26.67	21.24	14.39
40.0	53.10	46.12	43.76	41.02	37.87	34.79	31.12	26.64	21.22	14.39
42.5	51.83	45.76	43.53	40.74	37.73	34.74	31.07	26.60	21.20	14.39
45.0	47.80	45.41	43.30	40.47	37.64	34.69	31.02	26.57	21.18	14.39
47.5	47.36	45.08	43.05	40.21	37.57	34.63	30.98	26.54	21.16	14.39
50.0	46.92	44.76	42.81	39.99	37.52	34.58	30.94	26.50	21.14	14.39

续表

辐射照度 400W/m²										
太阳入射投影角/(°)	百叶角度									
	0°	10°	20°	30°	40°	50°	60°	70°	80°	90°
52.5	46.50	44.46	42.46	39.85	37.46	34.53	30.89	26.47	21.12	14.39
55.0	46.08	44.21	42.12	39.74	37.40	34.48	30.85	26.44	21.10	14.39
57.5	45.66	43.96	41.82	39.64	37.35	34.43	30.81	26.41	21.08	14.39
60.0	45.26	43.69	41.62	39.58	37.29	34.38	30.77	26.38	21.06	14.39
62.5	44.87	43.41	41.43	39.52	37.24	34.33	30.73	26.34	21.04	14.39
65.0	44.56	43.14	41.27	39.46	37.19	34.29	30.68	26.31	21.03	14.39
67.5	44.27	43.01	41.13	39.40	37.13	34.24	30.64	26.28	21.01	14.39
70.0	43.96	42.90	41.04	39.34	37.08	34.19	30.60	26.25	20.99	14.39
72.5	43.69	42.64	40.97	39.29	37.03	34.14	30.56	26.22	20.97	14.39
75.0	43.52	42.38	40.91	39.23	36.98	34.10	30.52	26.19	20.96	14.39
77.5	43.38	42.13	40.86	39.17	36.92	34.05	30.48	26.16	20.94	14.39
80.0	43.27	41.94	40.80	39.12	36.87	34.00	30.44	26.13	20.92	14.39
82.5	43.17	41.88	40.74	39.06	36.82	33.96	30.40	26.10	20.90	14.39
85.0	43.08	41.82	40.68	39.01	36.77	33.91	30.36	26.07	20.88	14.39
87.5	43.00	41.76	40.62	38.96	36.72	33.86	30.32	26.04	20.87	14.39
90.0	42.92	41.70	40.57	38.90	36.67	33.82	30.28	26.01	20.85	14.39

辐射照度 500W/m²										
太阳入射投影角/(°)	百叶角度									
	0°	10°	20°	30°	40°	50°	60°	70°	80°	90°
0.0	79.08	75.37	70.93	65.84	58.76	50.88	42.54	34.06	25.34	15.20
2.5	78.29	74.56	70.12	64.72	57.92	50.02	41.84	33.57	25.09	15.20
5.0	77.48	73.72	69.29	63.61	57.05	49.12	41.11	33.06	24.05	15.20
7.5	76.66	72.88	68.44	62.54	56.19	48.20	40.37	32.54	24.01	15.20
10.0	75.85	72.03	67.60	61.48	55.32	47.28	39.63	30.99	23.99	15.20
12.5	75.02	71.17	66.74	60.44	53.96	46.34	38.87	30.91	23.96	15.20
15.0	74.18	70.30	65.86	59.39	52.87	45.37	36.81	30.83	23.92	15.20
17.5	73.32	69.40	64.61	58.32	51.74	44.38	36.66	30.78	23.89	15.20
20.0	72.43	68.48	63.36	57.23	50.56	41.74	36.53	30.75	23.86	15.20

续表

辐射照度500W/m²										
太阳入射投影角/(°)	百叶角度									
	0°	10°	20°	30°	40°	50°	60°	70°	80°	90°
22.5	71.51	67.52	62.10	56.11	49.34	41.51	36.41	30.70	23.83	15.20
25.0	70.55	66.51	60.80	54.94	46.00	41.30	36.29	30.65	23.80	15.20
27.5	69.53	65.45	59.47	53.71	45.69	41.11	36.25	30.60	23.77	15.20
30.0	68.46	64.33	58.07	49.80	45.40	40.93	36.21	30.55	23.74	15.20
32.5	67.31	62.77	56.60	49.39	45.12	40.76	36.15	30.51	23.72	15.20
35.0	66.07	61.13	52.33	49.00	44.85	40.66	36.09	30.46	23.69	15.20
37.5	64.74	59.40	52.00	48.63	44.60	40.60	36.03	30.42	23.66	15.20
40.0	63.29	54.62	51.68	48.27	44.36	40.55	35.97	30.37	23.64	15.20
42.5	61.70	54.17	51.39	47.92	44.19	40.48	35.92	30.33	23.61	15.20
45.0	56.71	53.73	51.10	47.59	44.08	40.42	35.86	30.29	23.59	15.20
47.5	56.16	53.32	50.80	47.27	44.00	40.35	35.81	30.24	23.56	15.20
50.0	55.61	52.93	50.50	47.00	43.94	40.29	35.75	30.20	23.54	15.20
52.5	55.08	52.56	50.07	46.83	43.87	40.23	35.70	30.16	23.52	15.20
55.0	54.56	52.24	49.65	46.69	43.80	40.17	35.65	30.12	23.49	15.20
57.5	54.04	51.93	49.26	46.58	43.73	40.10	35.59	30.08	23.47	15.20
60.0	53.54	51.59	49.02	46.50	43.66	40.04	35.54	30.04	23.45	15.20
62.5	53.06	51.24	48.79	46.43	43.60	39.98	35.49	30.00	23.43	15.20
65.0	52.67	50.91	48.60	46.35	43.53	39.92	35.44	29.96	23.40	15.20
67.5	52.31	50.75	48.43	46.28	43.47	39.87	35.39	29.93	23.38	15.20
70.0	51.93	50.61	48.32	46.21	43.40	39.81	35.34	29.89	23.36	15.20
72.5	51.59	50.29	48.24	46.14	43.34	39.75	35.29	29.85	23.34	15.20
75.0	51.38	49.97	48.17	46.07	43.27	39.69	35.24	29.81	23.32	15.20
77.5	51.20	49.66	48.09	46.01	43.21	39.63	35.19	29.77	23.29	15.20
80.0	51.07	49.45	48.02	45.94	43.14	39.58	35.14	29.74	23.27	15.20
82.5	50.95	49.37	47.95	45.87	43.08	39.52	35.09	29.70	23.25	15.20
85.0	50.84	49.29	47.88	45.80	43.02	39.46	35.04	29.66	23.23	15.20
87.5	50.73	49.22	47.81	45.74	42.95	39.40	34.99	29.62	23.21	15.20
90.0	50.64	49.15	47.74	45.67	42.89	39.35	34.94	29.59	23.19	15.20

续表

辐射照度 600W/m²										
太阳入射投影角/(°)	百叶角度									
	0°	10°	20°	30°	40°	50°	60°	70°	80°	90°
0.0	92.35	87.90	82.57	76.46	67.96	58.53	48.57	38.44	27.98	15.94
2.5	91.41	86.92	81.60	75.12	66.95	57.50	47.73	37.85	27.68	15.94
5.0	90.43	85.91	80.59	73.78	65.92	56.42	46.85	37.24	26.45	15.94
7.5	89.45	84.90	79.58	72.49	64.88	55.33	45.97	36.62	26.41	15.94
10.0	88.46	83.88	78.56	71.23	63.84	54.22	45.09	34.80	26.39	15.94
12.5	87.47	82.85	77.53	69.97	62.21	53.10	44.18	34.70	26.35	15.94
15.0	86.46	81.80	76.47	68.71	60.90	51.94	41.75	34.61	26.31	15.94
17.5	85.43	80.72	74.97	67.43	59.55	50.76	41.58	34.55	26.27	15.94
20.0	84.36	79.61	73.47	66.13	58.14	47.63	41.42	34.52	26.24	15.94
22.5	83.25	78.45	71.95	64.78	56.68	47.37	41.27	34.46	26.20	15.94
25.0	82.09	77.25	70.40	63.37	52.73	47.12	41.14	34.40	26.16	15.94
27.5	80.87	75.97	68.80	61.90	52.35	46.89	41.08	34.34	26.13	15.94
30.0	79.58	74.63	67.12	57.26	52.00	46.67	41.05	34.28	26.10	15.94
32.5	78.20	72.75	65.36	56.78	51.67	46.47	40.97	34.23	26.07	15.94
35.0	76.71	70.79	60.28	56.31	51.35	46.36	40.90	34.17	26.03	15.94
37.5	75.11	68.71	59.88	55.86	51.05	46.28	40.83	34.12	26.00	15.94
40.0	73.37	63.02	59.51	55.43	50.77	46.23	40.76	34.07	25.97	15.94
42.5	71.47	62.48	59.16	55.02	50.57	46.15	40.70	34.01	25.94	15.94
45.0	65.52	61.96	58.82	54.62	50.44	46.07	40.63	33.96	25.91	15.94
47.5	64.86	61.47	58.45	54.24	50.35	46.00	40.56	33.91	25.89	15.94
50.0	64.21	60.99	58.09	53.92	50.28	45.92	40.50	33.86	25.86	15.94
52.5	63.57	60.55	57.58	53.72	50.20	45.85	40.44	33.82	25.83	15.94
55.0	62.95	60.17	57.08	53.56	50.11	45.77	40.37	33.77	25.80	15.94
57.5	62.33	59.80	56.62	53.43	50.03	45.70	40.31	33.72	25.77	15.94
60.0	61.73	59.41	56.33	53.34	49.95	45.63	40.25	33.67	25.75	15.94
62.5	61.15	58.98	56.06	53.25	49.87	45.56	40.19	33.63	25.72	15.94
65.0	60.69	58.59	55.83	53.17	49.79	45.49	40.13	33.58	25.70	15.94
67.5	60.26	58.40	55.64	53.08	49.72	45.42	40.07	33.54	25.67	15.94

续表

辐射照度 600W/m²										
太阳入射投影角/(°)	百叶角度									
	0°	10°	20°	30°	40°	50°	60°	70°	80°	90°
70.0	59.80	58.23	55.51	53.00	49.64	45.35	40.01	33.49	25.64	15.94
72.5	59.40	57.84	55.42	52.92	49.56	45.28	39.95	33.44	25.62	15.94
75.0	59.15	57.46	55.33	52.83	49.49	45.21	39.89	33.40	25.59	15.94
77.5	58.94	57.11	55.25	52.75	49.41	45.14	39.83	33.35	25.57	15.94
80.0	58.77	56.86	55.16	52.67	49.34	45.07	39.77	33.31	25.54	15.94
82.5	58.63	56.77	55.07	52.59	49.26	45.00	39.71	33.26	25.52	15.94
85.0	58.50	56.68	54.99	52.51	49.18	44.93	39.66	33.22	25.49	15.94
87.5	58.38	56.59	54.91	52.43	49.11	44.86	39.60	33.17	25.46	15.94
90.0	58.27	56.50	54.83	52.35	49.04	44.80	39.54	33.13	25.44	15.94

辐射照度 700W/m²										
太阳入射投影角/(°)	百叶角度									
	0°	10°	20°	30°	40°	50°	60°	70°	80°	90°
0.0	105.55	100.34	94.12	87.00	77.09	66.11	54.53	42.76	30.59	16.65
2.5	104.44	99.20	92.99	85.43	75.92	64.91	53.55	42.07	30.24	16.65
5.0	103.29	98.02	91.81	83.87	74.71	63.66	52.54	41.36	28.84	16.65
7.5	102.15	96.84	90.63	82.37	73.50	62.39	51.51	40.65	28.80	16.65
10.0	101.00	95.65	89.44	80.89	72.29	61.10	50.48	38.56	28.77	16.65
12.5	99.84	94.44	88.23	79.42	70.38	59.79	49.43	38.45	28.72	16.65
15.0	98.66	93.21	87.01	77.96	68.86	58.45	46.63	38.35	28.68	16.65
17.5	97.45	91.96	85.25	76.46	67.28	57.07	46.43	38.27	28.63	16.65
20.0	96.20	90.66	83.50	74.94	65.65	53.46	46.25	38.24	28.59	16.65
22.5	94.91	89.31	81.73	73.37	63.94	53.16	46.08	38.17	28.55	16.65
25.0	93.55	87.90	79.92	71.73	59.38	52.87	45.93	38.10	28.51	16.65
27.5	92.13	86.42	78.05	70.01	58.95	52.60	45.87	38.03	28.47	16.65
30.0	90.62	84.85	76.09	64.65	58.54	52.35	45.82	37.96	28.43	16.65
32.5	89.00	82.66	74.04	64.09	58.16	52.12	45.74	37.90	28.39	16.65
35.0	87.27	80.37	68.17	63.55	57.79	51.99	45.66	37.84	28.35	16.65
37.5	85.41	77.94	67.70	63.03	57.45	51.91	45.58	37.77	28.32	16.65

续表

辐射照度 700W/m²										
太阳入射投影角/(°)	百叶角度									
	0°	10°	20°	30°	40°	50°	60°	70°	80°	90°
40.0	83.38	71.35	67.27	62.53	57.12	51.85	45.50	37.71	28.28	16.65
42.5	81.16	70.72	66.87	62.05	56.88	51.76	45.42	37.65	28.25	16.65
45.0	74.26	70.12	66.46	61.59	56.74	51.67	45.34	37.59	28.21	16.65
47.5	73.49	69.54	66.04	61.15	56.63	51.58	45.27	37.54	28.18	16.65
50.0	72.73	68.99	65.62	60.78	56.56	51.49	45.19	37.48	28.15	16.65
52.5	71.99	68.48	65.03	60.55	56.46	51.40	45.12	37.42	28.12	16.65
55.0	71.26	68.04	64.44	60.36	56.37	51.32	45.05	37.37	28.08	16.65
57.5	70.55	67.61	63.91	60.22	56.27	51.24	44.97	37.31	28.05	16.65
60.0	69.85	67.15	63.58	60.12	56.18	51.15	44.90	37.26	28.02	16.65
62.5	69.18	66.65	63.27	60.01	56.09	51.07	44.83	37.20	27.99	16.65
65.0	68.64	66.19	63.00	59.92	56.00	50.99	44.76	37.15	27.96	16.65
67.5	68.14	65.97	62.78	59.82	55.91	50.91	44.69	37.10	27.93	16.65
70.0	67.61	65.78	62.64	59.72	55.82	50.83	44.62	37.04	27.90	16.65
72.5	67.14	65.33	62.54	59.62	55.73	50.75	44.56	36.99	27.87	16.65
75.0	66.85	64.89	62.43	59.53	55.64	50.67	44.49	36.94	27.84	16.65
77.5	66.60	64.49	62.33	59.44	55.55	50.59	44.42	36.89	27.81	16.65
80.0	66.41	64.21	62.23	59.34	55.46	50.51	44.35	36.84	27.78	16.65
82.5	66.25	64.10	62.13	59.25	55.38	50.43	44.28	36.78	27.75	16.65
85.0	66.10	64.00	62.04	59.16	55.29	50.35	44.21	36.73	27.72	16.65
87.5	65.95	63.89	61.94	59.06	55.20	50.27	44.15	36.68	27.69	16.65
90.0	65.82	63.80	61.85	58.97	55.12	50.19	44.08	36.63	27.66	16.65

辐射照度 800W/m²										
太阳入射投影角/(°)	百叶角度									
	0°	10°	20°	30°	40°	50°	60°	70°	80°	90°
0.0	118.68	112.72	105.61	97.47	86.16	73.63	60.44	47.03	33.18	17.32
2.5	117.41	111.41	104.31	95.68	84.82	72.27	59.33	46.25	32.77	17.32
5.0	116.10	110.06	102.97	93.90	83.44	70.83	58.17	45.44	31.21	17.32
7.5	114.79	108.71	101.62	92.18	82.06	69.39	57.00	44.62	31.15	17.32

续表

太阳入射投影角/(°)	辐射照度 800W/m²									
	百叶角度									
	0°	10°	20°	30°	40°	50°	60°	70°	80°	90°
10.0	113.47	107.35	100.26	90.49	80.67	67.92	55.82	42.28	31.12	17.32
12.5	112.14	105.97	98.88	88.82	78.49	66.42	54.62	42.15	31.07	17.32
15.0	110.79	104.57	97.47	87.14	76.76	64.89	51.47	42.04	31.02	17.32
17.5	109.41	103.13	95.47	85.44	74.96	63.32	51.24	41.95	30.97	17.32
20.0	107.98	101.64	93.47	83.69	73.10	59.25	51.03	41.92	30.92	17.32
22.5	106.50	100.10	91.44	81.89	71.15	58.90	50.84	41.84	30.87	17.32
25.0	104.95	98.49	89.37	80.02	65.99	58.57	50.67	41.76	30.83	17.32
27.5	103.32	96.80	87.24	78.06	65.50	58.27	50.60	41.68	30.78	17.32
30.0	101.59	95.00	85.00	71.99	65.03	57.99	50.56	41.60	30.74	17.32
32.5	99.75	92.50	82.65	71.35	64.59	57.73	50.46	41.53	30.69	17.32
35.0	97.77	89.88	75.99	70.73	64.18	57.58	50.37	41.46	30.65	17.32
37.5	95.63	87.11	75.46	70.14	63.79	57.49	50.28	41.39	30.61	17.32
40.0	93.32	79.62	74.97	69.57	63.42	57.42	50.19	41.32	30.57	17.32
42.5	90.79	78.90	74.51	69.03	63.15	57.32	50.10	41.25	30.53	17.32
45.0	82.94	78.21	74.05	68.51	62.99	57.21	50.01	41.18	30.49	17.32
47.5	82.06	77.56	73.57	68.00	62.87	57.11	49.92	41.12	30.45	17.32
50.0	81.20	76.94	73.09	67.58	62.79	57.01	49.84	41.05	30.42	17.32
52.5	80.35	76.35	72.42	67.33	62.68	56.92	49.76	40.99	30.38	17.32
55.0	79.52	75.85	71.75	67.12	62.57	56.82	49.67	40.93	30.34	17.32
57.5	78.70	75.36	71.15	66.95	62.46	56.72	49.59	40.86	30.31	17.32
60.0	77.91	74.83	70.77	66.84	62.35	56.63	49.51	40.80	30.27	17.32
62.5	77.15	74.27	70.42	66.73	62.25	56.54	49.43	40.74	30.24	17.32
65.0	76.53	73.75	70.12	66.61	62.15	56.44	49.35	40.68	30.20	17.32
67.5	75.96	73.49	69.88	66.50	62.05	56.35	49.27	40.62	30.17	17.32
70.0	75.35	73.27	69.72	66.39	61.94	56.26	49.20	40.56	30.13	17.32
72.5	74.82	72.77	69.60	66.28	61.84	56.17	49.12	40.50	30.10	17.32
75.0	74.49	72.27	69.48	66.17	61.74	56.08	49.04	40.44	30.06	17.32
77.5	74.21	71.81	69.37	66.07	61.64	55.99	48.96	40.38	30.03	17.32

续表

辐射照度 800W/m²										
太阳入射投影角/(°)	百叶角度									
	0°	10°	20°	30°	40°	50°	60°	70°	80°	90°
80.0	73.99	71.50	69.25	65.96	61.55	55.90	48.88	40.32	30.00	17.32
82.5	73.81	71.38	69.14	65.86	61.45	55.81	48.81	40.26	29.96	17.32
85.0	73.64	71.26	69.03	65.75	61.35	55.72	48.73	40.20	29.93	17.32
87.5	73.47	71.14	68.92	65.65	61.25	55.63	48.65	40.14	29.90	17.32
90.0	73.33	71.03	68.82	65.55	61.15	55.54	48.58	40.09	29.86	17.32

附表 C.12　对流得热量(散射比=60%;室外空气温度=35℃)　(单位:W/m²)

辐射照度 100W/m²										
太阳入射投影角/(°)	百叶角度									
	0°	10°	20°	30°	40°	50°	60°	70°	80°	90°
0.0	39.52	38.75	37.76	36.56	34.87	32.95	30.94	28.82	26.52	23.85
2.5	39.37	38.59	37.59	36.32	34.68	32.77	30.80	28.72	26.46	23.85
5.0	39.20	38.41	37.41	36.07	34.49	32.58	30.65	28.61	26.33	23.85
7.5	39.04	38.23	37.22	35.83	34.30	32.39	30.49	28.51	26.33	23.85
10.0	38.88	38.05	37.04	35.59	34.10	32.19	30.34	28.28	26.33	23.85
12.5	38.71	37.87	36.85	35.36	33.78	32.00	30.18	28.27	26.32	23.85
15.0	38.53	37.68	36.66	35.12	33.55	31.79	29.87	28.26	26.31	23.85
17.5	38.35	37.48	36.37	34.88	33.31	31.58	29.84	28.25	26.31	23.85
20.0	38.16	37.28	36.09	34.64	33.06	31.17	29.82	28.25	26.30	23.85
22.5	37.96	37.07	35.81	34.38	32.80	31.13	29.79	28.24	26.29	23.85
25.0	37.75	36.84	35.51	34.12	32.26	31.09	29.77	28.23	26.29	23.85
27.5	37.52	36.60	35.20	33.84	32.20	31.05	29.77	28.22	26.28	23.85
30.0	37.28	36.35	34.88	33.20	32.14	31.02	29.77	28.21	26.28	23.85
32.5	37.03	36.00	34.54	33.12	32.09	30.99	29.76	28.20	26.27	23.85
35.0	36.75	35.62	33.83	33.04	32.04	30.97	29.74	28.19	26.27	23.85
37.5	36.45	35.21	33.76	32.96	31.99	30.97	29.73	28.18	26.26	23.85
40.0	36.12	34.38	33.70	32.89	31.95	30.96	29.72	28.17	26.26	23.85
42.5	35.76	34.28	33.64	32.82	31.92	30.95	29.71	28.16	26.25	23.85

续表

辐射照度 100W/m²

太阳入射投影角/(°)	百叶角度									
	0°	10°	20°	30°	40°	50°	60°	70°	80°	90°
45.0	34.85	34.19	33.58	32.76	31.90	30.94	29.70	28.16	26.25	23.85
47.5	34.73	34.10	33.52	32.69	31.89	30.93	29.69	28.15	26.24	23.85
50.0	34.61	34.02	33.45	32.64	31.89	30.91	29.68	28.14	26.24	23.85
52.5	34.49	33.94	33.36	32.62	31.88	30.90	29.67	28.13	26.23	23.85
55.0	34.38	33.88	33.28	32.60	31.86	30.89	29.66	28.12	26.23	23.85
57.5	34.27	33.81	33.20	32.59	31.85	30.88	29.65	28.12	26.22	23.85
60.0	34.16	33.74	33.16	32.58	31.84	30.87	29.64	28.11	26.22	23.85
62.5	34.06	33.66	33.12	32.57	31.83	30.86	29.63	28.10	26.22	23.85
65.0	33.98	33.59	33.09	32.56	31.81	30.84	29.62	28.09	26.21	23.85
67.5	33.91	33.56	33.07	32.54	31.80	30.83	29.61	28.09	26.21	23.85
70.0	33.82	33.54	33.07	32.53	31.79	30.82	29.60	28.08	26.20	23.85
72.5	33.75	33.48	33.06	32.52	31.78	30.81	29.59	28.07	26.20	23.85
75.0	33.71	33.42	33.04	32.50	31.76	30.80	29.58	28.06	26.19	23.85
77.5	33.67	33.38	33.03	32.49	31.75	30.79	29.57	28.06	26.19	23.85
80.0	33.65	33.37	33.01	32.48	31.74	30.78	29.56	28.05	26.19	23.85
82.5	33.62	33.35	33.00	32.46	31.73	30.77	29.55	28.04	26.18	23.85
85.0	33.60	33.34	32.99	32.45	31.71	30.75	29.54	28.03	26.18	23.85
87.5	33.58	33.32	32.97	32.44	31.70	30.74	29.53	28.03	26.17	23.85
90.0	33.57	33.31	32.96	32.43	31.69	30.73	29.52	28.02	26.17	23.85

辐射照度 200W/m²

太阳入射投影角/(°)	百叶角度									
	0°	10°	20°	30°	40°	50°	60°	70°	80°	90°
0.0	53.46	52.04	50.25	48.14	45.18	41.81	38.02	34.03	29.67	23.64
2.5	53.17	51.73	49.94	47.71	44.85	41.45	37.73	33.82	29.56	23.64
5.0	52.86	51.41	49.62	47.28	44.52	41.07	37.43	33.61	28.74	23.64
7.5	52.56	51.09	49.30	46.86	44.18	40.70	37.12	33.39	28.72	23.64
10.0	52.25	50.77	48.97	46.45	43.84	40.32	36.81	32.47	28.70	23.64
12.5	51.95	50.44	48.64	46.05	43.31	39.93	36.50	32.42	28.68	23.64

续表

太阳入射投影角/(°)	辐射照度 200W/m²									
	百叶角度									
	0°	10°	20°	30°	40°	50°	60°	70°	80°	90°
15.0	51.63	50.11	48.30	45.64	42.86	39.54	35.41	32.38	28.66	23.64
17.5	51.30	49.76	47.81	45.22	42.40	39.13	35.34	32.34	28.65	23.64
20.0	50.97	49.41	47.33	44.80	41.93	37.83	35.28	32.32	28.63	23.64
22.5	50.62	49.04	46.84	44.35	41.43	37.72	35.21	32.29	28.61	23.64
25.0	50.25	48.65	46.34	43.89	39.86	37.63	35.15	32.27	28.60	23.64
27.5	49.86	48.24	45.81	43.40	39.72	37.54	35.12	32.24	28.58	23.64
30.0	49.45	47.80	45.27	41.61	39.59	37.45	35.09	32.22	28.57	23.64
32.5	49.00	47.19	44.69	41.44	39.47	37.37	35.06	32.20	28.56	23.64
35.0	48.52	46.55	42.78	41.27	39.35	37.31	35.03	32.18	28.54	23.64
37.5	48.00	45.87	42.63	41.11	39.23	37.27	35.00	32.15	28.53	23.64
40.0	47.44	43.78	42.50	40.96	39.12	37.23	34.98	32.13	28.51	23.64
42.5	46.81	43.60	42.38	40.81	39.04	37.20	34.95	32.11	28.50	23.64
45.0	44.65	43.42	42.26	40.66	38.98	37.17	34.92	32.09	28.49	23.64
47.5	44.43	43.24	42.13	40.52	38.93	37.14	34.90	32.07	28.48	23.64
50.0	44.21	43.08	42.00	40.40	38.88	37.11	34.87	32.05	28.46	23.64
52.5	43.99	42.92	41.82	40.31	38.85	37.08	34.85	32.03	28.45	23.64
55.0	43.78	42.79	41.64	40.24	38.81	37.05	34.82	32.01	28.44	23.64
57.5	43.57	42.66	41.48	40.17	38.78	37.02	34.80	31.99	28.43	23.64
60.0	43.36	42.52	41.36	40.11	38.75	36.99	34.77	31.97	28.41	23.64
62.5	43.16	42.38	41.25	40.08	38.72	36.97	34.75	31.95	28.40	23.64
65.0	42.99	42.24	41.15	40.04	38.69	36.94	34.72	31.93	28.39	23.64
67.5	42.85	42.17	41.06	40.01	38.66	36.91	34.70	31.91	28.38	23.64
70.0	42.69	42.11	40.98	39.98	38.63	36.88	34.67	31.89	28.37	23.64
72.5	42.55	41.96	40.94	39.95	38.60	36.86	34.65	31.88	28.36	23.64
75.0	42.46	41.82	40.91	39.91	38.57	36.83	34.63	31.86	28.35	23.64
77.5	42.38	41.66	40.87	39.88	38.54	36.80	34.60	31.84	28.33	23.64
80.0	42.32	41.51	40.84	39.85	38.51	36.78	34.58	31.82	28.32	23.64
82.5	42.27	41.48	40.81	39.82	38.48	36.75	34.56	31.80	28.31	23.64

续表

辐射照度200W/m²										
太阳入射投影角/(°)	百叶角度									
	0°	10°	20°	30°	40°	50°	60°	70°	80°	90°
85.0	42.22	41.44	40.78	39.79	38.45	36.72	34.53	31.78	28.30	23.64
87.5	42.18	41.41	40.74	39.76	38.42	36.70	34.51	31.76	28.29	23.64
90.0	42.13	41.38	40.71	39.73	38.39	36.67	34.49	31.75	28.28	23.64

辐射照度300W/m²										
太阳入射投影角/(°)	百叶角度									
	0°	10°	20°	30°	40°	50°	60°	70°	80°	90°
0.0	67.74	65.54	62.86	59.72	55.34	50.40	44.99	39.37	33.40	26.00
2.5	67.28	65.07	62.38	59.06	54.85	49.87	44.56	39.07	33.24	26.00
5.0	66.80	64.57	61.89	58.40	54.33	49.32	44.11	38.75	32.39	26.00
7.5	66.33	64.08	61.39	57.77	53.82	48.76	43.66	38.44	32.36	26.00
10.0	65.85	63.58	60.89	57.14	53.30	48.20	43.21	37.31	32.34	26.00
12.5	65.37	63.08	60.38	56.52	52.49	47.62	42.74	37.26	32.32	26.00
15.0	64.88	62.56	59.86	55.90	51.83	47.03	41.32	37.20	32.30	26.00
17.5	64.38	62.04	59.12	55.27	51.14	46.43	41.23	37.16	32.28	26.00
20.0	63.86	61.49	58.38	54.62	50.43	44.66	41.14	37.14	32.25	26.00
22.5	63.31	60.92	57.63	53.95	49.69	44.52	41.05	37.10	32.23	26.00
25.0	62.75	60.33	56.86	53.25	47.51	44.38	40.98	37.07	32.21	26.00
27.5	62.15	59.70	56.07	52.51	47.32	44.26	40.94	37.04	32.20	26.00
30.0	61.51	59.04	55.24	50.00	47.13	44.14	40.91	37.01	32.18	26.00
32.5	60.84	58.11	54.36	49.75	46.95	44.03	40.87	36.98	32.16	26.00
35.0	60.10	57.14	51.65	49.50	46.78	43.96	40.83	36.95	32.14	26.00
37.5	59.31	56.11	51.44	49.27	46.62	43.91	40.79	36.92	32.12	26.00
40.0	58.45	53.11	51.25	49.05	46.47	43.87	40.75	36.89	32.11	26.00
42.5	57.51	52.83	51.07	48.83	46.35	43.82	40.72	36.86	32.09	26.00
45.0	54.39	52.56	50.89	48.62	46.27	43.78	40.68	36.83	32.07	26.00
47.5	54.06	52.31	50.70	48.42	46.21	43.74	40.64	36.80	32.06	26.00
50.0	53.73	52.07	50.52	48.24	46.16	43.70	40.61	36.78	32.04	26.00
52.5	53.41	51.84	50.25	48.13	46.11	43.66	40.57	36.75	32.02	26.00

续表

辐射照度 300W/m²										
太阳入射投影角/(°)	百叶角度									
	0°	10°	20°	30°	40°	50°	60°	70°	80°	90°
55.0	53.09	51.64	49.99	48.03	46.07	43.62	40.54	36.72	32.01	26.00
57.5	52.77	51.45	49.75	47.95	46.02	43.58	40.50	36.70	31.99	26.00
60.0	52.47	51.25	49.59	47.88	45.98	43.54	40.47	36.67	31.98	26.00
62.5	52.17	51.03	49.44	47.83	45.94	43.50	40.44	36.65	31.96	26.00
65.0	51.93	50.83	49.31	47.79	45.89	43.46	40.40	36.62	31.95	26.00
67.5	51.71	50.73	49.19	47.74	45.85	43.42	40.37	36.59	31.93	26.00
70.0	51.48	50.64	49.10	47.70	45.81	43.38	40.34	36.57	31.92	26.00
72.5	51.27	50.44	49.05	47.65	45.77	43.35	40.31	36.54	31.90	26.00
75.0	51.14	50.23	49.00	47.61	45.73	43.31	40.27	36.52	31.89	26.00
77.5	51.03	50.02	48.95	47.56	45.69	43.27	40.24	36.49	31.88	26.00
80.0	50.94	49.85	48.91	47.52	45.65	43.23	40.21	36.47	31.86	26.00
82.5	50.87	49.80	48.86	47.48	45.60	43.20	40.18	36.44	31.85	26.00
85.0	50.80	49.75	48.82	47.43	45.56	43.16	40.15	36.42	31.83	26.00
87.5	50.73	49.70	48.77	47.39	45.52	43.12	40.11	36.39	31.82	26.00
90.0	50.67	49.66	48.73	47.35	45.48	43.09	40.08	36.37	31.80	26.00

辐射照度 400W/m²										
太阳入射投影角/(°)	百叶角度									
	0°	10°	20°	30°	40°	50°	60°	70°	80°	90°
0.0	81.46	78.51	74.93	70.80	65.06	58.58	51.56	44.30	36.62	27.35
2.5	80.84	77.87	74.29	69.92	64.40	57.88	50.99	43.90	36.41	27.35
5.0	80.19	77.20	73.63	69.05	63.71	57.15	50.40	43.48	35.40	27.35
7.5	79.55	76.54	72.97	68.21	63.03	56.42	49.80	43.06	35.37	27.35
10.0	78.91	75.87	72.30	67.38	62.34	55.67	49.20	41.68	35.35	27.35
12.5	78.26	75.19	71.62	66.55	61.26	54.91	48.59	41.61	35.32	27.35
15.0	77.60	74.50	70.92	65.72	60.38	54.13	46.81	41.54	35.29	27.35
17.5	76.92	73.79	69.94	64.88	59.47	53.33	46.69	41.49	35.27	27.35
20.0	76.22	73.06	68.96	64.01	58.53	51.09	46.57	41.46	35.24	27.35
22.5	75.49	72.30	67.97	63.12	57.54	50.91	46.46	41.42	35.21	27.35

续表

辐射照度 400W/m²										
太阳入射投影角/(°)	百叶角度									
	0°	10°	20°	30°	40°	50°	60°	70°	80°	90°
25.0	74.73	71.51	66.95	62.19	54.76	50.73	46.37	41.38	35.19	27.35
27.5	73.93	70.67	65.89	61.21	54.50	50.57	46.32	41.33	35.17	27.35
30.0	73.08	69.79	64.79	57.97	54.26	50.42	46.29	41.29	35.14	27.35
32.5	72.17	68.56	63.62	57.64	54.03	50.27	46.24	41.25	35.12	27.35
35.0	71.19	67.27	60.11	57.32	53.81	50.19	46.19	41.22	35.09	27.35
37.5	70.14	65.90	59.84	57.02	53.60	50.13	46.14	41.18	35.07	27.35
40.0	68.99	62.01	59.58	56.72	53.40	50.08	46.09	41.14	35.05	27.35
42.5	67.74	61.64	59.35	56.44	53.26	50.03	46.04	41.10	35.03	27.35
45.0	63.70	61.29	59.11	56.17	53.16	49.97	45.99	41.07	35.01	27.35
47.5	63.25	60.96	58.87	55.90	53.09	49.92	45.95	41.03	34.99	27.35
50.0	62.82	60.64	58.62	55.68	53.03	49.87	45.90	41.00	34.97	27.35
52.5	62.39	60.34	58.28	55.54	52.97	49.81	45.86	40.96	34.95	27.35
55.0	61.97	60.08	57.93	55.42	52.91	49.76	45.81	40.93	34.93	27.35
57.5	61.56	59.83	57.62	55.32	52.85	49.71	45.77	40.89	34.91	27.35
60.0	61.16	59.56	57.41	55.24	52.80	49.66	45.73	40.86	34.89	27.35
62.5	60.76	59.28	57.22	55.18	52.74	49.61	45.68	40.83	34.87	27.35
65.0	60.45	59.01	57.06	55.12	52.69	49.56	45.64	40.80	34.85	27.35
67.5	60.16	58.88	56.91	55.06	52.63	49.51	45.60	40.76	34.83	27.35
70.0	59.85	58.77	56.80	55.00	52.58	49.46	45.56	40.73	34.81	27.35
72.5	59.58	58.50	56.74	54.94	52.52	49.41	45.52	40.70	34.79	27.35
75.0	59.41	58.23	56.68	54.89	52.47	49.37	45.47	40.67	34.77	27.35
77.5	59.27	57.97	56.62	54.83	52.42	49.32	45.43	40.63	34.76	27.35
80.0	59.15	57.77	56.56	54.77	52.36	49.27	45.39	40.60	34.74	27.35
82.5	59.06	57.71	56.50	54.72	52.31	49.22	45.35	40.57	34.72	27.35
85.0	58.97	57.64	56.44	54.66	52.26	49.17	45.31	40.54	34.70	27.35
87.5	58.88	57.58	56.38	54.60	52.21	49.12	45.27	40.51	34.68	27.35
90.0	58.80	57.52	56.32	54.55	52.16	49.08	45.23	40.47	34.66	27.35

续表

辐射照度 500W/m²										
太阳入射投影角/(°)	百叶角度									
	0°	10°	20°	30°	40°	50°	60°	70°	80°	90°
0.0	95.10	91.39	86.91	81.73	74.53	66.50	57.91	49.01	39.64	28.45
2.5	94.32	90.59	86.11	80.62	73.69	65.65	57.20	48.51	39.38	28.45
5.0	93.51	89.75	85.27	79.52	72.83	64.75	56.47	48.00	38.21	28.45
7.5	92.70	88.91	84.44	78.45	71.97	63.84	55.73	47.48	38.17	28.45
10.0	91.89	88.07	83.59	77.40	71.11	62.91	54.98	45.84	38.15	28.45
12.5	91.07	87.22	82.73	76.35	69.76	61.97	54.22	45.75	38.11	28.45
15.0	90.24	86.35	81.86	75.31	68.66	61.01	52.08	45.67	38.08	28.45
17.5	89.38	85.45	80.61	74.25	67.54	60.01	51.93	45.61	38.04	28.45
20.0	88.50	84.53	79.37	73.16	66.37	57.30	51.79	45.58	38.01	28.45
22.5	87.58	83.58	78.11	72.04	65.15	57.07	51.66	45.52	37.98	28.45
25.0	86.62	82.58	76.82	70.88	61.77	56.86	51.54	45.47	37.95	28.45
27.5	85.61	81.52	75.49	69.65	61.45	56.66	51.49	45.42	37.92	28.45
30.0	84.54	80.40	74.10	65.69	61.16	56.48	51.45	45.37	37.89	28.45
32.5	83.40	78.85	72.63	65.28	60.87	56.30	51.39	45.32	37.86	28.45
35.0	82.17	77.22	68.31	64.88	60.61	56.20	51.33	45.28	37.83	28.45
37.5	80.84	75.49	67.97	64.51	60.35	56.13	51.27	45.23	37.80	28.45
40.0	79.39	70.66	67.66	64.15	60.11	56.08	51.21	45.18	37.78	28.45
42.5	77.81	70.20	67.37	63.80	59.93	56.01	51.15	45.14	37.75	28.45
45.0	72.77	69.77	67.07	63.47	59.82	55.94	51.09	45.09	37.73	28.45
47.5	72.22	69.35	66.77	63.14	59.73	55.88	51.04	45.05	37.70	28.45
50.0	71.67	68.96	66.47	62.87	59.67	55.81	50.98	45.01	37.68	28.45
52.5	71.14	68.58	66.04	62.71	59.59	55.75	50.93	44.97	37.65	28.45
55.0	70.61	68.26	65.61	62.56	59.52	55.68	50.87	44.92	37.63	28.45
57.5	70.10	67.95	65.23	62.44	59.45	55.62	50.82	44.88	37.60	28.45
60.0	69.59	67.62	64.98	62.36	59.39	55.56	50.76	44.84	37.58	28.45
62.5	69.11	67.26	64.75	62.28	59.32	55.50	50.71	44.80	37.56	28.45
65.0	68.72	66.93	64.55	62.21	59.25	55.44	50.66	44.76	37.53	28.45
67.5	68.36	66.77	64.37	62.14	59.18	55.38	50.61	44.72	37.51	28.45

续表

辐射照度 500W/m²										
太阳入射投影角/(°)	百叶角度									
	0°	10°	20°	30°	40°	50°	60°	70°	80°	90°
70.0	67.97	66.63	64.25	62.07	59.12	55.32	50.56	44.68	37.49	28.45
72.5	67.63	66.30	64.17	61.99	59.05	55.26	50.51	44.64	37.46	28.45
75.0	67.42	65.98	64.10	61.93	58.99	55.20	50.45	44.60	37.44	28.45
77.5	67.25	65.66	64.02	61.86	58.92	55.14	50.40	44.57	37.42	28.45
80.0	67.11	65.43	63.95	61.79	58.86	55.08	50.35	44.53	37.40	28.45
82.5	66.99	65.35	63.88	61.72	58.79	55.02	50.30	44.49	37.37	28.45
85.0	66.87	65.27	63.80	61.65	58.73	54.96	50.25	44.45	37.35	28.45
87.5	66.77	65.20	63.73	61.58	58.67	54.90	50.20	44.41	37.33	28.45
90.0	66.67	65.12	63.66	61.52	58.60	54.85	50.15	44.37	37.31	28.45

辐射照度 600W/m²										
太阳入射投影角/(°)	百叶角度									
	0°	10°	20°	30°	40°	50°	60°	70°	80°	90°
0.0	108.61	104.15	98.78	92.58	83.95	74.32	64.09	53.59	42.53	29.41
2.5	107.67	103.18	97.81	91.24	82.94	73.29	63.26	53.00	42.22	29.41
5.0	106.69	102.17	96.80	89.91	81.91	72.20	62.38	52.38	40.89	29.41
7.5	105.72	101.16	95.80	88.62	80.87	71.11	61.50	51.76	40.84	29.41
10.0	104.74	100.15	94.78	87.36	79.84	70.00	60.61	49.86	40.82	29.41
12.5	103.75	99.12	93.75	86.10	78.20	68.87	59.71	49.75	40.77	29.41
15.0	102.75	98.07	92.70	84.85	76.89	67.71	57.21	49.66	40.73	29.41
17.5	101.72	97.00	91.20	83.57	75.54	66.53	57.03	49.59	40.69	29.41
20.0	100.65	95.89	89.70	82.27	74.13	63.34	56.87	49.56	40.65	29.41
22.5	99.55	94.74	88.19	80.92	72.66	63.07	56.72	49.49	40.62	29.41
25.0	98.40	93.54	86.64	79.52	68.64	62.82	56.58	49.43	40.58	29.41
27.5	97.18	92.27	85.04	78.04	68.26	62.58	56.52	49.37	40.54	29.41
30.0	95.89	90.93	83.37	73.34	67.90	62.37	56.48	49.31	40.51	29.41
32.5	94.51	89.05	81.60	72.85	67.57	62.16	56.40	49.26	40.48	29.41
35.0	93.03	87.09	76.47	72.38	67.25	62.04	56.33	49.20	40.44	29.41
37.5	91.43	85.02	76.07	71.92	66.94	61.97	56.26	49.15	40.41	29.41

续表

辐射照度 600W/m²

太阳入射投影角/(°)	百叶角度									
	0°	10°	20°	30°	40°	50°	60°	70°	80°	90°
40.0	89.70	79.27	75.69	71.49	66.66	61.91	56.19	49.09	40.38	29.41
42.5	87.80	78.73	75.34	71.07	66.45	61.83	56.12	49.04	40.35	29.41
45.0	81.81	78.21	74.99	70.67	66.32	61.75	56.05	48.99	40.32	29.41
47.5	81.14	77.71	74.62	70.28	66.22	61.67	55.99	48.94	40.29	29.41
50.0	80.48	77.23	74.26	69.96	66.14	61.60	55.92	48.89	40.26	29.41
52.5	79.85	76.79	73.75	69.76	66.06	61.52	55.86	48.84	40.23	29.41
55.0	79.22	76.41	73.24	69.59	65.97	61.45	55.79	48.79	40.20	29.41
57.5	78.60	76.03	72.78	69.45	65.89	61.38	55.73	48.74	40.17	29.41
60.0	77.99	75.63	72.48	69.35	65.81	61.30	55.67	48.69	40.14	29.41
62.5	77.41	75.21	72.20	69.26	65.73	61.23	55.61	48.64	40.12	29.41
65.0	76.94	74.81	71.97	69.17	65.65	61.16	55.54	48.59	40.09	29.41
67.5	76.51	74.62	71.77	69.09	65.57	61.09	55.48	48.55	40.06	29.41
70.0	76.05	74.45	71.62	69.00	65.49	61.02	55.42	48.50	40.04	29.41
72.5	75.64	74.06	71.53	68.92	65.41	60.95	55.36	48.45	40.01	29.41
75.0	75.39	73.67	71.44	68.83	65.34	60.88	55.30	48.41	39.98	29.41
77.5	75.18	73.30	71.35	68.75	65.26	60.81	55.24	48.36	39.96	29.41
80.0	75.01	73.03	71.27	68.67	65.18	60.74	55.18	48.32	39.93	29.41
82.5	74.87	72.94	71.18	68.59	65.11	60.67	55.12	48.27	39.90	29.41
85.0	74.74	72.85	71.09	68.51	65.03	60.60	55.06	48.22	39.87	29.41
87.5	74.61	72.76	71.01	68.43	64.95	60.53	55.00	48.18	39.85	29.41
90.0	74.50	72.67	70.93	68.35	64.88	60.47	54.94	48.13	39.82	29.41

辐射照度 700W/m²

太阳入射投影角/(°)	百叶角度									
	0°	10°	20°	30°	40°	50°	60°	70°	80°	90°
0.0	122.02	116.81	110.54	103.32	93.28	82.09	70.19	58.07	45.33	30.30
2.5	120.92	115.67	109.41	101.76	92.11	80.89	69.21	57.38	44.98	30.30
5.0	119.77	114.49	108.23	100.21	90.90	79.62	68.19	56.67	43.47	30.30
7.5	118.63	113.31	107.06	98.70	89.69	78.35	67.16	55.95	43.42	30.30

续表

辐射照度 700W/m²										
太阳入射投影角/(°)	百叶角度									
	0°	10°	20°	30°	40°	50°	60°	70°	80°	90°
10.0	117.49	112.13	105.87	97.23	88.48	77.05	66.13	53.79	43.39	30.30
12.5	116.33	110.93	104.67	95.76	86.57	75.74	65.08	53.67	43.35	30.30
15.0	115.16	109.70	103.44	94.30	85.05	74.39	62.21	53.56	43.30	30.30
17.5	113.95	108.45	101.69	92.81	83.47	73.01	62.01	53.48	43.25	30.30
20.0	112.71	107.15	99.94	91.28	81.83	69.33	61.82	53.45	43.21	30.30
22.5	111.42	105.81	98.17	89.71	80.12	69.02	61.65	53.37	43.17	30.30
25.0	110.07	104.40	96.36	88.07	75.48	68.73	61.50	53.30	43.12	30.30
27.5	108.65	102.92	94.49	86.36	75.04	68.45	61.43	53.23	43.08	30.30
30.0	107.14	101.35	92.54	80.93	74.63	68.20	61.38	53.17	43.04	30.30
32.5	105.53	99.16	90.48	80.36	74.24	67.96	61.30	53.10	43.00	30.30
35.0	103.80	96.87	84.55	79.81	73.87	67.83	61.22	53.04	42.97	30.30
37.5	101.94	94.45	84.08	79.28	73.52	67.74	61.13	52.97	42.93	30.30
40.0	99.91	87.81	83.65	78.78	73.19	67.67	61.05	52.91	42.89	30.30
42.5	97.69	87.17	83.24	78.30	72.95	67.58	60.98	52.85	42.86	30.30
45.0	90.75	86.57	82.83	77.83	72.80	67.49	60.90	52.79	42.82	30.30
47.5	89.97	85.99	82.41	77.38	72.68	67.40	60.82	52.73	42.79	30.30
50.0	89.21	85.43	81.98	77.01	72.60	67.31	60.75	52.67	42.75	30.30
52.5	88.47	84.92	81.39	76.77	72.50	67.22	60.67	52.62	42.72	30.30
55.0	87.74	84.47	80.80	76.58	72.40	67.14	60.60	52.56	42.69	30.30
57.5	87.02	84.04	80.26	76.43	72.31	67.05	60.53	52.50	42.65	30.30
60.0	86.31	83.57	79.92	76.32	72.21	66.97	60.46	52.45	42.62	30.30
62.5	85.64	83.08	79.60	76.21	72.12	66.88	60.39	52.39	42.59	30.30
65.0	85.09	82.62	79.33	76.11	72.03	66.80	60.32	52.34	42.56	30.30
67.5	84.59	82.39	79.10	76.01	71.94	66.72	60.25	52.28	42.53	30.30
70.0	84.06	82.20	78.95	75.91	71.84	66.64	60.18	52.23	42.50	30.30
72.5	83.58	81.74	78.84	75.82	71.75	66.55	60.11	52.18	42.47	30.30
75.0	83.29	81.30	78.74	75.72	71.67	66.47	60.04	52.12	42.43	30.30
77.5	83.04	80.88	78.63	75.62	71.58	66.39	59.97	52.07	42.40	30.30

续表

辐射照度 700W/m²										
太阳入射投影角/(°)	百叶角度									
	0°	10°	20°	30°	40°	50°	60°	70°	80°	90°
80.0	82.85	80.58	78.53	75.53	71.49	66.31	59.90	52.02	42.37	30.30
82.5	82.69	80.47	78.43	75.43	71.40	66.23	59.83	51.96	42.34	30.30
85.0	82.53	80.36	78.33	75.34	71.31	66.15	59.76	51.91	42.31	30.30
87.5	82.39	80.26	78.24	75.25	71.22	66.07	59.69	51.86	42.28	30.30
90.0	82.26	80.16	78.14	75.16	71.14	65.99	59.63	51.80	42.25	30.30

辐射照度 800W/m²										
太阳入射投影角/(°)	百叶角度									
	0°	10°	20°	30°	40°	50°	60°	70°	80°	90°
0.0	135.35	129.39	122.23	113.99	102.54	89.79	76.27	62.46	48.07	31.12
2.5	134.09	128.08	120.93	112.21	101.20	88.42	75.15	61.69	47.67	31.12
5.0	132.78	126.74	119.59	110.43	99.82	86.98	73.98	60.87	46.00	31.12
7.5	131.47	125.39	118.24	108.71	98.44	85.53	72.81	60.06	45.94	31.12
10.0	130.16	124.03	116.88	107.02	97.05	84.05	71.62	57.64	45.91	31.12
12.5	128.83	122.65	115.51	105.35	94.87	82.55	70.42	57.51	45.85	31.12
15.0	127.49	121.25	114.10	103.67	93.13	81.01	67.19	57.39	45.80	31.12
17.5	126.11	119.82	112.10	101.97	91.33	79.43	66.96	57.30	45.75	31.12
20.0	124.68	118.33	110.10	100.23	89.46	75.28	66.75	57.26	45.70	31.12
22.5	123.21	116.80	108.08	98.43	87.51	74.93	66.55	57.18	45.65	31.12
25.0	121.66	115.19	106.01	96.56	82.27	74.60	66.38	57.10	45.60	31.12
27.5	120.04	113.49	103.87	94.60	81.77	74.29	66.30	57.02	45.56	31.12
30.0	118.31	111.70	101.64	88.45	81.30	74.00	66.25	56.95	45.51	31.12
32.5	116.47	109.20	99.29	87.80	80.86	73.74	66.15	56.87	45.47	31.12
35.0	114.50	106.58	92.57	87.18	80.43	73.58	66.06	56.80	45.43	31.12
37.5	112.36	103.82	92.03	86.58	80.04	73.48	65.96	56.73	45.38	31.12
40.0	110.04	96.27	91.54	86.01	79.66	73.41	65.87	56.66	45.34	31.12
42.5	107.51	95.55	91.07	85.46	79.39	73.31	65.78	56.59	45.30	31.12
45.0	99.63	94.85	90.61	84.93	79.22	73.20	65.69	56.52	45.26	31.12
47.5	98.74	94.19	90.13	84.42	79.10	73.10	65.61	56.46	45.22	31.12

续表

辐射照度 800W/m²										
太阳入射投影角/(°)	百叶角度									
	0°	10°	20°	30°	40°	50°	60°	70°	80°	90°
50.0	97.87	93.57	89.64	83.99	79.01	73.00	65.52	56.39	45.18	31.12
52.5	97.02	92.98	88.97	83.73	78.89	72.90	65.44	56.32	45.15	31.12
55.0	96.19	92.47	88.29	83.51	78.78	72.80	65.35	56.26	45.11	31.12
57.5	95.37	91.98	87.69	83.34	78.67	72.71	65.27	56.20	45.07	31.12
60.0	94.56	91.45	87.30	83.22	78.57	72.61	65.19	56.13	45.04	31.12
62.5	93.80	90.88	86.94	83.11	78.46	72.52	65.11	56.07	45.00	31.12
65.0	93.18	90.36	86.63	82.99	78.36	72.42	65.03	56.01	44.96	31.12
67.5	92.61	90.10	86.38	82.88	78.25	72.33	64.95	55.95	44.93	31.12
70.0	91.99	89.88	86.21	82.77	78.15	72.24	64.87	55.89	44.89	31.12
72.5	91.45	89.37	86.09	82.66	78.05	72.14	64.79	55.83	44.86	31.12
75.0	91.12	88.86	85.97	82.55	77.95	72.05	64.71	55.77	44.82	31.12
77.5	90.84	88.39	85.86	82.44	77.85	71.96	64.63	55.71	44.79	31.12
80.0	90.62	88.06	85.74	82.33	77.74	71.87	64.55	55.65	44.75	31.12
82.5	90.43	87.94	85.63	82.22	77.64	71.78	64.47	55.59	44.72	31.12
85.0	90.26	87.82	85.51	82.12	77.54	71.68	64.40	55.53	44.68	31.12
87.5	90.10	87.70	85.40	82.01	77.44	71.59	64.32	55.47	44.65	31.12
90.0	89.95	87.59	85.30	81.91	77.35	71.50	64.24	55.41	44.62	31.12

附表 C.13　对流得热量(散射比＝60%;室外空气温度＝40℃)　(单位:W/m²)

辐射照度 100W/m²										
太阳入射投影角/(°)	百叶角度									
	0°	10°	20°	30°	40°	50°	60°	70°	80°	90°
0.0	54.54	53.76	52.74	51.50	50.09	48.06	45.82	43.39	40.70	37.13
2.5	54.38	53.59	52.57	51.27	49.92	47.89	45.68	43.29	40.65	37.13
5.0	54.22	53.42	52.41	51.05	49.74	47.70	45.53	43.19	40.11	37.13
7.5	54.06	53.25	52.24	50.89	49.57	47.52	45.38	43.08	40.10	37.13
10.0	53.89	53.08	52.06	50.83	49.39	47.33	45.23	42.45	40.09	37.13
12.5	53.73	52.91	51.89	50.73	49.10	47.13	45.07	42.43	40.09	37.13

续表

辐射照度 100W/m²										
太阳入射投影角/(°)	百叶角度									
	0°	10°	20°	30°	40°	50°	60°	70°	80°	90°
15.0	53.56	52.73	51.72	50.52	48.88	46.94	44.70	42.42	40.08	37.13
17.5	53.39	52.55	51.51	50.30	48.64	46.73	44.67	42.41	40.07	37.13
20.0	53.21	52.37	51.40	50.07	48.40	46.24	44.64	42.40	40.07	37.13
22.5	53.02	52.18	51.28	49.84	48.15	46.19	44.35	42.39	40.06	37.13
25.0	52.83	51.98	51.01	49.60	47.51	46.15	44.27	42.38	40.05	37.13
27.5	52.62	51.92	50.74	49.34	47.45	46.11	44.23	42.37	40.05	37.13
30.0	52.41	51.86	50.45	48.58	47.39	46.07	44.22	42.36	40.04	37.13
32.5	52.18	51.54	50.14	48.50	47.33	46.04	44.21	42.35	40.04	37.13
35.0	52.10	51.20	49.31	48.42	47.28	46.02	44.20	42.34	40.03	37.13
37.5	51.98	50.84	49.24	48.34	47.23	45.76	44.18	42.33	40.03	37.13
40.0	51.68	49.89	49.17	48.27	47.18	45.65	44.17	42.32	40.02	37.13
42.5	51.36	49.80	49.11	48.20	47.15	45.63	44.16	42.31	40.02	37.13
45.0	50.36	49.71	49.05	48.13	47.13	45.62	44.15	42.30	40.01	37.13
47.5	50.25	49.63	48.99	48.07	47.11	45.60	44.14	42.30	40.01	37.13
50.0	50.14	49.54	48.93	48.01	46.81	45.59	44.13	42.29	40.00	37.13
52.5	50.03	49.47	48.84	47.98	46.77	45.58	44.11	42.28	40.00	37.13
55.0	49.92	49.40	48.75	47.95	46.75	45.57	44.10	42.27	39.99	37.13
57.5	49.81	49.34	48.68	47.93	46.72	45.56	44.09	42.26	39.99	37.13
60.0	49.71	49.27	48.63	47.92	46.70	45.54	44.08	42.25	39.98	37.13
62.5	49.61	49.20	48.58	47.90	46.68	45.53	44.07	42.25	39.98	37.13
65.0	49.53	49.13	48.54	47.72	46.66	45.52	44.06	42.24	39.97	37.13
67.5	49.46	49.10	48.51	47.63	46.65	45.51	44.05	42.23	39.97	37.13
70.0	49.38	49.07	48.49	47.58	46.63	45.49	44.04	42.22	39.97	37.13
72.5	49.31	49.00	48.48	47.54	46.62	45.48	44.03	42.22	39.96	37.13
75.0	49.26	48.94	48.46	47.51	46.61	45.47	44.02	42.21	39.96	37.13
77.5	49.23	48.88	48.45	47.49	46.60	45.46	44.01	42.20	39.95	37.13
80.0	49.20	48.84	48.43	47.46	46.59	45.45	44.00	42.19	39.95	37.13
82.5	49.18	48.82	48.42	47.44	46.57	45.43	43.99	42.18	39.94	37.13

续表

辐射照度 100W/m²										
太阳入射投影角/(°)	百叶角度									
	0°	10°	20°	30°	40°	50°	60°	70°	80°	90°
85.0	49.15	48.81	48.22	47.42	46.56	45.42	43.98	42.18	39.94	37.13
87.5	49.13	48.79	48.14	47.41	46.55	45.41	43.97	42.17	39.93	37.13
90.0	49.11	48.78	48.09	47.40	46.53	45.40	43.96	42.16	39.93	37.13

辐射照度 200W/m²										
太阳入射投影角/(°)	百叶角度									
	0°	10°	20°	30°	40°	50°	60°	70°	80°	90°
0.0	67.99	66.25	64.56	62.44	59.42	55.78	51.23	46.69	42.39	37.54
2.5	67.63	65.91	64.32	62.07	59.12	55.41	50.92	46.49	42.28	37.54
5.0	67.25	65.68	64.05	61.70	58.81	55.02	50.60	46.27	42.15	37.54
7.5	66.87	65.47	63.77	61.32	58.49	54.63	50.29	46.06	42.14	37.54
10.0	66.48	65.23	63.49	60.95	58.18	54.25	49.97	45.76	42.14	37.54
12.5	66.19	64.96	63.19	60.58	57.69	53.85	49.64	45.74	42.13	37.54
15.0	66.00	64.68	62.89	60.20	57.24	53.45	48.69	45.72	42.12	37.54
17.5	65.77	64.38	62.45	59.81	56.78	53.04	48.64	45.71	42.10	37.54
20.0	65.51	64.07	62.01	59.41	56.31	51.12	48.60	45.71	42.09	37.54
22.5	65.22	63.73	61.56	58.99	55.81	51.03	48.56	45.69	42.08	37.54
25.0	64.90	63.38	61.08	58.54	53.74	50.95	48.53	45.67	42.07	37.54
27.5	64.56	63.00	60.59	58.07	53.57	50.89	48.53	45.65	42.06	37.54
30.0	64.19	62.59	60.06	55.92	53.41	50.83	48.54	45.64	42.05	37.54
32.5	63.78	62.02	59.51	55.73	53.26	50.77	48.52	45.62	42.04	37.54
35.0	63.34	61.42	57.31	55.55	53.10	50.76	48.49	45.60	42.03	37.54
37.5	62.85	60.77	57.16	55.37	52.95	50.75	48.47	45.58	42.02	37.54
40.0	62.31	58.43	57.02	55.20	52.79	50.75	48.45	45.57	42.01	37.54
42.5	61.71	58.25	56.88	55.02	52.66	50.74	48.43	45.55	42.00	37.54
45.0	59.33	58.07	56.76	54.85	52.54	50.72	48.41	45.54	41.99	37.54
47.5	59.11	57.89	56.62	54.68	52.48	50.69	48.39	45.52	41.98	37.54
50.0	58.89	57.72	56.49	54.52	52.46	50.67	48.37	45.51	41.97	37.54
52.5	58.68	57.55	56.30	54.38	52.46	50.65	48.35	45.49	41.96	37.54

续表

太阳入射投影角/(°)	辐射照度 200W/m²									
	百叶角度									
	0°	10°	20°	30°	40°	50°	60°	70°	80°	90°
55.0	58.47	57.41	56.10	54.24	52.44	50.63	48.33	45.48	41.96	37.54
57.5	58.25	57.27	55.92	54.09	52.41	50.60	48.31	45.46	41.95	37.54
60.0	58.04	57.13	55.77	53.92	52.39	50.58	48.30	45.45	41.94	37.54
62.5	57.83	56.98	55.63	53.88	52.37	50.56	48.28	45.43	41.93	37.54
65.0	57.66	56.85	55.47	53.83	52.34	50.54	48.26	45.42	41.92	37.54
67.5	57.51	56.77	55.30	53.79	52.32	50.52	48.24	45.40	41.91	37.54
70.0	57.35	56.70	55.07	53.75	52.30	50.50	48.22	45.39	41.91	37.54
72.5	57.21	56.53	55.02	53.70	52.27	50.48	48.20	45.38	41.90	37.54
75.0	57.11	56.34	54.98	53.67	52.25	50.46	48.19	45.36	41.89	37.54
77.5	57.03	56.12	54.93	53.63	52.23	50.44	48.17	45.35	41.88	37.54
80.0	56.96	55.78	54.89	53.60	52.21	50.42	48.15	45.33	41.87	37.54
82.5	56.90	55.74	54.84	53.57	52.18	50.40	48.13	45.32	41.87	37.54
85.0	56.85	55.69	54.80	53.54	52.16	50.37	48.11	45.31	41.86	37.54
87.5	56.79	55.64	54.76	53.52	52.14	50.35	48.10	45.29	41.85	37.54
90.0	56.74	55.60	54.71	53.49	52.12	50.33	48.08	45.28	41.84	37.54

太阳入射投影角/(°)	辐射照度 300W/m²									
	百叶角度									
	0°	10°	20°	30°	40°	50°	60°	70°	80°	90°
0.0	83.19	81.02	78.30	75.06	70.54	65.35	59.53	53.31	46.46	37.02
2.5	82.75	80.56	77.83	74.41	70.04	64.82	59.09	53.00	46.30	37.02
5.0	82.28	80.08	77.35	73.77	69.54	64.26	58.63	52.68	44.99	37.02
7.5	81.82	79.59	76.86	73.14	69.03	63.69	58.18	52.35	44.95	37.02
10.0	81.36	79.11	76.36	72.52	68.52	63.12	57.71	50.96	44.92	37.02
12.5	80.89	78.61	75.86	71.91	67.72	62.54	57.25	50.89	44.89	37.02
15.0	80.41	78.11	75.35	71.30	67.05	61.95	55.63	50.82	44.87	37.02
17.5	79.92	77.59	74.62	70.67	66.36	61.34	55.52	50.77	44.84	37.02
20.0	79.42	77.05	73.89	70.03	65.65	59.41	55.42	50.73	44.81	37.02
22.5	78.89	76.49	73.16	69.36	64.90	59.26	55.32	50.69	44.79	37.02

续表

辐射照度 300W/m²										
太阳入射投影角/(°)	百叶角度									
	0°	10°	20°	30°	40°	50°	60°	70°	80°	90°
25.0	78.33	75.91	72.40	68.67	62.58	59.12	55.23	50.65	44.77	37.02
27.5	77.74	75.29	71.61	67.94	62.37	58.98	55.18	50.62	44.74	37.02
30.0	77.12	74.63	70.79	65.29	62.18	58.85	55.14	50.58	44.72	37.02
32.5	76.45	73.71	69.91	65.03	61.99	58.73	55.09	50.55	44.70	37.02
35.0	75.73	72.75	67.09	64.78	61.82	58.64	55.05	50.51	44.68	37.02
37.5	74.94	71.73	66.88	64.54	61.65	58.58	55.01	50.48	44.65	37.02
40.0	74.09	68.63	66.68	64.31	61.48	58.53	54.97	50.45	44.63	37.02
42.5	73.15	68.35	66.49	64.09	61.36	58.48	54.93	50.42	44.61	37.02
45.0	69.95	68.08	66.31	63.87	61.27	58.43	54.89	50.39	44.59	37.02
47.5	69.61	67.82	66.12	63.66	61.19	58.39	54.85	50.35	44.57	37.02
50.0	69.28	67.58	65.93	63.48	61.12	58.34	54.81	50.32	44.55	37.02
52.5	68.95	67.34	65.66	63.35	61.07	58.30	54.77	50.29	44.53	37.02
55.0	68.63	67.14	65.39	63.24	61.02	58.26	54.73	50.26	44.51	37.02
57.5	68.32	66.95	65.14	63.14	60.98	58.22	54.70	50.23	44.50	37.02
60.0	68.00	66.74	64.98	63.05	60.93	58.17	54.66	50.21	44.48	37.02
62.5	67.70	66.52	64.82	63.00	60.88	58.13	54.62	50.18	44.46	37.02
65.0	67.46	66.32	64.67	62.95	60.84	58.09	54.59	50.15	44.44	37.02
67.5	67.23	66.22	64.53	62.90	60.79	58.05	54.55	50.12	44.42	37.02
70.0	67.00	66.12	64.41	62.86	60.75	58.01	54.52	50.09	44.40	37.02
72.5	66.79	65.91	64.36	62.81	60.70	57.97	54.48	50.06	44.39	37.02
75.0	66.66	65.69	64.31	62.76	60.66	57.93	54.44	50.03	44.37	37.02
77.5	66.54	65.46	64.26	62.72	60.62	57.89	54.41	50.01	44.35	37.02
80.0	66.45	65.25	64.21	62.67	60.57	57.85	54.37	49.98	44.33	37.02
82.5	66.38	65.19	64.16	62.62	60.53	57.81	54.34	49.95	44.32	37.02
85.0	66.30	65.14	64.11	62.58	60.49	57.76	54.30	49.92	44.30	37.02
87.5	66.23	65.09	64.06	62.53	60.44	57.72	54.27	49.89	44.28	37.02
90.0	66.17	65.04	64.02	62.49	60.40	57.69	54.23	49.87	44.26	37.02

续表

太阳入射投影角/(°)	辐射照度 400W/m²									
	百叶角度									
	0°	10°	20°	30°	40°	50°	60°	70°	80°	90°
0.0	97.54	94.60	90.97	86.70	80.75	74.00	66.57	58.77	50.35	39.65
2.5	96.93	93.96	90.33	85.82	80.09	73.29	66.00	58.36	50.14	39.65
5.0	96.30	93.30	89.67	84.95	79.40	72.56	65.40	57.94	48.91	39.65
7.5	95.66	92.64	89.01	84.10	78.72	71.81	64.79	57.52	48.87	39.65
10.0	95.03	91.98	88.34	83.26	78.03	71.06	64.18	55.97	48.85	39.65
12.5	94.38	91.31	87.66	82.44	76.95	70.29	63.57	55.89	48.82	39.65
15.0	93.73	90.62	86.97	81.61	76.06	69.50	61.65	55.82	48.79	39.65
17.5	93.06	89.92	85.98	80.76	75.15	68.70	61.52	55.76	48.76	39.65
20.0	92.36	89.19	85.00	79.90	74.20	66.33	61.39	55.73	48.73	39.65
22.5	91.64	88.43	84.00	79.00	73.21	66.14	61.28	55.68	48.70	39.65
25.0	90.88	87.64	82.97	78.07	70.30	65.96	61.18	55.64	48.68	39.65
27.5	90.09	86.80	81.91	77.09	70.03	65.79	61.12	55.59	48.65	39.65
30.0	89.24	85.92	80.81	73.74	69.78	65.63	61.08	55.55	48.62	39.65
32.5	88.33	84.68	79.63	73.40	69.54	65.48	61.03	55.51	48.60	39.65
35.0	87.36	83.38	76.02	73.07	69.32	65.38	60.97	55.47	48.57	39.65
37.5	86.30	82.01	75.74	72.76	69.10	65.31	60.92	55.43	48.55	39.65
40.0	85.15	78.01	75.48	72.46	68.89	65.26	60.87	55.39	48.53	39.65
42.5	83.89	77.64	75.24	72.17	68.74	65.20	60.82	55.35	48.50	39.65
45.0	79.74	77.28	75.00	71.89	68.64	65.14	60.77	55.31	48.48	39.65
47.5	79.29	76.94	74.75	71.61	68.55	65.08	60.72	55.27	48.46	39.65
50.0	78.85	76.62	74.50	71.38	68.48	65.03	60.68	55.24	48.44	39.65
52.5	78.42	76.31	74.15	71.23	68.42	64.97	60.63	55.20	48.42	39.65
55.0	78.00	76.05	73.80	71.10	68.36	64.92	60.58	55.16	48.39	39.65
57.5	77.58	75.79	73.48	70.99	68.30	64.87	60.54	55.13	48.37	39.65
60.0	77.17	75.52	73.26	70.89	68.24	64.81	60.49	55.09	48.35	39.65
62.5	76.77	75.23	73.06	70.83	68.18	64.76	60.45	55.06	48.33	39.65
65.0	76.45	74.96	72.88	70.77	68.12	64.71	60.40	55.02	48.31	39.65
67.5	76.15	74.83	72.72	70.71	68.07	64.66	60.36	54.99	48.29	39.65

续表

辐射照度 400W/m²										
太阳入射投影角/(°)	百叶角度									
	0°	10°	20°	30°	40°	50°	60°	70°	80°	90°
70.0	75.84	74.71	72.59	70.64	68.01	64.61	60.31	54.95	48.27	39.65
72.5	75.56	74.43	72.53	70.58	67.96	64.56	60.27	54.92	48.25	39.65
75.0	75.39	74.16	72.46	70.53	67.90	64.51	60.23	54.89	48.23	39.65
77.5	75.24	73.88	72.40	70.47	67.84	64.46	60.18	54.85	48.21	39.65
80.0	75.13	73.64	72.34	70.41	67.79	64.41	60.14	54.82	48.19	39.65
82.5	75.03	73.58	72.28	70.35	67.73	64.36	60.09	54.79	48.17	39.65
85.0	74.93	73.51	72.22	70.29	67.68	64.30	60.05	54.75	48.15	39.65
87.5	74.85	73.45	72.16	70.23	67.62	64.25	60.01	54.72	48.13	39.65
90.0	74.76	73.39	72.10	70.18	67.57	64.21	59.97	54.69	48.11	39.65

辐射照度 500W/m²										
太阳入射投影角/(°)	百叶角度									
	0°	10°	20°	30°	40°	50°	60°	70°	80°	90°
0.0	111.46	107.77	103.26	97.98	90.63	82.32	73.28	63.84	53.75	41.32
2.5	110.68	106.97	102.46	96.88	89.79	81.45	72.56	63.33	53.49	41.32
5.0	109.89	106.14	101.63	95.78	88.93	80.53	71.82	62.81	52.15	41.32
7.5	109.09	105.31	100.80	94.71	88.08	79.61	71.07	62.28	52.11	41.32
10.0	108.29	104.48	99.96	93.67	87.21	78.67	70.31	60.50	52.08	41.32
12.5	107.48	103.63	99.10	92.63	85.86	77.72	69.55	60.41	52.04	41.32
15.0	106.65	102.77	98.23	91.59	84.76	76.74	67.28	60.32	52.01	41.32
17.5	105.81	101.88	96.99	90.53	83.62	75.74	67.12	60.26	51.97	41.32
20.0	104.93	100.97	95.76	89.44	82.44	72.91	66.98	60.22	51.94	41.32
22.5	104.02	100.02	94.50	88.32	81.20	72.67	66.84	60.17	51.90	41.32
25.0	103.07	99.02	93.22	87.16	77.69	72.45	66.72	60.11	51.87	41.32
27.5	102.07	97.97	91.89	85.93	77.37	72.25	66.66	60.06	51.84	41.32
30.0	101.01	96.86	90.50	81.86	77.06	72.05	66.61	60.01	51.81	41.32
32.5	99.87	95.31	89.04	81.44	76.77	71.87	66.55	59.96	51.78	41.32
35.0	98.65	93.68	84.63	81.04	76.49	71.76	66.48	59.91	51.75	41.32
37.5	97.32	91.96	84.29	80.66	76.23	71.68	66.42	59.86	51.72	41.32

续表

辐射照度 500W/m²										
太阳入射投影角/(°)	百叶角度									
	0°	10°	20°	30°	40°	50°	60°	70°	80°	90°
40.0	95.88	87.06	83.97	80.29	75.98	71.62	66.36	59.81	51.69	41.32
42.5	94.30	86.60	83.67	79.93	75.79	71.55	66.30	59.77	51.66	41.32
45.0	89.21	86.16	83.37	79.59	75.67	71.48	66.24	59.72	51.64	41.32
47.5	88.65	85.74	83.07	79.25	75.58	71.41	66.18	59.68	51.61	41.32
50.0	88.10	85.34	82.76	78.97	75.50	71.35	66.12	59.63	51.59	41.32
52.5	87.57	84.96	82.32	78.79	75.42	71.28	66.07	59.59	51.56	41.32
55.0	87.04	84.64	81.89	78.64	75.35	71.21	66.01	59.54	51.53	41.32
57.5	86.52	84.33	81.50	78.51	75.28	71.15	65.95	59.50	51.51	41.32
60.0	86.01	83.99	81.24	78.41	75.21	71.09	65.90	59.46	51.48	41.32
62.5	85.52	83.63	81.00	78.33	75.14	71.02	65.85	59.42	51.46	41.32
65.0	85.12	83.29	80.78	78.25	75.07	70.96	65.79	59.37	51.43	41.32
67.5	84.76	83.13	80.60	78.18	75.00	70.90	65.74	59.33	51.41	41.32
70.0	84.37	82.98	80.46	78.10	74.93	70.84	65.68	59.29	51.39	41.32
72.5	84.02	82.65	80.38	78.03	74.86	70.77	65.63	59.25	51.36	41.32
75.0	83.81	82.31	80.30	77.96	74.80	70.71	65.58	59.21	51.34	41.32
77.5	83.63	81.98	80.22	77.89	74.73	70.65	65.53	59.17	51.32	41.32
80.0	83.49	81.72	80.15	77.82	74.66	70.59	65.47	59.13	51.29	41.32
82.5	83.37	81.64	80.07	77.75	74.60	70.53	65.42	59.09	51.27	41.32
85.0	83.25	81.56	80.00	77.67	74.53	70.47	65.37	59.05	51.24	41.32
87.5	83.14	81.48	79.92	77.60	74.46	70.41	65.31	59.01	51.22	41.32
90.0	83.05	81.41	79.85	77.54	74.40	70.35	65.26	58.97	51.20	41.32

辐射照度 600W/m²										
太阳入射投影角/(°)	百叶角度									
	0°	10°	20°	30°	40°	50°	60°	70°	80°	90°
0.0	125.13	120.68	115.27	109.02	100.29	90.44	79.78	68.70	56.92	42.62
2.5	124.20	119.71	114.31	107.69	99.29	89.39	78.93	68.10	56.61	42.62
5.0	123.23	118.71	113.31	106.38	98.25	88.30	78.04	67.48	55.12	42.62
7.5	122.26	117.71	112.31	105.10	97.22	87.20	77.15	66.85	55.07	42.62

续表

辐射照度 600W/m²										
太阳入射投影角/(°)	百叶角度									
	0°	10°	20°	30°	40°	50°	60°	70°	80°	90°
10.0	121.29	116.70	111.31	103.85	96.19	86.08	76.25	64.82	55.04	42.62
12.5	120.31	115.68	110.29	102.60	94.56	84.94	75.33	64.71	55.00	42.62
15.0	119.31	114.64	109.25	101.35	93.24	83.78	72.71	64.61	54.96	42.62
17.5	118.29	113.58	107.77	100.08	91.88	82.58	72.53	64.53	54.92	42.62
20.0	117.24	112.48	106.29	98.78	90.47	79.28	72.36	64.50	54.88	42.62
22.5	116.14	111.34	104.79	97.44	89.00	79.01	72.20	64.43	54.84	42.62
25.0	114.99	110.14	103.25	96.04	84.88	78.75	72.06	64.37	54.80	42.62
27.5	113.79	108.89	101.66	94.57	84.50	78.51	71.99	64.31	54.76	42.62
30.0	112.51	107.56	99.99	89.78	84.14	78.28	71.94	64.25	54.73	42.62
32.5	111.14	105.71	98.23	89.29	83.79	78.07	71.87	64.19	54.69	42.62
35.0	109.68	103.76	93.04	88.81	83.47	77.94	71.79	64.13	54.66	42.62
37.5	108.09	101.70	92.63	88.35	83.16	77.86	71.72	64.07	54.63	42.62
40.0	106.37	95.91	92.25	87.92	82.86	77.79	71.65	64.02	54.59	42.62
42.5	104.49	95.37	91.90	87.49	82.65	77.71	71.58	63.96	54.56	42.62
45.0	98.47	94.84	91.55	87.09	82.51	77.63	71.51	63.91	54.53	42.62
47.5	97.80	94.34	91.18	86.69	82.40	77.55	71.44	63.86	54.50	42.62
50.0	97.15	93.87	90.81	86.36	82.32	77.47	71.37	63.80	54.47	42.62
52.5	96.51	93.42	90.29	86.15	82.23	77.39	71.30	63.75	54.44	42.62
55.0	95.88	93.03	89.78	85.97	82.14	77.31	71.24	63.70	54.41	42.62
57.5	95.26	92.66	89.31	85.83	82.06	77.24	71.17	63.65	54.38	42.62
60.0	94.65	92.25	89.01	85.72	81.97	77.16	71.11	63.60	54.35	42.62
62.5	94.06	91.82	88.73	85.63	81.89	77.09	71.04	63.55	54.32	42.62
65.0	93.59	91.43	88.48	85.54	81.81	77.01	70.98	63.50	54.29	42.62
67.5	93.16	91.23	88.27	85.45	81.73	76.94	70.92	63.45	54.26	42.62
70.0	92.70	91.06	88.11	85.36	81.65	76.87	70.85	63.41	54.24	42.62
72.5	92.29	90.66	88.02	85.28	81.57	76.79	70.79	63.36	54.21	42.62
75.0	92.03	90.27	87.93	85.19	81.49	76.72	70.73	63.31	54.18	42.62
77.5	91.82	89.89	87.84	85.11	81.41	76.65	70.67	63.26	54.15	42.62

续表

辐射照度 600W/m²										
太阳入射投影角/(°)	百叶角度									
	0°	10°	20°	30°	40°	50°	60°	70°	80°	90°
80.0	91.65	89.60	87.75	85.02	81.33	76.58	70.61	63.21	54.12	42.62
82.5	91.51	89.50	87.66	84.94	81.25	76.51	70.54	63.17	54.10	42.62
85.0	91.37	89.41	87.57	84.85	81.18	76.43	70.48	63.12	54.07	42.62
87.5	91.24	89.32	87.49	84.77	81.10	76.36	70.42	63.07	54.04	42.62
90.0	91.13	89.23	87.40	84.69	81.02	76.29	70.36	63.02	54.01	42.62
辐射照度 700W/m²										
太阳入射投影角/(°)	百叶角度									
	0°	10°	20°	30°	40°	50°	60°	70°	80°	90°
0.0	138.77	133.56	127.24	119.93	109.76	98.41	86.15	73.43	59.96	43.73
2.5	137.67	132.42	126.11	118.37	108.59	97.20	85.16	72.74	59.60	43.73
5.0	136.53	131.25	124.94	116.82	107.39	95.93	84.13	72.01	57.95	43.73
7.5	135.40	130.08	123.77	115.32	106.19	94.65	83.09	71.29	57.90	43.73
10.0	134.26	128.89	122.59	113.85	104.99	93.35	82.04	69.00	57.86	43.73
12.5	133.11	127.70	121.39	112.40	103.10	92.03	80.98	68.88	57.81	43.73
15.0	131.94	126.48	120.16	110.94	101.58	90.68	78.01	68.76	57.76	43.73
17.5	130.74	125.23	118.42	109.45	100.00	89.29	77.80	68.68	57.72	43.73
20.0	129.50	123.94	116.67	107.94	98.36	85.52	77.61	68.64	57.67	43.73
22.5	128.22	122.60	114.91	106.37	96.65	85.21	77.43	68.57	57.63	43.73
25.0	126.88	121.20	113.11	104.75	91.94	84.91	77.27	68.49	57.58	43.73
27.5	125.46	119.72	111.25	103.04	91.50	84.63	77.19	68.42	57.54	43.73
30.0	123.96	118.16	109.30	97.56	91.08	84.37	77.14	68.35	57.50	43.73
32.5	122.36	115.98	107.26	96.99	90.68	84.13	77.05	68.28	57.46	43.73
35.0	120.63	113.69	101.28	96.44	90.31	83.98	76.96	68.22	57.42	43.73
37.5	118.77	111.28	100.81	95.91	89.95	83.89	76.88	68.15	57.38	43.73
40.0	116.75	104.59	100.38	95.40	89.61	83.82	76.80	68.09	57.35	43.73
42.5	114.54	103.95	99.97	94.92	89.37	83.72	76.72	68.03	57.31	43.73
45.0	107.55	103.35	99.56	94.45	89.21	83.63	76.64	67.96	57.27	43.73
47.5	106.77	102.77	99.14	93.99	89.09	83.54	76.56	67.90	57.24	43.73

续表

辐射照度 700W/m²										
太阳入射投影角/(°)	百叶角度									
	0°	10°	20°	30°	40°	50°	60°	70°	80°	90°
50.0	106.01	102.21	98.72	93.61	89.00	83.45	76.48	67.84	57.20	43.73
52.5	105.27	101.70	98.12	93.37	88.90	83.36	76.40	67.78	57.17	43.73
55.0	104.54	101.25	97.52	93.17	88.80	83.27	76.33	67.72	57.13	43.73
57.5	103.82	100.82	96.99	93.01	88.70	83.18	76.25	67.67	57.10	43.73
60.0	103.11	100.36	96.64	92.89	88.61	83.10	76.18	67.61	57.07	43.73
62.5	102.44	99.86	96.32	92.78	88.51	83.01	76.11	67.55	57.03	43.73
65.0	101.89	99.40	96.04	92.68	88.42	82.92	76.03	67.50	57.00	43.73
67.5	101.39	99.18	95.80	92.58	88.32	82.84	75.96	67.44	56.97	43.73
70.0	100.86	98.98	95.63	92.48	88.23	82.76	75.89	67.39	56.94	43.73
72.5	100.39	98.53	95.52	92.38	88.14	82.67	75.82	67.33	56.90	43.73
75.0	100.09	98.07	95.42	92.28	88.05	82.59	75.74	67.28	56.87	43.73
77.5	99.85	97.64	95.32	92.19	87.96	82.51	75.67	67.22	56.84	43.73
80.0	99.65	97.32	95.21	92.09	87.87	82.43	75.60	67.17	56.81	43.73
82.5	99.49	97.21	95.11	91.99	87.78	82.34	75.53	67.11	56.78	43.73
85.0	99.33	97.11	95.01	91.90	87.69	82.26	75.46	67.06	56.75	43.73
87.5	99.19	97.00	94.91	91.80	87.60	82.18	75.39	67.00	56.71	43.73
90.0	99.06	96.90	94.82	91.71	87.51	82.10	75.32	66.95	56.68	43.74

辐射照度 800W/m²										
太阳入射投影角/(°)	百叶角度									
	0°	10°	20°	30°	40°	50°	60°	70°	80°	90°
0.0	152.31	146.34	139.13	130.80	119.20	106.24	92.41	78.07	62.90	44.76
2.5	151.05	145.05	137.84	129.01	117.86	104.87	91.29	77.27	62.49	44.76
5.0	149.75	143.70	136.50	127.24	116.48	103.43	90.11	76.45	60.68	44.76
7.5	148.45	142.35	135.16	125.52	115.10	101.98	88.94	75.62	60.62	44.76
10.0	147.14	141.00	133.80	123.84	113.72	100.51	87.74	73.09	60.59	44.76
12.5	145.82	139.63	132.43	122.17	111.54	99.01	86.53	72.95	60.53	44.76
15.0	144.48	138.23	131.03	120.49	109.80	97.47	83.21	72.82	60.47	44.76
17.5	143.10	136.80	129.03	118.80	107.99	95.89	82.97	72.73	60.42	44.76

续表

辐射照度 800W/m²										
太阳入射投影角/(°)	百叶角度									
	0°	10°	20°	30°	40°	50°	60°	70°	80°	90°
20.0	141.69	135.32	127.03	117.06	106.12	91.66	82.75	72.68	60.37	44.76
22.5	140.22	133.79	125.02	115.26	104.17	91.31	82.55	72.60	60.32	44.76
25.0	138.68	132.18	122.95	113.39	98.88	90.97	82.37	72.52	60.27	44.76
27.5	137.05	130.50	120.82	111.44	98.38	90.66	82.29	72.44	60.22	44.76
30.0	135.34	128.71	118.59	105.21	97.91	90.36	82.23	72.36	60.18	44.76
32.5	133.50	126.21	116.24	104.56	97.46	90.09	82.13	72.28	60.13	44.76
35.0	131.53	123.60	109.45	103.94	97.03	89.93	82.04	72.21	60.09	44.76
37.5	129.40	120.83	108.92	103.34	96.63	89.83	81.94	72.13	60.04	44.76
40.0	127.08	113.23	108.42	102.76	96.25	89.75	81.85	72.06	60.00	44.76
42.5	124.56	112.50	107.95	102.21	95.98	89.64	81.76	71.99	59.96	44.76
45.0	116.62	111.81	107.49	101.67	95.80	89.54	81.67	71.92	59.92	44.76
47.5	115.73	111.15	107.00	101.16	95.67	89.43	81.58	71.85	59.88	44.76
50.0	114.86	110.51	106.51	100.73	95.57	89.33	81.49	71.78	59.84	44.76
52.5	114.01	109.92	105.83	100.46	95.46	89.23	81.40	71.72	59.80	44.76
55.0	113.17	109.41	105.15	100.24	95.35	89.13	81.32	71.65	59.76	44.76
57.5	112.34	108.92	104.54	100.06	95.24	89.03	81.23	71.59	59.72	44.76
60.0	111.54	108.38	104.15	99.93	95.13	88.93	81.15	71.52	59.69	44.76
62.5	110.76	107.81	103.78	99.81	95.02	88.84	81.07	71.46	59.65	44.76
65.0	110.14	107.29	103.47	99.70	94.92	88.74	80.99	71.39	59.61	44.76
67.5	109.57	107.03	103.21	99.58	94.81	88.65	80.90	71.33	59.58	44.76
70.0	108.95	106.81	103.02	99.47	94.71	88.55	80.82	71.27	59.54	44.76
72.5	108.41	106.29	102.90	99.36	94.60	88.46	80.74	71.21	59.50	44.76
75.0	108.08	105.77	102.78	99.25	94.50	88.36	80.66	71.14	59.47	44.76
77.5	107.79	105.29	102.66	99.14	94.40	88.27	80.58	71.08	59.43	44.76
80.0	107.57	104.94	102.55	99.03	94.30	88.18	80.50	71.02	59.40	44.76
82.5	107.38	104.81	102.43	98.92	94.20	88.08	80.42	70.96	59.36	44.76
85.0	107.21	104.69	102.32	98.81	94.09	87.99	80.34	70.90	59.32	44.76
87.5	107.04	104.57	102.20	98.71	93.99	87.90	80.26	70.84	59.29	44.76
90.0	106.89	104.46	102.10	98.60	93.90	87.81	80.18	70.77	59.25	44.76

附表 C.14 对流得热量(散射比=100%;室外空气温度=20℃)

辐射照度 100W/m²

百叶角度/(°)	0	10	20	30	40	50	60	70	80	90
得热量/(W/m²)	−7.30	−7.38	−7.60	−7.98	−8.51	−9.22	−10.12	−11.22	−12.54	−14.18

辐射照度 200W/m²

百叶角度/(°)	0	10	20	30	40	50	60	70	80	90
得热量/(W/m²)	1.76	1.60	1.11	0.28	−0.90	−2.47	−4.46	−6.92	−9.91	−13.62

附表 C.15 对流得热量(散射比=100%;室外空气温度=25℃)

辐射照度 100W/m²

百叶角度/(°)	0	10	20	30	40	50	60	70	80	90
得热量/(W/m²)	7.22	7.14	6.87	6.42	5.78	4.92	3.83	2.47	0.81	−1.29

辐射照度 200W/m²

百叶角度/(°)	0	10	20	30	40	50	60	70	80	90
得热量/(W/m²)	16.60	16.42	15.89	14.99	13.70	11.98	9.78	7.05	3.70	−0.50

辐射照度 300W/m²

百叶角度/(°)	0	10	20	30	40	50	60	70	80	90
得热量/(W/m²)	26.56	26.29	25.48	24.09	22.11	19.46	16.09	11.89	6.73	0.24

辐射照度 400W/m²

百叶角度/(°)	0	10	20	30	40	50	60	70	80	90
得热量/(W/m²)	36.38	36.02	34.92	33.05	30.38	26.82	22.28	16.62	9.67	0.93

辐射照度 500W/m²

百叶角度/(°)	0	10	20	30	40	50	60	70	80	90
得热量/(W/m²)	46.09	45.63	44.25	41.91	38.56	34.09	28.39	21.28	12.55	1.57

辐射照度 600W/m²

百叶角度/(°)	0	10	20	30	40	50	60	70	80	90
得热量/(W/m²)	55.72	55.17	53.51	50.70	46.66	41.29	34.43	25.88	15.38	2.19

辐射照度 700W/m²

百叶角度/(°)	0	10	20	30	40	50	60	70	80	90
得热量/(W/m²)	65.29	64.65	62.71	59.43	54.71	48.44	40.43	30.45	18.19	2.78

辐射照度 800W/m²

百叶角度/(°)	0	10	20	30	40	50	60	70	80	90
得热量/(W/m²)	74.81	74.08	71.87	68.11	62.72	55.55	46.39	34.97	20.96	3.35

附表 C.16　对流得热量(散射比=100%;室外空气温度=30℃)

辐射照度 100W/m²

百叶角度/(°)	0	10	20	30	40	50	60	70	80	90
得热量/(W/m²)	21.87	21.76	21.44	20.90	20.11	19.06	17.69	15.96	13.78	10.89

辐射照度 200W/m²

百叶角度/(°)	0	10	20	30	40	50	60	70	80	90
得热量/(W/m²)	31.60	31.41	30.83	29.86	28.48	26.60	24.17	21.11	17.29	12.40

辐射照度 300W/m²

百叶角度/(°)	0	10	20	30	40	50	60	70	80	90
得热量/(W/m²)	41.87	41.59	40.72	39.25	37.13	34.30	30.69	26.22	20.64	13.48

辐射照度 400W/m²

百叶角度/(°)	0	10	20	30	40	50	60	70	80	90
得热量/(W/m²)	51.96	51.58	50.43	48.47	45.66	41.91	37.11	31.11	23.78	14.39

辐射照度 500W/m²

百叶角度/(°)	0	10	20	30	40	50	60	70	80	90
得热量/(W/m²)	61.90	61.43	60.00	57.56	54.07	49.40	43.43	35.97	26.80	15.20

辐射照度 600W/m²

百叶角度/(°)	0	10	20	30	40	50	60	70	80	90
得热量/(W/m²)	71.75	71.18	69.47	66.56	62.38	56.81	49.67	40.75	29.76	15.94

辐射照度 700W/m²

百叶角度/(°)	0	10	20	30	40	50	60	70	80	90
得热量/(W/m²)	81.52	80.86	78.87	75.49	70.62	64.14	55.85	45.48	32.70	16.65

辐射照度 800W/m²

百叶角度/(°)	0	10	20	30	40	50	60	70	80	90
得热量/(W/m²)	91.23	90.48	88.21	84.35	78.81	71.42	61.97	50.16	35.61	17.32

附表 C.17　对流得热量(散射比=100%;室外空气温度=35℃)

辐射照度 100W/m²

百叶角度/(°)	0	10	20	30	40	50	60	70	80	90
得热量/(W/m²)	36.00	35.88	35.52	34.90	34.01	32.81	31.27	29.33	26.91	23.85

辐射照度 200W/m²

百叶角度/(°)	0	10	20	30	40	50	60	70	80	90
得热量/(W/m²)	46.71	46.49	45.84	44.73	43.12	40.96	38.15	34.56	29.95	23.64

续表

辐射照度 300W/m²										
百叶角度/(°)	0	10	20	30	40	50	60	70	80	90
得热量/(W/m²)	57.50	57.20	56.27	54.69	52.41	49.34	45.39	40.39	34.13	26.00
辐射照度 400W/m²										
百叶角度/(°)	0	10	20	30	40	50	60	70	80	90
得热量/(W/m²)	67.80	67.40	66.21	64.18	61.24	57.28	52.19	45.75	37.70	27.35
辐射照度 500W/m²										
百叶角度/(°)	0	10	20	30	40	50	60	70	80	90
得热量/(W/m²)	77.97	77.48	75.98	73.45	69.80	64.95	58.74	50.87	41.05	28.45
辐射照度 600W/m²										
百叶角度/(°)	0	10	20	30	40	50	60	70	80	90
得热量/(W/m²)	88.05	87.46	85.68	82.67	78.33	72.53	65.12	55.86	44.27	29.41
辐射照度 700W/m²										
百叶角度/(°)	0	10	20	30	40	50	60	70	80	90
得热量/(W/m²)	98.03	97.35	95.29	91.80	86.77	80.06	71.46	60.73	47.39	30.30
辐射照度 800W/m²										
百叶角度/(°)	0	10	20	30	40	50	60	70	80	90
得热量/(W/m²)	107.94	107.17	104.83	100.86	95.15	87.53	77.76	65.53	50.45	31.12

附表 C.18　对流得热量(散射比＝100％;室外空气温度＝40℃)

辐射照度 100W/m²										
百叶角度/(°)	0	10	20	30	40	50	60	70	80	90
得热量/(W/m²)	51.09	50.95	50.54	49.83	48.82	47.45	45.69	43.46	40.67	37.13
辐射照度 200W/m²										
百叶角度/(°)	0	10	20	30	40	50	60	70	80	90
得热量/(W/m²)	61.23	60.97	60.19	58.80	56.80	54.48	51.56	47.89	43.32	37.54
辐射照度 300W/m²										
百叶角度/(°)	0	10	20	30	40	50	60	70	80	90
得热量/(W/m²)	73.04	72.71	71.70	69.98	67.48	64.12	59.74	54.11	46.82	37.02
辐射照度 400W/m²										
百叶角度/(°)	0	10	20	30	40	50	60	70	80	90
得热量/(W/m²)	83.91	83.48	82.19	80.00	76.83	72.58	67.09	60.10	51.26	39.65

续表

辐射照度 500W/m²										
百叶角度/(°)	0	10	20	30	40	50	60	70	80	90
得热量/(W/m²)	94.41	93.90	92.33	89.68	85.84	80.69	74.03	65.61	55.04	41.32
辐射照度 600W/m²										
百叶角度/(°)	0	10	20	30	40	50	60	70	80	90
得热量/(W/m²)	104.67	104.06	102.24	99.13	94.62	88.57	80.77	70.91	58.56	42.62
辐射照度 700W/m²										
百叶角度/(°)	0	10	20	30	40	50	60	70	80	90
得热量/(W/m²)	114.83	114.13	112.01	108.40	103.22	96.31	87.36	76.06	61.93	43.73
辐射照度 800W/m²										
百叶角度/(°)	0	10	20	30	40	50	60	70	80	90
得热量/(W/m²)	124.95	124.15	121.75	117.65	111.76	103.91	93.85	81.11	65.20	44.76